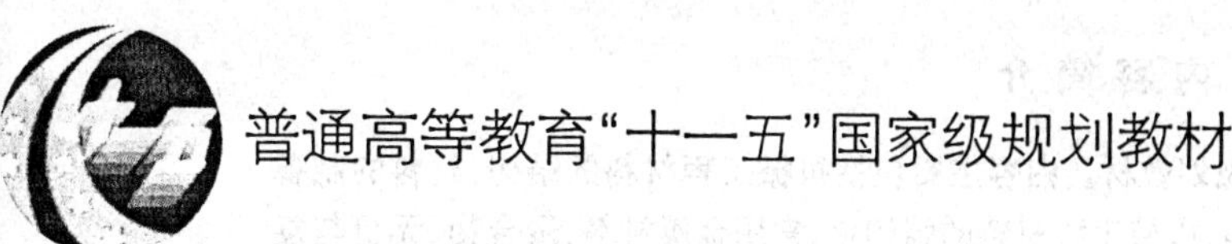

机械工程材料（第3版）

MECHANICAL ENGINEERING MATERIALS

主　编　齐宝森　李　莉　房强汉
副主编　刘东明　张　刚　傅宇东　边　洁
主　审　李木森　姜　江

哈爾濱工業大學出版社

内容简介

本书为普通高等教育"十一五"国家级规划教材。内容主要包括机械工程材料的结构，材料的制备与相图，材料的力学行为、塑性变形与再结晶，机械工程材料的强韧化，常用金属材料，聚合物、无机与复合材料以及机械工程材料的合理选用等内容。各章前有"主要问题提示"、"学习重点与方法提示"，各章中有例题分析与解答，各章后有"本章小结"、"课堂讨论提纲（重点章）"、"新型材料阅读"及"习题与思考题"，书末还附有习题解答或提示等。其目的在于积极引导学习者掌握科学的学习方法，及时把握学习重点，主动学习有关知识以培养学生的学习能力。

本书是高等院校机械和近机械类各专业本科生的通用教材，也可供同类专业的专科生或高等职业学院的学生选用，同时该书对从事机械类和近机械类各专业的工程技术人员也具有参考价值。

图书在版编目(CIP)数据

机械工程材料/齐宝森，李莉，房强汉主编. —3 版.
—哈尔滨：哈尔滨工业大学出版社，2009.4（2014.7 重印）
（材料科学与工程系列）
ISBN 7 - 5603 - 1905 - 6
Ⅰ.机… Ⅱ.①齐… ②李… ③房… Ⅲ.机械制造材料-高等学校-教材 Ⅳ.TH14

中国版本图书馆 CIP 数据核字(2009)第 040875 号

责任编辑　张秀华
封面设计　卞秉利
出版发行　哈尔滨工业大学出版社
社　　址　哈尔滨市南岗区复华四道街 10 号　邮编 150006
传　　真　0451 - 86414749
网　　址　http://hitpress.hit.edu.cn
印　　刷　哈尔滨工业大学印刷厂
开　　本　787mm×1092mm　1/16　印张 19.25　字数 450 千字
版　　次　2009 年 4 月第 3 版　2014 年 7 月第 8 次印刷
书　　号　ISBN 978 - 7 - 5603 - 1905 - 6
定　　价　36.00 元

序　言

材料科学与工程系列教材是由哈尔滨工业大学出版社组织国内部分高等院校的专家学者共同编写的一套大型系列教学丛书，其中第一系列和第二系列已分别被列为新闻出版总署“九五”、“十五”国家重点图书出版计划。第一系列共计 10 种已于 1999 年后陆续出版。编写本套丛书的基本指导思想是：总结已有、通向未来、面向 21 世纪，以优化教材链为宗旨，依照为培养材料科学人才提供一个较为广泛的知识平台的原则，并根据培养目标，确定书目和编写大纲及主干内容。为了确保图书品位体现较高水平，编审委员会全体成员对国内外同类教材进行了细致的调查研究，广泛征求各参编院校第一线任课教师的意见，认真分析教育部新的学科专业目录和全国材料工程类专业教学指导委员会第一届全体会议的基本精神，进而制定了具体的编写大纲。在此基础上，聘请国内一批知名专家对本系列教材书目和编写大纲审查认定，最后确定各册的体系结构。

经过全体编审人员的共同努力，第二系列 21 种和第三系列 11 种也都已出版发行。值得欣慰的是系列丛书几经修订再版在该领域已经有了广泛的基础，像《材料物理性能》、《材料合成与制备方法》等 10 余种图书被选入教育部普通高等教育“十一五”国家级规划教材。我们热切地期望这套大型系列丛书能够满足国内高等院校材料工程类专业教育改革发展的部分需要，并且在教学实践中得以不断总结、充实、完善和发展。

在大型系列丛书的编写过程中，我们注意突出以下几方面的特色：

1．根据科学技术发展的最新动态和我国高等学校专业学科归并的现实需求，坚持面向一级学科、加强基础、拓宽专业面、更新教材内容的基本原则。

2．注重优化课程体系，探索教材新结构，即兼顾材料工程类学科中金属材料、无机非金属材料、高分子材料、复合材料共性与个性的结合，实现多学科知识的交叉与渗透。

3．反映当代科学技术的新概念、新知识、新理论、新技术、新工艺，突出反映教材内容的现代化。

4．注重协调材料科学与材料工程的关系，既加强材料科学基础的内容，又强调材料工程基础，以满足培养宽口径材料学人才的需要。

5．坚持体现教材内容深广度适中、够用为原则，增强教材的适用性和针对性。

6．在系列教材编写过程中，进行了国内外同类教材对比研究，吸取了国内外同类教材的精华，重点反映新教材体系结构特色，把握教材的科学性、系统性和适用性。

此外，本套系列教材还兼顾了内容丰富、叙述深入浅出、简明扼要、重点突出等特色，能充分满足少学时教学的要求。

参加本套系列丛书编审工作的单位有:清华大学、哈尔滨工业大学、东北大学、山东大学、装甲兵工程学院、北京理工大学、哈尔滨工程大学、合肥工业大学、燕山大学、北京化工大学、中国海洋大学、上海大学等50多所院校近200多名专家学者。他们为本套系列教材编审付出了大量的心血,在此,编审委员会对这些同志无私的奉献致以崇高的敬意。

同时,编审委员会特别鸣谢中国科学院院士肖纪美教授、中国工程院院士徐滨士少将、中国工程院院士杜善义和才鸿年教授、全国材料工程类专业教学指导委员会主任吴林教授,感谢他们对本套系列丛书编审工作的指导与大力支持。

限于编审者的水平,疏漏和错误之处在所难免,欢迎同行和读者批评指正。

材料科学与工程系列教材

编审委员会

2007年7月

第3版前言
Preface on Third Edition

本书自2003年第1次出版以来,深受广大兄弟院校及读者的欢迎,发行量已达1.8万册,2007年被选入教育部普通高等教育"十一五"国家级规划教材。本次修订,具有如下特色。

1.遵循材料科学体系,纲举目张,由浅入深,层层展开

以常用机械工程材料为研究对象,以"成分(组成)—加工工艺—组织结构—性能—应用"为纲,划分为材料科学基础、工程材料强韧化、常用工程材料介绍与材料的合理选用等四大模块(共7章),由浅入深、层层展开。将金属、聚合物、无机材料与复合材料按主线索有机地融为一体。

2.以材料强韧化、提高性能为根本出发点,贯穿于各类工程材料及应用

如钢的热处理与合金化原理,从不同侧面揭示钢铁材料强韧化途径,使理论与应用密切结合,强调材料强韧化在材料中的重要地位和作用。

3.适当强化原材料冶炼等关系原材料冶金质量方面的内容

补充和纠正以往同类教材中不重视冶金环节的倾向。

4.反映材料发展的前沿,适量增加新材料与新技术

本书既以各类材料的基础知识为主,又增加了较成熟的新型材料方面的内容,使之对传统材料与新型材料有一个全面的认识,纠正以往教材滞后生产实际的现象。

5.注重理论联系实际,使失效分析与常用工程材料有机结合

把失效分析概念放在常用材料中介绍,注意以典型零件失效分析为例,论述材料的成分、加工工艺与组织、性能之间的关系,及造成失效的原因和解决的措施,以达到理论联系实际,培养学生分析与解决实际问题的能力。

6.突出以科学学习方法,学习本课程的全新观念

各章从提出问题入手,引发思考,增加的"学习重点与方法提示"使初学者更好地把握学习重点及方法。每章增加典型例题分析及章小结,章后附有习题与思考题,在重点章后附课堂讨论提纲,同时在书末还附有较详尽的习题解答或提示,以达到更好地培养学生的学习能力之目的。

7.为实施双语教学奠定基础

本书目录和各章、节及标题等均采用中英文对照显示,有助于"学生掌握和提高专业词汇和专业英语"水平之能力。

8.汲取最新国家标准

在汲取最新国家标准的同时,也注意到基本知识和常识知识、学习重点等的区别对待,凡是重点使用了不同字号以示区别。

本书第3版由齐宝森、李莉、房强汉主编,刘东明、张刚、傅宇东、边洁副主编,李木森、姜江主审。本书在编写过程中,曾先后得到彭其凤、孙希泰、王世清、许本枢、王成国等以及材料科学与工程系列教材编审委员会各位专家和领导的鼎立相助和悉心指导,谨此致以诚挚谢意!

本书再次出版之际,感谢诸位老师和同学们的使用,并欢迎对本书提出宝贵意见。由于编者水平有限,书中难免存在错误、缺点与不足,恳请广大师生与读者批评指正。

编　者

2009年2月

本书配有多媒体课件,如有需要者请与本社联系

联系人:张秀华
信　箱:zhxh6414559@yahoo.com.cn
电　话:0451-86414559　13045144118
邮　编:150006

前　言

Preface

为适应21世纪材料科学的发展与教学改革的需要，本着进一步拓宽学生的专业知识面，加强基础，重在能力培养这一宗旨，作者根据多年教授《机械工程材料》课程的经验，以及编写《机械工程材料》教材的实践，现联合兄弟院校又对本书进行了重新修订。

本书是机械工程、化学工程、能源动力工程等专业大学本科生、专科生必修的一门技术基础课用书，其目的是使读者掌握有关工程结构和机器零件常用的机械工程材料的有关基本理论、基础知识和主要性能特点，并使其具备根据机械零件工作条件、常见失效方式来确定零件所需要的性能，合理地选择与使用材料，正确地制定机械零件加工工艺路线的初步能力。

全书由4部分7章组成。

第1部分包括第1~3章，为材料科学基础部分，重点分析讨论材料的“化学成分(组成)—组织(结构)—性能”三者之间的相互关系与变化规律，其中重点突出工业上广泛使用的“铁碳合金相图”的内容。

第2部分包括第4章，为材料的强化部分，从机械工程材料的强韧化入手，深入剖析钢铁材料的热处理原理与工艺，表面强化技术与钢的合金化原理与冶金质量等内容。突出说明原材料质量与加工工艺，特别是热处理工艺对材料组织(结构)与性能的重要影响。

第3部分包括第5~6章，为常用机械工程材料介绍，以工业用钢为重点，典型牌号为引子，按照“材料的主要用途—常见失效形式—性能要求—化学成分(其中包括合金元素的主要作用)—加工工艺，特别是热处理工艺特点以及相应组织”这一思路深入展开；对其他工程材料及新型材料也做了简要介绍。

第4部分包括第7章，为机械工程材料的合理选用，重点概括机械工程材料合理选用的基本原则，并且就齿轮、轴、汽轮机叶片等典型机械零件进行综合选材分析。

本书的特点是：

1.遵循材料科学体系，以机械工业上广泛使用的工程材料为研究对象，以材料的“化学成分(组成)—加工工艺—组织结构—性能—应用”为纲，由浅入深地层层展开。

2.以机械工程材料强韧化，提高材料性能为根本出发点，阐述变更材料加工工艺的重要性与具体措施(如钢的热处理，提高钢铁冶金质量，控制轧制，形变热处理与合金化原理等)。

3.根据材料科学的发展，在重点剖析结构材料的同时，适当地介绍功能材料；在重点分析工业上广泛使用的金属材料的同时，适量地介绍非金属材料、新型材料，以及新技术、新工艺等方面的有关知识，直接反映了机械工程材料的发展趋势。

4.为有助于培养学生独立分析与解决问题的能力，本书在各章内容的编排上首先从“主要问题提示”入手，以期引发思考，再转入相应的内容；各章末尾均附有习题与思考题，旨在帮助学生及时理解、消化本章内容。

5.为适合不同专业、不同学时的教学需要，可选择其中部分章节作为选学或自学内容，以利于把握与突出教学重点。

本书由齐宝森编写第1、2章，姜江、刘如伟编写第4章，边洁编写第3章，陈传忠编写第7章，张刚编写第5章的5.1~5.3，李莉编写第6章的6.1~6.2，傅宇东编写第6章的6.3~6.4，吕静、房强汉编写第5章的5.4~5.6，最后由齐宝森、李莉、吕静统稿。全书由李木森、许本枢主审。

特别需要说明的是在本书的编写过程中，先后得到彭其凤、孙希泰、王世清、王成果等各位专家的鼎立相助和悉心指导，谨此致以诚挚谢意！

由于编者水平有限，书中难免存在缺点与不足之处，恳请广大读者批评指正。

编　者

2003年4月

目　录

Contents

3 Material's Mechanical Behaviour, Plastic Deformation and Recrystallization

4 Strengthening and Toughening of Mechanical Engineering Materials

5 Common Metallic Materials

绪　论

Introduction

0.1　材料与材料科学的发展

Developments of Materials and Materials Science

材料是人类生产活动和日常生活所必需的物质基础，是人类技术进步、文明进步的基石和先导。纵观人类历史的发展，就是以所使用材料的不同而划分为石器时代、青铜器时代和铁器时代的。现代工业技术的发展，同样与材料特别是新型材料紧密相关。进入21世纪，新型材料、信息技术和生物技术并列为新技术革命的重要标志。当前，全世界材料总数约50万余种，新型材料则每年又以5%左右的速度递增。因此，**材料的质量、品种和数量就成为衡量一个国家科学技术、国民经济和国防力量的重要标志之一。**

材料，按其使用性能可分为结构材料和功能材料。所谓**结构材料**，主要是指以强度、硬度、塑性、韧性等力学性能为基础，用来制造机器零件和工程构件的材料；而**功能材料**则是指以利用其电、光、声、磁、热等效应和功能相互转化的材料。然而，伴随着现代科技和生产的突飞猛进，能源、信息、空间技术的快速发展，不但要求所使用的材料具备严格的力学性能，而且还要求材料必须具备特定的物理功能。因此，**机械工程材料课程的研究内容**也由单纯结构材料扩展为以结构材料为主，同时兼顾其他功能材料，从而适应材料科学尤其是新型材料的发展。机械工程材料按其化学组成可分为金属材料、聚合物材料、无机非金属材料（即陶瓷材料，简称无机材料）和复合材料等四大类。

材料科学是研究各种固体材料的成分、组织结构、性能和应用之间的关系及其变化规律的一门科学，它包含四个基本要素：材料的合成与制备，成分与组织结构，材料特性和使用性能。材料的合成与制备着重研究获取材料的手段，以工艺技术的进步为标志；成分与组织结构反映材料的本质，是认识材料的理论基础；材料的特性表征了材料固有的力学等性能，是选用材料的重要依据；使用性能可以用材料的加工和服役条件相结合来考察材料的使用寿命，它往往成为材料科学与工程的最终目标。

0.2　“机械工程材料”在机械工业中的地位与作用

The Status and Role of “Mechanical Engineering Materials” in Mechanical Industry

机械工业是基础工业，它为各行各业提供机械装置，而所有机器都由许多性能各异的材料加工或各种零件组装而成。对于一种机械产品，人们总是力求其功能优异、结构紧凑、质量稳定、安全可靠、价格低廉，这就需要高水平设计、合理加工和正确使用，三者密切配合。这三个环节都要涉及许多材料问题。而一般机械设计应包括结构设计和材料设计两方面，缺一不可。**从某种意义上讲，材料设计实质上是“零件内部结构设计”，是保证产品内在质量的关键。**

从应用材料的角度出发，工程师最关心的是材料的力学性能和某些物理、化学性能。材料的性能取决于它的化学成分和内部的组织结构，而组织结构又与材料的制备、加工工艺密切相关。因此，对每个零件所选用的材料，材料的制备与所经受的加工工艺，使用状态下所具有的组织结构，在规定的使用寿命周期内的正常服役状况等，均与设计者的“机械工程材料”知识水平有很大的关系。

现代综合性新技术发展的一个重要特点就是需要品种规格多、性能特殊的新型材料。因为现代新兴科学技术的发展，大大促进了新型材料技术的进步。反之，一种新型材料的出现，往往可导致一系列新技术的突破。例如要提高热机效率势必会升高工作温度，所以要求制造热机的结构材料在高温下应具有足够的强韧性、耐热性，这对于一般钢铁材料是无法达到的，但选用新型工程陶瓷材料制成的高温结构陶瓷柴油机，可节油 30%，热机效率提高 50%。目前还研制出在 1 400℃下工作的涡轮发动机陶瓷叶片，大大提高了效率。这说明，开发新型材料可提高现有能源的利用率。又如，切削刀具是机械制造中的重要工具，19 世纪 80 年代普遍使用的是合金钢制作的车刀、铣刀，切削速度 10m/min；到 20 世纪 40 年代采用硬质合金，刀具也改成负前角，切削速度提高至 60 ~ 70m/min；而进入 20 世纪八九十年代以来，采用陶瓷刀具，由 Al_2O_3、Si_3N_4 到立方 BN，切削速度由 200m/min 提高至 500m/min；而刀具实施表面强化处理更是锦上添花，高速钢表面经 PVD 或 CVD 制成 TiC、TiN 的复合涂层，可制备形状复杂、精度要求高的耐冲击、耐磨刀具，使钻头寿命提高 5 倍以上。

0.3 21 世纪机械工程材料的发展趋势

The Development Trend of Mechanical Engineering Materials in 21st Century

1.追求高性能的新型金属结构材料

所谓高性能新型金属结构材料是指采用新技术新工艺开发的具有高强度、高韧性、耐高温、耐低温、抗腐蚀、抗辐射等性能的材料，它仍是 21 世纪的主导材料。

2.结构材料趋向复合化

单一材料存在着许多难以克服的缺点，如果把不同材料进行复合，可以得到优异的新型材料，因此复合化成为结构材料发展的一个重要趋势。

3.低维材料的应用不断扩大

低维材料是指零维如纳米材料，一维如纤维材料，二维如薄膜材料，即晶体至少在一个方向上减少原子所形成的材料，这些材料近年来发展迅速，可用作结构和功能材料。

4.功能材料和非晶态材料迅速发展

功能材料是当代新技术，如能源技术、空间技术、信息技术和计算机技术的物质基础，所以发展特别迅速。而非晶态材料具有高度合金化，高强度、耐磨、耐蚀性，优异的磁学性能等特性，因而开发前景良好。

5.新型材料的实用化

新型材料是通过对材料性能研究、材料设计和精细加工而获得具有高性能和高附加值、体现高新技术水平的一类新材料。新型材料的实用化将为产品追求极限性质和替代性质做出贡献。

6.材料的设计及选用实行计算机化

由于计算机及应用技术的高度发展，使得人们按照指定性能进行材料设计正逐步成为现实。目前已建立起计算机的各种材料性能数据库和计算机辅助选材系统，并进一步向智能化方向发展，从而提高工程技术的用材水平。

0.4 学习《机械工程材料》的目的与要求

Objective and Requirements for Studying "Mechanical Engineering Materials"

学习《机械工程材料》的主要目的就是研究常用机械工程材料的化学成分、组织结构、加工工艺与性能之间的相互关系及其变化规律，通过变更材料化学成分和加工工艺来控制内部组织结构，从而提高材料的性能或开发新性能的材料。

贯穿本书的"纲"，如图0.1所示。

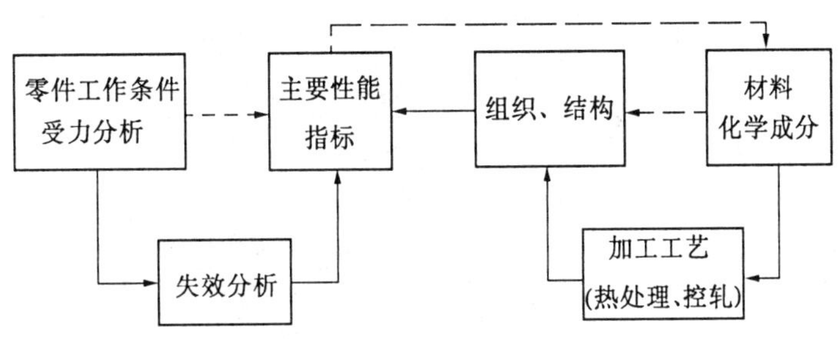

0.1　贯穿《机械工程材料》全课程的"纲"

学习本书的要求是：

①应把学习的重点放在阅读本书的内容上，"吃透"内容，掌握其精髓；

②在学习中，要掌握科学的学习方法，提高学习效率；

③要注重主动、创新式学习，积极参与"讨论式"课堂教学，密切结合自身特点，投身于教学改革的实践中；

④为了提高学生分析问题、解决问题的独立工作能力，除系统学习课本知识外，还要注意密切联系金工生产实际，积极参与综合开放式实验教学环节。

为配合《机械工程材料》的学习，我们还编写了《机械工程材料学习指导》、《机械工程材料(第3版)配套光盘》等辅助电子教学课件，希望能根据自己的需要进行选择与参考。

常用符号名称对照表

表 1(拉丁字母 A ~ R)

符号	名　称	单位	符号	名　称	单　位
A(γ)	奥氏体	—	HBW	布氏硬度值	—
a	晶格常数	nm	HRC	洛氏 C 标度硬度值	—
a	裂纹长度的 1/2	mm	HV	维氏硬度值	—
A_R(Ar)	残余(留)奥氏体	—	Hz	赫兹(频率单位)	—
A′	过冷奥氏体	—	HCP(hcp)	密排六方晶格	—
A_K	冲击吸收功	J	H	上屈服点(应力 – 应变曲线)	—
a_K	冲击韧度	$kJ \cdot m^{-2}$	h	小时	时间单位
$A(\delta)$	断后伸长率	%	K	碳化物	—
B	贝氏体	—	K	绝对温度的单位	—
$B_{上}$	上贝氏体	—	K_1	应力场强度因子(张开型)	$MPa \cdot m^{-\frac{1}{2}}$
$B_{下}$	下贝氏体	—	K_{IC}	断裂韧度	$MPa \cdot m^{-\frac{1}{2}}$
BCC(bcc)	体心立方晶格	—	K	致密度	%
b	晶格常数	nm	L	下屈服点(应力 – 应变曲线)	—
$C_m(Fe_3C)$	渗碳体	—	L	液相	—
C	碳	—	L_0	拉伸试样原始标距长度	mm
C	配位数	—	L_u	拉伸试样拉断后标距长度	mm
C(TTT)曲线	A′等温冷却转变曲线	—	M	马氏体	—
CCT 曲线	A′连续冷却转变曲线	—	$M_{回}$	回火马氏体	—
c	晶格常数	nm	Ms	A′向 M 转变开始温度	℃
C/C 复合材料	碳/碳复合材料	—	Mf	A′向 M 转变终了温度	℃
CR	氯丁橡胶	—	MMC	金属基复合材料	—
CFRP	聚合物基复合材料	—	n	晶胞原子数	—
D	扩散系数	$m^2 \cdot s^{-1}$	NR	天然橡胶	—
D_0	临界淬透直径	mm	NBR	丁腈橡胶	—
d	晶面间距	μm	P	珠光体	—
d	直径	mm	PA	聚酰胺(尼龙)	—
DIFT	形变诱导铁素体相变	—	PAN	聚丙烯腈	—
ETFE	乙烯 – 四氟乙烯共聚物	—	PC	聚碳酸酯	—
EP	环氧塑料	—	PE	聚乙烯	—
E	弹性模量	MPa	PP	聚丙烯	—
F(α)	铁素体	—	PS	聚苯乙烯	—
F	面积	mm^2	POM	聚甲醛	—
F_m	拉伸试样能承受最大载荷	MN	PTFE	聚四氟乙烯	—
f	频率	Hz	PVC	聚氯乙烯	—

续表

符号	名　称	单位	符号	名　称	单　位
FCC(fcc)	面心立方晶格	—	Ps	A′向 P 转变开始温度(CCT 曲线)	—
GFRP	玻璃钢(玻璃纤维增强 CFRP)	—	Pf	A′向 P 转变终了温度(CCT 曲线)	—
G	切变弹性模量	—	ppm	百万分之一	—
G	石墨	—	Q	屈服强度的代表符号	—
g	克	质量单位	R(r)	半径	mm

表 2(拉丁字母 R～Z)

符号	名　称	单位	符号	名　称	单　位
$R(\sigma)$	工作应力	MPa	T	温度	℃
$R_m(\sigma_b)$	抗拉强度	MPa	T_K	韧脆转变温度	℃
$R_{eL}(\sigma_s)$	下屈服强度	MPa	TTT(C)	A′等温冷却转变(曲线)	—
$R_{-1}(\sigma_{-1})$	疲劳强度	MPa	TMCP	控制轧制控制冷却技术	—
S	索氏体	—	UR	聚氨酯橡胶	—
$S_回$	回火索氏体	—	V	伏特	电压单位
s	秒(时间单位)	—	V(v)	体积	mm^3
S_0	试样标距部分的原始截面积	m^2	V	冷却速度	$℃\cdot s^{-1}$
S_1	试样断裂后的最小截面积	m^2	V_{KC}	(上)临界冷却速度	$℃\cdot s^{-1}$
SBR	丁苯橡胶	—	W	瓦(功率单位)	—
T	托氏体	—	y	年(时间单位)	—
$T_回$	回火托氏体	—	$Z(\psi)$	断面收缩率	%

表 3(以希腊字母为序)

符号	名　称	单位	符号	名　称	单　位
α	α 固溶体即铁素体	—	Φ	直径	mm
β	β 固溶体	—	$\sigma(R)$	工作应力	MPa
γ	γ 固溶体即奥氏体	—	$\sigma_0(R_0)$	初应力	MPa
Δl	绝对伸长量	mm	$\sigma_b(R_m)$	抗拉强度	MPa
ΔT	过冷度	℃	$\sigma_s(R_{eL})$	屈服点(屈服强度)	MPa
δ	断后伸长率	%	$\sigma_{0.2}(R)$	屈服点	MPa
ε	应变	—	ρ	电阻系数	Ω·cm
ε	ε 相($Fe_{2.4}C$)	—	ρ	密度	$g\cdot cm^{-3}$
θ	相邻晶粒间的位相差	℃	ρ	位错密度(单位:1/cm^2)	$cm\cdot cm^{-3}$
λ	导热系数	$W\cdot(m\cdot K)^{-1}$	τ	切应力	MPa
λ	波长	m	σ_{-1}	疲劳强度(光滑试样对称弯曲应力时)	MPa
μ	微,μm(微米)	—	$\psi(Z)$	断面收缩率	%

注:铁碳合金相图中的常用符号名称及其含义等在相应内容中已列表详细说明,此处略。

第1章 机械工程材料的结构
The Structure of Mechanical Engineering Materials

主要问题提示(Main questions)

1. 晶体与非晶体材料的本质区别以及各自的特点是什么？
2. 三种典型金属的晶体结构特点以及立方晶系中晶面、晶向指数的表示方法各是什么？
3. 何谓晶体缺陷？按其几何特征可分为几类？其主要形式(内容)及对性能的影响各是什么？
4. 晶体材料的基本相结构可分为哪两大类,其类型、主要性能及在合金中的地位与作用分别是什么？
5. 试简述聚合物与无机材料的结构特点。
6. 你能熟练地描绘纯铁的同素异构转变特性曲线吗？

学习重点与方法提示(Key points and learning methods)

本章学习重点:掌握纯质材料典型与实际的晶体结构特点,立方晶系中晶面、晶向指数(低指数)表示方法;合金相结构的基本类型、性能特点及在合金中的地位与作用。

学习方法提示:注意**加深对基本概念、术语的理解与记忆**。通过金工实习等观察微观结构对性能的影响,加深理解以上基本概念、术语的含义。一开始就**抓好"预习"环节**,积极培养独立思考的能力。对于晶面、晶向指数的学习,还可**结合习题举一反三、融会贯通**。

材料的性能主要决定于其化学组成和结构。所谓"**结构**"**系指材料中原子的排列位置和空间分布**。从宏观到微观可分成不同的层次,即宏观组织结构、显微组织结构及微观结构。**宏观组织结构**是指用肉眼或放大镜可观察到的材料内部的形貌图像(即晶粒、相的集合状态)。**显微组织结构**是指借助光学显微镜、电子显微镜可观察到的材料内部的微观形貌图像(即晶粒、相的集合状态或微区结构)。**微观结构**则指比显微组织结构更细的一层结构即原子和分子的排列结构。**习惯上,把宏观和显微组织结构称为组织,而微观结构则称为结构**。

固体材料的结构若为规则排列则是晶态,若为不规则排列则是非晶态。在绝大多数情况下,晶体结构并不是十分完整的,即在其规则排列中,局部存在着各种缺陷。因此作为工程技术人员,要做到正确选择和合理使用材料,首先必须具备有关材料结构方面的基本知识。

1.1 固体材料结构的有关概念
Concepts about Solid Material's Structure

1.1.1 晶体与非晶体(Crystals and non-crystals)

材料一般是在固体状态下使用的,按固体中原子排列的有序程度,而分为晶体结构和非晶态结构两种基本类型。

1.晶体结构——长程有序

所谓“长程有序”(远程有序),指的是原子在很大范围内均是按一定规则排列(即原子在三维空间作有规则的周期性重复排列),**具有长程有序排列的材料即为晶体材料。这种长程有序排列的形式称之为晶体结构**。晶体材料的特点是:

①结构有序,物理性质表现为各向异性;

②具有固定的熔点;

③晶体的排列状态是由构成原子或分子的几何形状和键的形式决定的;

④一般当晶体的外形发生变化时,晶格类型并不改变。

2.非晶态结构——短程有序

所谓“短程有序”(近程有序),指的是原子仅在很小的范围(约几十个原子的尺度)内呈一定的规则排列,而从大范围来看,则找不到规则排列的规律。**若固体材料中仅存在短程有序,则称其为非晶体材料(或无定形材料)。这种短程有序排列的形式,即称为非晶态结构(或无定形结构)**。非晶态结构被认为是“冻结了”的液态结构,即非晶体在整体上是无序的,但原子之间也是靠化学键结合在一起的,所以在有限的小范围内观察,还是有一定的规律性。非晶体材料的共同特点是:

①结构无序,物理性质表现为各向同性;

②无固定熔点;

③导热性和热膨胀性均小;

④塑性形变大;

⑤组成的变化范围大。

从理论上分析,如果抑止晶化固态反应过程,则任何物质均能发生非晶态固化反应,而获得非晶态材料。如纯金属液体在高速冷却($V_{冷速} > 10^{10}$ K/s)下可得到非晶态金属。从已得到的结果看,**非晶态材料具有较高的强度、硬度和抗蚀性能等**。

1.1.2 晶体结构的基本概念(Basic concepts about crystal structure)

晶体中原子(离子或分子)规则排列的形式称为晶体结构。为研究晶体中原子排列规律,假想理想晶体中的原子都是固定不动的刚球,那么晶体即由这些刚球堆砌而成,图1.1所示为纯铁内部结构示意图。图中(a)系纯铁的显微组织图,它由许多小晶粒(小晶体)所组成。图中(b)即为此**原子堆砌模型**,从中可看出其原子在各个方向的排列都是很规则的,此模型的优点是立体感强、直观,缺点是刚球紧密堆集在一起,很难看清内部原子排列的规律和特点,不便于研究。为了更清楚地表明原子在空间排列的规律性,把晶体中原子进一步抽象为几何“点”,用一些假想的空间直线按一定规律把这些“点”连接起来,构成三维的空间构架,称为“**晶格**”,如图中(c)所示。各连线的交点,称为“**结点**”,它们表示原子的中心位置。由于晶体中原子排列的规则性,可从晶格中取出一最基本的、有代表性的几何单元,称为“**晶胞**”,如图中(d)所示。晶胞在三维空间重复堆砌就构成晶格。表征晶胞特征的参数有三条棱边长度 a、b、c(称为**晶格常数**,其大小以 nm 为单位,1 nm = 10 Å =

10^{-7}cm)和三条棱边之间的夹角 α、β、γ 共六个,如图中(e)所示。**原子半径**(r),是指晶胞中相距最近的两个原子之间平衡距离的一半。而**晶胞原子数**(n)则指一个晶胞所包含的原子数目,即完完全全属于此晶胞所独有的原子数目。晶胞中原子排列的紧密程度通常用配位数和致密度这两个参数来表征。所谓"**配位数**"(C),是指晶格中与任一原子最近邻且等距离的原子数目。而"**致密度**"(K)则用晶胞中原子所占体积与晶胞体积之比表示,即公式 $K = nv/V$(式中,v 为一个原子的体积,V 为晶胞体积,n 为晶胞原子数)。

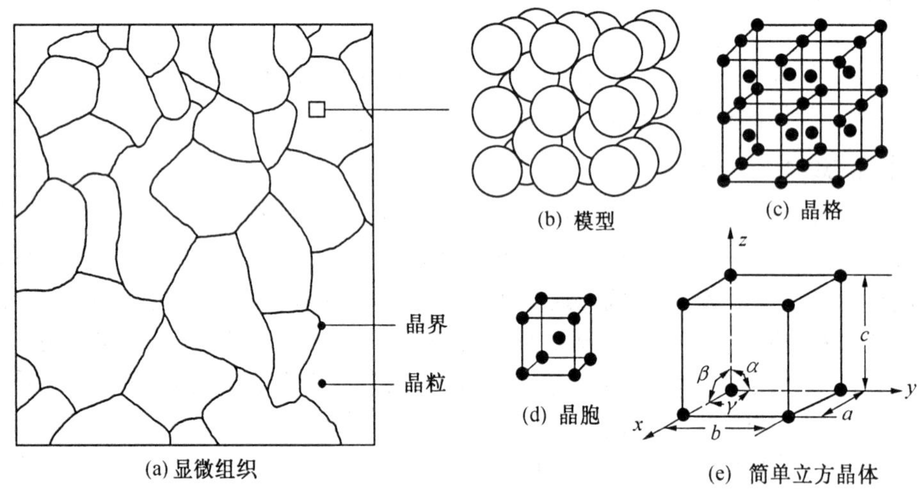

图 1.1　纯铁内部结构示意图

1.2　固体材料的晶体结构

Crystal Structures of Solid Materials

1.2.1　纯金属的晶体结构(Crystal structures of pure metals)

1.典型金属的晶体结构

在已知的 80 余种金属元素中,大多属于体心立方、面心立方或密排六方晶格中的一种。

(1)体心立方晶格(body centered cubic,缩写为 BCC 或 bcc)

图 1.2 所示为 BCC 晶格的晶胞。它是一个立方体,在立方体的八个顶角上各有一个原子,立方体的中心还有一个原子。立方体顶角上的原子属相邻八个晶胞所共有,晶胞中心的原子则完全属于该晶胞,且该原子与八个顶角原子均紧密接触,但八个顶角原子之间相互不接触。

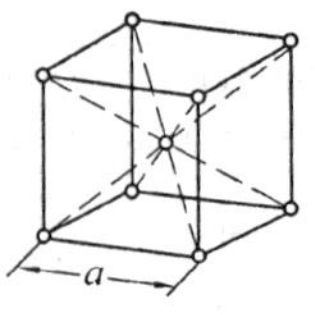

(a) 模型　(b) 晶胞　(c) 晶胞原子数

图 1.2　体心立方晶胞示意图

其晶格常数 $a = b = c$,故只用 a 表示即可。**原子半径** $r = \sqrt{3}a/4$,**晶胞原子数**

$$n = 1/8 \times 8 + 1 = 2$$

配位数 $C = 8$（每个原子最近邻且等距离原子数为 8），**致密度**

$$K = nv/V = 2 \times 4/3 \times \pi r^3 / a^3 = 0.68 \text{ 或 } 68\%$$

属于此类晶格的金属有 α - Fe、Cr、Mo、W、V、Nb、β - Ti、Ta 等约 30 余种，如表 1.1 所示。

(2)面心立方晶格(face centered cubic，缩写为 FCC 或 fcc)

FCC 晶格的晶胞如图 1.3 所示。它亦是一立方体，在立方体八个顶角和六个侧面中心位置上，各有一个与相邻的晶胞所共有的原子，但侧面中心原子属相邻两个晶胞所共有。侧面中心原子与同一面上相邻四个原子紧密接触，而该原子还与相邻侧面中心原子紧密接触。图 1.4 为其配位数，其晶体结构特点如表 1.1 所示。

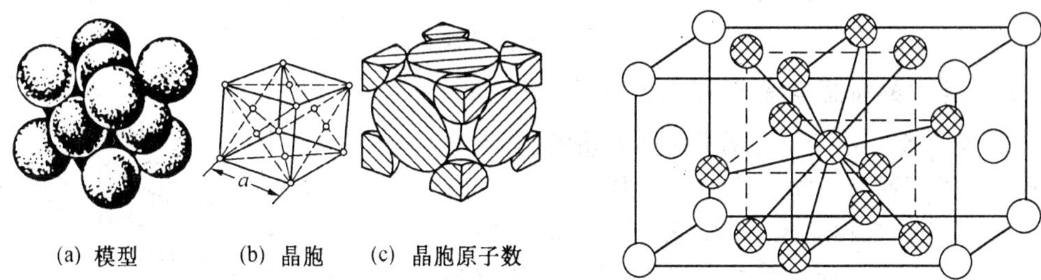

(a) 模型　(b) 晶胞　(c) 晶胞原子数

图 1.3　面心立方晶胞示意图

图 1.4　面心立方晶格的配位数

表 1.1　三种典型金属晶体结构特点

晶格类型	代表符号	晶格常数	晶胞原子数	原子半径	致密度	配位数	密排面	密排方向	举例说明
体心立方	BCC (bcc)	a	2	$\frac{\sqrt{3}}{4}a$	0.68	8	{110}	⟨111⟩	α - Fe, W, Mo, V
面心立方	FCC (fcc)	a	4	$\frac{\sqrt{2}}{4}a$	0.74	12	{111}	⟨110⟩	γ - Fe, Pb, Sn, Au, Ag
密排立方	HCP (hcp)	a, c	6	$\frac{1}{2}a$	0.74	12	六方底面	底面对角线	Zn, Mg, Be, Cd

【例题 1.1】　已知纯金属铝的原子直径为 0.286 83 nm，试求其晶格常数。

分析　纯金属铝的晶体结构系 FCC，在 FCC 晶胞中 $r = \frac{\sqrt{2}}{4}a$，那么 $d = 2 \times \frac{\sqrt{2}}{4}a$，其晶格常数 a 与原子直径 d 之间的关系就十分明确了。

解答　因为 $d = 2 \times \frac{\sqrt{2}}{4}a$，所以 $a = \sqrt{2} \times d = \sqrt{2} \times 0.286\,83 = 0.405\,6$ nm。

因此，金属铝的晶格常数为 0.405 6 nm。

归纳与引申　对于立方晶胞来说，晶格常数 a 与原子半径 r 之间的关系应符合关系式：$r = \frac{\sqrt{2}}{4}a$(FCC)，或 $r = \frac{\sqrt{3}}{4}a$(BCC)。因此，遇到此类问题时首先应判明是 FCC 还是 BCC 晶胞，这是最关键之处；其次，应分析已知条件与所求解问题之间的关系；再之，在运用此关系式计算后，注意计算结果是否直接符合题意。

思考　若已知某纯金属的晶格常数值，如何求其原子半径呢？

(3)密排六方晶格(hexagonal close - packed,缩写为 HCP 或 hcp)

图 1.5 为 HCP 晶格的晶胞,是一个正六棱柱体,在晶胞的 12 个顶角上各有一个原子,上下底面的中心各有一个原子,此晶胞内还有三个原子,其晶体结构特点如表 1.1 所示。

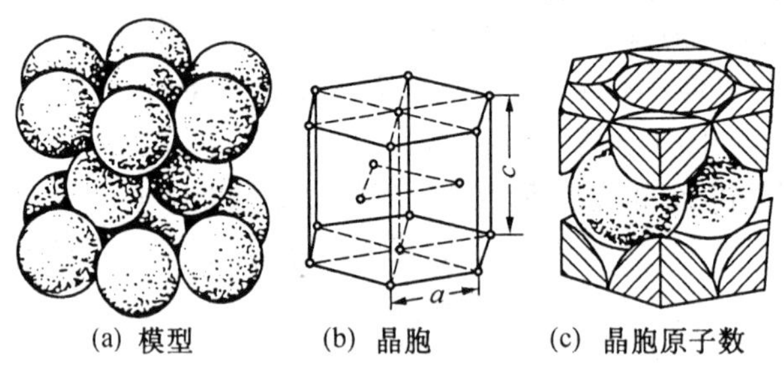

图 1.5 密排六方晶胞示意图

2.晶体中的晶面与晶向(以立方晶系为例说明)

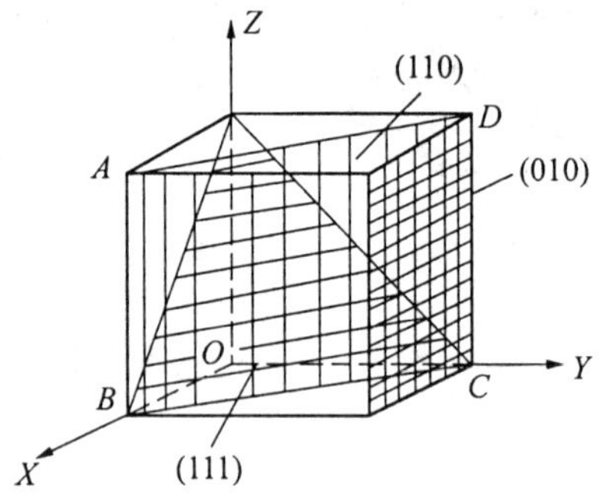

图 1.6 立方晶胞中三种重要晶面指数

晶体中各种方位上的原子面称为**晶面**;各个方向上的原子列称为**晶向**。晶体的许多性能(如各向异性等)和行为都和晶体中特定晶面和晶向密切相关。通常用**晶面指数**和**晶向指数**分别表示晶面和晶向,晶面指数与晶向指数又统称**密勒**(Miller)**指数**。

(1)晶面指数表示法

确定晶面指数(图 1.6 中 *ABCD* 晶面)可按下列步骤进行。

①设坐标 选晶胞中任意结点为空间坐标系的原点(但注意不要把原点放在欲定的晶面上),以晶胞的三条棱边为空间坐标轴 *OX*、*OY*、*OZ*;

②求截距 以晶格常数 *a*、*b*、*c* 分别为 *OX*、*OY*、*OZ* 轴上的长度度量单位,求出欲定晶面在三个坐标轴上的截距,即 1,1,∞;

③取倒数 将所得三截距之值变为倒数,即 1,1,0;

④化简 将所得三倒数值按比例化为最小简单整数,即 1,1,0;

⑤入括号 把所得最小简单整数值,放在圆括号内,如(110),即为所求的晶面指数。

确定和运用晶面指数时,应注意:

(i)晶面指数通式为(*hkl*),如果所求晶面在坐标轴上的截距为负值,则在相应的指数上加一负号,如($\bar{h}\,k\,l$);

(ii)在某些情况下,晶面可能只与两个或一个坐标轴相交、而与其他坐标轴平行,当晶面与某坐标轴平行时,则在该轴上的截距值为无穷大∞,其倒数为 0;

(iii)应当指出,某一晶面指数并不只代表某一具体晶面,而是代表一组相互平行的晶面(即所有相互平行的晶面都具有相同的晶面指数),当两晶面指数的数字和顺序完全相同而符号相反时,则这两个晶面相互平行,它相当于用 -1 乘以某一晶面指数中的各个数字,如(100)晶面平行于($\bar{1}00$)晶面,(111)平行于($\bar{1}\bar{1}\bar{1}$)等;

(iv)由于对称关系,在同一种晶体结构中,**有些晶面虽然在空间的位向不同,但其原**

子排列情况完全相同，这些晶面则隶属于同一晶面族，其晶面指数用大括号{*hkl*}表示，例如，在立方晶系中{100}晶面族包括(100)、(010)和(001)晶面；

(v)立方晶系中三种重要的晶面分别为{100}、{110}与{111}。

(2)晶向指数表示法

确定晶向指数(图1.7中*AB*晶向)的步骤如下。

①**设坐标** 以晶胞的任一结点为原点，晶胞的三条棱边为坐标轴，并以晶胞棱边长度为坐标轴的单位长度；

②**作平行线** 过原点作一直线(*OP*)，使其平行于待标定的晶向(*AB*)；

③**求值** 求直线上任一点(如*P*点)的三个坐标值，如1,1,0；

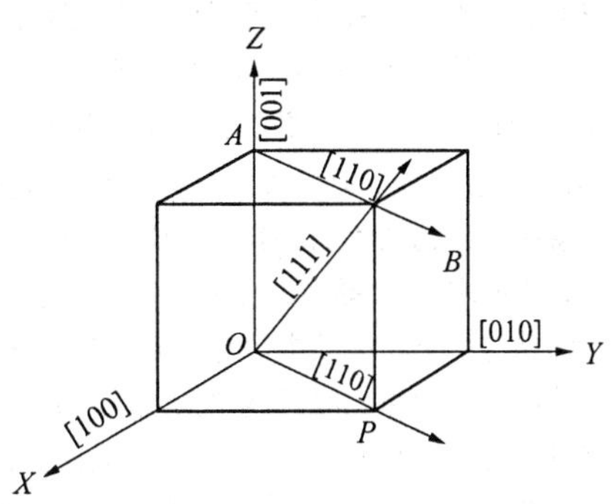

图1.7 立方晶胞中几种重要晶向指数

④**化简** 将所求数值乘以公倍数化为最小简单整数，如1,1,0；

⑤**入括号** 将所求数值放入方括号，如[110]，即为所求的晶向指数。

同理，在确定和运用晶向指数时，亦应注意：

(i)晶向指数的通式可写成[*uvw*]；

(ii)同一晶向指数表示所有相互平行且方向一致的晶向；

(iii)原子排列相同但空间位向不同的所有晶向可归纳为同一晶向族，以⟨*uvw*⟩表示；

(iv)在立方晶系中，当一晶向[*uvw*]位于或平行于某一晶面(*hkl*)时，必须满足以下关系，$hu + kv + lw = 0$；当某一晶向与某一晶面垂直时，则其晶向指数和晶面指数必须完全相等，即 $u = h, v = k, w = l$，例如[100]⊥(100)，[111]⊥(111)等；

(v)立方晶系中三种重要的晶向分别为<100>、<110>与<111>。

【例题1.2】 在一个立方晶胞中，绘出下列晶面与晶向：(011)、(231)；[111]、[231]。

分析 为了绘出(011)、(231)晶面及[111]、[231]晶向，首先在例题图1.1所示立方晶胞中建立坐标系。

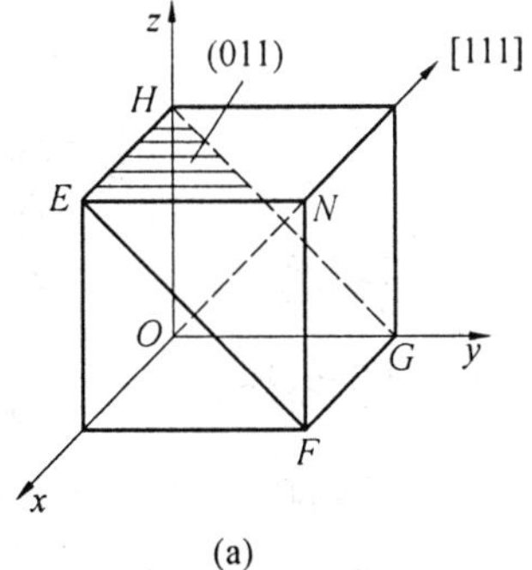

(a)

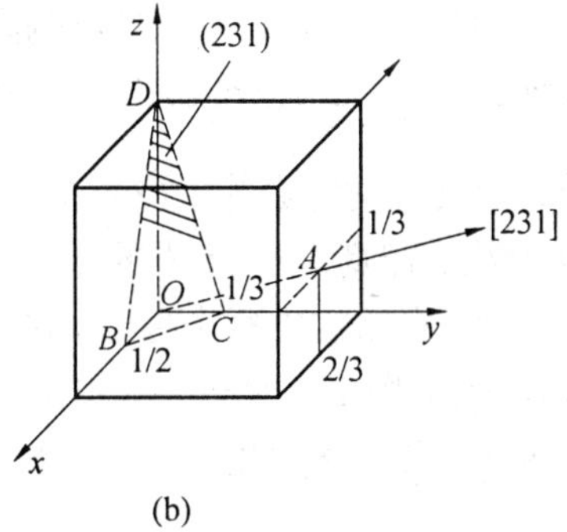

(b)

例题图1.1 立方晶胞示意图

对于简单指数值的(011)、[111]，如何求(011)晶面呢？先在图1.1(a)中找出其相应截距值，即∞，1，1，然后画出此晶面；对晶向[111]，在1.1(a)图中找出坐标值为1,1,1的某点*N*，连接*ON*的有向直线，即为所求晶向。

*再来分析(231),因一般要求在图 1.1(b)所示晶胞中画出待求的晶面,故对其应按求晶面指数的步骤反向进行。即对于晶面指数(231),由于它是求倒数后得来的,所以首先对 2,3,1 分别取倒数得 1/2,1/3,1,此即所求晶面在坐标系中相应截距值;然后在例题图 1.1(b)中分别找出该晶面在 x、y、z 轴上相应截距值 1/2,1/3,1;最后用直线将截距值对应的点连接,并用影线示出,此即为(231)晶面。

*对于晶向指数[231],由于该指数值亦是经化简后得到的,那么首先应将 2,3,1 恢复至化简前的状态即 2/3,1,1/3;然后在图 1.1(b)所示晶胞中找出坐标值为(2/3,1,1/3)的某点 A;最后从坐标原点 O 出发,引一条射线 OA,此即为所绘的具有[231]晶向指数的晶向。

解答 例题图 1.1,(a)中 $EFGH$ 晶面即为所求(011)晶面,ON 晶向即为所求[111]晶向;(b)中 BCD 晶面即为所求(231)晶面,OA 晶向即为所求的[231]晶向。

归纳与引申 晶面指数与晶向指数的求法不外乎两种。

①已知晶面指数值,要求在所给定的立方晶胞中画出此晶面。其思考方法是依据晶面指数的求解步骤进行反向思维而展开,例如对于晶面(123),按照晶面指数的求解步骤反向进行就是先取倒数,即 1,1/2 ,1/3 ,就是说该晶面在坐标系的三条坐标轴上的截距值为 1,1/2 ,1/3 ,有了截距值该晶面就很容易绘出了。当已知晶向指数值时亦是如此,不过此时不是取倒数而是求出晶胞上某点的坐标值,例如对于晶向[123],其求解步骤的反向就是找出该晶向上的某点在坐标系中的坐标值,即回到化简前状态,1/3 ,2/3 ,1,那么该点很容易找出,从坐标原点出发连至该点的有向直线即为所求晶向。

②在已知立方晶胞中,若已知某晶面(或晶向)的位置,欲求该晶面(或晶向)指数值。此时按照求解晶面指数(或晶向指数)的步骤进行即可。

③在求解晶面(或晶向)指数时,应注意坐标原点的选取,不是唯一的(即坐标原点可平移)。

④一定注意区分晶面族、晶向族与具体的某晶面、某晶向,例如{100}晶面族,它包括(100)、(010)与(001)三个晶面,而(100)晶面即为一具体晶面。

思考 在立方晶系中,{111}晶面族共包含多少个晶面?

(3)晶面及晶向的原子密度

晶面的原子密度是指该晶面单位面积中的原子数,晶向的原子密度是指该晶向单位长度上的原子数。由于不同晶面与晶向具有不同的原子密度,因而晶体在不同方向上表现出不同的性能,即**晶体各向异性**。但实际上,纯铁系**多晶体**,其在不同方向上并不表现各向异性,人们称之谓**伪各向同性**。

1.2.2 共价晶体与离子化合物的晶体结构(Crystal structures of covalent and ionic crystals)

共价结合元素的键数等于(8 − N),N 为外壳层的电子数。因此共价晶体的结构,也应服从(8 − N)法则,在结构中每个原子都有(8 − N)个最近邻原子,如图 1.8 所示。这类结构的特点是使每一离子共享有 8 个电子,成为稳定的共价结合。

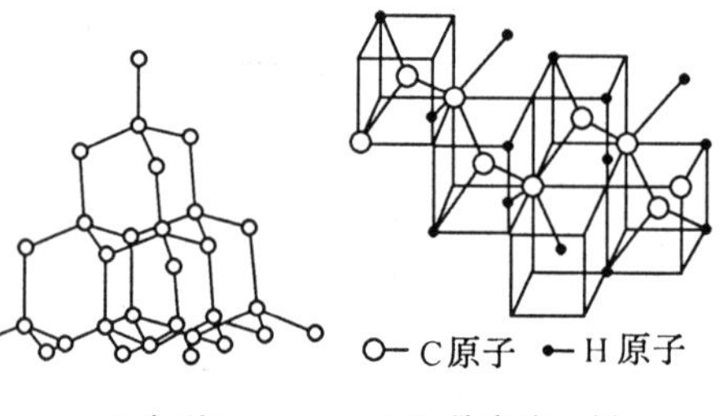

图 1.8 常见的共价晶体结构

常见的离子化合物的晶体结构有 AB、AB_2 和 A_2B_3 三种类型,如图 1.9 所示。

注:*—表示引申思考,不作为学习的重点。

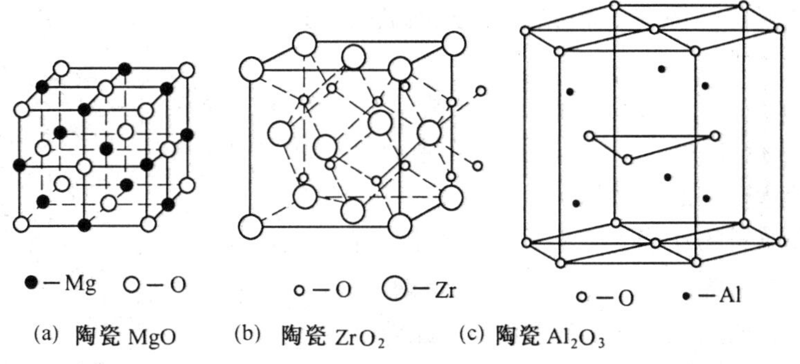

(a) 陶瓷 MgO (b) 陶瓷 ZrO_2 (c) 陶瓷 Al_2O_3

图 1.9 常见离子化合物的晶体结构

1.2.3 实际晶体的结构特征(Structure characteristics of real crystals)

前述晶体结构都是理想结构,而它们只有在特殊条件下才能得到。实际上,晶体在形成时,常会遇到一些不可避免的干扰,造成实际晶体与理想晶体(即单晶体)的一些差异。例如,处于晶体表面的离子与晶体内部的离子就有差别。又如,晶体在成长时,常常是在许多部位同时发展,结果得到的不是"**单晶体**(single crystal)",而是由许多细小晶体按不规则排列组合起来的"**多晶体**(polycrystal)",如图 1.10 所示。所谓材料的组织系指各种晶粒的组合特征,即各种晶粒的尺寸大小、相对量、形状及其分布特征等。而**实际应用的晶体材料的结构特点是,总是不可避免地存在着一些原子偏离规则排列的不完整性区域,这就是晶体缺陷**(crystal defects)。

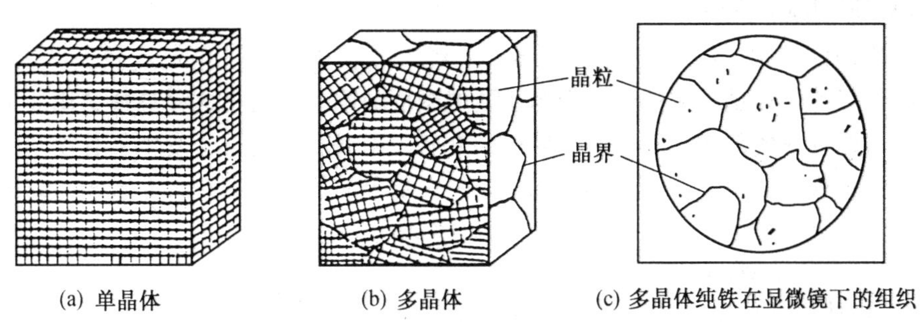

(a) 单晶体 (b) 多晶体 (c) 多晶体纯铁在显微镜下的组织

图 1.10 单昌体与多晶体示意图

尽管实际晶体材料中所存在晶体缺陷的原子数目至多占原子总数的千分之一,但是这些晶体缺陷不但对晶体材料的性能,特别是对那些结构敏感的性能,如强度、塑性、电阻等产生重大影响,而且还在扩散、相变、塑性变形和再结晶等过程中扮演着重要角色。例如,工业金属材料的强度随缺陷密度的增加而提高,而导电性则下降。又如,晶体缺陷可用于提高陶瓷材料的导电性。由此可见,研究实际晶体(即晶体缺陷)的特点具有重要的实际意义。

按照晶体缺陷的几何特征,可将其分为点缺陷、线缺陷和面缺陷三大类。

1. 点缺陷(point defects)

点缺陷是指在三维方向上尺度都很小(不超过几个原子直径)的缺陷。常见的点缺陷有三种，即空位、间隙原子和置换原子，如图 1.11 所示。

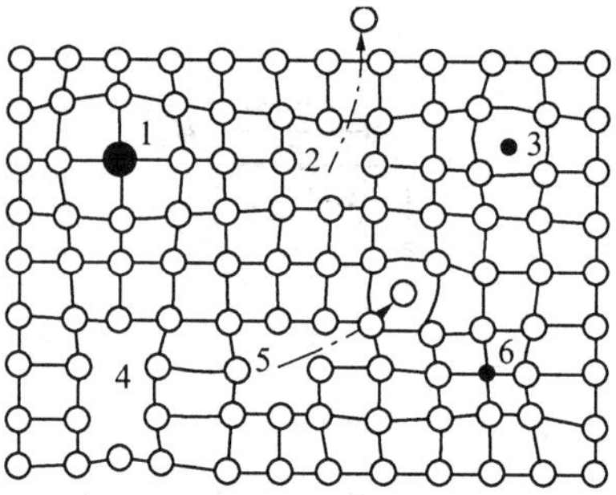

①空位(vacancy)　晶格中某个原子脱离了平衡位置，形成空结点，即称为空位，如图 1.11 中的 2、4、5 均为空位。产生空位的主要原因在于晶体中原子的热振动。一些原子的动能大大超过给定温度下的平均动能而离开原位置，造成原位置原子的空缺。温度的升高使原子动能增大，空位浓度增加。此外，塑性变形、高能粒子辐射等，也促进空位的形成。

图 1.11　晶体中的各种点缺陷
1,6—置换原子;3—间隙原子;
2,4,5—空位

②间隙原子(interstitial atoms)与置换原子(substitutional atoms)　在晶格结点以外位置上存在的原子称为间隙原子，如图 1.11 中的 3。间隙原子一般是原子半径较小的异类原子，而占据晶格结点的异类原子称为置换原子，如图 1.11 中的 6。一般说来，置换原子的半径与基体原子相当或较大。当异类原子较小时，更易于进入晶格的间隙位置而成为间隙原子。

③点缺陷(distortion)对性能的影响　无论哪类点缺陷，都会使晶格扭曲，造成**晶格畸变**(lattice)，在点缺陷周围几个原子的范围内产生弹性应力场，畸变区分布着平衡的微观弹性应力，使体系的内能增高。晶体中的点缺陷对材料的性能有很大影响。如随点缺陷的增加，材料的电阻率增大，体积膨胀，点缺陷造成的晶格畸变还使材料强度提高。另外，点缺陷的存在，对扩散过程和相变等均有很大影响。

2. 线缺陷(linear defects))

线缺陷即位错(dislocation)，是指晶体中二维尺度很小而第三维尺度较大的缺陷，即**“位错”。位错是晶体结构中的一种极为重要的微观缺陷。实质上这种晶体结构的不完整性是一种普遍存在的形式**。它是在晶体中某处有一列或若干列原子发生了有规则的错排现象。位错可视为晶格中一部分晶体相对于另一部分晶体的局部滑移而造成的结果。晶体滑移部分与未滑移部分的交界线即为位错线。

位错有许多类型，但其基本形式有两种，即刃型位错与螺型位错(图 1.12,1.13)。

图 1.12 为常见的一种**刃型位错**(edge dislocation)，图 1.12(a)为刃型位错模型，该晶体右上部分相对于右下部分的局部滑移造成晶体上半部分挤出了一层多余的原子面，它犹如完整晶格中插入了半层原子面，该多余半原子面的边沿就是位错线。因为它好像刀刃，故称“刃型位错”。在位错线附近的原子产生错排，图中 *DC* 线称为位错线，并用“⊥”和“⊤”符号表示上、下的“正刃型位错”和“负刃型位错”，如图 1.12(b)所示。

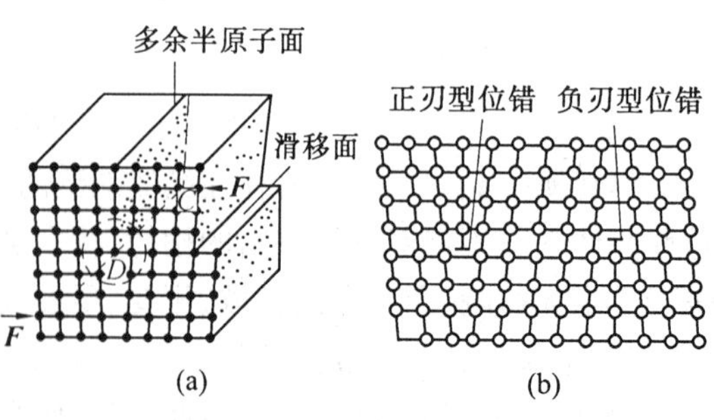

图 1.12　刃型位错示意图

图 1.13 为**螺型位错**(screw dislocation)示意图。如图 1.13(a)所示，设想在简单立方晶

体的右端施加一切应力 τ,使其右端上、下两部分晶体沿滑移面 $ABCD$ 发生一个原子间距的相对切变,此时左半部分晶体仍未产生滑移(塑性变形),出现了已滑移区和未滑移区的边界 bb',此即螺型位错线。图 1.13(b)给出了 bb' 附近原子的排列情况,晶体中大部分原子仍保持正常位置,但在 bb' 和 aa' 间出现了一个约几个原子间距宽,上、下层原子不吻合的过渡区,在此过渡区中,原子的正常排列遭到破坏。若以 bb' 线为轴,从 a 点开始,按顺时针方向依次连接过渡区内的各原子,则其走向与一个右旋螺纹的前进方向一样,如图 1.13(c)所示。这说明位错线附近的原子是按螺旋形排列的,故称其为螺型位错。若用拇指代表螺旋前进方向,而以其余四指代表螺旋的旋转方向,凡符合右手法则的称为右螺型位错,符合左手法则的称为左螺型位错。

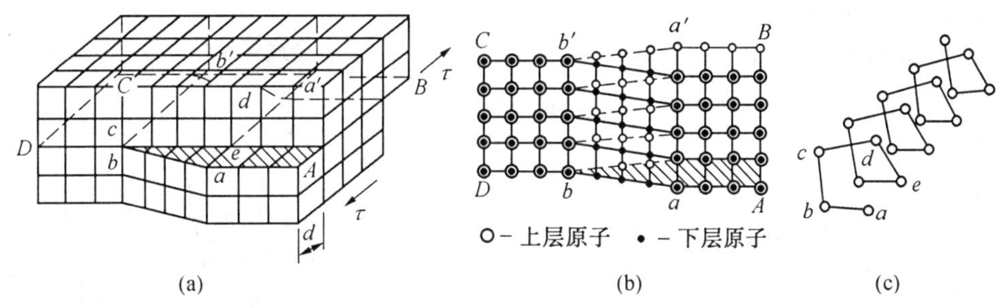

图 1.13　螺型位错示意图

在实际晶体中,通常含有大量的位错,这些位错甚至相互连接呈网状分布。人们常用**位错密度**(单位体积中所包含的位错线的总长度或穿过单位截面积的位错线数目)ρ 表示,即 $\rho = L/V$(式中 V 为晶体体积;L 为该晶体中位错线的总长度),其量纲为 cm/cm^3 或 $1/cm^2$。一般在经充分退火的多晶体金属中位错密度 ρ 达 $10^6 \sim 10^8 cm/cm^3$,而经过剧烈冷塑性变形的金属,其位错密度可高达 $10^{11} \sim 10^{12} cm/cm^3$,即在 $1cm^3$ 的金属内含有千百万公里长的位错线。

由于位错附近晶格畸变,因而产生弹性应力场。例如图 1.12(a)所示刃型位错,在多余半原子面的上半部晶体受到压应力,而下半部受到拉应力。

位错对材料性能的影响比点缺陷更大,对金属材料性能的影响尤甚,图 1.14 所示即为位错密度与金属强度的关系。理想晶体强度很高,位错的存在可降低强度,但当位错数量急剧增加以后,强度又迅速提高。事实上,没有缺陷的晶体,目前还很难得到,所以**生产中一般都是采用增加位错密度的措施来提高强度,但塑性随之降低,可以说金属材料中的各种强化机制几乎都是以位错为基础的。**

3.面缺陷(planar defects)

面缺陷系指晶体中一维尺度很小而其他二维尺度很大的缺陷。

①**晶体表面**　晶体表面是指金属与真空或气体、液体等外部介质相接触的界面。处于此界面上的原子会同时受到晶体内部的自身原子和外部介质原子或分子的作用力,内部原子对界面原子的作用力显著大于外部原子或分子的作用力。这样,表面的原子就会偏离其正常平衡位置,并因而牵连到邻近的几层原子,造成表面层的晶格畸变。由于在表面层产生了晶格畸变,所以其能量就要升高,将这种单位面积上升高的能量称为比表面

能，简称表面能。表面能与外部介质的性质、裸露晶面的原子密度、晶体表面的曲率以及晶体的性质等有关。

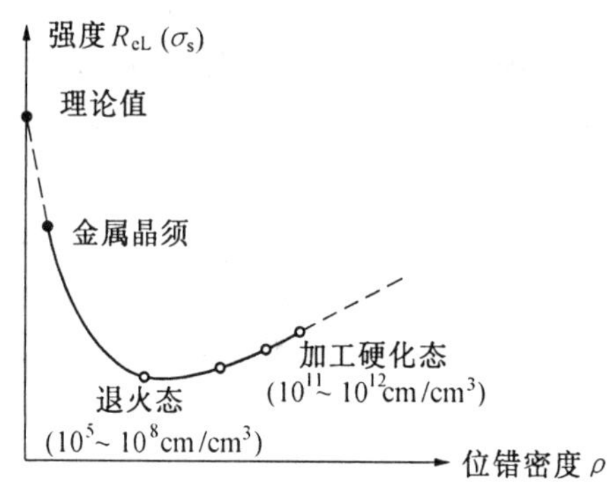

图 1.14　金属强度与位错密度的关系

②**晶界、亚晶界**　晶界和亚晶界如图 1.15 所示。实际应用的固体材料绝大部分是多晶体。**多晶体**系由大量外形不规则的小晶体（**晶粒**）组成的。每个晶粒可基本上视其为单晶体。不同晶粒原子排列的取向不同，晶粒之间的分界面即为**晶界**（grain boundary）。晶界处原子排列不规则，极为混乱，晶格畸变较大。晶界宽度仅为几个原子间距。一般将晶粒晶格位向差小于 10° ~ 15° 的晶界称为小角度晶界，而大于 10° ~ 15°的晶界则称为大角度晶界。

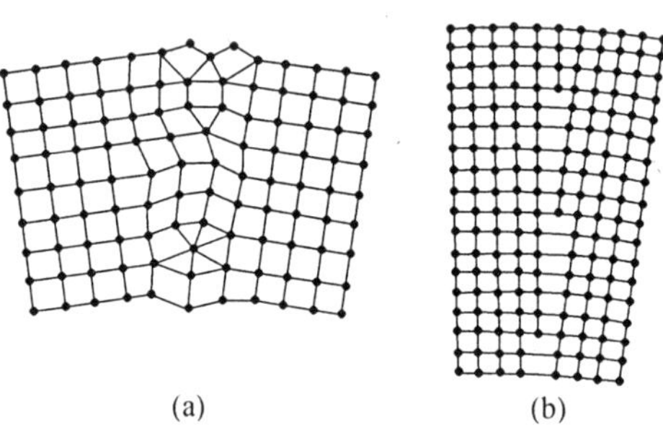

图 1.15　晶界(a)及亚晶界(b)示意图

晶粒也并非严格意义上的单晶，通常晶粒是由许多位向差很小的称为嵌镶块的小晶块组成，称为**亚晶粒**（sub - crystal grain），亚晶粒尺寸为 10^{-4} ~ 10^{-6}cm。亚晶粒之间的位向差只有几秒或几分，最多不超过 1° ~ 2°。亚晶粒之间的交界称为**亚晶界**（sub - grain boundary）。亚晶界是小角度晶界，其结构可看成是由位错垂直排列成的位错墙构成。

总之，面缺陷是晶体中不稳定的区域，原子处于较高的能量状态。它能提高材料的强度和塑性，细化晶粒，增大晶界总面积是强化晶体材料力学性能的有效手段。同时它对晶体的性能及许多过程均具有极其重要的作用。

实际金属晶体缺陷的特征如表 1.2 所示。

表 1.2　实际金属晶体缺陷的特征

晶体缺陷类别	主要形式	对材料性能的影响
点缺陷	空位、间隙原子、置换原子	是金属扩散主要方式
线缺陷	刃型位错⊥、螺型位错 $	加工硬化、固溶强化、弥散强化
面缺陷	晶　界 亚晶界	易腐蚀、易扩散、熔点低、强度高、细晶强化

1.2.4　同素异构（晶）转变（亦称多晶型转变）（Allotropy and polymorphism）

伴随着外界条件（温度或压力）的变化，物质在固态时所发生的晶体结构的转变，称为

同素异构(晶)转变,亦称多晶型转变。具有同一化学组成却有不同晶体结构的材料,即称为同素异构(晶)体或多晶性材料。

固态下的同素异构转变与液态结晶一样,也是形核与长大的过程。为了与液态结晶加以区别,将这种固态下的晶体结构变化过程称为**重结晶**。同素异构转变也需要过冷,而且过冷倾向很大。由于晶格类型的改变必然伴随着体积的变化,所以造成很大的内应力。但在工程上,同素异构转变又具有重大实际意义。因为化学组成相同的材料,可以具有不同的晶体结构,因而所获得的性能也迥然不同。

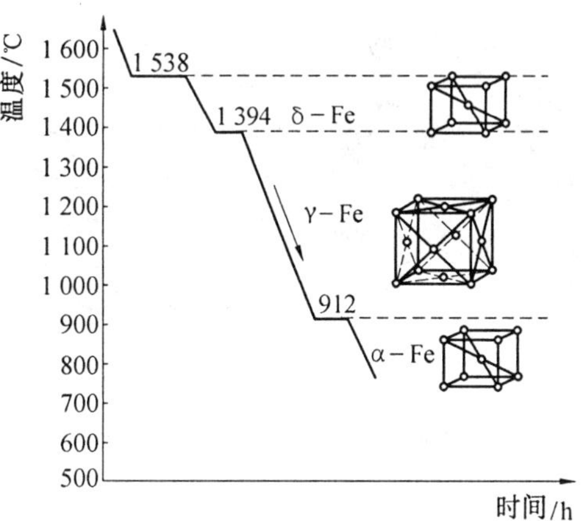

图 1.16 纯铁的同素异构转变

图 1.16 系纯铁的冷却曲线,可以看出,纯铁在 1 538℃结晶为 δ－Fe,具有 BCC 结构;当温度继续冷却至 1 394℃时,δ－Fe 转变为 FCC 的 γ－Fe,通常把 $\delta-Fe \xrightleftharpoons{1\ 394℃} \gamma-Fe$ 的转变称为 A_4 转变,转变的平衡临界点称为 A_4 点。当温度继续冷至 912℃时,FCC 的 γ－Fe 又转变为 BCC 的 α－Fe,把 $\gamma-Fe \xrightleftharpoons{912℃} \alpha-Fe$ 的转变称为 A_3 转变,转变的平衡临界点称为 A_3 点。在 912℃以下,铁的结构不再发生变化。这样一来,纯铁就具有三种同素异构状态,即 δ－Fe、γ－Fe 和 α－Fe。**纯铁的同素异构转变是构成铁碳合金相图、钢的合金化和热处理的重要基础**。

许多无机材料和聚合物材料也都具有类似同素异构转变的特性,如石墨和金刚石同属于碳,但因晶体结构不同而具有截然不同的性能。

1.3 一般工程材料的结构特点

Structure Characteristics of Common Engineering Materials

1.3.1 晶体材料的基本相结构(Basic phase structure of crystalline materials)

1.组元、相、组织与合金的概念

(1)组元(constituent)

组成材料最基本的独立物质称为“组元”。组元可以是纯元素,也可以是稳定的化合物。金属材料的组元多为纯元素,无机材料的组元多为化合物。

(2)相(phase)

材料中具有同一聚集状态、同一化学成分、同一结构并与其他部分有界面分开的均匀组成部分称为“相”。若材料是由成分和结构相同的同种晶粒构成的,尽管各晶粒之间有界面隔开,但它们仍属于同一种相。若材料是由成分和结构都不相同的几部分构成,则它们应属于不同的相。例如,工业纯铁是单相合金,如图 1.17 所示,共析碳钢在室温下由铁素体和渗碳体两相组成,如图 1.18 所示,而普通陶瓷则由晶相、玻璃相(即非晶相)与气相三相所组成。

“**相结构**”指的是相中原子的具体排列规律，即相的晶体结构。

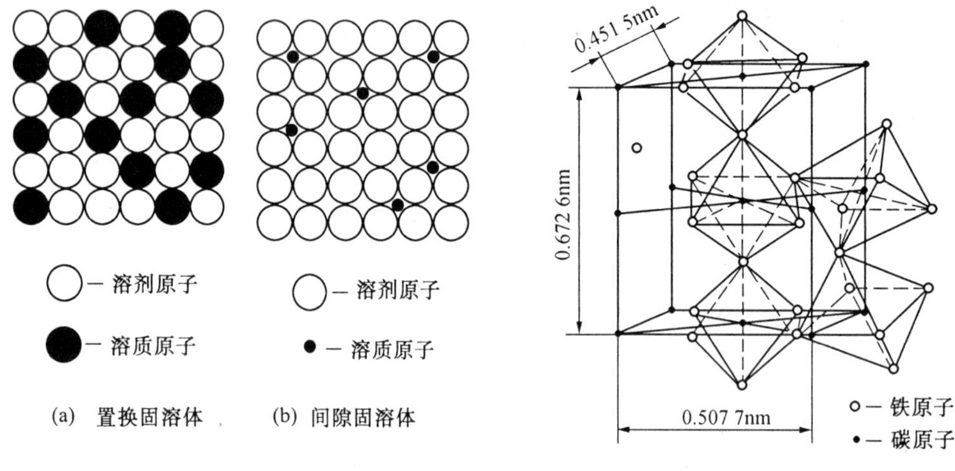

图 1.17　固溶体的两种类型　　　　图 1.18　渗碳体(Fe_3C)的晶格

(3)组织与相的关系(microstructure)

“**组织**”是与“**相**”有紧密联系的概念。“**相**”是构成组织的最基本组成部分；但是当“**相**”的大小、形态与分布不同时会构成不同的微观形貌(图像)，各自成为独立的**单相组织**，或与别的相一起形成不同的**复相组织**。例如，图 2.19 中Ⅶ号图所示工业纯铁的显微组织就是由单相 α 构成的组织，而图 2.20 所示共析碳钢的显微组织则是由 α 相与 Fe_3C 相层片交替、相间分布共同构成的组织(亦称珠光体)。

组织是材料性能的决定性因素。相同条件下，材料的性能随其组织的不同而变化，因此在工业生产中，控制和改变材料的组织具有相当重要意义。

由于一般固体材料不透明，故需先制备金相试样，包括样品的截取、磨光和抛光等步骤，把欲观察面制成平整而光滑如镜的表面，然后经过一定的浸蚀，再在金相显微镜下观察其显微组织，如图 1.1(a)所示。

(4)合金

由两种或两种以上金属元素或金属元素与非金属元素组成的具有金属特性的物质称为“合金”。例如，黄铜是铜和锌组成的合金，碳钢和铸铁是铁和碳组成的合金。由给定组元可按不同比例配制出一系列不同成分的合金，这一系列合金就构成一个合金系统，简称合金系。两组元组成的为二元系，三组元组成的为三元系等。

2.晶体材料的基本相结构

晶体材料成千上万，相的种类极为繁多。但根据相结构的特点，可以将其划分为两大类——**即固溶体和化合物**。

(1)固溶体(solid solution)

固溶体是指溶质原子溶入溶剂晶格中所形成的均一的、保持溶剂晶体结构的结晶相。其实质就是固体溶液。

①按照溶质原子在溶剂晶格中所占据位置分类

(i)置换固溶体(substitutional solid solution) 系指溶质原子位于溶剂晶格的某些结点位置所形成的固溶体,犹如这些结点上的溶剂原子被溶质原子所置换一样,因此称为置换固溶体,如图1.17(a)所示。当溶质原子与溶剂原子的直径、电化学性质等较为接近时,一般可形成置换固溶体。

(ii)间隙固溶体(interstitial solid solution) 溶质原子不是占据溶剂晶格的正常结点位置,而是嵌入溶剂原子间的一些间隙中,如图1.17(b)所示。当溶质原子直径(如C、N等元素)远小于溶剂原子(如Fe、Co、Ni等过渡族金属元素)时,一般形成间隙固溶体。

②按固态溶解度分类

(i)有限固溶体 在一定条件下,溶质原子在固溶体中的浓度有一定限度,超过此限度就不再溶解了。这一限度称为溶解度或固溶度,这种固溶体称为有限固溶体,大部分固溶体都属于此类(**间隙固溶体只能是有限固溶体**)。

(ii)无限固溶体 溶质原子能以任意比例溶入溶剂,固溶体的溶解度可达100%,这种固溶体称为无限固溶体。无限固溶体只能是置换固溶体,而且溶质与溶剂原子的晶格类型相同,电化学性质相近,原子尺寸相近等。如Cu-Ni系合金可形成无限固溶体。

③按溶质原子和溶剂原子的相对分布分类

(i)无序固溶体 溶质原子随机分布于溶剂的晶格中,它或占据溶剂原子等同的一些位置,或占据溶剂原子间的间隙中,看不出什么次序或规律性,这类固溶体称无序固溶体。

(ii)有序固溶体 当溶质原子按适当比例并按一定顺序和一定方向,围绕着溶剂原子分布时,这种固溶体称有序固溶体。它既可是置换式的有序,也可是间隙式的有序。

④**固溶体的性能特点** 形成固溶体时,由于溶质原子的溶入而使固溶体的晶格发生畸变,位错运动的阻力增加,从而提高了材料的强度和硬度,这种现象称为**固溶强化**。

一般说来,固溶体的硬度、屈服强度和抗拉强度等总比组成它的纯组元的平均值高,随着溶质原子浓度的增加,硬度和强度也随之提高。溶质原子与溶剂原子的尺寸差别越大,所引起的**晶格畸变**(lattice distortion)也越大,强化效果则越好。由于间隙原子造成的晶格畸变比置换原子大,所以其强化效果也较好。在塑、韧性方面,如延伸率、断面收缩率和冲击韧性等,固溶体要比组成它的两纯组元的平均值低,但比一般的化合物要高得多。

综合起来看,固溶体比纯组元和化合物具有较为优越的综合力学性能。因此,**固溶体具有良好的塑性、韧性,同时比纯组元有较高的硬度、强度。因此,各种金属材料通常是以固溶体为基体相**。

(2)化合物

当元素之间不具备形成固溶体的条件或溶质含量超过了溶剂的溶解度时,在合金中往往会出现新相,新相的结构不同于合金中任一组元,这种新相称为**化合物**。在陶瓷材料中,通常材料的组元即为某化合物。而金属材料中的化合物可分为**金属化合物**和非金属化合物。**凡是由相当程度的金属键结合并具有金属特性的化合物称为金属化合物**,例如碳钢中的渗碳体(Fe_3C)。凡不是金属键结合又不具有金属特性的化合物称为非金属化合物,例如碳钢中依靠离子键结合的FeS和MnS,其在钢中称为非金属夹杂物。

①金属化合物(intermetallic compound)的分类 金属化合物的种类很多,常见的有以下三种类型。

正常价化合物 符合一般化合物的原子价规律，成分固定并可用化学式表示，如 Mg_2Si 等。

电子化合物 不遵守原子价规律，而服从电子浓度(价电子总数与原子数之比)规律。电子浓度不同，所形成化合物的晶格类型也不同。例如 Cu－Zn 合金中，当电子浓度为3/2时，形成的化合物 CuZn，其晶体结构为 BCC(简称为 β 相)；电子浓度为 21/13 时，形成的化合物 Cu_5Zn_8，其晶体结构为复杂立方晶格(称为 γ 相)等。

间隙化合物 它是由过渡族金属元素与 C、H、N、B 等原子半径较小的非金属元素形成的金属化合物。根据非金属元素(以 X 表示)与金属元素(以 M 表示)原子半径的比值，可将其又分为两种：

a **间隙相**($r_X/r_M<0.59$) 具有简单结构的金属化合物称为间隙相(如 FCC 结构的 VC、TiC，简单立方结构的 WC 等)；

b **复杂晶体结构的间隙化合物**($r_X/r_M>0.59$) 具有复杂晶体结构的间隙化合物，如钢中的 Fe_3C 等，复杂的斜方晶格，如图 1.18 所示。

②**金属化合物的性能特点** 金属化合物一般都有**较高的熔点、较高的硬度和较大的脆性**(**即硬而脆**)，**但塑性很差**。特别是**间隙相具有极高的熔点和硬度**，如表 1.3 所示。根据这一特性，若能使金属化合物以比较弥散形式分布于固溶体基体中，往往能使整个合金的强度、硬度、耐磨性等得到很大提高。

因此，**在金属材料中，金属化合物常被用作强化相，用以提高合金的强度、硬度、耐磨性及耐热性等。**

表 1.3 一些碳化物的硬度和熔点

碳化物类型	间隙相							复杂结构间隙化合物		
成分	TiC	ZrC	VC	NbC	TaC	WC	MoC	$Cr_{23}C_6$	Cr_7C_3	Fe_3C
硬度/HV	2850	2840	2010	2050	1550	1730	1480	1650	1450	800
熔点/℃	3410	3805	3023	3770	4150	2867	2960	1520	1665	1227

综上所述，晶体材料的基本相结构特征如表 1.4 所示。

表 1.4 晶体材料的基本相结构特征

类型	分类	在合金中位置及所起作用	主要力学性能特点
固溶体	间隙固溶体 置换固溶体	基体相 提高塑、韧性	塑、韧性好，强度比纯组元高
金属化合物	正常价化合物 电子化合物 间隙相 具有复杂晶格的间隙化合物	强化相 提高强度、硬度、耐磨性	熔点高、硬度高而脆性大

1.3.2 聚合物的结构(Polymer structures)

聚合物或高聚物(亦称高分子化合物，高分子或大分子等)是由一种或几种简单低分子化合物经聚合而形成的分子量很大($10^3 \sim 10^6$ 之间)的化合物。

聚合物相对分子质量的分子量虽大,但其化学组成确比较简单,它通常是以 C 为骨干,与 H、O、N、S 或 P、Cl、F、Si 等中的一种或一种以上元素结合构成,其中主要是碳氢化合物及衍生物。组成聚合物的每一个大分子链都是由一种或几种低分子化合物的成千上万个原子以共价键形式重复连接而成。这里的低分子化合物称为“单体”。例如,由数量足够多的乙烯($CH_2=CH_2$)作单体(monomer),通过聚合反应打开它们的双键便可生成聚乙烯。其反应式为

$$nCH_2=CH_2 \xrightarrow[100\text{大气压},200℃]{\text{均聚过氧物引发剂}} [-CH_2-CH_2-]_n$$

这里“$-CH_2-CH_2-$”结构单元称为“链节”,而链节的重复个数 n 称为“聚合度”。因此,单体是组成大分子的合成原料,而链节则是组成大分子的基本(重复)结构单元。

聚合物的结构主要包括两个微观层次:一个是大分子链的结构,另一个是大分子的聚集态结构。

1.大分子链的结构

大分子链的结构系指大分子的结构单元的化学组成、键接方式、空间构型、支化及交联等。

大分子链中原子之间、链节之间的相互作用是强大的共价键结合。其大小取决于链的化学组成,又是直接影响高分子化合物的性能(如熔点、强度等)的重要因素。大分子之间的作用力为范德瓦尔斯键和氢键,因分子链特别长,以致聚合物材料受拉时,不是分子链间先滑动,而是分子链先断裂。因此,分子间力对聚合物的强度也会起很大作用。

按照大分子链的几何形状,聚合物的结构可以分成线型和体型两种。

(1)线型结构

线型高分子的结构是整个大分子呈细长链状,如图 1.19(a),分子直径与长度之比可达 1:1 000 以上。通常蜷曲呈不规则的线团状,受拉时可伸展呈直线状。另一些聚合物大分子链带有一些小支链,整个大分子呈枝状,如图 1.19(b),这也属于线型结构。线型结构聚合物的特点是具有良好的弹性和塑性,在加工成型时,大分子链时而蜷曲收缩,时而伸直,十分柔软,易于加工,并可反复使用。在一定溶剂中可溶胀、溶解,加热时则软化并熔化。属于这类结构的聚合物,如聚乙烯、聚氯乙烯、未硫化的橡胶及合成纤维等。

(2)体型结构

体型大分子的结构是大分子链之间通过支链或化学键交联起来,在空间呈网状,也称网状结构,如图 1.19(c)所示。

具有体型结构的聚合物,主要特点是脆性大,弹性和塑性差,但具有较好的耐热性、难溶性、尺寸稳定性和机械强度。加工时只能一次成型(即在网状结构形成之前进行)。热固性塑料、硫化橡胶等属于这类结构的聚合物材料。

除上述各结构因素外,分子链的构型(大分子链的结构单元中由化学键所构成的空间排布方式),大分子链中链段(部分链节组成的可以独立运动的最小单元)间相互运动的难易程度等都构成了大分子链的不同空间形象(即大分子链的构象)。因构象变化获得各种不同蜷曲程度的特性,称做大分子链的柔顺性。聚合物所独具的这种结构特点,使其许

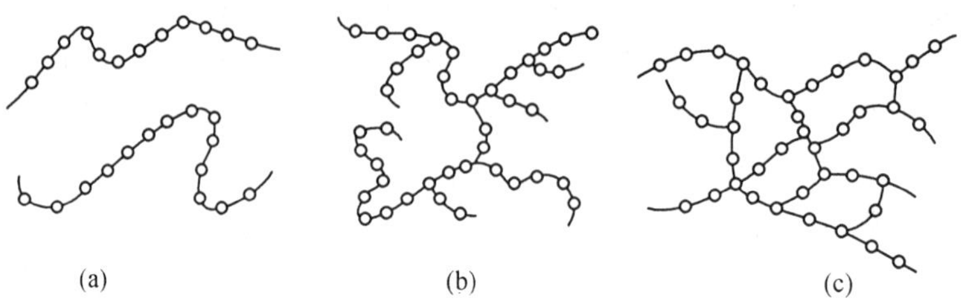

图 1.19　大分子链的形状示意图

多基本性能不同于低分子物质，也不同于其他固体材料。

2.大分子的聚集态结构

聚合物的聚集态结构是指聚合物材料内部大分子链之间的几何排列和堆砌结构。

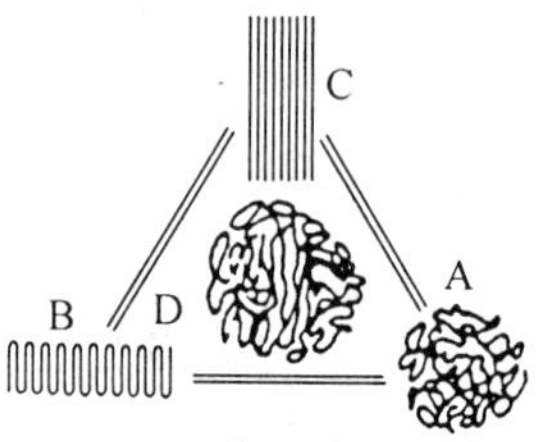

A—非晶态结构；B—折叠链结构；
C—伸直链结构；D—实际聚合物结构

图 1.20　聚合物结构组成示意图

按照大分子链几何排列的特点，固体聚合物聚集态结构主要有三种，即非晶态结构、折叠链结构与伸直链(取向态)结构，如图 1.20 所示。图 1.20 中"A"为非晶态结构示意图，线型结构高聚物为无规线团非晶态结构，同液态结构相似，呈近程有序的结构，另外体型高聚物，由于分子链间存在大量交联，不可能作有序排列，也具有这种非晶态结构；图 1.20 中"B"系折叠链结构，分子链呈横向有序排列，大量片晶(由完全伸展的大分子链平行规整排列而成)长在一起，形成多晶聚集体；图 1.20 中"C"系伸直链结构，大分子链平行排列，呈纵向有序伸直链，聚合物的这种结构特征是在外力作用下分子链沿外力方向平行排列而形成的一种定向结构。取向的聚合物材料有明显的各向异性，而未取向时则是各向同性。

图 1.20 中"D"系大多数聚合物材料所具有的聚集态结构特征，即由上述 A、B、C 三种聚集态结构单元组成的复合物，只不过是不同聚合物中各结构单元的相对量、形状、分布等不同而已。一般用结晶度表示聚合物中结晶区域所占的比例，结晶度变化的范围很宽，从 30% ~ 80%。部分结晶聚合物的组织大小不等(10nm ~ 1cm)，形状各异(片晶、球 晶、伸直链束等)的晶区悬浮分散在非晶态结构的基体中。聚合物的聚集态结构影响其性能。大分子链结晶时，链的排列变得规整而紧密，于是分子间力增大，链运动变得困难，因而导致聚合物的熔点、密度、强度、刚度、耐热性等提高，而弹性、伸长率和韧性下降；结晶度越高，变化越大。

1.3.3　无机材料(陶瓷材料)的结构(Structure of inorganic materials (ceramics))

无机材料是由金属和非金属元素的化合物构成的多晶固体材料。组成无机材料的基本相及其结构要比金属复杂得多，在显微镜下观察，可看到无机材料的显微结构(组织)通常由三种不同的相组成，即晶相、玻璃相和气相(气孔)，如图 1.21 所示。

1.晶 相

晶相是无机材料中最主要组成相，它决定陶瓷材料性能。晶相主要有氧化物结构(如

MgO、Al_2O_3)、硅酸盐结构、碳化物结构(如 TiC、SiC)、氮化物结构(如 Si_3N_4、BN、AlN)等。

①氧化物结构　氧化物结构是以离子键为主的晶体,通常以 A_mX_n 表示其分子式。大多数氧化物中的氧离子的半径大于阳离子半径,其结构特点是以大直径离子密堆排列组成面心立方或六方晶格,小直径离子排入晶格的间隙处。根据阳离子所占间隙的位置和数量不同,可形成各种形式的氧化物。

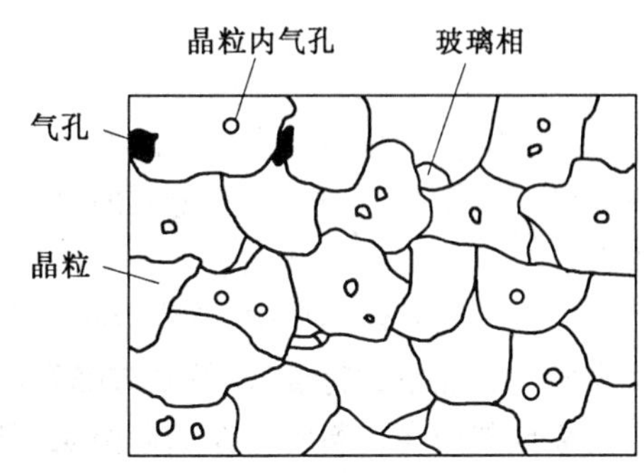

图 1.21　无机材料显微组织示意图

②硅酸盐结构　硅酸盐结构属于最复杂的结构之列,它们是由硅氧四面体[SiO_4]为基本结构单元的各种硅氧集团组成。硅酸盐结构的基本特点是:

(i)组成各种硅酸盐结构的基本结构单元是硅氧四面体[SiO_4],它们以离子键和共价键的混合键结合一起,其离子键和共价键成分约占 50%。[SiO_4]四面体可构成成对、环状、单链、双链及层状四面体等各种结构的硅氧四面体。

(ii)每个氧最多只能被两个硅氧四面体共有。

(iii)硅氧四面体中 Si－O－Si 的结合键键角一般是 145°。

(iv)硅氧四面体既可互相孤立地在结构中存在,也可通过共用顶点互相连接,形成链状、平面状及三维网状。

③碳化物结构　金属和碳形成的是以金属键与共价键之间的过渡状态的化合物,如 Fe_3C、TiC。非金属碳化物 SiC 等是共价键化合物。

④氮化物结构　氮化物结构与碳化物类似 ,有一定的离子键,如 Si_3N_4、BN、AlN 等。

⑤硼化物与硅化物结构　硼化物和硅化物的结构类似,是共价键结合。硼或硅原子形成链状、网络状和空间骨架形式,金属原子位于间隙中。

2.玻璃相

玻璃相是一种非晶态低熔点固体相,熔融的陶瓷组分在快速冷却时原子还未来得及自行排列成周期性结构而形成的无定形固态玻璃相。

陶瓷中玻璃相的作用是,粘结分散的晶体相,降低烧结温度,抑制晶体长大和充满孔隙等。玻璃相熔点低,热稳定性差,导致陶瓷在高温下产生蠕变,而且强度也不及晶体相。因此,工业陶瓷中玻璃相含量较多,需控制在 20%～40%范围内;而特种陶瓷中玻璃相含量极少。

3.气 相

气相即气孔,它是陶瓷生产工艺过程中不可避免地残存下来的。陶瓷中有两种气孔,一种是开口气孔,会造成虹吸现象而大大恶化陶瓷性能;另一种是闭口气孔,它常残留在陶瓷中。这两种气孔分布在玻璃相中,也可分布在晶界或晶内,通常约占 5%以上,气孔会造成应力集中,因而降低陶瓷强度及抗电击穿能力,对光线有散射作用而降低陶瓷的透明度。通常普通陶瓷的气孔率为 5%～10%;特种陶瓷在 5%以下;金属陶瓷则要求低于 0.5%。

本章小结(Summary)

物质的结构有晶体结构与非晶态结构之分,而固体材料的微观结构是决定其性能的根本因素。本章讨论的重点为**金属的晶体结构**,从纯金属与合金两方面分析了晶体结构的特点。

在纯金属的晶体结构中,首先分析了**理想晶体的结构特点**(主要是体心立方、面心立方及密排六方晶格的特点)以及**立方晶系中晶面、晶向指数的确定方法**;在此基础上又讨论了**实际金属中存在着的晶体缺陷类型,基本形式及对材料性能的影响**。

由于工程上实际应用的金属材料多为合金,因此**掌握合金相结构的基本类型、分类、性能特点及在合金中的地位与作用是十分必要的**。同时也简要介绍了聚合物及陶瓷材料的微观结构特点,这对进一步了解非金属材料奠定了基础。

阅读材料 1　非晶态结构与非晶态材料
Amorphous Structures and Amorphous Materials

1.材料的非晶态结构

1960 年,美国加州理工学院的 P·杜威兹教授在研究金硅二元合金时,把完全熔化的金硅二元合金喷射到冷的金属板上(其冷却速度达 10^6K/s 以上)。其本意是使合金以极高的冷却速度迅速凝固,以获得一般淬火方法得不到的固溶体,作研究二元合金相图用。但当他使用 X 射线衍射方法研究样品时,却意外地发现得到的不是晶体而是非晶体。这一发现对传统的金属结构理论是一个不小的冲击。由于非晶态材料具有许多优良的性能,如高强度,良好的软磁性及耐蚀性能等,使它一出现就引起人们极大的兴趣。随着快速淬火技术的发展,非晶态材料的制备方法不断完善。

非晶态材料又称为无定形材料、无序材料、玻璃态材料等,其结构特征如下:

(1)结构的长程无序性和短程有序性

利用 X 射线衍射方法测定非晶态材料的结构,最主要的信息是径向分布函数,用它来描述材料中的原子分布。图 1.22 即为气体、固体、液体的原子分布函数,图中 $g(r)$相当于取某一原子为原点($r=0$)时,在距原点为 r 处找到另一原子的几率。可以看出,非晶态的图形与液态很相似但略有不同,而和完全无序的气态及有序的晶态有着明显的区别。说明非晶态在结构上与液体相似,原子排列呈短程有序;而从总体结构上看是长程无序的,宏观上可将其看作均匀、各向同性的。

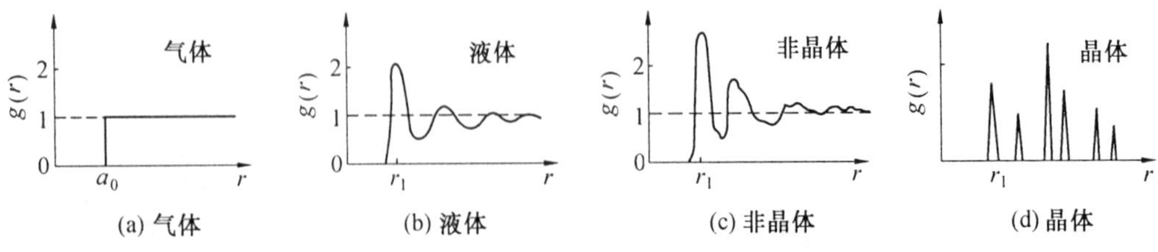

(a) 气体　(b) 液体　(c) 非晶体　(d) 晶体

图 1.22　气体、固体、液体的原子分布函数

(2)热力学的亚稳定性

这是非晶态结构的另一基本特征。一方面,它有继续释放能量,向平衡状态转变的趋势;另一方面,从动力学来看要实现这一转变首先必须克服一定能垒,这在一般情况下是无法实现的,因而非晶态材料又是相对稳定的。这种亚稳态区别于晶体的稳定态,只有在一定温度(400℃~500℃)下发生晶化而失去非晶态结构,所以非晶态结构具有相对稳定性。

2.非晶态材料的特性与应用

利用非晶态合金的高强度、高硬度和高韧度,可制作轮胎、传送带、水泥制品及高压管道的增强纤维,刀具材料如保安刀片已投放市场,压力传感器的敏感元件等。非晶态合金在电磁性材料方面的应用主要是变压器材料、磁头材料、磁屏蔽材料、磁伸缩材料及高、中、低温钎焊焊料等。非晶态合金的耐蚀性(中性盐溶液、酸性溶液等)明显优于不锈钢,用其制造耐腐蚀管道、电池的电极、海底电缆屏蔽、磁分离介质及化工用的催化剂,在污水处理系统中这些零件都已达到实用阶段。表1.5列举了非晶态合金的一些特性及其应用。

表1.5 非晶态合金的主要特性及其应用

性质	特性举例	应用举例
强韧性	屈服强度 $E/30 \sim E/50$;硬度500~1400HV	刀具材料、复合材料、弹簧材料、变形检测材料等
耐腐蚀性	耐酸性、中性、碱性、点腐蚀、晶间腐蚀	过滤器材料、电极材料、混纺材料等
软磁性	矫顽力约0.002 Oe,高磁导率,低铁损,饱和磁感应强度约 1.98×10^4 Gs	磁屏蔽材料、磁头材料、热传感器和变压器材料、磁分离材料等
磁致伸缩	饱和磁致伸缩约 60×10^{-6},高电力机械结合系数约0.7	振子材料、延迟材料等

习题与思考题(Problems and Questions)

1.名词解释

(1) 相与组织;

(2) 单晶体与多晶体;

(3) 晶格、晶胞与晶格常数;

(4) 位错与位错密度;

(5) 组元、固溶体与金属化合物;

(6) 相与机械混合物。

2.已知铁原子直径 $d=0.254$nm,铜原子直径 $d=0.255$nm,试分别求出铁和铜的晶格常数。

3.已知铬的晶格常数为0.288 46nm,试求其原子直径。

4.画出立方晶系的下列晶面与晶向:(101),$(1\bar{1}1)$,$[101]$,$[01\bar{1}]$。

5.写出题图1.1中 $AGCE$、$CDEF$、$CDHG$、$EFGH$、$AHCF$ 晶面的晶面指数及 AC、AB、AF 的晶向指数。

6*.写出 FCC 晶胞中的{111}晶面,并绘出其中晶面(111)及其上<110>晶向。

7*.写出 BCC 晶胞中的{110}晶面,并绘出其中晶面(110)及其上的<111>晶向。

8. 试默画出纯铁的同素异构转变冷却曲线。

9. 试说明晶体缺陷的类型、主要内容以及对性能的影响。

10. 试比较固溶体和金属化合物在结构特征、分类、性能与应用等方面的不同。

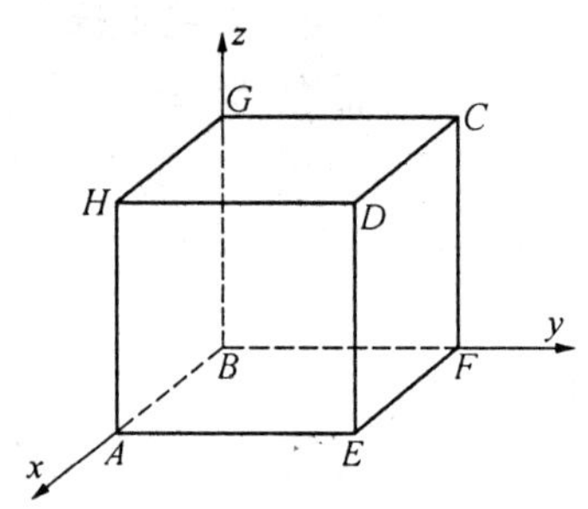

题图 1.1

* 注:带*号习题为思考题,以下各章类同。

第 2 章　材料的制备与相图

Material's Manufacture and Phase Diagrams

主要问题提示(Main questions)

1.何谓“凝固”、“结晶”？纯质材料结晶的充分、必要条件及一般规律是什么？控制纯金属结晶后晶粒度的途径与具体措施又是什么？

2.二元合金相图的基本类型有哪几种？固溶体合金结晶(平衡结晶、不平衡结晶)的主要特点是什么？

3.杠杆定律的适用条件与主要内容是什么？

4.何谓共晶相图？试分析共晶、亚(或过)共晶成分合金的平衡结晶过程。

5.您是否能熟练地默画经简化了的铁碳合金相图，对于铁碳相图中的基本相的特点是否掌握了，能否会以相或组织组分的形式正确填写铁碳相图呢？

6.您是否能熟练地分析共析、亚共析、过共析钢的平衡结晶过程(用语言文字和冷却曲线两种方式)，并能利用杠杆定律分别计算其室温下相或组织组分的质量分数？

7.平衡条件下，各平衡相和组织组分(如 A、F、Fe_3C、P、L′d 等)的本质、形貌特征和性能特点是什么？您能利用其正确分析铁碳合金在平衡状态下各种力学性能的变化吗？

学习重点与方法提示(Key points and learning methods)

本章教学重点：对 2.3 节铁碳合金相图，要求熟练地掌握，包括理解、消化、熟记与应用。

本章学习方法：在熟悉 1、2 节内容的前提下，引导学生自学第 3 节的内容。自学的效果通过“课堂讨论”来检验。课堂讨论之前写好发言提纲，积极参与课堂讨论。通过讨论和双向交流达到消除模糊认识，熟练掌握铁碳合金相图之目的。

材料由液态转变为固态的过程称之谓“**凝固**”，由于材料通常在固态下使用，所以凝固用作材料制备的基本手段。凝固的产物可以是晶体，亦可以是非晶体。当材料从液态转变为固态晶体时，即称为“**结晶**”。**相图**是用来研究材料体系在平衡(极其缓慢冷却或加热)条件下，于不同温度时相和组织的状态以及变化规律的最有效工具，它主要应用于金属材料与无机材料。材料特别是新型材料的制备过程和二元合金相图，对于材料的性能有着重要的影响。

在生产和科研实践中了解固体材料制备的基本过程，控制其制备条件，利用相图分析某一材料在某温度下存在的平衡相及相成分、组织变化等，从而判断材料的性能是十分必要的。它不仅是分析和研制材料的理论基础，而且还是制定合金熔炼、铸造、焊接、锻造及热处理工艺、无机材料的烧成温度、聚合物的合成条件等的重要依据。

2.1 材料的制备过程

Material's Manufacture Proceses

2.1.1 材料凝固与结晶的条件(Conditions for solidification and crystallization of materials)

凝固时形成晶体还是非晶体,主要取决于熔融液体的粘度和凝固时的冷却速度。粘度是材料内部结合键性质和结构情况的宏观表征,粘度的大小表示了液体中发生相对运动的难易程度。粘度大,表示液体粘稠,相对运动困难。例如,大分子链结构的聚合物熔体的粘度很高,凝固时形成晶体是很困难的。而小分子材料特别是金属,由于其熔体粘度极小,熔点附近原子的扩散能力极强,绝大多数都凝固成晶体。

冷却速度是影响凝固过程的最主要外部因素。冷却速度越大,则在单位时间内逸散的热量越多,熔体温度降得越低。熔体的温度直接关系着其中原子或分子的扩散能力。研究表明,当冷速大于 10^7℃/s 时,可有效地抑制粘度很小的金属合金熔体中原子的扩散,从而获得一些通常条件下无法得到的产物,如非晶合金、特殊结构的中间相、过饱和固溶体等。

2.1.2 金属材料的制备(Preparation of the metallic materials)

1.金属的冶炼

金属材料的一般制备过程大致如下:

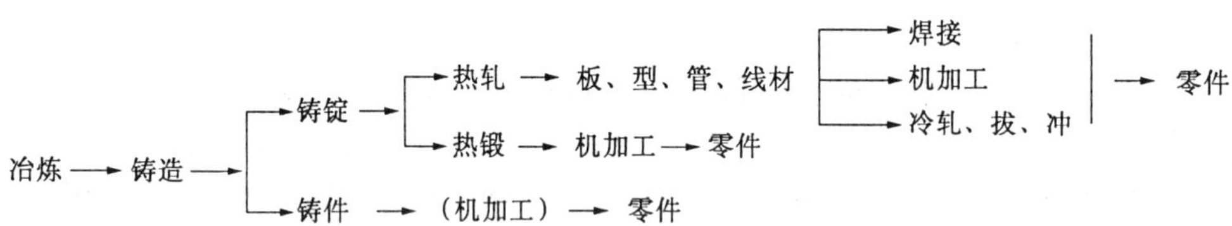

可以看出,金属的冶炼是第一道工序,但冶炼的质量将在很大程度上直接影响到最终加工成品零件的使用寿命。

(1)金属冶炼的方法

它是从含有金属的矿石和其他原料中提炼出金属并除去杂质的工业过程。从工艺角度看,冶炼分为火法冶炼、湿法冶炼和电冶炼三大类。

①火法冶炼　是指在高温下进行的冶金过程,例如钢铁和大多数有色金属冶炼时采用的熔炼、吹炼和精炼等。

熔炼是将经过预处理的精矿与熔剂一起进行高温熔化,通过高温化学反应使矿石中的金属得以还原,同时产生一定熔渣,使金属或金属化合物与脉石分离,达到提炼金属目的。

吹炼实质上是一氧化熔炼过程,如在钢的冶炼中,向高碳铁水中吹入氧气,使碳氧化并去除而得到钢。

精炼是经熔炼得到的金属中往往含有一定杂质,需进一步处理以去除杂质,这种对金属进行去除杂质提高纯度的过程称为精炼。常用的精练方法有加剂法、真空处理法等。**加剂法**就是向熔融的粗金属中加入某种熔剂，使杂质与熔剂发生作用，生成不溶于金属的稳定化合物，并上浮成渣。**真空处理法**是在真空条件下使金属液中的气体和杂质上浮与金属分离从而达到净化和提纯的目的。

②湿法冶炼　是在接近于常温条件下进行的，利用各种溶剂处理矿石及一些中间产物，通过在溶液中进行的氧化、还原、中和、水解和络合等反应使金属得到分离和提取。

③电冶炼　是利用电能从矿石或其他原料中提取、回收、精炼金属的冶金过程。主要有电热熔炼（指用各种电加热方法进行金属熔炼的方法，如电弧熔炼法、等离子冶金法和电磁冶金法等），电解法（对电解质水溶液或熔盐等通电，使其发生化学变化，以便进行金属与杂质的分离或提取金属的过程）等。

(2)常用的炼钢方法及其特点

①氧气顶吹转炉炼钢法　它是由高炉或化铁炉直接供应高温铁水作为原料，熔炼时利用从炉口顶部吹入的高压纯氧来氧化铁水，同时产生热量维持熔炼所需的高温。其最大特点是吹炼速度快、生产率特别高。氧化过程大约只需 15 ~ 25 min，加上放渣、脱氧、出钢水等操作，每炉的生产周期约30 ~ 40 min。另外，此法炼钢品种多、质量好，可冶炼全部平炉冶炼和部分电炉的钢种，而且冶炼中原料消耗少、热效率高、成本低。

②电弧炉炼钢法　它是依靠石墨制成的电极与炉料之间产生的高温电弧来进行加热熔炼的。电弧炉炉顶可开启，以便迅速装入原料，整个炉体可前后倾斜，以便出钢、出渣。其原料主要是废钢，氧化介质采用纯氧和铁矿石。其主要特点是冶炼温度高，炉内气氛可控制，钢水成分容易调节，能有效清除硫、磷等有害杂质，加入的贵重金属元素损失少，但生产率较低，电能成本高，此法主要用于生产合金钢和高质量钢种。

(3)钢液浇注方法

①模铸法虽古老、但现仍占有重要地位，它主要用于浇注供锻造用的大型钢锭。

②连续铸钢法是使钢水在连铸机的结晶器里不断地形成一定断面形状和尺寸的钢坯，浇注和出坯是连续不断进行的。此法具有金属收得率高，成本低，生产率高及劳动条件好等优点，并为炼钢生产的连续化、自动化创造了条件。目前连铸技术还在不断地进步和发展，例如，近终形连铸技术的研究开发，以及连铸 - 连轧的结合，都已取得成效。

(4)钢的炉外精炼方法及其发展

钢水的炉外精炼就是把转炉及电炉初炼过的钢液转移到钢包或其他专用容器中进一步精炼的炼钢过程，也称“二次炼钢”或“二次精炼”。实施炉外精炼可提高钢的冶金质量，缩短冶炼时间，降低成本，优化工艺过程。炉外精炼可完成脱碳、脱硫、脱氧、去气、去除夹杂物及成分微调等任务。炉外精炼的方法主要有：

①真空精炼法　它主要是通过降低外界 N_2、H_2 等有害气体的分压，达到去除钢中有害气体的目的。在真空条件下，不仅能降低钢中有害气体的浓度，而且可发生脱氧反应，使熔池产生搅拌，有利于有害气体的排出。

②惰性气体稀释法　此法是向钢液中吹入惰性气体，这种气体本身不参与冶金反应，每个气泡中的 N_2、H_2 等有害气体分压为零。当其从钢液中上升时，钢液中的有害气体就会向气泡内扩散，并随之带出钢液，就相当于“气洗”作用。若此法与其他方法配合时，精

炼效果更好。例如，带钢包盖加合成渣吹炼法（CAB 法），其优点是吹氩时钢液不与空气接触，避免二次氧化；杂质浮出后即被合成渣吸附和溶解，不会返回钢中。

③喷粉精炼法　它是一种快速精炼手段，一般是用氩气作载体，向高温钢水内部喷吹特定的合金粉末或精炼粉剂。此法可较充分地进一步脱硫和去除夹杂物，并且可改变夹杂物的形态，在精炼的同时还可对钢的化学成分进行调整。

2.纯金属的结晶规律

(1)液态金属的结构特点(即金属结晶的充分条件)

实验研究表明，液态金属内部的原子并非是完全无规则的混乱排列，而是在短距离的微小范围内原子呈现出短程有序排列，如图 2.1 所示。由于液态金属内部原子热运动较为强烈，在某平衡位置呈短程有序排列的时间很短，故这种局部的短程有序排列也是在不断地变动，它们只能维持短暂的时间就会很快消失，同时新的短程有序排列又不断地形成，出现了“时起时伏、此起彼伏”的局面，人们将这种结构不稳定的现象称为“**结构起伏**”（或称“**相起伏**”），但在大的范围内原子仍是无序分布的。不同的结构对应一定的能量状态，加上原子之间能量的不断传递，结构起伏伴随着局部能量也在不断变化，这种能量的变化称为“**能量起伏**”。

因此，**液态金属的结构特点是存在着结构起伏，它是金属结晶的内因，即充分条件。**

(2)金属结晶的必要条件

在平衡（无限缓慢）冷却条件下，每种金属在结晶时都存在一个平衡结晶温度（理论结晶温度 T_m），它系指液体的结晶速度与晶体的熔化速度相等时的温度。在此温度下液体与固体共存，达到可逆平衡。

结晶温度一般用热分析法测定，测定步骤如下：先将待测的金属熔化，然后使其缓慢冷却，记录下液态金属温度随时间变化的冷却曲线（如图 2.2 所示）。从图中曲线可看出，当冷至 T_m 温度时，液态金属并不能进行结晶，而必须在低于 T_m 以下的某一温度 T_n 时才开始结晶，T_n 称为实际结晶温度。在实际结晶过程中，T_n 总是低于 T_m，这一现象即称为过冷现象。因此，**过冷是纯金属结晶的必要条件**。而平衡结晶温度与实际结晶温度之差称为**过冷度**（ΔT），即 $\Delta T = T_m - T_n$。但由于结晶过程中放出结晶潜热，补偿了向外界散失的热量，所以在冷却曲线上表现为一段低于 T_m 的恒温的水平线段。当结晶过程完成后，金属继续向周围散失热量，温度才又下降。

图 2.1　液态金属结构示意图

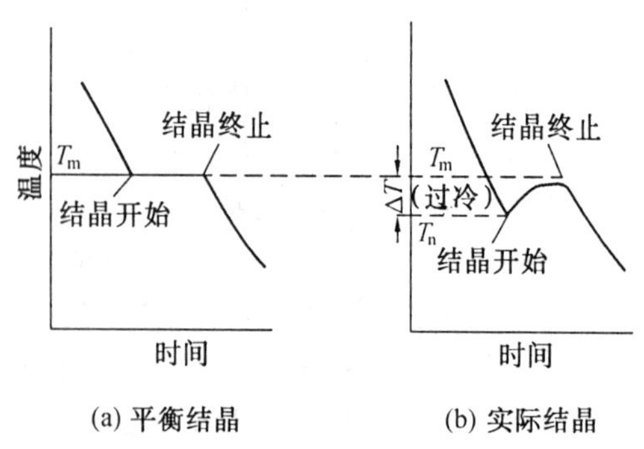

图 2.2　纯金属的冷却曲线

实验又表明，过冷度(ΔT)不是一个恒定值，它随纯金属的性质、纯度以及结晶前液体的冷却速度等因素而改变。对于同一种物质，冷却速度越大，T_n 越低，则 ΔT 越大，冷却曲线上水平台阶温度与 T_m 间的温度差越大，如图 2.3 所示。在非常缓慢的冷却条件下，过冷度极小，可以把平台温度近似看做是平衡结晶温度(T_m)。

图 2.4 为同一物质液态与固态材料的自由能与温度的关系曲线，由于固、液态材料的自由能曲线的斜率不同，故两条曲线相交于一点，如图中 T_m。在此温度下，固态与液态的自由能相等，这相当于平衡结晶温度，所以不会结晶。当温度低于 T_m 某一温度时，固态自由能低于液态自由能，就可自发地进行结晶。温度越低，自由能差越大，结晶越易进行。相反，当温度高于 T_m 时，即有一定的过热度，液态的自由能低于固态的自由能，金属会由固态变为液态(即熔化)。这就解释了为什么纯金属结晶必须过冷。

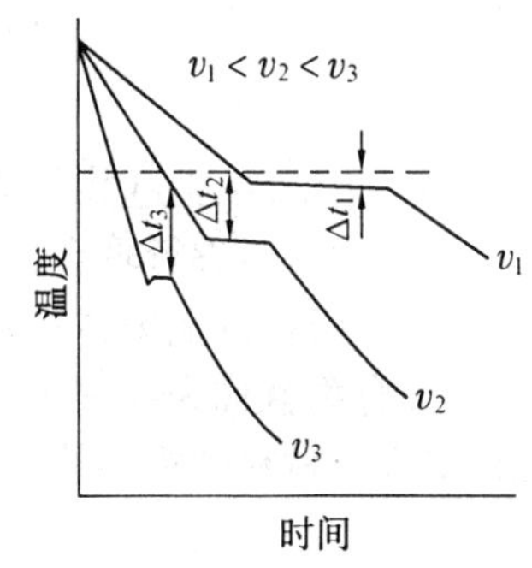

图 2.3　不同冷却速度下的冷却曲线

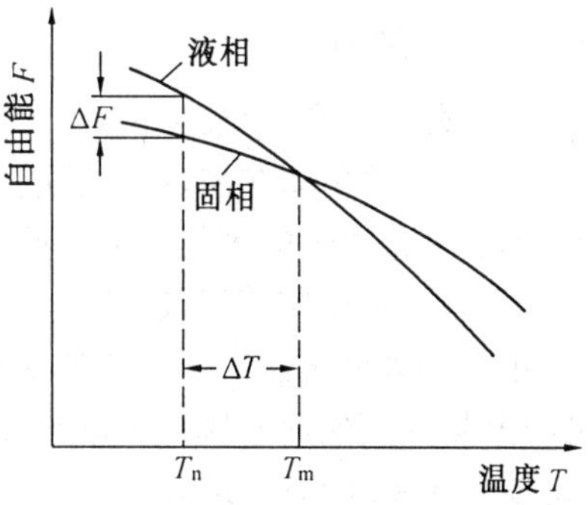

图 2.4　自由能与温度的关系曲线

(3) 纯金属结晶的普遍规律

观察任何一种物质液体的结晶过程，都会发现它是一个**不断形成晶核和晶核不断长大的连续过程，这是结晶的普遍规律**，如图 2.5 所示。

当液态金属冷却至 T_m 温度以下，经过一段时间(称为孕育期)后会出现一些尺寸极小、原子规则排列的小晶体，称为**晶核**。接着，晶核向各个方向生长，同时又有一些新的晶核出现，就这样不断形核，晶核又不断长大，直至液体消失为止。每一个晶核成长为一个小晶粒，最后获得多晶体结构。

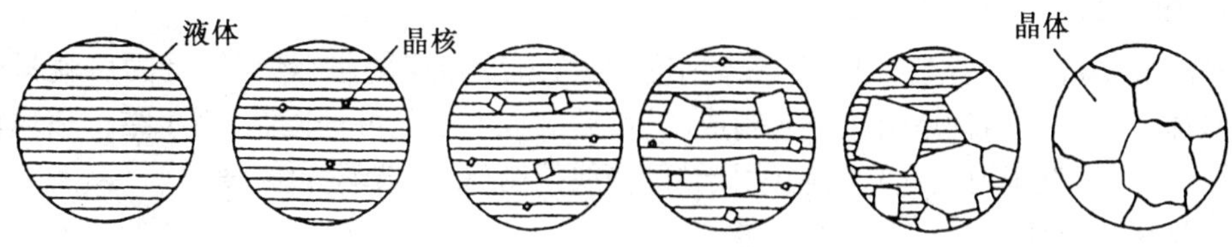

图 2.5　结晶过程示意图

晶核可由液相中短程有序排列的原子团自发地形成，称为**自发形核**；但工程实际中更多的情况是以液体中的固体杂质微粒为基底的**非自发形核**。

在晶核开始成长的初期，由于其内部原子规则排列，其外形也大多较规则。但随着晶核的成长，晶体棱角的形成，棱角处的散热条件优于其他部位，因而得到优先成长，如树枝一样，先长出枝干，再长出分枝，直至把晶间填满。这种成长方式叫“**枝晶方式长大**”。冷却速度越快，过冷度越大，枝晶方式长大的特点便越明显。

2.1.3 聚合物材料的合成(Synthesis of polymers)

1. 生产工艺过程

原料经处理后通过一定的化学反应制得单体，在一定温度、压力和催化剂作用下再把单体通过聚合反应形成聚合物，以它为基本原料，加入添加剂配成各种聚合物材料，通过注射、模压、浇注、吹塑等进行成型加工，最后制成塑料、合成橡胶、合成纤维等聚合物材料制品。可概括为：

$$原料\xrightarrow{化学反应}单体\xrightarrow{聚合}聚合物\xrightarrow{添加剂}聚合物材料\xrightarrow{成型加工}聚合物材料制品$$

2.聚合物的合成

(1)加成聚合反应(加聚反应)

指含有双键的单体在加热、光照或化学引发剂的作用下，双键打开，并通过共价键相互键接，形成一条很长的大分子链的反应。在加聚反应中若只有一种单体进行聚合，所得大分子链仅含一种单体链节，这种聚合物称为均聚物；如果将两种或两种以上单体一起进行聚合，生成的大分子链中含有两种或两种以上单体链节，这种聚合物就称为共聚物。

通过共聚反应生成共聚物是改善均聚物性能，创制新品种聚合物材料的重要途径。

(2)缩合聚合反应(缩聚反应)

指一种或多种单体相互作用形成聚合物，同时析出低分子化合物(如水、醇、卤化氢等)的过程。按参加缩聚反应的单体来分，可分为均缩聚和共缩聚；按生成聚合物分子的结构来分，又可分为线型和体型缩聚反应。

2.1.4 无机材料的制备(Preparation of inorganic materials)

大部分无机材料系由粘滞成型或烧结两种普通工艺制成。粘滞成型主要用于玻璃的生产，包括熔化和粘性液体的成型。烧结则是从细的分散颗粒开始(原料制备，即经过配料、提纯、合成、精制、预烧、粉碎、分级而成)，经混合、干燥后压制成所需形状，通常还需随后进行焙烧(烧成)以使颗粒间产生结合。

1. 粘滞成型与非晶态凝固

粘滞成型属于非晶态凝固，当熔体粘度较大，或冷却速度非常快时，凝固后就只能得到非晶体。工业玻璃就是用此工艺制成的，最后的成型工艺可是压制(用于结构玻璃块)、热弯成型(用于汽车窗玻璃)、吹制(用于灯泡)或拉制(用于玻璃纤维)等。

2.成型与烧结

现代无机材料(工业陶瓷)制品主要采用压制成型，后经烧结而成。

成型是将已制备好的原料粉末制成浆料，采用不同方法做成各种要求的形状，这一工艺过程称之为成型，它是陶瓷制备过程中重要的一环。常用的成型方法如下。

①干压成型　将微湿的粉料装入金属模，通过模冲对粉末施加一定压力，使之被压制成具有一定尺寸和形状的密实而较坚硬的坯体，是陶瓷成型中最常用的方法之一。

②注射成型　将粉末与有机粘结剂混合后，加热混炼，压制成粒状粉料，用注射成型机在130℃～300℃温度下注入金属模，冷却后粘结剂固化，取出坯件，经脱脂即可。此法适用于复杂零件的自动化大规模生产。

③可塑法成型(真空挤制成型)　在粉料中加12%～20%的水，用真空搅拌机彻底拌和成硬质塑性混合料，用压力强制通过钢模或碳化物模的模孔，可制成空心管状制品、长条形制品。主要用于电气绝缘件等材料。

④热压铸成型　利用腊类热熔冷固的特点，将粉料与熔化的石蜡粘合剂迅速搅合成具有流动性的料浆，在热压铸机内用压缩空气把热熔料浆铸入金属模，冷却凝固成型。

⑤注浆成型(浇注成型)　将粘稠均匀的悬浮液料浆注入多孔的熟石膏制成的模具中，石膏从接触面上吸去液体，而在模壁表面形成硬结层，当形成一定壁厚后，将模子翻转，倒出多余料浆，即成型为所需形状与厚度。

⑥等静压成型　将粉末装在适当模具中，将装压模放在传压介质内，使其各方向均匀受压而成形的方法称为等静压。传递压力的介质有液体、气体和固体。此法广泛用于制造产品要求高度均匀的特种电气元件等。

⑦原位凝固注模成型　利用原位凝固剂催化浆料发生化学反应而产生原位凝固的成形方法。它基本克服了传统成型的缺陷，实现了凝固时间的可控性。

⑧微机控制无模具成型　利用计算机CAD设计，将复杂的三维立体构件经计算机软件切片分割处理，形成计算机可执行的像素单元文件，而后通过类似计算机打印输出的外部设备，将要成形的陶瓷粉体快速形成实际的像素单元，一个一个单元叠加的结果即可直接成形出所需要的三维立体构件。

烧结是成型后的坯体，当加热至一定温度后粉体颗粒发生收缩、粘结，经过物质的迁移，在低于熔点温度下导致致密化并产生强度，变成致密、坚硬的烧结体，这种经过扩散等机制使坯体内排除气孔，产生致密化的过程，称为“烧结”。

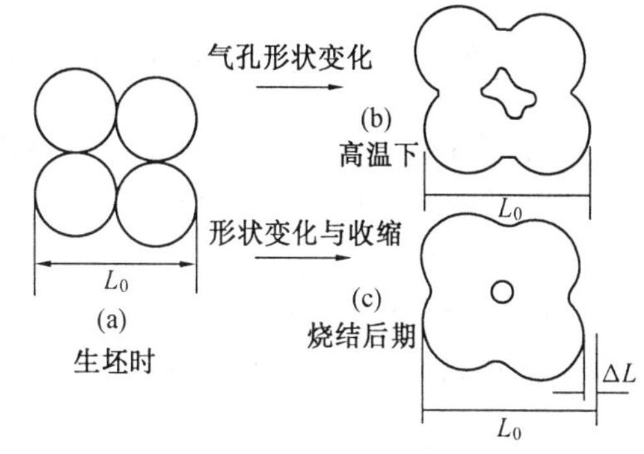

图2.6　烧结过程示意图

图2.6是烧结过程示意图。图2.6(a)为生坯颗粒之间为点接触。高温时物质通过不同的扩散途径向颗粒间的颈部和气孔部位填充，颈部逐渐长大，颗粒间接触面扩大，气孔缩小，致密化程度提高，孤立的气孔布于晶粒相交的位置上，此阶段称为烧结前期，如图2.6(b)所示。烧结过程继续进行，晶界上物质向气孔继续扩散填充，晶粒不断长大，气孔随晶界一起移动，直至最后获得致密化的无机材料制品，如图2.6(c)所示。

2.2　二元相图的基本类型

Basic Types of Binary Phase Diagram

2.2.1　相图的建立(Establishment of phase diagrams)

相图是表示材料(合金)体系中材料(合金)的状态与温度、成分间关系的简明图解，它清楚地表明了**材料中各种相的存在范围以及相与相之间的关系**。随内、外条件的不同,材料中可形成不同结构的相或组织。内部条件是指材料的化学组成,它决定了材料中原子或分子之间的结合方式、性质和大小;外部条件是温度(通常在常压下测定,因此压力固定),它决定了原子或分子热运动的强弱程度,因而决定了相的稳定界线。**相图中的相是指平衡相,它不反映时间因素的影响**。因此,材料在一定成分和一定温度下的相状态,以及当成分和温度改变时相状态的变化可用温度-成分坐标系的图示明确而系统地表示出来。

建立相图的方法有实验测定和理论计算两种,但目前所使用的相图大部分都是根据大量实验结果绘制出来的。以下利用图 2.7 所示的热分析方法测定 Cu - Ni 合金的临界点,说明二元相图的建立过程。

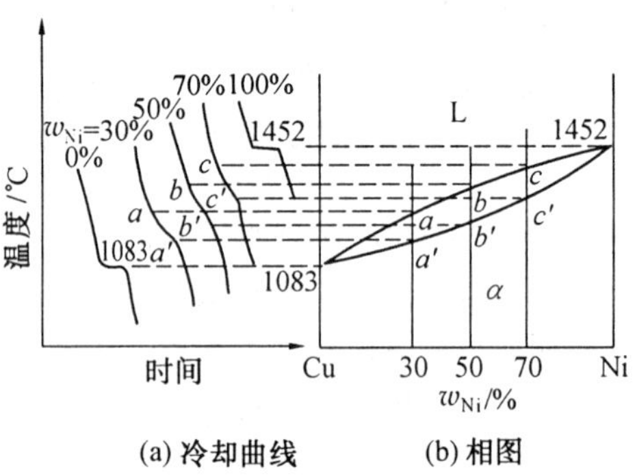

图 2.7 用热分析法建立 Cu - Ni 相图

首先配制一系列不同成分的合金,测出其从液态到室温的冷却曲线,求得各相变点,然后把这些特性点标在温度 - 成分的坐标图纸上,把相同意义的特性点联结成线。这些特性线将相图划分出一些区域,这些区域称为相区;最后,在各相区内填入相应的“相”的名称。

在二元相图中,有的相图简单(如 Cu - Ni 相图),有的相图复杂(如 Fe - C 相图)。但不管多么复杂,任何二元相图都可以看成是由几类基本类型的相图叠加、复合而成的。

2.2.2 匀晶相图(学习二元相图的基础)(Binary isomorphous diagrams)

两组元在液态和固态下均可以以任意比例相互溶解,即在固态下形成无限固溶体的合金相图称为**匀晶相图**。例如 Cu - Ni、Fe - Cr 等合金相图均属于此类相图。在这类合金中,结晶时都是从液相结晶出单相固溶体,这种结晶过程称为**匀晶转变**。应该指出,几乎所有的二元合金相图都包含有匀晶转变部分,因此掌握这一类相图是学习二元合金相图的基础。现以 Cu - Ni 二元合金相图(如图 2.8 所示)为例进行分析。

1.相图分析

①**特性点** 纯铜的熔点 A 为 1 083℃,纯镍的熔点 B 为 1 455℃。

②**特性线** 该相图由两条封闭的曲线组成,向上凸的曲线是不同成分液相开始转变为固溶体的温度连线,称为**液相线**;向下凹的曲线是不同成分液相转变为固溶体终止温度的连线,称为**固相线**。

③**相区与基本相** 整个相图被液、固相线分成三个相区,即液相单相区、固溶体单相区及液固平衡共存两相区。当温度高于液相线时,合金处于液态,以字母 L 表示;通过液相线开始结晶出固溶体,合金处于液、固两相,以 L + α 表示;通过固相线,固溶体结晶完毕,合金处于固溶体状态,直至室温,**固溶体以字母 α 表示**。

2.固溶体合金的平衡结晶过程分析

现以 K 成分合金为例进行分析,如图 2.8 所示。

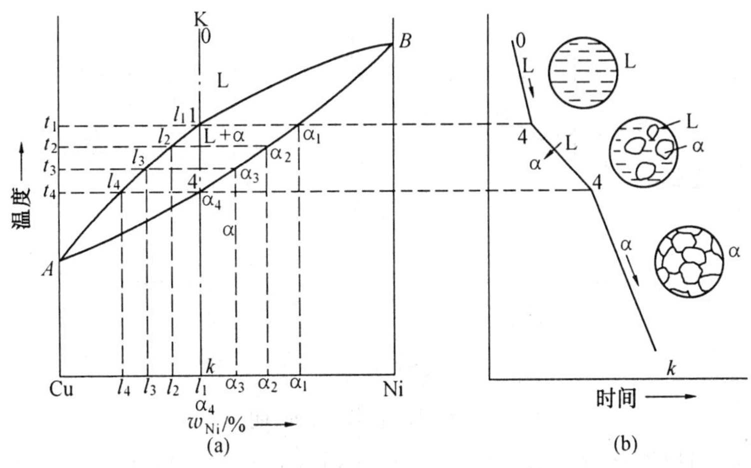

图 2.8　Cu－Ni 合金匀晶相图

当 K 合金从高温液态缓慢冷却至 t_1 温度时，开始从液相中结晶出固溶体 α，此时的 α 成分为 α_1(其镍的质量分数高于 K 合金中镍的质量分数)，即 $l_1 \xrightarrow{t_1} \alpha_1$。随温度下降，结晶出来的 α 固溶体量逐渐增多，剩余的液相 L 量逐渐减少。当温度降至 t_2 时，固溶体的成分为 α_2，液相的成分为 l_2(镍的质量分数低于合金镍的质量分数)，即 $l_2 \xrightarrow{t_2} \alpha_2$。为保持相平衡，在 t_1 温度结晶出来的 α_1 相，必须改变为与 α_2 相一致的成分，液相成分也必须由 l_1 向 l_2 变化。……一直冷到 t_4 温度时，其相平衡关系 $l_4 \xrightarrow{t_4} \alpha_4$。最后的相平衡，必然使从液相中结晶出来的全部 α 相都具有 α_4 的成分，并使最后一滴液相的成分达到 l_4 的成分。

由此可知，K 合金的平衡结晶过程特点是：液态金属在无限缓慢冷却条件下，冷却至一定温度范围进行结晶，而且在结晶过程中固溶体的成分沿着固相线变化(即 $\alpha_1 \to \alpha_2 \to \alpha_3 \to \alpha_4$)，而液相成分沿液相线变化(即 $l_1 \to l_2 \to l_3 \to l_4$)，如图 2.8(a)所示，这就是固溶体合金的平衡结晶规律。用冷却曲线描述 K 合金平衡结晶过程，则如图 2.8(b)所示。

3. 杠杆定律及其应用

在合金相图中的两相区(如液相和固相)内，若给定某一温度，就能确定在该温度下两平衡相(如液、固两相)的成分，以及在该温度下两平衡相(如液、固两相)的相对质量分数，这就是杠杆定律的内容。现推导如下：

分析成分为 K 的 Cu－Ni 合金(如图 2.9(a)所示)，在 t_x 温度时，液相成分为 x_1，固相成分为 x_2(通过 t_x 温度作一水平线，此水平线与液、固相线的交点即为 L 相的成分与 α 相的成分)。现求在该温度下，已结晶出固溶体 α 和剩余液相 L 的质量分数。设合金总质量为 w(100%即 1)，液相的质量分数为 w_L，固相的质量分数为 w_α，则

$$w_L + w_\alpha = w(\text{即 } 1) \tag{2.1}$$

若已知液相中镍的质量分数为 x_1，固溶体中镍的质量分数为 x_2，合金中镍的质量分数为 x，则

$$w_L \cdot x_1 + w_\alpha \cdot x_2 = w \cdot x \tag{2.2}$$

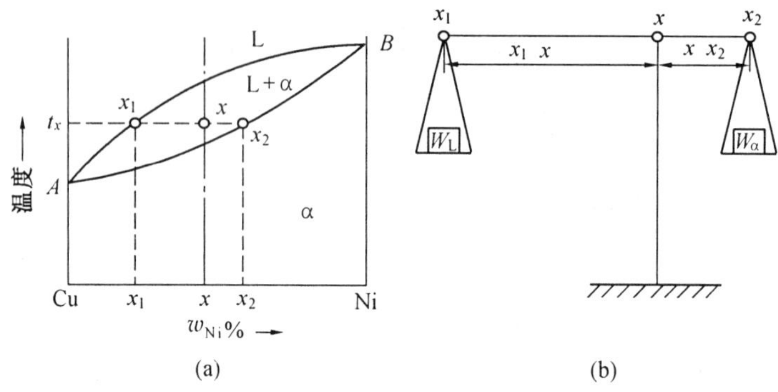

图2.9 杠杆定律的证明

解(2.1)和(2.2)组成的联合方程得：$w_L = (x_2 - x)/(x_2 - x_1)$；$w_\alpha = (x - x_1)/(x_2 - x_1)$。将分子和分母都换成相图中的线段，并将 w_L 和 w_α 的质量分数用百分数表示时，则 $w_L = xx_2/x_1x_2 \times 100\%$，$w_\alpha = x_1x/x_1x_2 \times 100\%$；两相相对质量之比为：$w_L/w_\alpha = xx_2/x_1x$。

由图2.9(b)可以看出，以上所求得的两平衡相相对质量之间的关系与力学中的杠杆定律颇为相似，因此称为"**杠杆定律**"。杠杆定律说明：**某合金两平衡相的质量分数(w_L 与 w_α)之比等于该两相成分点到合金成分点距离的反比，即线段 xx_2 与 x_1x 之比。**

应当说明的是，**杠杆定律仅适用于两相区，用于求两平衡相的成分及其相对质量分数。**若在单相区，合金成分固定，没有必要应用杠杆定律；而三相共存时杠杆定律不适用。

4.不平衡结晶 —— 枝晶偏析

在实际结晶过程中，很难保持体系的平衡状态，冷却过程往往是比较快的(即不平衡结晶)，此时原子不能充分进行扩散，这时先结晶出的固相含高熔点组元(镍)较多，后结晶出的固相含低熔点组元(铜)较多，快冷使这种成分不均匀现象保留下来，形成了在同一晶粒中的成分偏析，因结晶一般是以树枝状方式进行，先结晶的主干和后结晶的分枝成分不一致，故这种偏析称为**枝晶偏析**。因这种偏析发生在一个晶粒内，故又称**晶内偏析**。

枝晶偏析，会使合金的力学性能、耐蚀性和加工工艺性能变坏。为消除枝晶偏析，可采用高温**扩散退火**(又称**均匀化退火**)的方法，即将合金铸件加热至固相线以下100～200℃长时间保温(一般5～8h)，使原子充分扩散，从而达到成分均匀化的目的。

2.2.3 共晶相图(学习二元相图的关键)(Binary eutectic phase diagrams)

两组元在液态下能完全互溶，在固态时有限互溶并发生共晶反应(转变)，形成共晶组织的二元相图称为**二元共晶相图**。Pb－Sn、Pb－Sb等皆属于共晶相图。在Fe－C、Al－Mg等相图中，也包含有共晶转变部分。

1.相图分析

(1)共晶相图的形成

共晶相图可以抽象地看做是两个匀晶相图重叠的结果，如图2.10(a)～(d)所示。其中(a)图为从液相内结晶出以A组元为基的α固溶体；(b)图示为从液相内结晶出以B组元为基的β固溶体；(c)图为(a)、(b)两个相图重合在一起的图示。根据固溶体结晶规律，

固溶体 α、β 结晶时，液相成分沿着各自的液相线变化。当温度降至两条线的交点 E 时，此

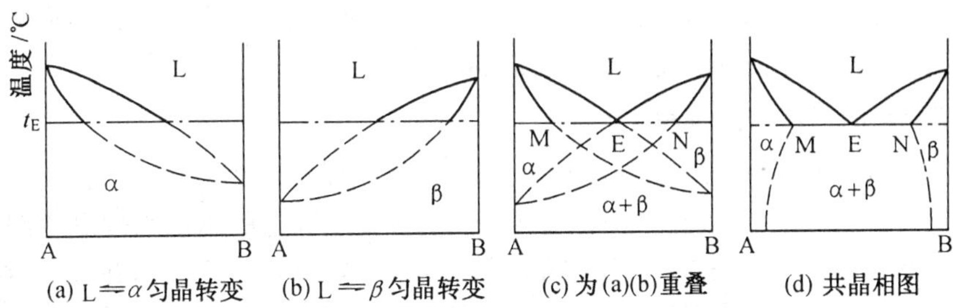

(a) L ═ α 匀晶转变　(b) L ═ β 匀晶转变　(c) 为 (a)(b) 重叠　(d) 共晶相图

图 2.10　共晶相图的形成

时 E 点成分的液相既要与 M 点成分的 α 相平衡，又要与 N 点成分的 β 相平衡。因此，液相、α 相与 β 相必然处于三相平衡状态，它只能在恒定温度 t_E 下进行。也就是说在此温度下既要从液相中结晶出 α 相，又要结晶出 β 相，一直进行到液相消失为止。因此，通过 E 点作水平线交 α 固相线于 M 点、交 β 固相线于 N 点，水平线 MN 就是液相存在的最低温度。在此温度以下，不存在液相，也就不可能再按匀晶转变规律继续结晶出 α、β 相。但通常已结晶出的 α 或 β 相可发生溶解度变化（虚线所示）。综上所述，二元共晶相图（如图 2.10(d) 所示）可分为三部分，即水平线以上为匀晶转变部分，以下为脱溶转变部分，水平线上则为共晶转变部分。下面以图 2.11 所示 Pb－Sn 相图为例，对共晶相图进行相图分析。

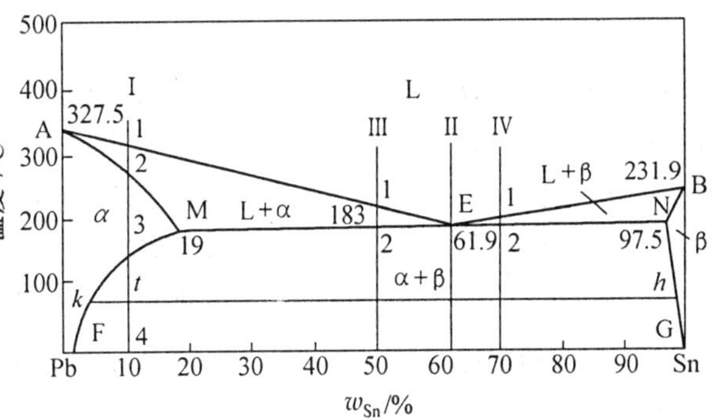

图 2.11　Pb－Sn 合金相图

(2) 相区与基本相

相图中有三个单相区，即液相 L、固溶体 α 相和 β 相。α 相是 Sn 溶于 Pb 中形成的固溶体，β 相是 Pb 溶于 Sn 中的固溶体。各个单相区之间有三个两相区，即 L＋α、L＋β 和 α＋β。在 L＋α、L＋β 和 α＋β 两相区之间的水平线 MEN 表示 α＋β＋L 三相共存区。在三相共存水平线所对应的温度下，成分相当于 E 点的液相（L_E）同时结晶出与 M 点相对应的 α_M 和与 N 点所对应的 β_N 两个相，即形成两个固溶体的混合物。这种转变的反应式是：$L_E \xrightarrow{183℃} \alpha_M + \beta_N$，这一转变必在恒温下进行，而且三个相的成分应为恒定值，在相图上的特征是三个单相区与水平线只有一个接触点，其中液体单相区在中间且位于水平线之上，两端是两个固相单相区。这种**在一定温度下，由一定成分的液相同时结晶出成分各自一定的两个新固相的转变过程，称为共晶转变或共晶反应。共晶转变的产物为两固相的混合物，称为共晶组织。**

(3)特性线与特性点

相图中的 MEN 水平线称为**共晶线**，E 点称为**共晶点**，E 点对应的温度称为**共晶温度**，成分对应于共晶点的合金称为**共晶合金**。成分位于共晶点以左、M 点以右的合金为亚共

晶合金。成分位于共晶点以右、N 点以左的合金称为**过共晶合金**。AE、BE 为液相线，AM、BN 线为固相线，MF、NG 这两条曲线称为固溶线。M、N 点分别表示 α、β 相的最大溶解度极限，随温度降低，α、β 相溶解度分别沿曲线 MF、NG 变化。

2.典型合金的平衡结晶过程

现以图 2.11 中所示出的四种典型合金为例，分析其结晶过程。

①合金 I($w_{Si} \leqslant 19\%$的合金)　见图 2.11，合金在 2 点以上的结晶与匀晶相图合金的结晶过程一样，开始结晶出来的 α 称为**初晶或一次晶**。匀晶转变完成后在 2~3 点间，合金为均匀的 α 单相组织。当温度降至 3 点以下时，α 相变为过饱和固溶体，过剩 Sn 以 β 相形式从 α 相中析出，随温度下降 β 相增多。从固态 α 相中析出的 β 相即称为次生相(**二次相或二次晶**)，用符号 β_{II} 表示。这种从单一固溶体相中析出的单一新固相的反应，即称为二次析出反应。当冷至室温时，所析出 β_{II} 的相对质量分数可用杠杆定律计算出：$\beta_{\text{II}} = F4/FG \times 100\%$。由于固态下原子扩散能力小，析出的次生相不易长大，一般都比较细小，分布于晶界或固溶体中。其室温下的组织为 $\alpha + \beta_{\text{II}}$。

根据以上分析，合金 I 的结晶由下列两种性质的反应组成：**匀晶反应 + 二次析出反应**。

②合金Ⅱ(共晶合金)　当合金Ⅱ由液相冷却至 E 点时，将发生共晶反应：$L_E \xrightarrow{183℃} \alpha_M + \beta_N$，在恒温($t_E$)下一直进行到液相完全消失为止，这时所获得的 α 和 β 相呈层片状交替分布的细密机械混合物($\alpha + \beta$)就是共晶组织或称共晶体。其共晶体($\alpha_M + \beta_N$)中 α_M 和 β_N 两相的相对质量分数可由杠杆定律求出

$$w_{\alpha_M} = EN/MN \times 100\%, w_{\beta_N} = ME/MN \times 100\%。$$

在 E 点以下，随温度下降，α 和 β 的溶解度分别沿各自固溶线 MF、NG 变化，从 α 中析出 β_{II}，从 β 中析出 α_{II}，但由于 α_{II} 和 β_{II} 量小且在显微组织中不易分辨，故一般不予考虑。因此，其室温组织为($\alpha + \beta$)共晶体。

合金Ⅱ结晶过程中的反应特征为：**共晶反应 + 二次析出反应**。

③合金Ⅲ(亚共晶合金)　当合金Ⅲ自液态缓冷至 1 点时，开始结晶出初晶 α 固溶体，温度在 1~2 点之间为匀晶转变过程，在此阶段中，L + α 两相共存，且随温度下降，α 相成分沿 AM 线向 M 点变化，L 相成分沿 AE 线向 E 点变化。当温度降至 2 点即共晶温度时，L 相具有共晶成分 E，于是便发生共晶反应：$L_E \xrightarrow{183℃} \alpha_M + \beta_N$。共晶反应后，随温度下降，初晶 α 相的成分沿固溶线 MF 变化，即 $\alpha_M \longrightarrow \alpha + \beta_{\text{II}}$，所以其室温组织为 $\alpha + \beta_{\text{II}} + (\alpha + \beta)$。

由上述可见，合金Ⅲ在结晶过程中的反应特征为：**匀晶反应 + 共晶反应 + 二次析出反应**。

④合金Ⅳ(过共晶合金)　过共晶合金的平衡结晶过程与亚共晶合金相似，只是初晶(初生相)为 β 固溶体，而不是 α 固溶体。其室温组织为 $\beta + \alpha_{\text{II}} + (\alpha + \beta)$。

其反应特征亦为：**匀晶反应 + 共晶反应 + 二次析出反应**。

【例题 2.1】　依据 Pb - Sn 相图(见图 2.11)，说明含 28%Sn 的 Pb - Sn 合金在下列温度时组织中有哪些相，并求出相的相对量。

①高于 300℃；②刚冷至 183℃，共晶转变尚未开始；③在 183℃，共晶转变完毕；④冷至室温。

分析 参见图 2.12,通过 Sn 的质量分数为 28%的合金成分点作一垂线,再与纵坐标温度水平线相交,就可方便地判断在各个温度瞬时,合金所处的状态;杠杆定律应用的前提条件是两相区,一定要牢记。

解答 ①找到 300℃的点,做一水平线与 28% Sn 合金成分垂线相交,此交点以上即为题目所要求状态,所以该合金此时处于单一液相状态。其液相的质量分数为 100%。

②此时该合金处于液相 L 和固溶体 α 两相状态,欲求相的相对量,即求 L+α 两相区中 L 和 α 两相的质量分数,杠杆的总长度应为 ME,合金的成分线与 ME 水平线的交点即为杠杆的支点位置(设为 2 点)。因此,$w_L = 2M/ME = (28-19)/(61.9-19) = 21\%$;$w_\alpha = 2E/ME = (61.9-28)/(61.9-19) = 79\%$。

③此时该合金处于固溶体 α+β 两相状态,即进入 α+β 两相区。欲求相的相对量,即求 α+β 两相区中 α 和 β 两相的质量分数,杠杆的总长度应为 MN,该合金的成分线与 MEN 水平线的交点 2 即为杠杆的支点位置。因此,$w_\beta = 2M/MN = (28-19)/(97.5-19) = 11.5\%$;$w_\alpha = N2/MN = (97.5-28)/(97.5-19) = 88.5\%$ 。

④此时合金处于 α+β 两相区,求 α 和 β 两相的相对量,杠杆的总长度应为 FG,杠杆的支点位置即为合金的成分垂线与 FG 水平线的交点设为 2′点。

$w_\beta = F2'/FG = (28-5)/(99.5-5) = 24\%$;$w_\alpha = G2'/FG = (99.5-28)/(99.5-5) = 76\%$ 。

归纳 共晶相图是二元合金相图的一种最重要类型,本例题的目的在于明确相图中典型合金平衡结晶过程分析,善于区分合金组织中所包含的相,以及如何利用杠杆定律计算相组分的相对质量分数。

思考 例题 2.1 中若把求出"相的相对量",改为"组织的相对量",您还会计算吗?

3.两种填写相图的方法

综上所述,Pb-Sn 合金结晶后仅出现了 α 和 β 两个相。α 和 β 称为相组分(即相组成物),**图 2.11 就是以相组分形式填写的相图。**

由于相的形成条件不同,就构成了不同形貌的组织,组织是各种相以不同数量、形状和大小组合而成。为了分析研究组织的方便,常常把合金平衡结晶后的组织(称为**组织组分**)直接填写在合金相图上,如图 2.12 所示。这种以组织组分(即组织组成物)形式填写相图的方法,与显微镜下所观察到的显微组织能互相对应,更便于了解合金系中任一合金在任一温度下的组织状态,以及合金在结晶过程中的组织变化。

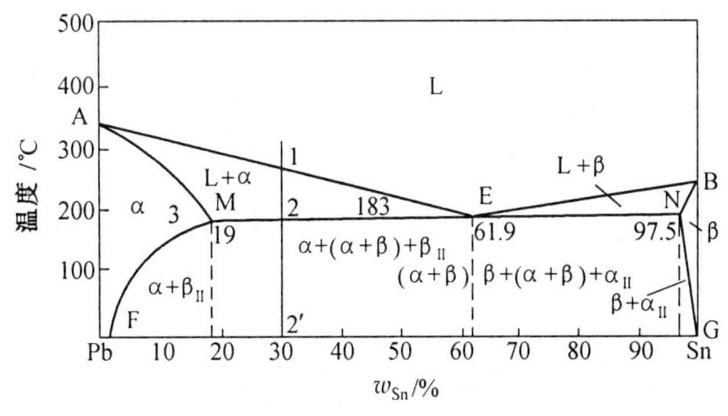

图 2.12 标明组织组分的 Pb-Sn 合金相图

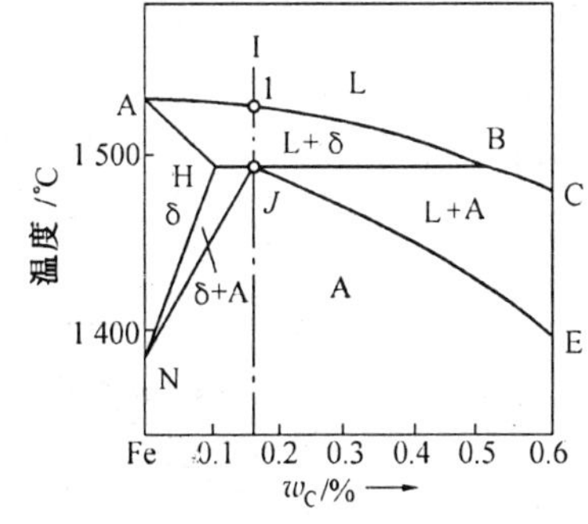

图 2.13 Fe-C 相图包晶部分

2.2.4 包晶相图特征(Characteristics of peritectic phase diagrams)

包晶相图与前述共晶相图的共同点是,液态时两组元均可无限互溶,固态时则只有有限固溶度，因而形成有限固溶体。但其相图中水平线所代表的结晶过程与共晶水平线却截然不同。现以 Fe－Fe_3C 相图中的包晶反应部分（如图 2.13 所示）为例来说明。

当合金 I 从高温液态缓冷至 1 点时开始结晶，1～J 点间为匀晶转变区域，从液相中结晶出初生相 δ 固溶体。在此温区内，随温度不断下降，δ 相数量不断增加，液相数量则不断减少；δ 相成分沿 AH 线变化，液相 L 成分沿 AB 线变化。当合金冷至包晶反应温度（1495℃）时，剩余液相（B 点成分）和初晶 δ 相（H 点成分）相互作用生成奥氏体（A），新相（A）是在原 δ 相表面生核并长成一层 A 相的外壳层，此时三相共存，发生包晶反应，即 $L_B + \delta_H \xrightarrow{1495℃} A_J$。由于包晶反应系在恒温下进行，而且平衡三相的成分各不相同，通过 Fe 和 C 原子不断扩散，A 固溶体一方面不断消耗液相向液体中长大，同时也不断吞并 δ 固溶体向内生长，直至把液相 L 和 δ 固溶体全部耗尽，最后便形成单一 A，包晶反应即告完成。在这种结晶过程中，A 包围着 δ 固溶体，靠不断消耗液相 L 与 δ 相而进行结晶，故称为包晶反应（如图2.14 所示）。由于包晶反应所产生的 A 相是依附于已有的 δ 相表面、并靠消耗 δ 相而生长，所以 δ 相被 A 相包围、致使 δ 相和 L 相中的原子不能直接交换，而必须通过在 A 相中的固态扩散来传递。

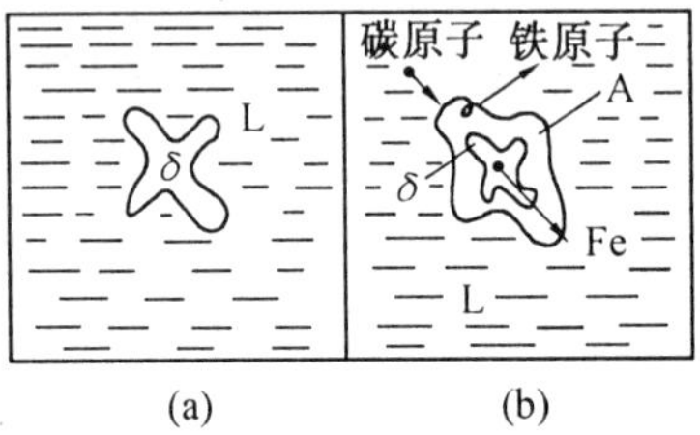

(a) (b)

图 2.14　包晶转变示意图

需要指出的是原子在固相中的扩散比在液相中慢得多，所以在包晶反应过程中，伴随 A 层的加厚，包晶反应速度会越来越慢，除了在极其缓慢冷却情况以外，实际上包晶反应往往进行不完全、不充分，因而常常形成具有枝晶偏析特征的不平衡组织。

2.2.5　具有稳定化合物的相图（Phase diagrams with stable compounds）

所谓稳定化合物，系指具有一定熔点，在熔点以下保持其固有结构而不发生分解的化合物。在相图中可把这种化合物看做是一个独立组元，因而用一条垂线表示，并把相图分为两个独立的相图。图 2.15 为 Mg－Si 相图，当 Si 的质量分数为 36.6％时形成稳定化合物 Mg_2Si，其成分固定，可作为一个独立组元而将相图分解为两个独立的共晶相图，分别按各自独立的共晶相图进行分析，从而使一复杂相图变为二个简单二元共晶相图。

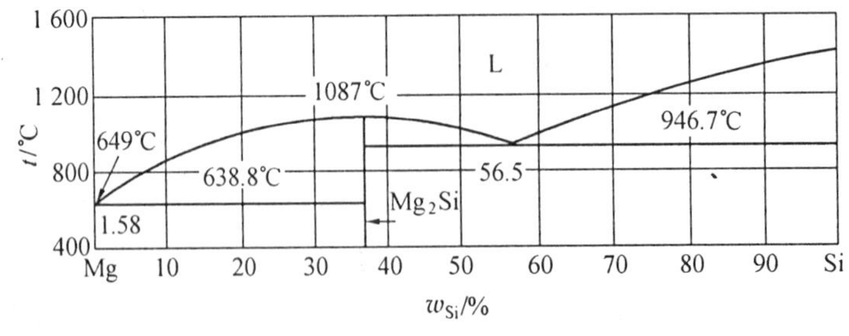

图 2.15　Mg－Si 合金相图

2.2.6 具有共析反应的相图(Phase diagrams with eutectoid reaction)

共析反应属于共晶型反应,其与共晶反应的区别在于,**在恒温下**不是由液相**而是由一种成分一定的固相同时析出另外两种成分各自一定的新固相**。即图 2.17 所示的铁碳合金相图中 PSK 水平线上的共析反应:$\gamma_S \xrightarrow{727℃} \alpha_P + Fe_3C$,其反应产物为共析体(共析组织),由于共析反应系固相分解,其原子扩散较困难,易产生较大的过冷,所以共析组织远比共晶组织细密。

共析转变对合金的热处理强化有重大意义,钢铁和钛合金的热处理就是建立在共析转变的基础之上。

2.2.7 二元合金相图与性能之间的关系(Relationship between properties and phase diagrams of binary alloys)

合金的性能取决于合金的成分和组织,而相图直接反映了合金的成分和平衡组织的关系。因此,具有平衡组织的合金的性能与相图之间存在着一定的联系。可以利用相图大致判断不同成分合金的性能变化,概括如下。

1.合金的使用性能与相图的关系

图 2.16 为具有匀晶相图、共晶或共析相图的合金系的力学性能(硬度、强度)和物理性能(电导率)随成分变化的一般规律。

由图可见,当合金形成单相固溶体时,随溶质溶入量的增加,合金的硬度、强度升高,而电导率降低,呈抛物线变化,在合金性能与成分的关系曲线上有一极大值或极小值,如图 2.16(a)所示。

当合金形成两相混合物时,随着成分的变化,合金的强度、硬度、电导率等性能在两相组分的性能间呈线形变化,如图 2.16(b)所示。对于共晶或共析成分的合金,其性能还与两相组分的细密程度有关,组织越细,性能越好,如图(b)中虚线所示。

2.合金的工艺性能与相图的关系

合金的工艺性能与相图也有密切联系。例如铸造性能(包括流动性、缩孔分布、偏析大小)与相图中液、固相线之间的距离密切相关。液、固相线间的距离越宽,形成枝晶偏析的倾向越大,同时由于先结晶的树枝晶阻碍未结晶的液体的流动,则流动性越差,分散缩孔越多。图 2.16(c)表明了铸造性能与相图的关系。由图可见,固溶体中溶质含量越多,铸造性能越差;共晶成分的合金铸造性能最好,即流动性好,分散缩孔少,偏析程度小,所以铸造合金的成分常选共晶成分或接近共晶成分。

又如压力加工性能好的合金是相图中的单相固溶体。因为固溶体的塑性变形能力大,变形均匀;而两相混合物的塑性变形能力差,特别是组织中存在较多脆性化合物时,不利于压力加工,所以相图中两相区合金的压力加工性能差。

再如相图中的单相合金不能进行热处理,只有相图中存在同素异构转变、共析转变、固溶度变化的合金才能进行热处理。

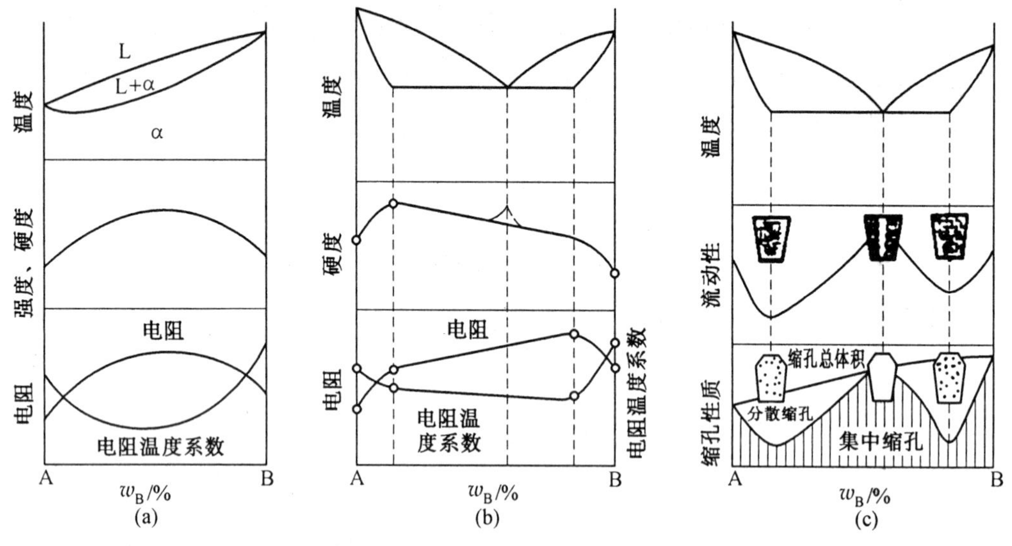

图 2.16　合金性能与相图的关系

2.3　二元相图的典型应用(铁碳合金相图)

Typical Applications of the Binary Phase Diagram (The Iron - carbon Equilibrium Diagram)

钢铁材料就是铁碳合金,它是使用最为广泛的金属材料。在研究和使用钢铁材料、制定热变形加工与热处理工艺及其质量分析等方面,都要应用铁碳相图这个重要工具。以下就以铁碳合金相图为例进行重点分析。

2.3.1　铁碳相图中的组元与基本相(Phases and components in the iron-carbon equilibrium diagram)

铁碳相图中的组元与基本相如图 2.17、2.18 所示。

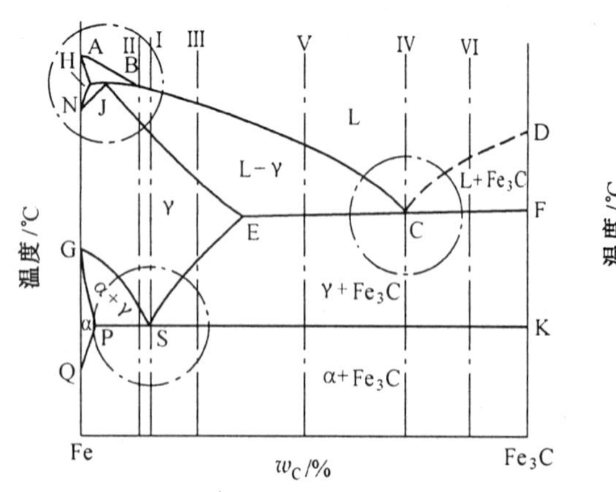

图 2.17　以相组分表示的铁碳相图

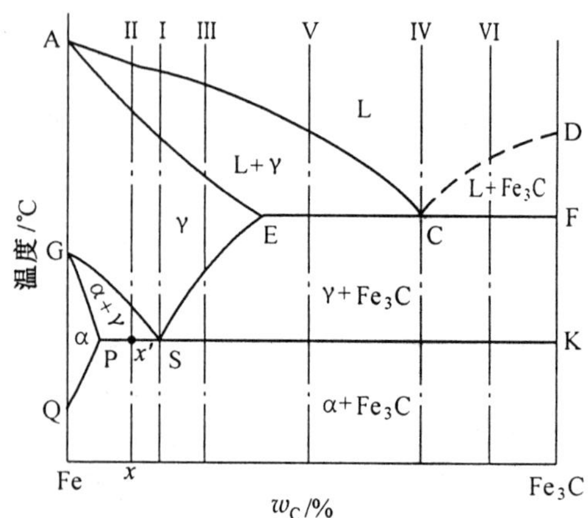

图 2.18　经简化的铁碳相图

1.纯铁

①纯铁　铁的原子序数为26,原子半径1.27nm,熔点1538℃,密度7.87g/cm^3,属于过渡族金属元素。铁的一个重要特性是具有同素异构转变,如图1.16所示。含有少量杂质的纯铁称为工业纯铁,室温下为α-Fe,具有BCC结构,一般情况下工业纯铁在室温下的力学性能大致为$\sigma_b(R_m)=180\sim230$MPa,$\sigma_{0.2}(R_{r0.2})=100\sim170$MPa,$\delta$(A)=30%~50%,$\psi$(Z)=70%~80%,$a_K=1.6\sim2.0$MJ/m^2,硬度值为50~80HBW。可见钝铁的塑、韧性虽然很好,但强度、硬度很低,所以很少用它制造机械零件。

②铁素体(F或α)与奥氏体(A或γ)　不同结构的铁与碳可形成不同的固溶体,铁素体与奥氏体是铁碳相图中两个十分重要的相,这两个相都是碳在铁中的间隙固溶体。但它们也有一系列不同之处。

(i)晶体结构　碳原子溶入γ-Fe中所形成的间隙固溶体称为奥氏体(A)。而碳原子溶入α-Fe中所形成的间隙固溶体,则称为铁素体(F)。F为BCC晶格,A为FCC晶格。

(ii)溶碳能力　从铁碳相图可知,F的溶碳能力比A要小得多。A的最大溶碳量为2.11%(于1148℃时),而F的最大溶碳量仅为0.0218%(于727℃时)。室温下F的溶碳量就更低了,一般在0.0008%以下。

(iii)组织形态　单相状态的F与A都呈多边形的等轴晶粒,如图2.19中Ⅶ、Ⅷ号图所示。

(iv)力学性能　F与A力学性能相近,都是塑韧相。其中F的力学性能如下:$\sigma_b(R_m)=176\sim274$MPa,$\sigma_s(R_{eL})=98\sim166$MPa,$\delta$(A)=30%~50%,$\psi$(Z)=70%~80%,$a_K=1.5\sim2.0$MJ/m^2,布氏硬度值为50~80HBW。

2.渗碳体(常用符号Fe_3C或C_m表示)

在铁碳相图中,碳一般以渗碳体(C_m)形式存在,C_m是钢铁合金中一基本相,它的存在状态、数量及分布,对铁碳合金的组织与性能起着决定性作用。

①晶体结构　如图1.18所示,C_m是具有复杂晶格的间隙化合物,每个晶胞中有一个碳原子和三个铁原子,即Fe/C=3/1,所以C_m中碳的质量分数为6.69%,其熔点1 227℃。

②组织形态　C_m在钢中具有多种多样的组织形态,这些形态主要与形成条件有关。凡是从液相中结晶出来的**一次渗碳体**,如图2.19中Ⅵ所示,一般呈粗大片状;凡是从A或F中析出的**二次渗碳体**,如图2.19中Ⅲ所示,或**三次渗碳体**,如图2.19中Ⅸ所示,一般呈网状分布;共析体(珠光体)中的C_m,如图2.19中Ⅰ所示,一般呈薄片状,而共晶体(莱氏体)中的C_m作基体,如图2.19中Ⅳ所示等。铁碳合金中五种渗碳体的特征如表2.1所示。

③力学性能　C_m具有硬而脆的特性,其硬度值很高(约800HBW),而塑性很差($\delta\approx0$)。C_m的热力学稳定性不高,在高温长时间加热条件下,C_m将发生分解,形成石墨:$Fe_3C\rightarrow3Fe+C$(石墨)。可见,C_m是亚稳定相。因此,铁碳相图具有双重性,即一个是Fe-Fe_3C亚稳系相图,另一个是Fe-G(石墨)稳定相图,如图5.9所示。

本节主要讨论Fe-Fe_3C亚稳定相图。

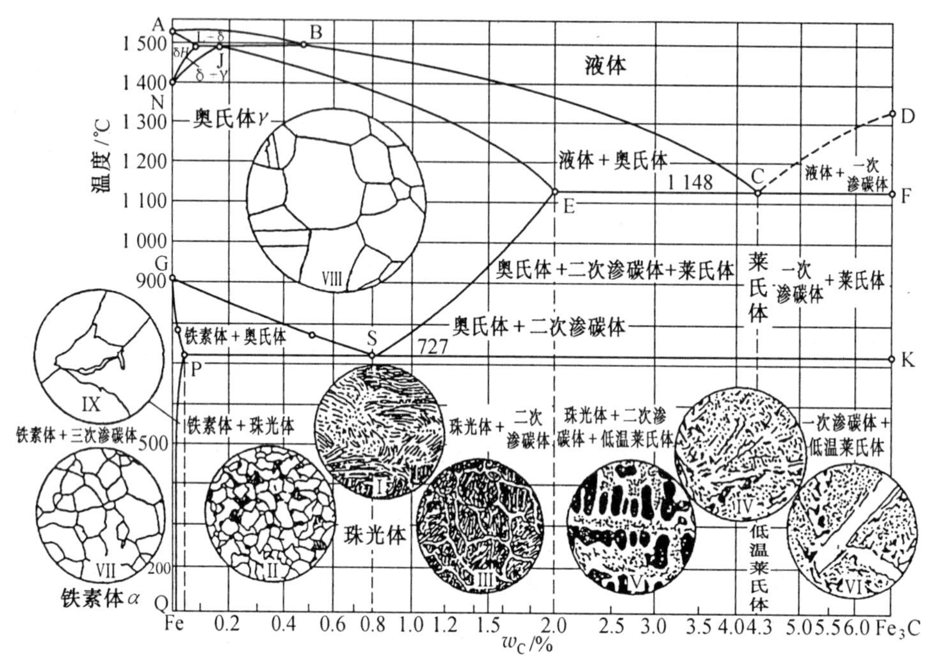

图 2.19　以组织组分(包括组织示意图)表示的铁碳相图

表 2.1　铁碳合金中五种渗碳体的特征

名称	符号	母相	形成温度/℃	组织形态	分布情况	对性能的影响
一次渗碳体	Fe_3C_{I}	L	>1 148	粗大条状	自液相中直接结晶出	增加硬脆性
二次渗碳体	Fe_3C_{II}	A	1 148～727	网　状	在 A 晶界上	严重降低强度和韧性
三次渗碳体	Fe_3C_{III}	F	<727	短条状	数量极少(沿晶界)	降低塑、韧性(常忽略不计)
共晶渗碳体	$Fe_3C_{共晶}$	Ld	1 148	块、片状	莱氏体的基体相	产生硬脆性
共析渗碳体	$Fe_3C_{共析}$	As	727	细片状	与片状 F 构成层片状 P	提高综合力学性能

2.3.2　铁碳合金相图分析(The iron－carbon equilibrium diagrams)

Fe－Fe_3C 相图貌似复杂,但将其分解成三个基本反应分别讨论它就简单多了,这三个基本反应就是:包晶反应,共晶反应及共析反应,如图 2.17 中大圆圈所示。

1.三相平衡转变(三个基本反应)

①包晶反应(或包晶转变)　Fe－Fe_3C 相图上的包晶反应,是在 1495℃恒温下 w_C = 0.53%的液相与 w_C = 0.09%的高温铁素体(δ)发生包晶反应,形成 w_C = 0.17%的奥氏体。其反应式为:$L_B + \delta_H \xrightarrow{1495℃} \gamma_J$,包晶反应的产物为奥氏体,如图 2.19 中Ⅷ所示。凡是 w_C = 0.09%～0.53%范围内的合金都要进行此反应,反应后获得奥氏体组织。由于工业生产中,包晶反应往往进行不完全,故常将其简化,如图 2.18 所示。

②共析反应　共析反应是在 727℃恒温下 w_C = 0.77%的 A 转变为 w_C = 0.0218%的 F

与 Fe_3C 的机械混合物，其反应式为：$As \xrightarrow{727℃} Fp + Fe_3C$，共析反应产物为珠光体(P)，其组织形态如图 2.20 以及图 2.19 中Ⅰ号图所示。P 一般为 F 和 Fe_3C 两相层片相间分布的机械混合物，它具有较高的强度，一定的塑韧性和硬度（$\sigma_b(R_m)$ = 770MPa，硬度 180HBW，$\delta(A)$ = 20% ~ 35%，A_K = 30 ~ 40 J）。

共析反应温度是相图上水平线 PSK(727℃)，故称为共析线或共析转变温度，常用符号 A_1 表示。因此，凡是 w_C > 0.0218%的铁碳合金都将进行共析反应。

③共晶反应（共晶转变）　它是在 1148℃恒温下 w_C = 4.3%的液相转变为 w_C = 2.11%的 A 与 Fe_3C 的机械混合物，其反应式为：$L_C \xrightarrow{1148℃} A_E + Fe_3C$，共晶反应的产物为莱氏体(Ld)。共晶转变的温度就是相图上水平线 ECF，称为共晶温度或共晶线。因此，w_C = 2.11% ~ 6.69%的铁碳合金都要进行共晶反应。应该指出，在冷却过程中当温度降至 727℃时，Ld 中的 A 也要进行共析反应形成 P。因此，把共析线以上温度存在的 $(A + Fe_3C)$的机械混合物，称为高温莱氏体(Ld)，而把共析线以下温度存在的$(P + Fe_3C_{Ⅱ} + Fe_3C)$的机械混合物，称为低温莱氏体（用符号 L′d 表示），其组织形态如图 2.21 以及图2.19 中Ⅳ号图所示。L′d 的组织特征为呈点状或短条状 P 分布在白色 Fe_3C 基体上，因此其性能特点与渗碳体相近，即高硬度而塑性差（硬而脆）。

图 2.20　共析碳钢室温显微组织 ×500

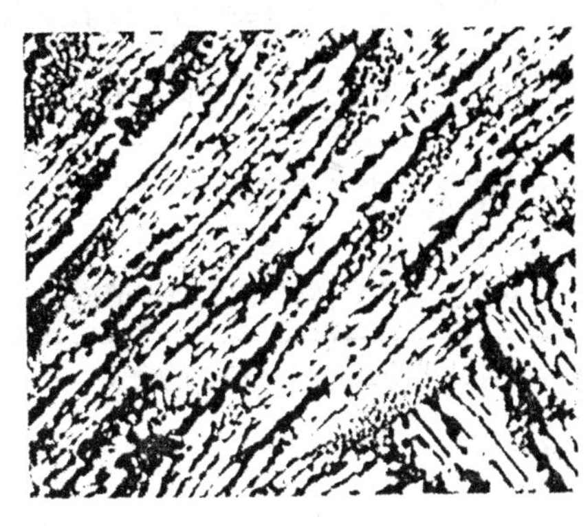

图 2.21　共晶白口铁显微组织 ×200

2.相图中的特性点、特性线及相区

铁碳合金相图（图 2.19）中各特性点和特性线的含义，如表 2.2 所示。

由图 2.17 可以看出，相图中包括 5 个单相区，7 个双相区及 3 个三相区（对如图 2.18 所示的经简化的 $Fe - Fe_3C$ 相图而言，包括 4 个单相区，5 个双相区及 2 个三相区）。

图 2.17 和 2.18 即为以相组分（即组成相或相组成物）形式表示的 $Fe - Fe_3C$ 合金相图。

3.铁碳合金的分类（表 2.2）

钢和铸铁都是铁碳合金，它们可按 C 质量分数的多少来划分，也可按是否发生共晶反应来区分。w_C < 2.11%，或不发生共晶反应的铁碳合金称为钢（或碳钢）；而 w_C > 2.11%或发生共晶反应的铁碳合金为铸铁。由于此铸铁的共晶体中碳以 Fe_3C 形式存在，其断口一般呈白亮色，故又称为白口铸铁。

表 2.2 铁碳合金相图中的特性点和特性线

特性点	温度/℃	w_C/%	含　　义	特性线	含　　义
A	1 538	0	纯铁的熔点	AB	δ 相液相线，液相开始结晶出 δ 固溶体
B	1 495	0.53	包晶转变时液态合金成分	BC	γ 相液相线，液相开始结晶出 γ 固溶体
C	1 148	4.3	共晶点	CD	液相脱溶线，液相开始脱溶出 Fe_3C_I
D	~1 227	6.69	渗碳体的熔点	AH	δ 相的固相线
E	1 148	2.11	碳在奥氏体中的最大溶解度	NH	碳在 δ 相中的溶解度线
F	1 148	6.69	渗碳体的成分	JE	γ 相的固相线
G	912	0	$\alpha-Fe \rightleftharpoons \gamma-Fe$ 转变点	JN	(δ+γ)相区与 γ 相区的分界线
H	1 495	0.09	碳在 δ-Fe 中的最大溶解度	GS	奥氏体转变为铁素体开始线，即 A_3 线
J	1 495	0.17	包晶点	GP	奥氏体转变为铁素体终了线
K	727	6.69	液碳体的成分	ES	固溶线，奥氏体脱溶出 Fe_3C_{II}，即 A_{Cm}线
N	1 394	0	$\gamma-Fe \rightleftharpoons \delta-Fe$ 转变点	PQ	固溶线，铁素体开始脱溶出 Fe_3C_{III}
P	727	0.0218	碳在铁素体中最大溶解度	PSK	共析转变线，$\gamma_s \xrightleftharpoons{727℃} \alpha_p + Fe_3C$，即 A_1 线
S	727	0.77	共析点	HJB	包晶转变线，$L_B + \delta_H \xrightleftharpoons{1495℃} \gamma_J$
Q	600	0.0057	碳在铁素体中的溶解度	ECF	共晶转变线，$L_C \xrightleftharpoons{1148℃} \gamma_E + Fe_3C$

注：本表是指冷却过程中相变的含义。

根据成分不同，铁碳合金可分为 3 大类 7 种，如表 2.3 所示。

表 2.3 铁碳合金的分类

合金种类	工业纯铁	碳　钢			白口铸铁		
		亚共析钢	共析钢	过共析钢	亚共晶白口铸铁	共晶白口铸铁	过共晶白口铸铁
w_C/%	<0.0218	0.021 8~0.77	0.77	0.77~2.11	2.11~4.3	4.3	4.3~6.69
室温组织	F	F+P	P	P+Fe_3C_{II}	P+Fe_3C_{II}+L′d	L′d	Fe_3C_I +L′d
室温组织形态			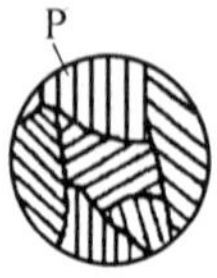	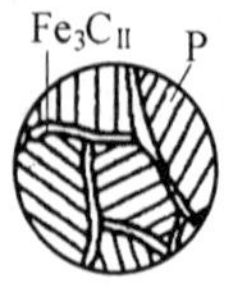		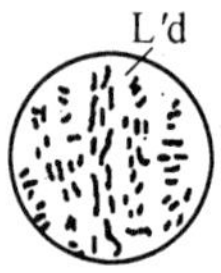	
力学性能	软	塑、韧性好	综合力学性能好	硬度大	硬而脆		

2.3.3 铁碳合金平衡结晶过程分析与相应组织(Solidification process and microstructural development in iron-carbon alloys)

1.共析钢 $w_C = 0.77\%$

图 2.22 中Ⅰ为共析钢的冷却曲线。$w_C = 0.77\%$ 的合金自液态(L 相)缓冷至 1 点以下,通过匀晶反应(L→A)形成 A,至 2 点时 L 相结晶完毕。在 2~3 点间合金无组织类型变化,仍为单相 A 组织。至 3 点时 A 发生共析反应:$A_S \xrightarrow{727℃} F_P + Fe_3C$,得到的转变产物称为 P 组织。从 3′点继续冷却至 4 点,P 皆不发生转变。因此共析钢室温平衡组织全部为 P。

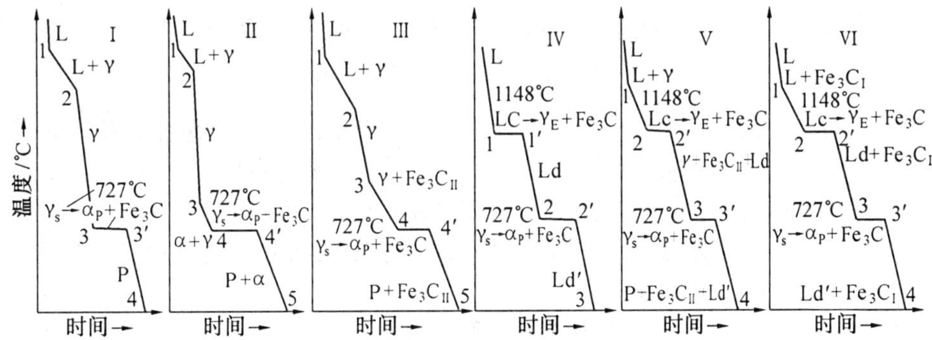

图 2.22 利用冷却曲线描述典型铁碳合金的平衡结晶过程

P 的组织形态如图 2.20 所示,它是 F 和 Fe_3C 两相层片状机械混合物,较宽的层片为 F(白色),较薄的层片为 Fe_3C(黑色)。

应当说明的是当共析反应后继续冷却时会从 P 中的 F 相内析出 $Fe_3C_{Ⅲ}$,由于 $Fe_3C_{Ⅲ}$ 与 P 中的共析 Fe_3C 连在一起,显微镜下不易分辨且数量少,故忽略不计。

由上述可见,共析碳钢结晶过程中的基本反应为

<u>**匀晶反应+共析反应**</u>

共析钢室温下,组织组分为 100% P;而 P 中相组分(组成相)为 F 和 Fe_3C,其相组分的相对质量分数为

$$w_F = (6.69 - 0.77)/6.69 \times 100\% = 88\%$$

$$w_{Fe_3C} = 0.77/6.69 \times 100\% = 1 - w_F = 12\%$$

2.亚共析钢($0.028\% < w_C < 0.77\%$)

下面以 $w_C = 0.6\%$ 为例,其冷却曲线如图 2.22 中Ⅱ示。该合金冷却时,从 1 点起自 L 中结晶出 A,在 1~2 点间发生匀晶反应(L→A),至 2 点获得全部 A 组织。在 2~3 点,随温度下降,仅为 A 的简单冷却。从 3 点起,冷却时由 A 中析出 F,F 在 A 晶界处优先形核并长大,而 A 和 F 的成分分别沿 GS 和 GP 线变化,至 4 点时,A 的 $w_C = 0.77\%$,F 的 $w_C = 0.0218$,此时 A 发生共析反应,即 $A_S \xrightarrow{727℃} F_P + Fe_3C$,转变产物为 P,而 F 不变化。从 4′点继续冷却至 5 点,合金组织不发生变化(因由 F 中析出的 $Fe_3C_{Ⅲ}$ 一般忽略不计),因此室温平衡组织为 F+P。

亚共析钢室温下的显微组织如图 2.19 中Ⅱ号图所示,其中黑色部分为 P 组织(由于放大倍数较低而使 F 和 Fe_3C 层片分辨不清),白色块状组织为先共析 F。亚共析钢平衡结晶过程的基本反应为

匀晶反应 + 固溶体转变反应 + 共析反应

任一成分的亚共析钢室温平衡组织均由 F + P 组成,但随钢中碳质量分数的增加,钢中的 P 量增多,F 量减少。

3. 过共析钢($0.77\% < w_C < 2.11\%$)

以 $w_C = 1.2\%$ 的铁碳合金为例,其冷却曲线如图 2.22 中Ⅲ所示。合金冷却时,从 1 点开始发生匀晶反应,自 L 中结晶出 A(L→A),至 2 点全部结晶完毕,得到单一 A。在 2 ~ 3 点间随温度下降,仅为 A 的简单冷却。从 3 点起,继续冷却将由 A 中析出 $Fe_3C_{Ⅱ}$ (A→$Fe_3C_{Ⅱ}$,),在温度 3 ~ 4 点间,随温度下降,$Fe_3C_{Ⅱ}$ 量不断增多,A 量不断减少且其成分沿 ES 线变化。至 4 点温度(727℃)、剩余 A 的碳质量分数达 S 点($w_C = 0.77\%$),这就具备了发生共析反应的条件: $As \xrightarrow{727℃} Fp + Fe_3C$,通过共析反应,剩余奥氏体全部转变为 P,此时共析反应前从 A 中析出的 $Fe_3C_{Ⅱ}$ 保持不变。共析反应刚结束时合金由 P + $Fe_3C_{Ⅱ}$ 组成。继续冷却合金组织不再发生变化,故过共析钢室温平衡组织为 P + $Fe_3C_{Ⅱ}$。

过共析钢室温下的显微组织特征为: $Fe_3C_{Ⅱ}$ 呈连续网状分布在层片状 P 周围,如图 2.19中的Ⅲ号图所示。

因此,过共析钢的平衡结晶过程的基本反应为

匀晶反应 + 二次析出反应 + 共析反应

任一成分的过共析钢室温平衡组织均由 P + $Fe_3C_{Ⅱ}$ 组成,但随钢中碳质量分数的增加,组织中 $Fe_3C_{Ⅱ}$ 量增多,P 量则减少。当 $w_C = 2.11\%$ 时,$Fe_3C_{Ⅱ}$ 量达到最大值,其相对质量分数为

$$w_{Fe_3C_{Ⅱ}} = (2.11 - 0.77)/(6.69 - 0.77) \times 100\% = 22.6\% .$$

利用杠杆定律计算室温下钢中组织组分与相组分的相对质量分数,如表 2.4 所示。

表 2.4　钢中组织组分与相组分的计算

钢的类别	$w_C/\%$	组织组分	组织组分质量分数的计算	相组分	相组分质量分数的计算(室温下)
亚共析钢	0.0218 ~ 0.77	F + P	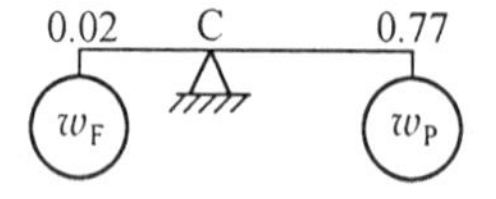 0.02 C 0.77 w_F w_P $w_P = \frac{C - 0.02}{0.77 - 0.02} \times 100\%$ $w_F = 1 - w_P$	F + Fe_3C	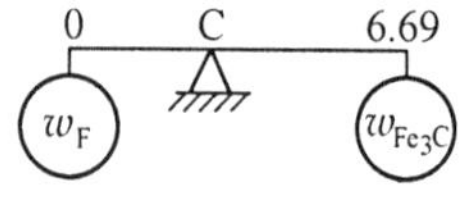 0 C 6.69 w_F w_{Fe_3C} $w_F = \frac{6.69 - C}{6.69 - 0} \times 100\%$ $w_{Fe_3C} = 1 - w_F = \frac{C - 0}{6.69 - 0} \times 100\%$
共析钢	0.77	P	100%		
过共析钢	0.77 ~ 2.11	P + $Fe_3C_{Ⅱ}$	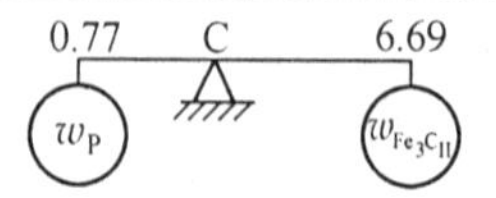 0.77 C 6.69 w_P $w_{Fe_3C_{Ⅱ}}$ $w_P = \frac{6.69 - C}{6.69 - 0.77} \times 100\%$ $w_{Fe_3C_{Ⅱ}} = 1 - w_P$		

4. 共晶白口铸铁($w_C = 4.3\%$)

图 2.22 中Ⅳ所示系共晶白口铁的冷却曲线示意图。$w_C = 4.3\%$合金熔液冷却至温度 1 点(1148℃)时,发生共晶反应:$L_C \xrightarrow{1148℃} A_E + Fe_3C$,形成莱氏体(Ld)组织。在 1′~2 点间,Ld 中的 A 不断析出 Fe_3C_{II},析出的 Fe_3C_{II} 与共晶 Fe_3C 连在一起,在显微镜下无法分辨,此时的 Ld 由 $A + Fe_3C_{II} + Fe_3C$ 组成。由于 Fe_3C_{II} 的析出,使冷至 2 点时 A 的碳质量分数降至 0.77%,并发生共析反应($As \xrightarrow{727℃} Fp + Fe_3C$)转变为 P;高温莱氏体(Ld)转变成低温 L′d($P + Fe_3C_{II} + Fe_3C$)。从 2′~3 点组织不变化。所以室温平衡组织仍为 L′d。

共晶白口铸铁室温下的显微组织如图 2.19 中Ⅳ号图及图 2.21 所示,其组织特征可概括为:呈黑色条状或粒状 P 分布在白色 Fe_3C 基体上。

由此,共晶白口铁结晶过程的基本反应为

共晶反应 + 二次析出反应 + 共析反应

5. 亚共晶白口铸铁($2.11\% < w_C < 4.3\%$)

图 2.22 中Ⅴ所示系亚共晶合金的冷却曲线示意图。合金自 1 点起,发生匀晶反应,从 L 中结晶出初晶 A,至 2 点时 L 相成分变为 C 质量分数为 4.3%(此时 A 的 w_C = 2.11%),发生共晶反应 $L_C \xrightarrow{1148℃} A_E + Fe_3C$,$L_C$ 相转变为 Ld 而 A 不参与反应,此时合金组织为 $A_E + Ld$。在 2′~3 点间继续冷却时,初晶 A_E(E 点成分)不断在其外围或晶界上析出 Fe_3C_{II},同时 Ld 中的 A 也析出 Fe_3C_{II},至 3 点温度时所有 A 的 $w_C = 0.77\%$,初晶 A 发生共析反应($As \xrightarrow{727℃} Fp + Fe_3C$)转变为 P 组织,高温莱氏体 Ld 也转变为低温莱氏体 L′d。此时合金的组织为 $P + Fe_3C_{II} + L'd$。在3′~4点,只是简单冷却而合金组织不再变化。因此,该合金室温组织为 $P + Fe_3C_{II} + L'd$。

亚共晶白口铸铁室温下的显微组织特征为呈白色网状 Fe_3C_{II} 分布在粗大黑色块状 P(从整体看呈树枝状)的周围,L′d 则由细密黑色条状或粒状 P 和白色 Fe_3C 基体组成,如图 2.19 中的Ⅴ号图所示。

由此可见,亚共晶白口铸铁结晶过程的基本反应为

匀晶反应 + 共晶反应 + 二次析出反应 + 共析反应

6. 过共晶白口铸铁($4.3\% < w_C < 6.69\%$)

图 2.22 中Ⅵ所示系过共晶合金的冷却曲线示意图。合金从 1 点起,由 L 中首先结晶出初晶一次渗碳体(Fe_3C_I)即发生匀晶反应,在 1~2 点温度区间,随着先共晶渗碳体的结晶,剩余液相成分沿着 DC 线变化,当温度降至 2 点温度时,L 相的 $w_C = 4.3\%$,此时发生共晶反应:$L_C \xrightarrow{1148℃} A_E + Fe_3C$,形成莱氏体 Ld 组织。在 2′~3 点间,Ld 中的 A 不断析出 Fe_3C_{II},并在 3 点发生共析反应($As \xrightarrow{727℃} Fp + Fe_3C$)生成 P。此时高温莱氏体 Ld 转变为低温莱氏体 L′d,但 Fe_3C_I 始终不变。从 3′冷至 4 点无组织变化,所以该合金的室温平衡组织为 $Fe_3C_I + L'd$。

过共晶白口铸铁室温下的组织特征为:呈粗大白色长条状 Fe_3C_I 分布在 L′d 基体上,如图 2.19 中的Ⅵ所示。

其平衡结晶过程中的基本反应为

<u>**匀晶反应 + 共晶反应 + 二次析出反应 + 共析反应**</u>

根据以上对各类铁碳合金平衡结晶过程的分析可知，各类合金按照组织组分形式填写的 Fe - Fe_3C 相图，如图 2.19 所示。

【例题 2.2】 某退火状态的碳钢试样在显微镜下观察，其组织为珠光体(P)和铁素体(F)各占 50%，试求该钢的碳含量？并判断其钢号。

分析 在金相显微镜下观察到的面积组织百分比，即为其体积百分比，由于其密度相同，那么 P 和 F 这两种组织的质量分数也应各占 50%。由此可确定该钢在铁碳相图中的大致位置，应为亚共析钢。

设该钢 $w_C = x\%$(在成分轴上应选 0.0218% ~ 0.77%之间)，如图 2.18 中Ⅱ成分垂线所示。故应用杠杆定律很容易求出该钢的碳含量 $x\%$。

还需说明的是杠杆定律仅适用于两相区，**利用杠杆定律计算组织组分的相对质量分数是杠杆定律的近似应用，因此须找出与组织组分相对应的两相区才能应用杠杆定律。**从图 2.19 可知，与 P + F 组织相对应的两相区在室温下找不到，只有顺着合金成分垂线找到 F + A 两相区。在这个两相区，A 与 P 相对应(因 A 在随后的共析转变，全部转变为 P)。此时杠杆的总长度为 PS 水平线，x'为杠杆的支点位置。

解答 应用杠杆定律可近似求该钢在室温下其珠光体(P)的相对质量分数，如图 2.18 所示。

$$w_P = Px'/PS = (x' - 0.02)/(0.77 - 0.02) = 50\%, \ x = 0.395$$

故该钢的碳含量为 0.395%，此成分与 40 钢相符，故可判断该钢为 40 钢。

归纳 本题旨在检查对杠杆定律应用的熟练程度。**杠杆定律仅适用于两相区，用来计算两相组分的相对质量分数。**那么，**如何计算钢的组织组分的相对质量分数呢？**仍然可应用杠杆定律，**但注意必须找出与该组织组分相对应的两相区才能近似应用。对于亚共析钢而言，只能在 GSP 两相区中应用杠杆定律近似计算该钢组织组分的相对质量分数。请结合表 2.4 深刻理解之。**

思考 如何计算过共析钢室温下组织组分的相对质量分数呢。

2.3.4 碳含量对铁碳合金平衡组织与性能的影响(Influence of carbon contents on equilibrium microstructures and properties of iron-carbon alloys)

1.碳质量分数对平衡组织的影响

由上述讨论可知，随 C 质量分数的增加，铁碳合金的相组分和组织组分发生了如图 2.23 所示的变化。

所有铁碳合金在室温下的组织皆由 F、Fe_3C 两平衡相组成，随 C 质量分数的增加，F 量逐渐减少(由 100% 按直线关系变为 0%)，Fe_3C 量逐渐增多(由 0% 按直线关系增至 100%)。两平衡相的相对质量分数可由杠杆定律确定。

由图 2.23 及表 2.3 可进一步看出，不仅 F 和 Fe_3C 两平衡相的相对量发生了变化，而且两相相互组合的形态即合金组织也在发生变化。随 C 质量分数的增加，铁碳合金的组织按下列顺序变化

$$(F) \rightarrow F + P \rightarrow P \rightarrow P + Fe_3C_{II} \rightarrow P + Fe_3C_{II} + L'd \rightarrow L'd \rightarrow L'd + Fe_3C_{I} \rightarrow (Fe_3C)$$

各个区间组织组分的相对量同样可用杠杆定律近似求出。

C 质量分数的变化所引起的合金组织的变化必将对合金的性能产生重大影响。

C 质量分数很低的工业纯铁，系单相 F，故塑、韧性好，硬度、强度很低。渗碳体是一强化相，随其数量的增多，合金的强度、硬度增高，塑性、韧性则相应降低；同时渗碳体又是

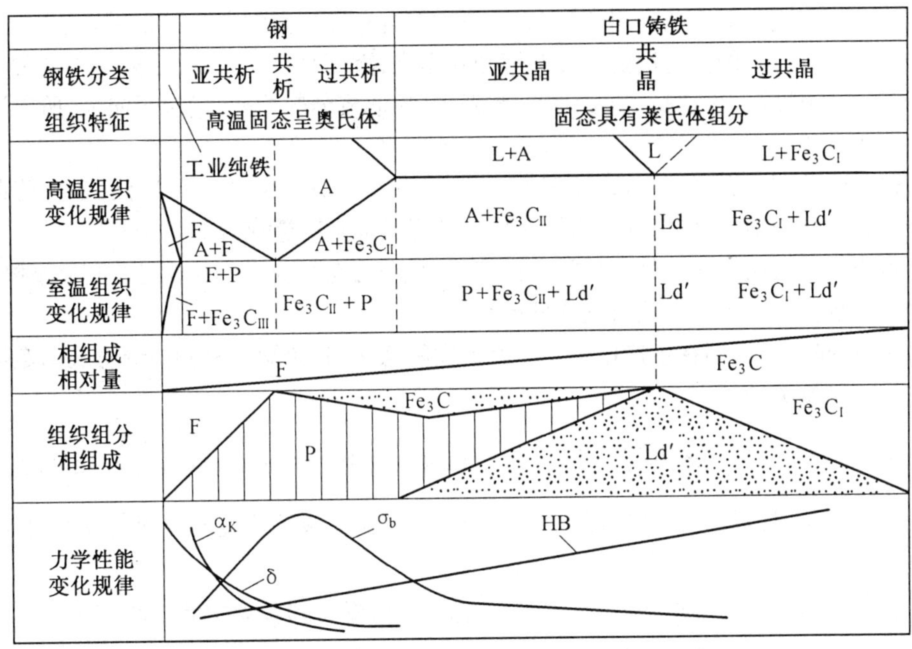

图 2.23　碳质量分数对铁碳合金平衡组织和力学性能的影响

一个脆性相，其形态和分布状况对合金性能也产生很大影响。

当 P 内的渗碳体以片状形式与 F 构成机械混合物时，合金的综合力学性能较高，即强度较高，具有一定的硬度与塑性和韧性。

亚共析钢的力学性能与碳含量的关系近似线性变化，这是由于随碳含量的增加，F 量减少，而 P 量增加，故塑性、韧性降低，而硬度、强度增加。当 $w_C=0.77\%$ 时，全部为 P 组织，其强度较高且具有一定的(足够的)塑性。

在过共析钢中，随 C 质量分数增加，二次渗碳体数量增加且呈断续网状分布，仍然使合金的强度、硬度增加。但 $w_C=1.0\%$ 时，二次渗碳体呈连续网状分布时，虽然不影响合金的硬度，确使合金的强度和韧性急剧下降。这是因为 Fe_3C_{II} 呈连续网状包围着 P，犹如包着一层脆性外壳，致使合金的强度、韧性急剧下降。

对白口铸铁而言，由于共晶 C_m 作为 Ld 的基体而使含有 Ld 合金的强度、塑性、韧性等性能变得极差，这也是白口铸铁脆性大、工业上很少应用的根本原因。

2.C 质量分数对工艺性能的影响

①切削加工性　低碳钢($w_C\leqslant 0.25\%$)中以 F 为主，硬度低、塑韧性好，切削时产生的切削热大、易粘刀，且切屑不易折断，影响工件表面粗糙度，故切削加工性差。高碳钢($w_C>0.6\%$)中渗碳体较多，当渗碳体呈片状或网状分布时，刀具易磨损，故切削加工性也差。中碳钢($w_C=0.3\%\sim0.60\%$)中 F 和 C_m 比例适当，硬度和塑性较适中，切削加工性能较好。一般认为钢的硬度为 170～250HBS 时切削加工性最好。

白口铸铁中由于存在以 C_m 为基体的 L′d 组织，硬度太高，很难进行切削加工。

②可锻性　钢加热到高温可得到塑、韧性良好的单相 A 组织，其可锻性良好。另外，C 质量分数低的钢较 C 质量分数高的钢可锻性好。

白口铸铁无论在低温或高温,其固态组织中都含有硬而脆的 L'd,不能锻造。

③铸造性　合金的铸造性能首先与液相线温度,液、固相线之间的距离大小有关。碳钢由于液相线温度高、熔点高,流动性差,收缩大,易形成分散缩孔,热裂倾向大,所以钢的铸造性比铸铁差。

铸铁由于液相线温度低,熔点比钢低,特别是共晶成分的铸铁熔点最低,各项铸造性在铁碳合金中均为最佳,所以在铸铁中一般均选择共晶点附近成分的合金。

④可焊性　低碳钢塑性好,可焊性好。随 C 质量分数增加,钢的塑韧性明显下降,可焊性变坏。焊接用钢主要是低碳钢或低碳合金钢。

总之,铁碳合金相图在生产中具有巨大的实际意义,它为钢铁材料的选材及制定热加工工艺提供了重要依据。

2.3.5 铁碳合金相图的局限性(The limitation of the iron-carbon alloy diagram)

铁碳相图是以极纯的铁和碳配制的二元合金,又是在极端缓慢的冷却条件下测定的,在使用铁碳相图时,应注意到它的局限性。

1.铁碳相图反映的是平衡条件、平衡相,而不是实际冷却条件下的组织

这说明相图没有反映时间的作用,所以钢铁材料的实际冷却速度较快时,就不能应用铁碳相图来分析问题。此时,必须分析其动力学转变规律和结晶过程。

2.实际生产中应用的钢和铸铁,除了铁和碳外往往还含有其他元素(如 Mn、S、P 等)

在被加入元素质量分数较高时,相图将发生重大变化。此时,铁碳相图已不适用。

2.4 凝固与结晶理论的应用

The Applications of Solidification and Crystallization Theory

2.4.1 铸态晶粒度的控制(Control of grain size during solidification)

晶粒大小称为**晶粒度**,通常用晶粒的平均面积或平均直径来表示。

晶粒大小对金属力学性能有很大影响。**在常温下,金属的晶粒越细小,强度、硬度则越高;同时塑性、韧性也越好**。表 2.5 列出了晶粒大小对纯铁力学性能的影响。由表可见,细化晶粒对于提高金属材料常温力学性能作用很大,这种用细化晶粒来提高材料强度的方法称为**细晶强化**。

表 2.5　晶粒大小对纯铁力学性能的影响

晶粒平均直径/mm	抗拉强度/Pa	屈服强度/Pa	伸长率/%
9.70	16.5×10^7	4.0×10^7	28.8
7.00	18.0×10^7	3.8×10^7	30.6
2.50	21.1×10^7	4.4×10^7	39.5
0.20	26.3×10^7	5.7×10^7	48.8
0.16	26.4×10^7	6.5×10^7	50.7
0.10	27.8×10^7	11.6×10^7	50.0

但对于在高温下工作的材料，晶粒过大或过小都不好。而对于制造电动机和变压器的硅钢片等，则希望晶粒越大越好。晶粒越大其磁滞损耗越小，磁效应越高。

金属结晶时，每个晶粒都是由一个晶核长大而成的。晶粒大小取决于形核的数目和长大速度。单位时间、单位体积内形成晶核的数目叫**形核率**(N)，晶核单位时间生长的平均线长度叫**长大速度**(G)。**其比值 N/G 越大，则晶粒越细小**。

在工业生产中，常采用以下几种方法来控制晶粒度。

1. 控制过冷度

N 和 G 都与 ΔT 有关，增大结晶时的过冷度，N 和 G 均随之增加，但两者增大的速率不同，N 的增长率 > G 的增长率，如图 2.24 所示。在一般金属结晶时的过冷范围内，ΔT 越大，则比值 N/G 越大，晶粒越细小。但此法仅适用于小型薄壁零件 。

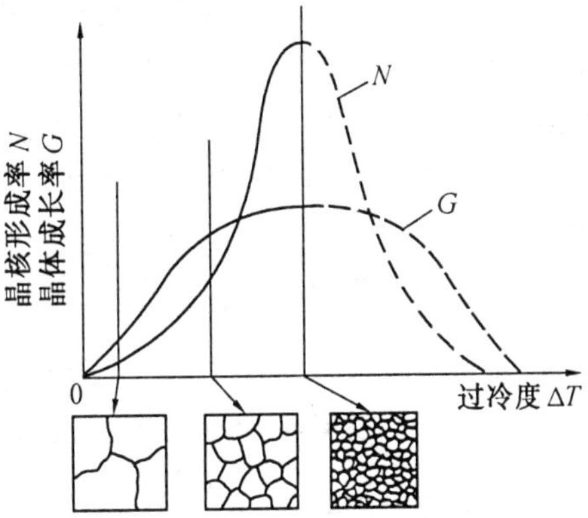

图 2.24　ΔT 对 N 和 G 的影响

2. 化学变质处理

变质处理又叫孕育处理，它是在浇注前往液态金属中加入变质剂，促进非自发形核，抑制晶粒长大，从而细化晶粒。

3. 增强液体流动法

对即将结晶的金属，采用振动、搅拌、超声波处理等增强金属液体流动的方法，一方面是依靠从外面输入能量促使晶核提前形成，另一方面是使成长中的枝晶破碎，使晶核数目增加，这已成为一种有效的细化晶粒组织的重要手段。

2.4.2　定向凝固技术(Directional solidification technology)

定向凝固是控制冷却方式，使铸件从一端开始凝固，按一定方向逐步向另一端发展的结晶过程。目前已用这种定向凝固法生产出整个制件都是由同一方向的柱状晶所构成的零件，如蜗轮叶片等。由于沿柱状晶轴向的性能比其他方向性能好，而叶片工作条件恰好要求沿这个方向上受最大的负荷，因此这样的叶片具有良好的使用性能。为了获得单向的柱状晶，必须采用定向凝固技术。

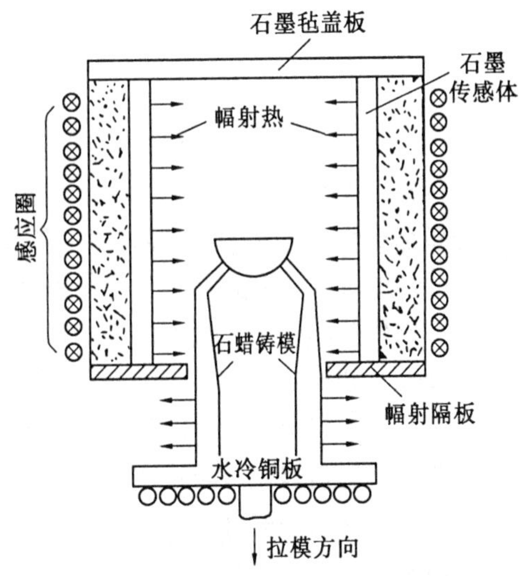

图 2.25　定向凝固装置示意图

图 2.25 表示快速逐步凝固法实现定向凝固的示意图。金属液体注入铸型后，保持数分钟以达到热稳定，在这段时间内沿铸件轴向造成一定的温度梯度，在用水激冷的铜板表面开始凝固，然后把水冷铜板连同铸型

以一定的速度从加热区退出，直至铸件完全凝固为止。用这种方法获得的柱状晶比较细小，性能优良。

本章小结(Summary)

本章主要讨论机械工程材料凝固与结晶的基本规律，主要介绍纯金属及其合金两个层次。在纯金属结晶过程中，结晶的充分与必要条件、结晶的规律以及影响因素等必须明确；合金的结晶离不开相图，其中**匀晶相图是基础、共晶相图是根本，而铁碳相图由于其在钢铁工业中作为基础而显得尤为重要。**

对学习"铁碳合金相图"的要求：默画铁碳相图，分析合金的结晶过程特别是钢的平衡结晶过程，用杠杆定律计算钢中相组分、组织组分的相对百分含量并做到灵活运用。铁碳合金的化学成分、相图与性能之间的关系也很重要，要反复练习并掌握。

"铁碳合金相图"课堂讨论提纲

A Class Discussion Plan about "Binary Iron-carbon Diagram"

1.课堂讨论采用的方式、方法

铁碳相图是本课程的第一个教学重点。一方面，它是分析、研究各种铁碳合金的理论基础和重要工具；另一方面，又是由多种基本类型相图复合组成的一个二元合金相图实例。因此，**铁碳相图是每位学生必须熟练掌握的基本内容**。这部分教学主要采用"自学—课堂讨论—实验—总结"四个环节予以保证。其中"自学"是"基础"，首先围绕讨论内容，自学教材有关部分，写好发言提纲，做好充分准备；课堂讨论是"关键"，它是检验自学的试金石，主要采用 "智力竞赛"课堂讨论。

课堂讨论题是依据讨论提纲中主要内容精心组织的，划分为必答与抢答题两大类，必答题为基础题，主要检查对铁碳相图有关基本知识掌握、记忆的熟练程度，以小组为单位，采取抽签订题、计时计分法，规定每人只能答一题，以使更多人得到锻炼；抢答题则具一定思考性，主要检查对该部分基本内容是否真正理解与融汇贯通，采用强答方式，限时记分法，在规定时间内，相互补充纠正，最后每题由教师评分、小结。课堂讨论结束后按小组、个人积分多少排列名次，优秀者获奖励并记入课程总成绩。

2.课堂讨论目的

①熟悉铁碳合金相图，明确相图中各基本相的本质以及各重要特性点、线的含义；

②综合运用二元合金相图基本知识，通过对典型铁碳合金(重点是钢)结晶过程分析，进一步掌握相图的基本分析方法以及铁碳合金的室温平衡组织特征；

③弄清相和组织的概念，灵活运用杠杆定律分别求出相组分、组织组分的相对含量；

④掌握铁碳合金(特别是钢)成分—组织—性能三者之间的关系。

3.课堂讨论内容

①默画出经简化的铁碳合金相图，正确标注相图中各特性点的字母符号，并能区分以相组分或组织组分两种填写相图方法。

②熟知相图中重要特性点(P、S、E、C)、特性线(GS、ES、PQ、PSK、ECF)的含义(注意：温

度、成分及反应式等)。

③说明各基本相的本质,指出 α－Fe 与 α、F 相,γ－Fe 与 γ、A 相的区别。

④写出 C、S 点进行相变的反应类型、反应式,并说明其反应产物的名称、组织特征和主要性能特点。

⑤分析碳质量分数为 0.45%、0.77%、1.2%的铁碳合金的平衡结晶过程(用文字和冷却曲线两种方式),并画出其室温平衡组织示意图(标明各组织组分),指出这三种合金的结晶过程有何相同之处,又有什么区别?

⑥总结杠杆定律的适用条件及一般情况下杠杆支点、两个端点的确定规律,灵活运用杠杆定律计算室温下碳质量分数为 0.45%、0.77%、1.2%三种成分的铁碳合金各组织组分及各相组分的相对含量。

⑦分清平衡状态下五种渗碳体的形成过程,弄懂渗碳体的形态、大小和分布对合金性能的影响。

⑧就铁碳相图中 F、P、L′d、A、F＋P、L′d＋Fe_3C、$Fe_3C_{Ⅰ}$、$Fe_3C_{Ⅱ}$等,说明哪些是相、组织、相组分、组织组分?相与组织的关系如何?

⑨总结铁碳合金(特别是钢)的成分—组织—性能之间的关系。

⑩参见教材中的习题。

4.课堂讨论方法指导

①讨论课前的重点是,对讨论的内容有充分的准备并写出详细的发言提纲。

②智力竞赛式课堂讨论可分为二轮,第一轮是基本类型必答题,在①～⑥题中选,每题由各组派出代表参加,抽签定题。在规定时间内看谁答得快,准确者优,同时允许(同组)其他同学补充、更正;第二轮是在⑦～⑩题中选,采用抢答方式,谁先举手谁先答。

5.课堂讨论注意事项

①讨论时,应踊跃发言,大胆阐述自己的观点,不要企图一下子讲得完全、准确无误。通过讨论才能互相取长补短,使自己的认识更加完善。

②因采取竞争方式课堂讨论,一定克服“分数第一”思想,要把着眼点放到搞清问题、掌握知识这一根本上,只有这样才能保证课堂讨论效果。

③讨论中发言面要广,积极鼓励未发言同学参与讨论,使讨论更具代表性、普遍性。

阅读材料 2　可流动晶体——聚合物液晶材料

The Fluidized Crystal——polymer Liquid Crystall Materials

1. 何谓液晶材料?

“液晶”就是液态的晶体,或者说可以流动的晶体。它具有与晶体一样的各向异性,同时又具有液体的流动性。它是介于液态和固态之间的一种热力学稳定相态,处于这种状态的物质称为液晶。

聚合物液晶是通过柔性聚合物链将小分子液晶连接起来构成的,克服了小分子液晶稳定性差、机械强度低的缺点。

2. 聚合物液晶材料的形成

液晶是 1888 年奥地利植物学家 F·莱内泽在加热胆甾醇苯甲酸酯时发现的。当加热这种结晶化合物时，发现它在 145.5℃熔化后，变成一种乳白色混浊且粘稠液体；直到 178.5℃，这种乳白色浑浊粘稠液体才变得清亮透明。其后德国物理学家 O·雷哈曼在莱内泽发现基础上，利用偏光显微镜对在 145.5℃～178.5℃之间乳白色粘稠浑浊液体进行研究，发现它们具有晶体才有的双折射现象。O·雷哈曼称物质的这种状态为流动的晶体（态），于是“液晶”名字就成为流动晶体的简称。直到 1961 年，美国无线电公司（RCA）的海尔梅尔在对向列型液晶与电场相互作用研究中，发现多种液晶具有电光效应。他们很快就转向技术应用，研制液晶钟表、数字和字符显示器等产品。日本在得知液晶技术应用信息后，敏锐地看到其发展的巨大潜力，很快将液晶与大规模集成电路相结合，研制产品打开市场，在 20 世纪 70 年代形成了液晶显示技术的强大产业。1972 年美国杜邦公司采用液晶纺丝技术实现了高强、高模芳香族聚酰胺纤维“Kevlar”—— 第一个液晶分子的工业化生产，大大地推动了液晶聚合物的发展。1985 年以来，美、日等国又相继实现了液晶高分子“Xydar”、“Vectra”和“Ekonol”工业化生产，进一步促进了液晶的发展，从而使其被誉为“21 世纪新材料”。

3. 聚合物液晶材料的应用

(1)用作结构材料

①高性能纤维材料　如 Kevlar 纤维，由于具有高强度、高弹性，其比强度是钢的 5 倍、铝的 10 倍、玻璃纤维的 3 倍，并具很好的抗蠕变、耐疲劳、耐高温和耐腐蚀性，美国主要用做避弹衣、头盔和航空航天结构件的增强材料。我国也开发出两种 Kevlar 纤维，用做防弹衣的生产中。

②液晶自增强塑料　1984 年秋，美国 Dartco 公司首先实现了全芳香族液晶共聚酯（Xydar）的工业化生产，液晶共聚酯在电子、电器、航空和航天等领域中，已得到越来越广泛的应用。

(2)用作功能材料

①电子显示器件　液晶显示技术是液晶的最重要用途。平板型结构使液晶显示与大规模集成电路相匹配，不但使便携式计算机和仪器仪表成为现实，而且适于大型薄片状显示装置。使用液晶显示的便携式计算机正在改变着人们生活，用液晶显示技术制造的高清晰彩色电视已走进千家万户，它们像画一样，挂在墙上。

②液晶无损探伤　液晶能将温度、电场、机械应力等信号变成彩色图象，可检测材料内部缺陷和均匀性。

③作为信息贮存介质　如图 2.26 所示，若将存储介质制成透光的液晶存储材料，这时测试光照射上去将完全透过，证实没有信息记录。但用一束激光照射存储介质时，局部温度升高，聚合物被熔融为各向同性的熔融体并失去有序度。但当激光消失后，聚合物又凝结为不透光固体，信号被记录（见图 B）。此时若测试光照射，将有部分光透过（见图 C），记录的信息将被永久保存。若整个存储介质重新加热到熔融态，分子将重新排列为有序，消除掉记录信息，以等待新的信息录入。用聚合物液晶作存储介质同日常光盘比较，由于后者存储信息依靠记忆材料内部特性的变化，因此不及液晶存储可靠性高，且不怕灰尘和表面划伤，适于长期保存。图中 T_{c1} 为清亮点温度，它是聚合物液晶熔体转变为各向同性熔体时的温度。

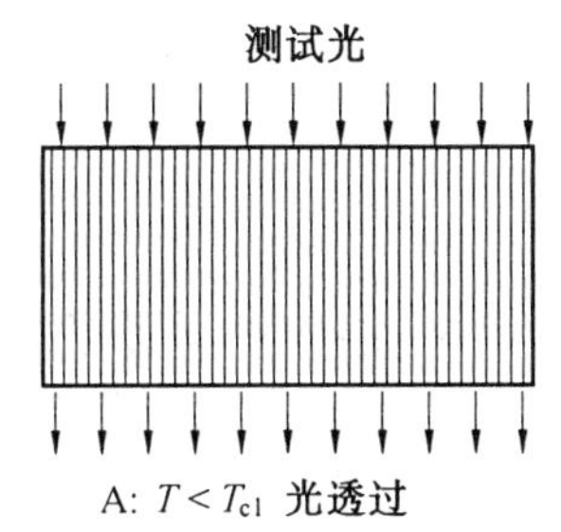

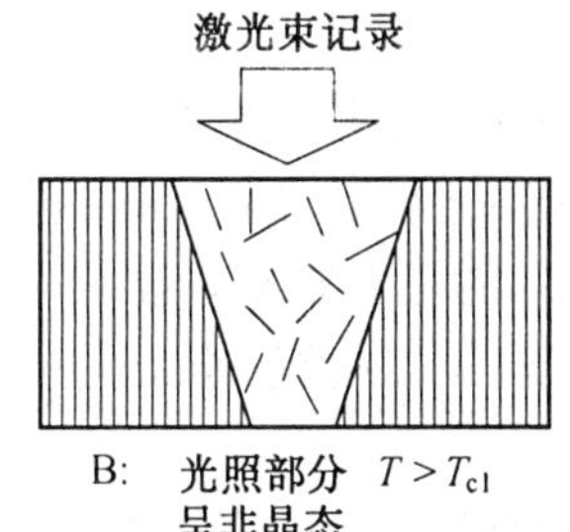

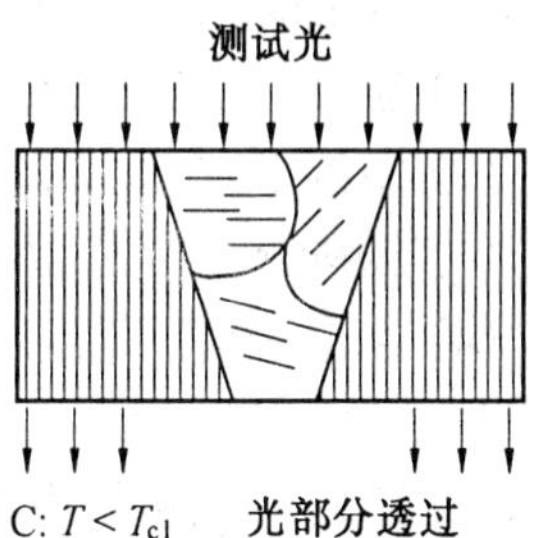

图 2.26 聚合物液晶贮存信息示意图

④在诊断疾病方面的作用 将涂有某液晶的黑底薄膜,贴在病灶区皮肤上,能显示温度不到 1℃彩色温度变化图。利用液晶诊断肿瘤、动脉血栓和静脉肿瘤,以提供手术的准确部位,并能根据皮肤温度变化及交感神经系统的堵塞情况,判断神经系统及血管系统是否开放。液晶在 0~250 ℃之间对温度变化很灵敏,根据选用混合物液晶能显示 1~5 ℃之间温度变化全谱图,即使小于 0.25 ℃变化,也可清楚看出。

习题与思考题(Problems and Questions)

1. 名词辨析

(1) 相、相组分(相组成物)、组织与组织组分(组织组成物);

(2) 匀晶反应、共晶反应与共析反应;

(3) 铁素体、渗碳体与珠光体;

(4) α - Fe、α 相与铁素体;

(5) γ - Fe、γ 相与奥氏体;

(6) 凝固、结晶与相图。

2.试说明金属结晶的充分与必要条件各是什么?

3.金属结晶的基本规律是什么?决定金属结晶后晶粒度的因素是什么?具体控制其晶粒度的途径有哪些?

4.如果其他条件相同,试比较下列铸造条件下,铸件晶粒的大小并简述原因:

(1) 金属模铸造与砂模铸造;

(2) 铸成薄铸件与铸成厚铸件;

(3) 浇注时采用振动与不采用振动;

(4) 高温浇注与低温浇注。

5.在二元合金相图中,何种条件下应用杠杆定律?杠杆定律的主要内容是什么?

6.利用 Pb - Sn 相图(见教材图 2.12):

(1) 试标注尚未标出的相区的组织;

(2) 指出组织中含 β_{II} 最多和最少的成分;

(3) 指出组织中共晶体最多和最少的成分;

(4) 指出最容易和不容易产生枝晶偏析的成分;

(5) 初生相 α 和 β,共晶体($\alpha+\beta$),二次相 α_{II} 及 β_{II},它们在组织形态上有何区别?

7.有形状、尺寸相同的两个 Cu - Ni 合金铸件,一个 $w_{Ni}=90\%$,另一个含 $w_{Ni}=50$,铸后自然冷却,问哪个铸件的偏析较严重?

8.铁碳相图中发生共晶反应和共析反应的条件是什么?C 质量分数在什么范围内铁碳合金中发生上述反应?

9.根据铁碳相图,利用杠杆定理计算:

(1) 室温下,$w_C=0.6\%$的钢中珠光体和铁素体各占多少?

(2) 室温下,$w_C=1.2\%$的钢中珠光体和二次渗碳体各占多少?

(3) 铁碳合金中 Fe_3C_{II} 和 Fe_3C_{III} 的最大质量分数。

(4) 某退火碳钢的组织为珠光体 + 二次网状渗碳体,其中珠光体 $w_C=93\%$,问此钢 C 的质量分数大约为多少?

(5)室温下,共析钢中铁素体和渗碳体各占多少?

10.渗碳体有哪五种基本形态?在显微镜下它们的组织形态有何特点?

11. 根据铁碳相图,说明下列现象产生的原因:

(1) $w_C=1.0\%$的钢比 $w_C=0.5\%$的钢硬度高;

(2) 室温下,$w_C=0.77\%$的钢其强度比 $w_C=1.2\%$的钢高;

(3) 低温莱氏体的塑性比珠光体差;

(4) 在 1 100℃,$w_C=0.4\%$的钢可进行锻造,而 $w_C=4.0\%$的生铁不能锻造;

(5) 一般要把钢加热至高温(1 000 ~ 1 250℃)下进行热轧或锻造;

(6) 钢铆钉一般用低碳钢制成;

(7) 锯 T8、T10、T12 等钢料比锯 10、20 钢费力,锯条容易磨钝;

(8) 绑扎物件一般用铁丝(镀锌低碳钢丝),而起重机吊重物却用钢丝(60、65、70 钢)。

12.默画出铁碳相图,填出各相区的组织,并分析 $w_C=0.4\%$、$w_C=0.77\%$、$w_C=1.2\%$ 合金的平衡结晶过程(要求用语言文字和冷却曲线两种方式描述)。

13. $w_C=0.4\%$的铁碳合金 2.0 kg,缓慢冷却至稍低于共析温度,问:

(1)有多少千克先共析铁素体? (2)有多少千克共析铁素体?

(3)有多少千克渗碳体?

14. 平衡条件下,45、T8、T12 钢的硬度、强度和塑性孰大孰小?碳的质量分数对钢力学性能的影响如何?

第3章 材料的力学行为、塑性变形与再结晶

Material's Mechanical Behaviour, Plastic Deformation and Recrystallization

主要问题提示(Main questions)

1.材料在外力作用下的力学性能指标有哪些？它们各在什么场合下使用。

2.纯金属塑性变形的基本方式以及滑移变形的特点是什么？多晶体的塑性变形特点又如何呢？

3.塑性变形对金属组织与性能的影响是什么？请分析加工硬化(形变强化)的定义、产生原因及在生产中的应用。

4.变形金属在重新加热时其组织与性能发生了哪些变化,为什么会产生这些变化？

5.说明再结晶与结晶、重结晶的根本区别？再结晶与再结晶退火温度是如何确定的？

6.冷、热变形加工的本质区别是什么？

学习重点与方法提示(Key points and learning methods)

本章学习重点:在外力作用下金属塑变的特点与实质,塑变对组织、性能的影响,以及回复、再结晶等有关概念。

学习方法提示:材料的力学行为应着重理解各性能指标的物理意义,对聚合物和无机材料的塑变特点仅作一般了解。对于金属塑性变形的特点与实质可结合相关视频加深理解,特别是位错运动;对于冷、热塑性变形对金属组织、性能的影响应结合金工实习等加深理解,从中掌握有关加工硬化与回复、再结晶等概念的含义及实际应用(结合习题)。

在外力作用下,各类材料都有其特有的变形规律:常温下,金属材料会发生弹性变形与塑性变形;聚合物材料可能发生弹性、蠕变、粘性等变形;陶瓷材料则难变形,显现出明显的脆性。不同材料的塑性变形能力差别很大,而金属材料一般具有较好的塑性变形能力。

本章内容不仅有助于理解材料力学性能的本质,并为充分发挥材料的性能潜力,正确掌握压力加工和退火等工艺提供理论依据。

3.1 材料的力学行为与变形

Mechanical Behavior and Deformation of Materials

材料在外加载荷作用下或载荷与环境因素(温度、介质和加载速率)联合作用下所表现的行为称为力学行为。通常表现为弹性变形、塑性变形及断裂三个阶段。根据载荷性质(如静拉伸、冲击、交变载荷等)及所接触的环境因素不同,所表现出来的力学行为亦不同。

3.1.1 材料常用的力学性能指标(Commonly used mechanical property parameters of materials)

1.承受静载荷作用时的力学性能

(1) 应力 - 应变曲线

将圆形或板状光滑试样夹在材料拉伸试验机上,沿试样轴向缓慢地施加载荷,使其发生拉伸变形直至断裂。试样工作部分承受轴向拉应力 $R(\sigma)$ 作用,产生轴向应变 ε,可把拉伸过程中相应的 $R(\sigma)$ 和 ε 值绘成应力 $R(\sigma)$ - 应变 ε 曲线,图 3.1 所示为低碳钢拉伸时的 $R(\sigma)-\varepsilon$ 曲线。曲线上表明有四个变形阶段:弹性变形阶段(OH 段);屈服阶段(HL 段);变形强化阶段(Lm 段);形成缩颈、局部变形阶段(mK 段)。不同材料,其 $R(\sigma)-\varepsilon$ 曲线有所不同。

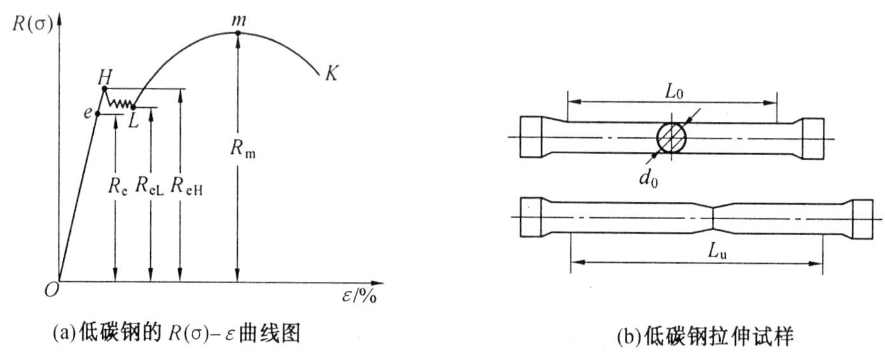

(a)低碳钢的 $R(\sigma)-\varepsilon$ 曲线图　　(b)低碳钢拉伸试样

图 3.1　低碳钢的 $R(\sigma)-\varepsilon$ 曲线及拉伸试样

通过拉伸试验可以揭示材料在静载荷作用下的力学行为,即弹性变形、塑性变形、断裂三个基本过程,还可以确定材料的最基本的力学性能指标,如弹性模量、屈服点、抗拉强度、断后伸长率和断面收缩率等,这些性能指标都具有实用意义。

① 弹性模量　材料在弹性变形阶段,外力与变形呈正比关系,此阶段应力与应变的比值称为弹性模量,拉伸时弹性模量 $E = R(\sigma)/\varepsilon$(MPa)。

在工程上 E 称为材料的刚度,是材料的重要力学性能指标之一,它表征对弹性变形的抗力。其值越大,材料产生一定量的弹性变形所需要的应力越大,这就表明材料不容易产生弹性变形,即材料的刚度大。在机械工程上一些零件或构件,除了满足强度要求外,还应严格控制弹性变形量,如锻模、镗床的镗杆,若没有足够的刚度,所加工的零件尺寸就不精确。

② 强度　强度的物理意义是**表征材料对塑性变形和断裂的抗力。**

(i) 屈服点 R_{eL}(σ_s 或 σ_{sL})　$R-\varepsilon$ 曲线上,当外力增加到 H 时出现平台阶段,表明此时外力虽不增加,试样却继续伸长,即试样产生屈服现象。载荷不增加(保持恒定)仍能继续伸长的应力,称为屈服强度。它分为上屈服强度和下屈服强度。

上屈服强度 $R_{eH}(\sigma_{sU})$ 表示试样发生屈服而应力首次下降前的最大应力,下屈服强度 $R_{eL}(\sigma_s)$ 表示在试样屈服阶段中,不记初始瞬时效应时的最小应力。由于上屈服强度对微小应力集中等因素很敏感、试验结果相当分散,因此常取下屈服强度 $R_{eL}(\sigma_s)$ 作为设计计算的依据。

对于在 $R(\sigma)-\varepsilon$ 曲线上不出现明显屈服现象的材料，国家标准中规定以试样残余伸长率为其标距长度的0.2% 时，材料所承受的应力作为屈服强度，并以 $R_{r0.2}(\sigma_{0.2})$ 表示。

屈服强度 $R_{r0.2}$ 或屈服点 R_{eL} 表征材料对明显塑性变形的抗力。绝大多数机器零件，如紧固螺栓等，在工作中都不允许产生明显塑性变形，因此是设计和选材的主要依据之一。

(ii) 抗拉强度 $R_m(\sigma_b)$　塑性材料拉伸试验产生屈服后，由于塑性变形引起加工硬化，所以随后的试样伸长必须要继续增加载荷，直到 m 点时，载荷达到最大值。在载荷达 m 点以前试样变形（伸长）是均匀的，而载荷达 m 点以后变形将集中在试样的薄弱处，因而试样产生细颈。由于细颈处截面急剧减小，所以试样能承受的载荷下降，直到最后断裂。试验能承受的最大载荷除以原始截面积所得的应力，称为抗拉强度或强度极限，并以 $R_m(\sigma_b)$ 表示，即 $R_m(\sigma_b)=F_m/S_0$(MPa)。式中，F_m 为试验能承受的最大载荷(MN)，S_0 为试样标距部分的原始截面积(m^2)。

抗拉强度 $R_m(\sigma_b)$ 是材料在拉伸条件下能够承受最大载荷时的相应应力值（见图3.1）。对于塑性材料，$R_m(\sigma_b)$ 表示对最大均匀变形的抗力。对脆性材料，一旦达到最大载荷，材料便迅速发生断裂，所以 $R_m(\sigma_b)$ 也是材料的断裂抗力指标。

$R_{eL}/R_m(\sigma_{0.2}/\sigma_b)$ **称为屈强比**，其值为 0.65 ~ 0.75。比值越小表明工程构件的可靠性越高，但其比值过小时，材料强度的有效利用率太低；而比值越大，表明材料利用率越高，但可靠性降低。

③ 塑性　表征材料断裂前具有塑性变形的能力，塑性指标有断后伸长率和断面收缩率。

(i) 断后伸长率 $A(\delta)$　**是试样拉断后标距长度的相对伸长值**，即 $A(\delta)=(L_u-L_0)/L_0\times 100\%$。式中 L_0 为试样原始标距长度(mm)；L_u 为试样拉断后的标距长度(mm)。

(ii) 断面收缩率 $Z(\psi)$　Z 是断裂后试样截面的相对收缩值，按公式 $Z(\psi)=(S_0-S_1)/S_0\times 100\%$ 计算（S_0 为试样原始截面积，S_1 为试样断裂后的最小截面积）。断面收缩率不受试样尺寸影响，能可靠地反映材料的塑性。

材料的塑性指标 $A(\delta)$、$Z(\psi)$ 数值高，表示材料塑性加工性能好。但它们不能直接用于零件设计计算。一般认为零件在保证一定强度要求前题下，塑性(A、Z) 指标高，则零件的安全可靠性大。新旧标准性能名称及符号对照如表 3.1 所示。

表 3.1　新旧标准性能名称及其符号对照

新标准(GB/T 228—2002)		旧标准(GB/T 228—1987)	
性能名称	符　　号	性能名称	符　　号
弹性极限	R_e	弹性极限	σ_e
—		屈服点	σ_s
上屈服强度	R_{eH}	上屈服点	σ_{sU}
下屈服强度	R_{eL}	下屈服点	σ_{sL}
抗拉强度	R_m	抗拉强度	σ_b
断后伸长率	$A, A_{11.2}$	断后伸长率	δ_5, δ_{10}
断面收缩率	Z	断面收缩率	ψ

注：由于新、旧标准指标、名称和符号差异较大，新标准的贯彻尚不全面，因此对教材中出现的旧标准表示法，请参照表 3.1 查阅对照。

(2) 硬度

硬度是反映材料软硬程度的一种性能指标，硬度值的物理意义随试验方法的不同而不同。目前广泛使用的测定硬度方法是**压入法，表示材料表面抵抗塑性变形的能力**。测量硬度常用布氏硬度、洛氏硬度和维氏硬度。

① 布氏硬度(HBW)　布氏硬度试验是用一定试验力 F，将一定直径 D 的硬质合金圆球(压头)压入被测材料的表面，保持一定时间后卸除载荷，测量试样表面压痕的直径，以试验力与压痕表面积的比值作为布氏硬度值。布氏硬度的优点是测量误差小，数据稳定；缺点是压痕大，不能用于太薄件、成品件及硬度大于 650HBW 的材料。布氏硬度主要适用于退火、正火及调质钢，铸铁与有色金属合金原料及半成品的硬度测量。

布氏硬度用符号 HBW 表示，符号 HBW 前面的数值为硬度值。布氏硬度试验通常用于铸铁，有色金属，退火、正火、调质钢，以及非金属材料等。

材料的 $R_m(\sigma_b)$ 与 HBW 之间，有以下经验关系：对于低碳钢 $R_m(\sigma_b) \approx 3.53$HBW；对于高碳钢 $R_m(\sigma_b) \approx 3.33$ HBW；调质合金钢 $R_m(\sigma_b) \approx 3.19$ HBW；对于灰铸铁 $R_m(\sigma_b) \approx 0.98$ HBW。

② 洛氏硬度(HR)　洛氏硬度试验是将标准压头用规定压力压入试样表面，用其压入深度作为硬度值的量度。为适应不同材料的硬度测定，采用不同的压头与载荷组合成几种不同的洛氏硬度标尺；每种标尺用一个字母在 HR 字样后加以标明，以示区别。常用洛氏硬度标尺的试验条件与应用范围等见表 3.2。

软质热塑性塑料大多用 *R*、*L* 标尺，硬质热塑性塑料和热固性塑料常用 *M* 标尺，即以符号 HRR，HRL 或 HRM 等表示。

表 3.2　常用洛氏硬度的适用范围(摘自 GB/T 230.1—2004)

洛氏硬度标尺	硬度符号	压头类型	硬度数 N	硬度单位 S/mm	初试验力 F_0/N	主试验力 F_1/N	总试验力 F/N	适用范围	表盘刻度颜色	典型应用
A	HRA	金刚石圆锥	100	0.002	98.07	490.3	588.4	20HRA ~ 88HRA	黑	硬质合金、渗碳层、表面淬火层
B	HRB	直径 1.5875 mm 钢球	130	0.002	98.07	882.6	980.7	20HRB ~ 100HRB	红	铜合金、铝合金，软钢、可锻铸铁
C	HRC	金刚石圆锥	100	0.002	98.07	1 373	1 471	20HRC ~ 70HRC	黑	淬火低温回火钢、钛合金等

洛氏硬度操作简便、迅速，硬度值可在表盘上直接读出；压痕小，可测量成品件；采用不同标尺可测定各种软硬不同和厚薄不同的材料。但应注意，不同级别的硬度值间无可比性，只有查表转换成同一级别后才能比较硬度高低。此外，因压痕小，受材料组织不均等缺陷影响大，所测硬度值重复性差，对同一测试件需测三次，取其平均值。

③ 维氏硬度(HV)　维氏硬度测量原理与布氏硬度相似，不同点是压头为金刚石四方角锥体。它所测定的硬度值比布氏、洛氏精确，压入深度浅，适于测定经表面处理零件的表面层的硬度，改变负荷可测定从极软到极硬的各种工程材料的硬度，而且采用连续一致的硬度的硬度标度，但测定过程比较麻烦。维氏硬度用符号 HV 表示，符号后面的数字按顺序分别表示试验力及试验力保持时间(10 ~ 15s 不标注)。如 640HV30/20 表示：在试验力

为 294.2N(30kgf) 下保持 20s 测定的维氏硬度值为 640。

但应注意，维氏硬度符号 *HV* 之前的数值为硬度值。该法压痕清晰，采用显微镜测量压痕对角线长度 d，查表即可得到维氏硬度值，精确可靠。但试验测定较麻烦，要求被测面光洁，不宜于成批生产件的常规检验。

2. 承受动(冲击) 载荷作用时的力学性能

以较高的速度施加于工件上的载荷称为动(冲击) 载荷。在工程上，许多零件和工具在其工作过程中，往往受到这种动(冲击) 载荷作用，如冲床的冲头、锻锤的锤杆、内燃机的活塞销与连杆、以及汽车、拖拉机上的变速齿轮等。由于冲击载荷的加载速度高、作用时间短，使材料在承受冲击载荷作用时，应力分布与变形很不均匀。一般说来，随加载速度的增加，材料的塑性下降，脆性增大。所以，对于承受冲击载荷的零件，仅具有足够的静载强度、塑性指标是不够的，还必须具有足够的抵抗冲击载荷的能力，即**冲击吸收功**要求。

工程上常用一次摆锤冲击弯曲试验来测定材料抵抗冲击载荷的能力，即测定冲击载荷试样被折断而消耗的冲击吸收功 A_K - 单位为 J(焦耳)。而用试样缺口处的截面积 S 去除 A_K，可得到材料的冲击韧度指标，即 $\alpha_K = A_K/S$，其单位为 kJ/m^2 或 J/cm^2。

因此，**冲击吸收功 $A_K(\alpha_K)$ 表示材料在冲击载荷作用下抵抗变形和断裂的能力**。$A_K(\alpha_K)$ 值的大小，表示材料的韧性好坏。一般把 $A_K(\alpha_K)$ 值低的材料称为脆性材料，$A_K(\alpha_K)$ 值高的材料称为韧性材料。$A_K(\alpha_K)$ 值取决于材料及其状态，同时与试样的形状、尺寸有很大关系。$A_K(\alpha_K)$ 值对材料的内部结构缺陷、显微组织的变化很敏感，如夹杂物、偏析、气泡、内部裂纹、钢的回火脆性、晶粒粗化等都会使 $A_K(\alpha_K)$ 值明显降低；同种材料的试样，缺口越深、越尖锐，缺口处应力集中程度越大，越容易变形和断裂，冲击吸收功越小，材料表现出来的脆性越高。因此不同类型和尺寸的试样，其 $A_K(\alpha_K)$ 值不能直接比较。

材料的 $A_K(\alpha_K)$ 值随温度的变化如图 3.2 所示，可以看出 $A_K(\alpha_K)$ 值随温度的降低而减小，且在某一温度范围，$A_K(\alpha_K)$ 值发生急剧降低，这种现象称为冷脆，此温度范围即称为“韧脆转变温度(T_K)”。一般而言，BCC 晶格的金属或以其为主的工程上广泛使用的低、中强度结构钢，其 T_K 比较明显且较高，因此对低温服役的机件，要依据材料的 T_K 值来确定其最低使用温度，以防低温脆断；而 FCC 晶格的金属或高强度钢(如铝及奥氏体合金钢等)，则基本上没有这种温度效应。

冲击吸收功(A_K) 或冲击韧度(α_K) 指标的实际意义在于揭示材料的变脆倾向。

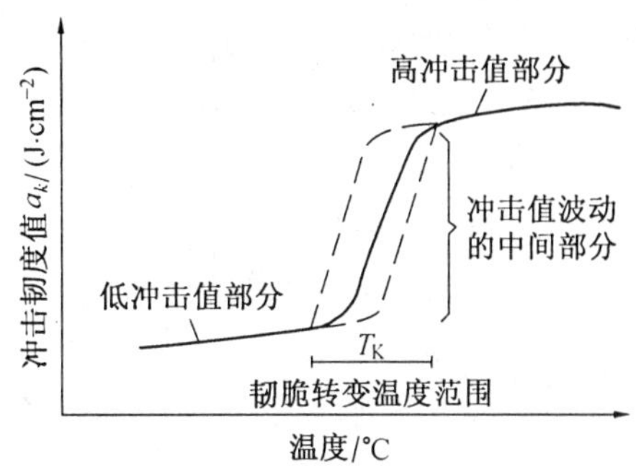

图 3.2　韧脆转变温度 T_K

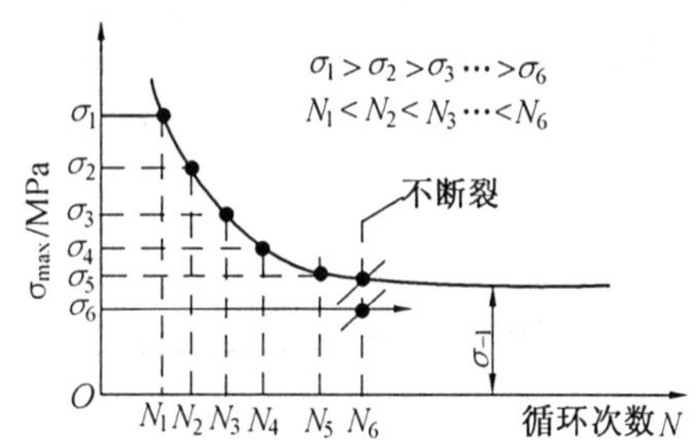

图 3.3　疲劳曲线示意图

3. 承受交变载荷作用时的力学性能

许多零件都是在交变应力(即大小、方向随时间变化而变化的应力)下工作的,如轴、齿轮、弹簧等。它们工作时所承受的应力,通常都低于材料的 $R_{r0.2}(\sigma_{0.2})$。零件在这种变动载荷作用下经过较长时间工作而发生断裂的现象称为疲劳。据统计,机械零件断裂失效中有 60% ~ 70% 是属于疲劳断裂性质。

疲劳断裂是一个裂纹形成和扩展过程,微裂纹往往起源于零件的表面,有时也可在零件内部某一薄弱部位首先产生裂纹,随时间增加,裂纹不断向截面深处扩展,以致在某一时刻,使剩余截面承受不了所加应力时,便产生突然裂纹失稳扩展而断裂。疲劳断裂时不产生明显的塑性变形,往往是突然发生断裂,所以是一种危险的脆性断裂。因此,研究材料的疲劳,提高其疲劳抗力,对于发展国民经济有着重大的实际意义。

在不同的交变应力下试验,测定各应力下试样发生断裂的循环周次 N,绘制出 σ_{max} 及 N 之间关系曲线,即疲劳曲线,如图 3.3 所示。由图可知,当应力低于某数值时,即使循环周次 N 无穷多也不发生断裂,此应力值称为**疲劳强度或疲劳极限**。用 $R_{-1}(\sigma_{-1})$ 表示,单位为 MPa。一般规定钢铁材料的循环基数为 10^7;有色金属、某些超高强度钢和许多聚合物材料的循环基数为 10^8。

材料的 $R_m(\sigma_b)$ 越高,$R_{-1}(\sigma_{-1})$ 也越高。当工件表面处于残余压应力时,材料表面的 $R_{-1}(\sigma_{-1})$ 提高。在其他条件相同情况下,材料的 $R_{-1}(\sigma_{-1})$ 随 $R_m(\sigma_b)$ 的提高而增加。如钢的 $R_{-1}(\sigma_{-1})$ 约为其 $R_m(\sigma_b)$ 的 40% ~ 50%,有色金属约为 25% ~ 50%。改善零件 $R_{-1}(\sigma_{-1})$ 可通过合理选材、改善材料的结构形状,避免应力集中,减少材料和零件的缺陷,改善零件表面粗糙度,对零件表面进行强化等方法解决。

4. 材料"断裂韧度"的概念

通常,人们认为零件在许用应力下工作不会发生塑性变形,更不会发生断裂事故。然而在实际生产运行中,时常发生高压容器的爆炸和桥梁、船舶、大型轧辊、发电机转子的突然折断等事故,其工作应力虽然远低于 $R_{eL}(\sigma_s)$,但突然发生**低应力脆断**。大量的断裂事故分析表明,这种低应力脆断是由材料本身存在裂纹和裂纹扩展引起的。实际上,机件及其材料本身不可避免地存在着各种冶金和加工缺陷,它们即相当于裂纹或在使用中发展为裂纹。在应力作用下,这些裂纹进行扩展,一旦达到失稳扩展状态,便会发生低应力脆断。

试验研究指出,由于裂纹的存在,材料中的应力分布不能再看作是均匀的。在裂纹尖端前沿产生了应力集中,且具有特殊的分布,形成了一个裂纹尖端的应力场。按断裂力学观点分析,这一应力场强弱程度可用应力场强度因子 K_{I} 值来描述。K_{I} 值的大小与裂纹尺寸($2a$)、加载方式、材料特性和外加应力(σ)有关,可表达为

$$K_{\mathrm{I}} = Y \cdot \sigma \cdot \sqrt{a}\,(\mathrm{MN/m^{\frac{3}{2}}}\text{ 或 }\mathrm{MPa/m^{1/2}})$$

式中,Y 为与裂纹形状、加载方式及试样几何尺寸有关的无量纲系数(具体数值可根据试样条件查手册);σ 为外加应力,$\mathrm{MN/mm^2}$;a 为裂纹的半长,m。

由上式可见,随应力 σ 的增大,K_{I} 不断增大,当 K_{I} 增大至某一定值时,即可使裂纹尖端前沿的内应力大到足以使材料分离,从而导致裂纹突然失稳扩展而发生断裂。此应力场强度因子 K_{I} 的临界值,即称为材料的平面应变断裂韧度(简称断裂韧度),用 K_{IC} 表

示。它反映了材料在有裂纹存在时，抵抗脆性断裂的能力。K_{IC}可通过试验来测定，它是材料本身的特性。K_{IC}与裂纹的形状、大小无关，也和外加应力无关，只决定于材料本身的成分、热处理条件及加工工艺等情况。

5. 有关耐磨性的概念

(1) 材料的摩擦与磨损

机器在运转时，机件之间的相对运动如轴与轴承、活塞与汽缸套、齿轮与齿轮之间会发生摩擦。在摩擦作用下发生一系列的机械、物理、化学的相互作用，以致机件表面发生尺寸变化和物质消耗，这种现象称为磨损。

磨损是摩擦的必然结果，是工业领域和日常生活常见的现象，也是造成材料和能源损失的一重要原因。

按磨损机制，磨损主要分为四类。其特征如下：

① **氧化磨损**　在滑动或滚动摩擦过程中，摩擦件表面伴随塑性变形的同时，氧化膜不断形成和破坏，不断有氧化物自表面剥落。

② **粘着(咬合)磨损**　两接触表面作相对运动时，由于固相之间的粘结作用，而使材料从一个表面转移到另一表面所造成的一种磨损。其实质是接触面在接触压力的作用下局部发生黏着(冷焊)，在相对运动时黏着处又分离，使接触面上有小颗粒被拉拽出来，反复进行造成黏着磨损。

③ **磨粒磨损**　由于硬颗粒或硬突出物使材料产生迁移而造成的一种磨损，即当摩擦副一方的硬度比另一方大得多时，或者在接触面之间存在着硬质粒子时所产生的磨损，其特征是接触面上有明显的切削痕迹。

④ **接触疲劳(表面疲劳)磨损**　在疲劳载荷作用下，经一定周次重复加载后，工件表面产生麻点状剥落。

(2) 材料的耐磨性

系指某种材料在一定的摩擦条件下抵抗磨损的能力。**一般说来，降低材料的摩擦系数，提高材料的硬度等均有助于增加材料的耐磨性**。

6. 高温力学性能

有许多机件，如高压蒸气锅炉、气轮机、化工炼油设备及航空发动机等在高温下长期运转，若仅考虑常温力学性能显然是不行的。此类机件在高温下容易发生蠕变变形和断裂失效。材料在长时间的恒温、恒应力作用下，即使应力小于屈服点，也会缓慢地发生塑性变形的现象称为蠕变。温度越高，工作应力越大，则蠕变的发展越快，而产生断裂的时间就越短。因此在高温下使用的金属材料应具有足够的抵抗蠕变变形和断裂的能力。

高温下金属材料的强度可用蠕变极限和持久强度两个性能指标来表示。

①**蠕变极限**　**表征材料在高温长期载荷作用下，抵抗蠕变变形的能力**。通常是以在给定温度(℃)下和规定的试验时间(h)内，使试样产生一定蠕变伸长量(%)的应力，**用符号 $\sigma_{\delta/t}^{T}$(MPa)表示**。例如，$\sigma_{0.2/500}^{800}=200$MPa 表示试验材料在 800℃温度下、500 h 内，引起 0.2%蠕变变形量时的应力值为 200MPa。对于高温长期载荷作用下不允许产生过量蠕变变形的机件，要以其作为一项设计指标。

②**持久强度　表征材料在高温长期载荷作用下抵抗断裂的能力**。通常以试样在给定温度下，经规定时间发生断裂的应力作为持久强度，**用符号** σ_t^T **(MPa)表示**。例如，σ_{100}^{800} = 120MPa 表示试验材料在 800℃下，经 100h 断裂的应力值为 120MPa。对于设计某些在高温运转过程中不考虑变形量大小，而只考虑在承受的应力下使用寿命的机件来说，持久强度是极重要的性能指标。

3.1.2　金属的塑性变形(Plastic deformations of metals)

一般情况下，金属都是多晶体。但多晶体的变形与其中各晶粒的变形行为息息相关，为此必须先了解单晶体的塑性变形规律。

1. 单晶体的塑性变形

晶体只有在切应力作用下才会发生塑性变形。在常温下，单晶体的塑性变形方式主要有两种，即滑移和孪生。

(1)滑移

晶体的一部分沿着一定的晶面和晶向，相对于另一部分发生滑动(位移)的现象称为滑移。**滑移变形的特点**是：

①**滑移只能在切应力作用下发生**，如图 3.4 所示。产生滑移的最小分切应力称为临界分切应力。

②滑移总是沿原子排列最密的晶面与晶向发生，如图 3.5 示。因为原子密度最大的晶面或晶向(例如，Ⅰ - Ⅰ)，其晶面或晶向间的距离最大，故原子间的结合力最弱，所需的临界分切应力最小。能产生滑移的晶面和晶向，分别称为滑移面和滑移方向。

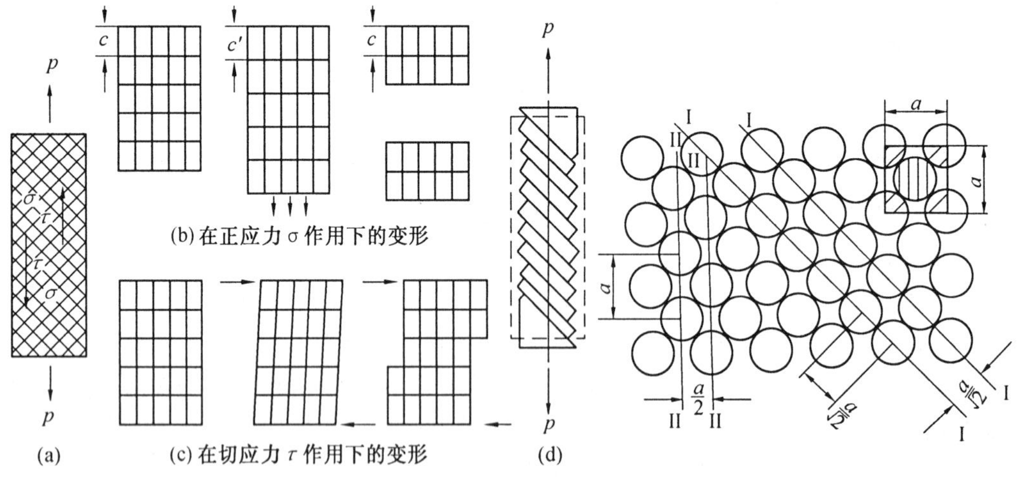

图 3.4　单晶体的拉伸变形示意图　　　　图 3.5　滑移面与滑移方向示意图

③**滑移系**，即指一个滑移面与其上的一个滑移方向构成一个滑移系。在其他条件相同时，滑移系越多，金属晶体发生滑移的可能性越大，则金属的塑性便越好。三种典型金属晶格的滑移系如表 3.3 所示，BCC、FCC 的滑移系数目都是 12，但由于滑移系中的滑移方向比滑移面对塑性的贡献更大，且 FCC 中的滑移面上原子排列比 BCC 的滑移面更密，所以 FCC 金属的塑性优于 BCC 的金属。HCP 金属的塑性最差。

④**滑移量**(滑移时晶体一部分相对于另部分沿着滑移方向移动的距离)为**原子间距整数倍**。

⑤**滑移前后,晶体位向不发生变化**。

⑥**滑移的结果会在金属表面造成台阶**。每一滑移台阶对应一条滑移线,滑移线只有在电子显微镜下才能看见,如图 3.6(b)所示。许多滑移线组成了一条可在一般金相显微镜下可观察到的滑移带,如图 3.6(a)所示。

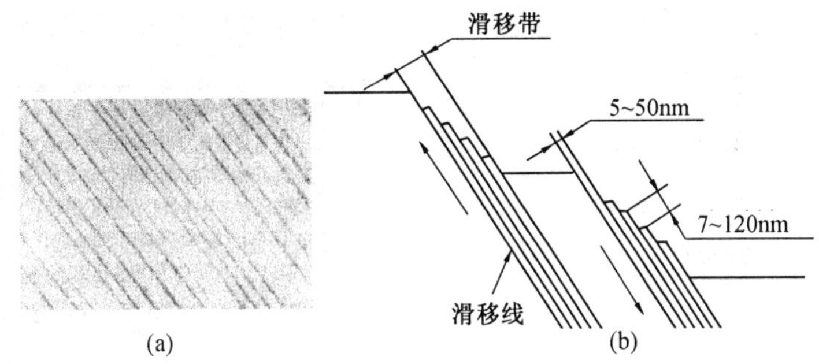

图 3.6 滑移带和滑移线示意图

表 3.3 三种典型金属晶格的滑移系

晶格	体心立方晶格		面心立方晶格		密排六方晶格	
滑移面	{110} ×6	{110}	{111} ×4	<110> {111}	六方底面×1	六方面 对角线
滑移方向	〈111〉 ×2	<111>	〈110〉 ×3		底面对角线×3	
滑移系	6×2=12		4×3=12		1×3=3	

⑦**滑移的同时伴随有晶体的转动**,如图 3.4(a)所示。计算表明,当滑移面和滑移方向与外力轴向都呈 45°时,滑移方向上的分切应力最大,因而最易产生滑移。

滑移的微观机制 最初人们设想晶体的滑移是刚性移动,即晶体的两部分沿着滑移面作整体的相对滑动,经计算得到的临界分切应力值比实际测得值要大 3~4 个数量级。可见实际金属晶体的滑移不是刚性移动。后经大量理论及实验研究证明,**滑移是通过位错在滑移面上的运动来实现的**。如图 3.7 所示,系一刃型位错在切应力 τ 作用下在滑移面上运动的过程。

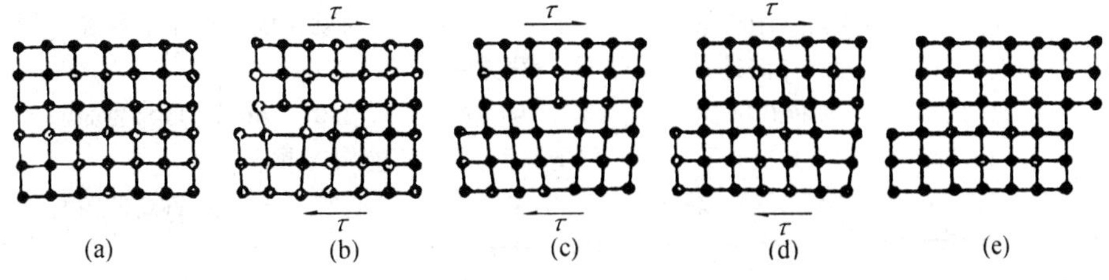

图 3.7 晶体中通过位错运动而造成滑移的示意图

现假定晶体中有一根刃型位错线,如图 3.8 所示,当晶体受切应力 τ 作用后,原子发生位移,使位错从 P 处运动到 Q 处,这时仅需位错中心附近的少数原子的位置发生了微量位移(远小于一个原子间距),所以它所需要的临界分切应力远远小于刚性滑动。当一条位错线移至金属晶体表面,便产生一个原子间距的滑移台阶,同一滑移面上若有大量位错移出,则会在晶体表面形成一条滑移线。

(2)孪生

孪生是指在切应力作用下,晶体的一部分沿着一定晶面(孪生面)和晶向(孪生方向),相对于另一部分所发生的切变,如图 3.9 所示,发生孪生变形的部分称为孪生带或孪晶。

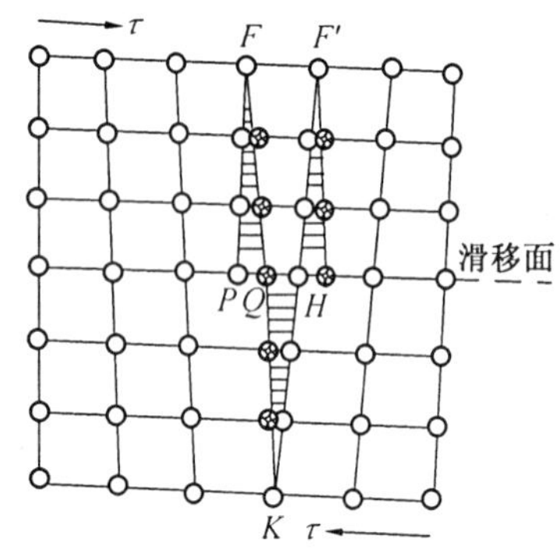

图 3.8　位错运动时的原子位移

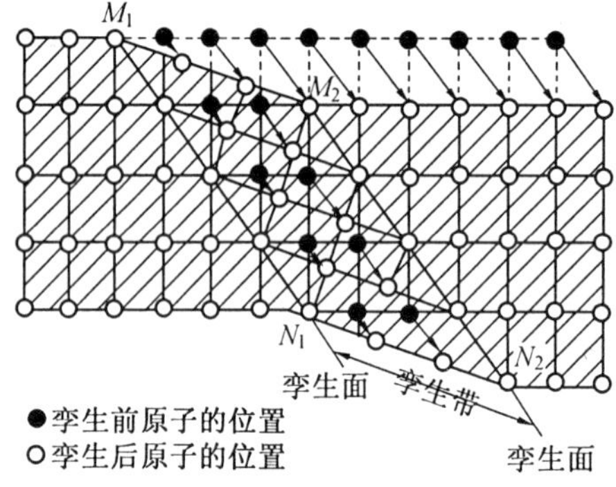

图 3.9　孪生示意图

在常温下,由于孪生变形所需临界分切应力远大于滑移变形,因此,孪生通常是在滑移较难进行时才会发生。我们通常看到的面心立方金属中的孪晶,并不是塑变时形成的,而是在退火后出现的(由于相变过程中原子重新排列时发生错排而产生的)退火孪晶。

【例题 3.1】 在例题图 3.1 所示的晶面、晶向中,请指出哪些是滑移面、哪些是滑移方向?并就图中情况判断能否构成滑移系,同时应简述其理由?

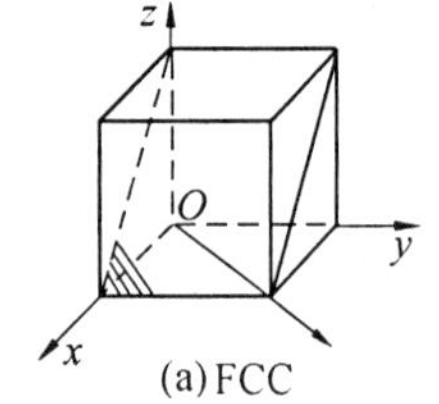

(a)FCC

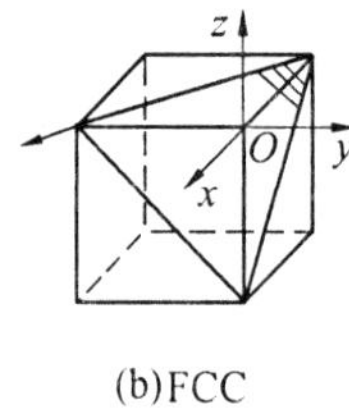

(b)FCC

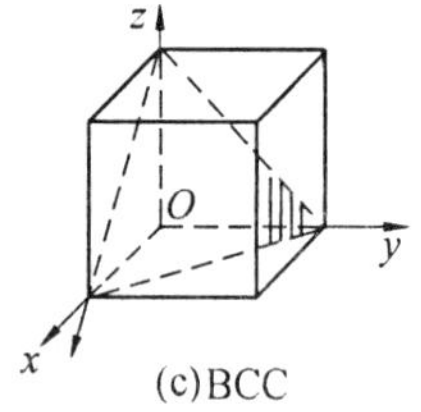

(c)BCC

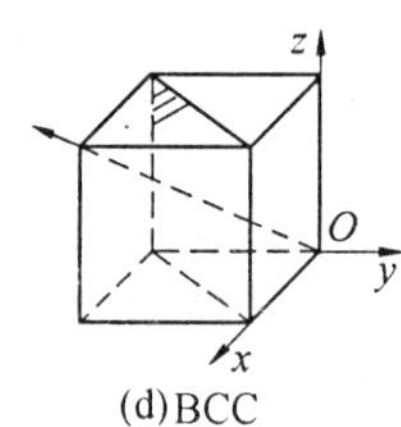

(d)BCC

例题图 3.1　立方晶胞中的滑移面、滑移方向

分析　如图所示,求解本题首先应明确两点,一是晶体的滑移通常发生在哪些晶面和晶向上;二是具备什么条件才能构成滑移系?晶体的滑移通常总是沿着原子密度最大的晶面(滑移面)及其上原子密度最大的晶向(滑移方向)进行;一个滑移面和此面上的一个滑移方向就组成了一个滑移系。明确了这两条就能容易地判断图示晶面、晶向是否是滑移面、滑移方向。

解答　例题图 3.1(a)示的 FCC 中:影线所示晶面为(101)、晶向[110]。虽然 [110]为 FCC 的滑移方向,但它不在(1 0 1)晶面上,而(101)亦不是 FCC 的滑移面,所以不能构成滑移系。

图 3.1(b)示的 FCC 中:影线所示的晶面为$(\bar{1}\bar{1}\bar{1})$、晶向为$[1\bar{1}0]$,它们分别为 FCC 的滑移面和滑移方向,且$[1\bar{1}0]$晶向就位于$(\bar{1}\bar{1}\bar{1})$晶面上,故可构成一滑移系。

图 3.1(c)示的 BCC 中:影线所示晶面(1 1 1)、晶向$[10\bar{1}]$,它们均属非滑移面、非滑移方向。

图 3.1(d)示的 BCC 中:影线所示的晶面$(1\bar{1}0)$、晶向$[1\bar{1}1]$,它们分别为 BCC 的滑移面和滑移方向,但$[1\bar{1}1]$晶向不在$(1\bar{1}0)$晶面上,故仍不能构成滑移系。

归纳 此例是第1章与本章知识的有机结合,同时也是落脚点。因此,滑移面、滑移方向以及滑移系应联系起来综合考虑。

思考 立方晶系中,[1 1 0]与(1 1 0),[1 1 1]与(1 1 1)的关系如何?

2. 多晶体的塑性变形

多晶体金属的塑性变形与单晶体比较并无本质上的差别,即每个晶粒(单晶体)的塑性变形仍以滑移方式进行。但由于晶界的存在和每个晶粒中的晶格位向不同,故在多晶体中的塑性变形过程要比单晶体的塑性变形复杂。

(1)晶界和晶粒方位的影响

晶界附近是两晶粒晶格位向过渡的地方。在这里晶格排列紊乱,加上该地区杂质原子较多,增大了其晶格的畸变,因而在该处滑移时位错运动受到的阻力较大,使之难以发生变形,即使之具有较高的塑性变形抗力。此外,各晶粒晶格位向不同也会增大其滑移的抗力,因为其中任一晶粒的滑移都必然会受到它周围不同位向晶粒的约束和阻碍。各晶粒必须相互协调,才能发生塑性变形。多晶体的滑移必须克服较大的阻力,因而使多晶体材料的强度增高。**金属晶粒越细小**,晶界面积越大,每个晶粒周围具有不同取向的晶粒数目也越多,**其塑性变形的抗力(即强度、硬度)就越高**。

细晶粒金属不仅强度、硬度高,而且塑性、韧性也好。因为晶粒越细,在一定体积内的晶粒数目越多,则在同样变形量下,变形分散在更多晶粒内进行,同时每个晶粒内的变形也比较均匀,而不会产生应力过分集中现象。同时,因晶界的影响较大,晶粒内部与晶界附近的变形量差减小,晶粒的变形也会比较均匀,减少了应力集中,推迟了裂纹的形成与扩展,使金属在断裂之前可发生较大的塑性变形。由于细晶粒金属的强度、硬度较高,塑性较好,所以**断裂时需消耗较大的功,即冲击韧度(韧性)也较好。因此,细化晶粒是金属的一种非常重要的强韧化手段**。

(2)多晶体的塑性变形过程

在多晶体金属中,由于每个晶粒的晶格位向不同,其滑移面和滑移方向的分布便不同,故在外力作用下,每个晶粒中不同滑移面和滑移方向上受到的分切应力也不同。而在拉伸试验时,试样中的分切应力是在与外力呈45°的方向上为最大,在与外力相平行或垂直的方向上最小。因此在试验中,凡滑移面和滑移方向位于或接近于与外力呈45°方位的晶粒必将首先发生滑移变形,通常称这些位向的晶粒为处于“软位向”。而滑移面和滑移方向处于或接近于与外力相平行或垂直的晶粒则称它们是处于“硬位向”,因为在这些晶粒中所受到的分切应力为最小,最难发生变形。

由此可见,**多晶体金属中**的每个晶粒所处的位向不同,则**金属的塑性变形将会在不同晶粒中逐步发生,是不均匀的塑性变形过程。从少量晶粒开始逐步扩大到大量的晶粒,从不均匀变形逐步发展到比较均匀的变形。可见多晶体变形过程要比单晶体复杂得多。**

3.1.3 无机材料(陶瓷)的变形特点(Deformation characteristics of the inorganic materials(ceramis))

陶瓷材料具有硬度高、强度高、重量轻、耐高温、耐磨损、耐腐蚀等一系列优点,作为结构材料特别是高温结构材料,极具潜力,然而由于其塑韧性差,在很大程度上又限制了它的应用。

当陶瓷材料在室温静拉伸(或静弯曲)载荷下,并不出现塑性变形阶段,即由弹性变形后直接发生脆性断裂。但随着温度的升高和时间的延长,有些陶瓷材料(如含有玻璃相的陶瓷材料)可表现出一定的塑性变形(主要是以蠕变形式发生)能力。

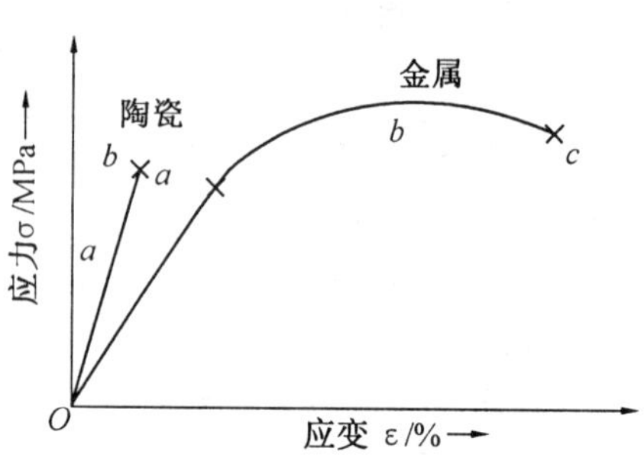

图 3.10 陶瓷与金属的 $\sigma-\varepsilon$ 曲线

图 3.10 系陶瓷材料与金属材料的 σ-ε 曲线,可以看出:陶瓷材料的弹性模量 E 比金属大得多,常高出几倍,因为其具有离子键和共价键的缘故。由于共价键具有方向性,有较高的抗晶格畸变和阻碍位错运动的能力,使共价键陶瓷具有比金属高得多的硬度和弹性模量。离子键虽方向性不明显,但滑移不仅要受到密排面和密排方向的限制,而且要受到静电作用力的限制,实际可移动滑移系较少,因而离子键陶瓷材料的弹性模量也较高。

3.1.4 聚合物材料的变形特点(Deformation characteristics of polymers)

1.聚合物的力学状态

聚合物特有的大分子链结构,决定了其具有与低分子物质不同的变形规律和力学性能。在恒定载荷作用下,其变形和温度有密切关系。

(1)线型非晶态聚合物的三种力学状态

此类聚合物在恒定应力下的温度-形变曲线(亦称热-机或热-力学曲线)见图3.11所示。它在不同温度下呈现三种力学状态。

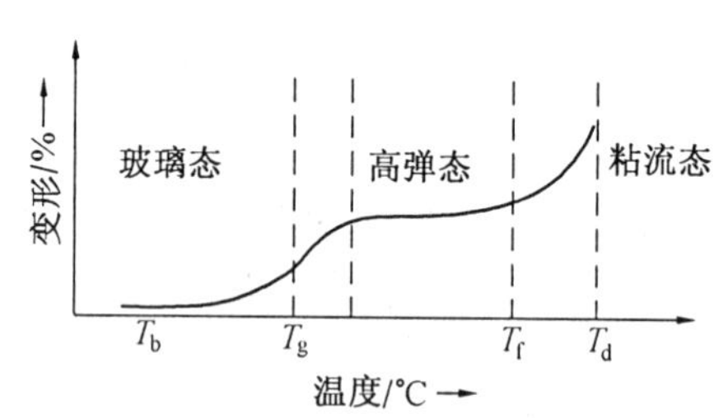

图 3.11 线型非晶态聚合物的热-力学曲线

①**玻璃态**($T_b \sim T_g$) 由于温度低,分子运动能量低,链段不能运动,大分子链的构象不能改变,只有大分子链中的原子在其原平衡位置作轻微振动。聚合物的力学性能与低分子固体材料相似,在外力作用下只能发生少量弹性变形(<1%),而且应力和应变的关系符合虎克定律。处于玻璃态的聚合物具有较好的力学强度,在这种状态下使用的材料是塑料和纤维。T_g 为聚合物呈现玻璃态的最高温度,即称为玻璃化温度;T_b 为脆化温度,当温度低于 T_b 时,在外力作用下,大分子链断裂,聚合物变脆,大分了的柔性消失,失去其使用价值。

②**高弹态**($T_g \sim T_f$) 当温度继续升高在 $T_g < T < T_f$ 时,聚合物处于高弹态。此时分子运动能量增加,通过单键的内旋转使链段不断运动,改变着分子链的构象——由蜷曲变为伸展状。处于高弹态的聚合物受力时产生很大的弹性变形,可达 100%~1000%,且这种变形的回复不是瞬时完成的,而是随时间逐渐变化。高弹态是聚合物所独有的状态,在室温下处于高弹态的聚合物可以作为弹性材料使用。例如,经硫化处理的橡胶。

③**粘流态**($T_f \sim T_d$) 由于温度较高,分子热运动加剧,在外力作用下大分子链间可以

相对滑动，这是聚合物的加工状态。T_f 为由高弹态到粘流态的转变温度，是指整个大分子链能开始运动的温度，称为粘流运动。而 T_d 为聚合物的分解温度，当温度升高达 T_d 时，聚合物大分子链的化学键将被破坏而发生分解。当聚合物处于粘流态时，可通过喷丝、吹塑、注射、挤压、模铸等方式制造各种形状的零件、型材、纤维和薄膜等制品。

聚合物在室温下处于玻璃态的称为塑料，处于高弹态的称为橡胶，处于粘流态的则是流动树脂。作为塑料使用的聚合物，其 T_g 越高越好，这样可在较高温度下仍保持玻璃态；而作为橡胶使用的聚合物，则要求 T_g 越低越好，这样可在较低温度时仍不失去弹性。

(2)其他类型聚合物的力学状态

①对于完全晶态的线型聚合物　其与低分子晶体材料一样，没有高弹态。

②对于部分晶态的线型聚合物　非晶态区在 T_g 温度以上和晶态区在 T_m(结晶区熔化的温度，称为熔点)温度以下存在一种既韧又硬的皮革态。此时，非晶态区处于高弹态、具有柔韧性，晶态区则具有较高的强度和硬度，两者复合构成皮革态。因此，结晶度对聚合物材料的力学状态和性能有显著影响。

③对于体型非晶态聚合物　具有网状分子链，其交联点的密度对聚合物的力学状态有重要影响。若交联点密度较小，链段仍可运动，具有高弹态、弹性好，如轻度硫化的橡胶。若交联点密度很大，则链段不能运动，此时材料的 $T_g = T_f$，高弹态消失，聚合物就与低分子非晶态(如玻璃)一样，其性能硬而脆，如酚醛塑料。

聚合物的力学状态除受化学成分、分子链结构、分子量、结晶度等内在因素影响外，对应力、温度、环境介质等外界条件也很敏感，因而其性能会发生明显变化，这在使用聚合物材料时应予以足够重视。

2.聚合物材料的变形特点

聚合物材料具有已知材料中可变范围最宽的变形性质，包括从液态、软橡胶到刚性固体。而且，与金属材料相比，聚合物的变形强烈依赖于温度和时间，表现为黏弹性，即介于弹性材料和粘性流体之间。聚合物的变形行为与其结构特点有关。聚合物由大分子链构成，这种大分子链一般具有柔性(但柔性链易引起粘性流动，可采用适当交联保证弹性)，除了整个分子的相对运动外，还可实现分子不同链段之间的相对运动。这种分子的运动依赖于温度和时间，具有明显的松弛特性，引起了聚合物变形的一系列特点。

(1)聚合物的高弹态

轻度交联的聚合物在 T_g 以上，具有典型的高弹态，其特点是弹性模量小但弹性变形大，而且随着温度的升高而增大。然而在 T_g 以下时，弹性体则又脆又硬。这主要因为轻度交联的聚合物并没有改变大分子链的蜷曲状态，只是使大分子链受到拉伸、舒展的应力更大，因而增加了回弹力。轻度交联既可保证链间部滑动，又保证两相邻交联点间链段有足够的活动性以产生高弹态。

(2)聚合物的黏弹性变形

当聚合物处于皮革态时，其变形是黏弹性变形。如聚乙烯在室温下的变形为黏弹性变形。黏弹性和高弹性变形的主要差别是弹性回复快慢不同，黏弹性变形是逐渐恢复，而高弹性变形后是立即恢复。聚合物受力后产生的宏观变形，通过调整内部分子链构象实现。显然，这种分子链构象的改变需要时间，这就是聚合物黏弹性特别突出的原因。

(3)线型聚合物的变形特点

其冷变形时在性能和机制上都有些与金属不同的特点。所谓冷变形,对于非晶态塑料大约在低于其 T_g 以下 50℃左右,而对结晶态塑料即指在晶体相熔点以下。

对于易结晶、T_g 低的聚合物如聚乙烯、聚丙烯和聚酰胺(尼龙)等,在室温下呈高弹态,拉伸时的 $\sigma-\varepsilon$ 曲线如图 3.12(a)所示。从图中可看出,当变形量很小时为弹性变形,变形量达一定值时开始屈服,屈服点以 $\sigma-\varepsilon$ 曲线上的最大点表示,而对应的应变量一般在 5%～10%,比金属屈服点的应变量大得多。过了屈服点后,材料开始在局部地区出现缩颈,犹如塑性好的金属一样。但金属一出现缩颈就离断裂为期不远,而塑料出现缩颈后,再继续变形,其变形不是集中在原缩颈处,而是缩颈区扩大,不断沿试样长度方向延伸,直至整个试样的截面尺寸都均匀减小。在此阶段过程中应力几乎不变,而变形量因材料、温度和变形速率而异,最大可达 200%～300%。当整个试样都均匀变细后,再继续变形,应力急剧升高,最后断裂。

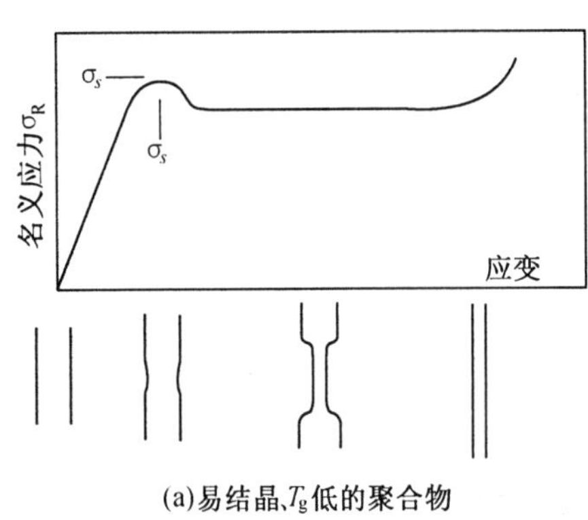

(a)易结晶、T_g低的聚合物

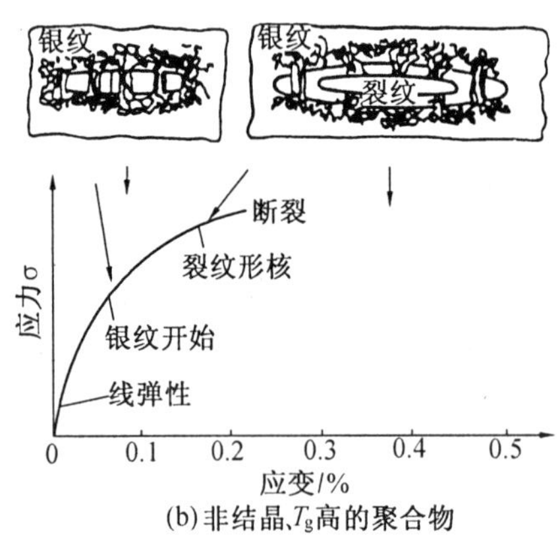

(b)非结晶、T_g高的聚合物

图 3.12　线型聚合物的 $\sigma-\varepsilon$ 行为

对于非晶态、T_g 高的聚合物如聚苯乙烯、聚碳酸酯等,在室温下呈玻璃态,拉伸时的 $\sigma-\varepsilon$ 曲线如图 3.12(b)所示。此类材料开始变形时不是均匀的而是局集的,形成一种叫"银纹"的微区,它实际上是一些空穴状的区域。由于在该处存在着明显的体积膨胀,可发生光的反射与散射,故银纹在肉眼下就可看见。但它并不是裂纹而只是裂纹将要萌生的早期阶段,在随后的变形过程中,这些空穴区域逐渐演变为裂纹的。

(4)体型聚合物的变形特点

热固性塑料是刚硬的三维网络结构,分子不易运动,在拉伸时表现出像脆性金属或陶瓷一样的变形特性。但在压应力下它们仍能发生大量的塑性变形。图 3.13 为环氧树脂在室温下单向拉伸和压缩时的 $\sigma-\varepsilon$ 曲线。环氧树脂的 T_g 为 100℃,此种交联作用很强的聚合物,在室温下为坚硬的玻璃态,拉伸时好象典型的脆性

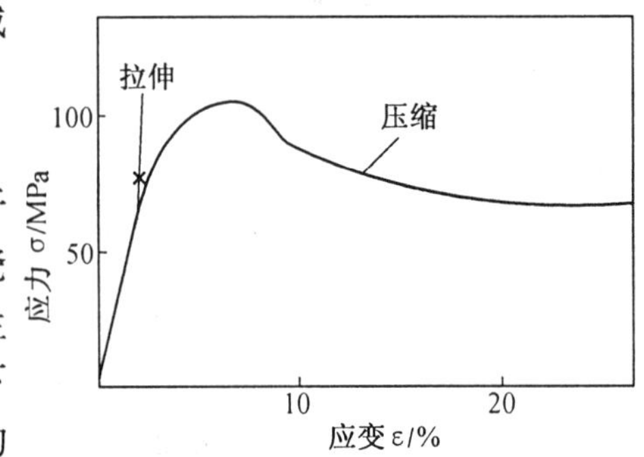

图 3.13　环氧树脂在室温下拉伸和压缩时的 $\sigma-\varepsilon$ 曲线

材料，但压缩时易剪切屈服并伴有大量的变形，而且屈服后出现应变软化（即屈服后其应力下降）。环氧树脂剪切屈服的过程是均匀的，试样均匀变形而无任何局集化现象。

3.2 冷变形加工对金属组织与性能的影响

Effect of Cold Deformation on Microstructure and Properties of Metals

3.2.1 冷变形加工（塑性变形）对金属组织、结构的影响（Effect of cold plastic deformation on microstructure and structure of metals）

多晶体金属经变形加工（塑性变形）后，除了在晶粒内出现滑移带和孪晶等组织特征外，还具有下述组织、结构的变化。

1. 显微组织的变化

金属与合金经塑性变形后，不仅材料外形发生变化，而且其内部各晶粒的形态也相应地被拉长或压扁或破碎，如图 3.14 所示。当变形量很大时，晶粒被拉长呈纤维状，晶界变得模糊不清，如图 3.14(a)中(3)所示，此即冷变形加工纤维组织。这种组织使得沿纤维方向的力学性能与垂直纤维方向截然不同，前者高而后者低，呈现各向异性。

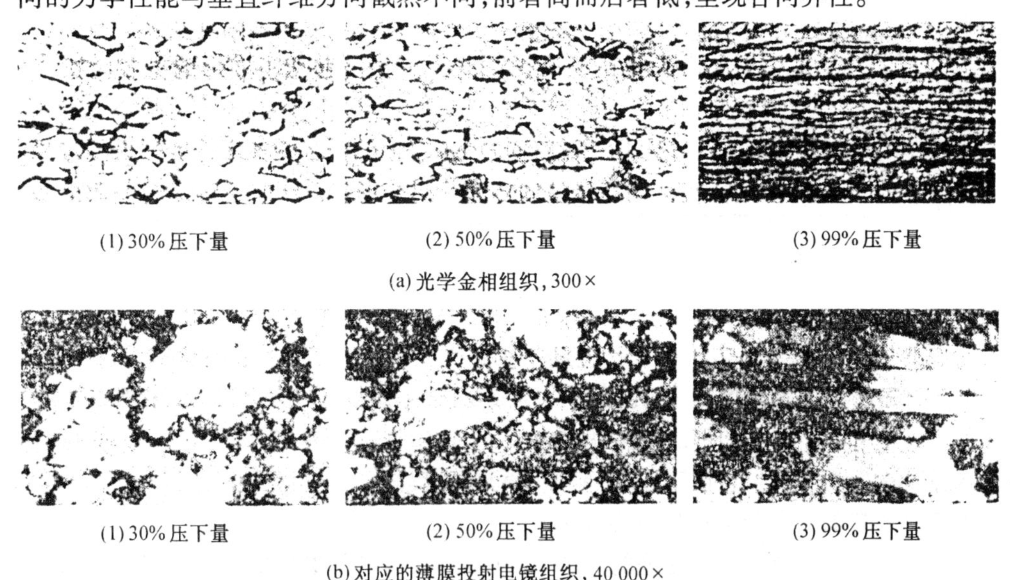

(1) 30%压下量　(2) 50%压下量　(3) 99%压下量

(a) 光学金相组织，300×

(1) 30%压下量　(2) 50%压下量　(3) 99%压下量

(b) 对应的薄膜投射电镜组织，40 000×

图 3.14　钢材经不同程度冷轧后的光学显微组织和透射电镜像

2. 亚结构的碎化

金属无塑性变形或塑性变形很小时，位错分布是均匀的。但经大量塑性变形后，由于位错运动及位错间的相互作用，位错分布不均，并使晶粒碎化成许多位向略有差异的亚晶块，并被称为亚晶粒，如图 3.14(b)所示。亚晶界上聚集着大量位错，而亚晶粒内部位错数量很少。碎化的亚晶粒亦随变形量的增大而沿变形方向伸长，且数量增多、尺寸减少，如图 3.14(b)中(3)所示。

3．变形织构

未变形时，金属晶粒的位向呈统计分布，在大量变形(70%～90%)后，各晶粒的位向趋于一致。这种由于塑性变形的结果而使晶粒具有择优取向的组织叫做“变形织构”。

变形织构有两种，一种是金属的丝织构，在拉拔时形成，其特征是各晶粒的某一晶向与拉拔方向平行或接近平行。另一种是金属的板织构，在轧制时形成，其特征是各晶粒的某一晶面平行于轧制平面，而某一晶向平行于轧制方向。

在多数情况下织构的形成是不利的，因为它使金属呈现各向异性，例如，在深冲薄板杯状零件时，易产生“制耳”现象，使零件边沿不齐，厚薄不均。但织构现象也有有利的一面，如采用具有织构的硅钢片制作变压器铁芯可显著提高其导磁率。

3.2.2 冷变形加工(塑性变形)对金属性能的影响——加工硬化(Effect of cold plastic deformation on properties of metals — work hardening)

塑性变形对金属性能的主要影响是产生加工硬化。塑性变形过程中，随着变形程度的增加，金属的强度、硬度增加，而塑性、韧性降低，这一现象称为**加工硬化或形变强化**(如图3.15所示)。

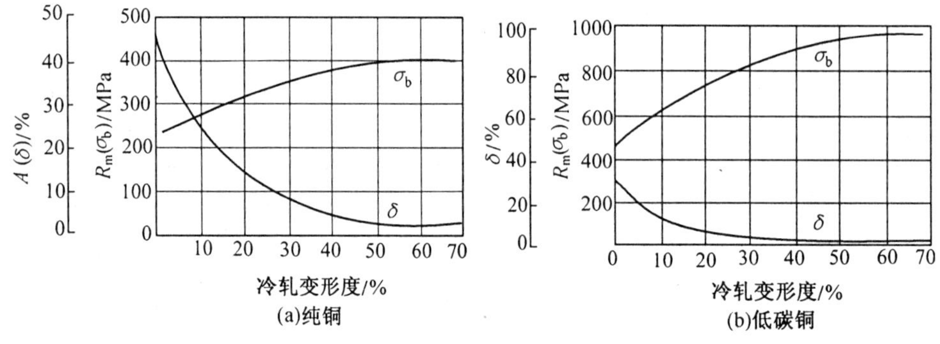

图3.15 金属的加工硬化现象

产生加工硬化的主要原因：一是随塑性变形量不断增大，位错密度不断增加，并使之产生的交互作用不断增强，使变形抗力增加；二是随塑性变形量的增大，使晶粒变形、破碎，形成亚晶粒，亚晶界阻止位错运动，使强度和硬度提高。

加工硬化在工业生产中具有重要意义：

①它是提高不方便进行热处理的合金构件强度、硬度和耐磨性的重要手段之一，特别是对那些不能进行热处理强化的金属及合金尤为重要。如冷卷弹簧，高锰钢制作的坦克、拖拉机履带、破碎机颚板和奥氏体不锈钢等。

②它是某些工件或半成品能够成形的重要因素。如金属薄板在冲压过程中，弯角处变形最严重，首先产生加工硬化，因此该处变形到一定程度后，随后的变形就转移到其他部分，这样便可得到厚薄均匀的冲压件。

③它还可提高零件或构件在使用过程中的安全性等。

但是加工硬化也会给随后材料的生产和使用带来麻烦，因为金属冷变形加工到一定程度后，变形抗力会增加，进一步变形就必须加大设备功率，增加动力消耗；另外，金属经加工硬化后,塑性大为降低,继续变形就会导致开裂。为消除这种硬化现象,以便继续进行冷变形加工,中间需进行退火(再结晶退火)处理。

还需指出,塑性变形还会使金属的物理性能和化学性能发生明显变化,如导电性下降、化学活性提高、耐蚀性下降等。

3.2.3 产生残余内应力(Occurrence of residual streses)

残余内应力,是指外力去除后,残留在金属内部且平衡于金属内部的应力。产生内应力的原因主要是由于金属在外力作用下,内部变形不均匀所引起的。

内应力可分为三类。第一类内应力(宏观内应力)系平衡于金属表面与心部之间,这是由于金属各部分(表面与心部,这部分与那部分)变形不均所造成的。第二类内应力(微观内应力)系平衡于晶粒之间或晶粒内不同区域之间,这是由于相邻晶粒变形不均或晶粒不同部位变形不均造成的。第三类内应力(晶格畸变内应力),它是由于位错、空位等晶体缺陷而引起的晶格畸变所造成的。第一、二类内应力约占残余应力的 10%左右,它们可引起构件变形、开裂和耐蚀性降低等,通常采用退火处理,以消除或降低内应力。而第三类内应力占整个内应力的 90%以上,是使金属强化的主要原因。

3.3 冷变形加工的金属在加热时组织与性能的变化 The Microstructure and Property Changes of Cold Deformed Metals during Heating

如前所述,金属经冷变形加工(冷塑性变形)后,其内部组织结构发生了很大变化,并有残余应力存在,晶格内部储存了较高能量,处于亚稳定状态,具有自发恢复到变形前组织较为稳定状态的倾向。常温下,由于原子扩散能力不足,这种不稳定状态不会发生明显的变化。而加热则使原子扩散能力提高,随加热温度的提高,加工硬化金属的组织和性能就会出现如图 3.16 所示的显著变化,变化过程可分为回复、再结晶和晶粒长大三个阶段。

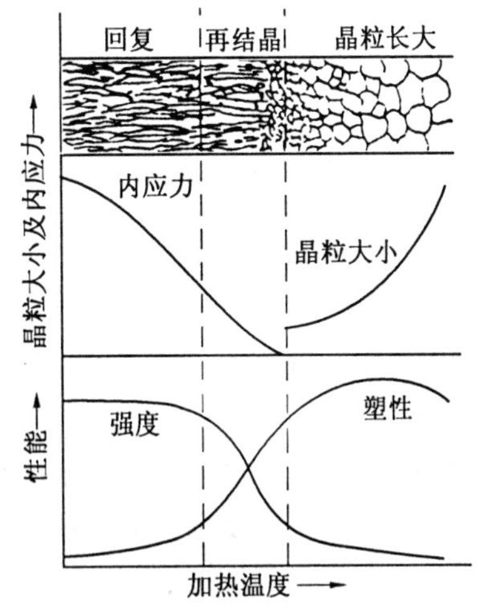

图 3.16 加热对冷变形金属组织与性能的影响

3.3.1 回复(Recovery)

回复是指冷变形加工的金属在加热时,在光学显微组织发生改变前(即在再结晶晶粒形成前)所产生的某些结构和性能的变化过程。此时,加热温度较低,原子活动能力较小,变形金属的显微组织不发生明显变化,力学性能变化亦不大,仅强度和硬度稍有下降,塑性略有提高。但电阻和内应力等理化性能显著下降。

实际生产中常利用回复阶段即低温加热退火处理称**去应力退火**，它既保留了加工硬化的效果，又降低了内应力，稳定了组织。如弹簧钢丝冷卷之后即要进行一次 250～300℃的去应力退火，使其定型。产生回复的机理是：点缺陷特别是空位的运动和位错短距离的迁移而引起晶内的某些变化使晶格畸变减小，内应力明显下降。

3.3.2 再结晶(Recrystallization)

1．再结晶过程

当冷变形加工的金属被加热至较高温度时，由于原子活动能力增大，金属的显微组织将发生明显变化，由原破碎、被拉长或压扁的晶粒变为新的均匀、细小的等轴晶粒，由于这一变化过程也是形核及长大的过程，故称之谓**再结晶**。**但应注意，再结晶不是一个相变过程，没有恒定的转变温度，也无晶格类型的变化。**

经再结晶后，金属的强度、硬度显著下降，而塑性、韧性大大提高，所有力学性能和物理性能全部恢复到它变形之前的数值，应力完全消除。工程上为了消除加工硬化现象，降低硬度，提高塑性，使压力加工能继续进行，广泛采用**再结晶退火(中间退火)**。

再结晶过程中，形核是在变形后由破碎晶粒中无畸变的小晶块(即低能晶块)作为核心长大为晶核的，而晶核的长大则是通过晶界的迁移成长为新的等轴晶粒的。

2．再结晶温度

再结晶不是一个恒温过程，它是自某一温度开始，随温度升高而连续进行的形核、长大过程，应当说明，没有经过冷变形加工的金属是不会发生再结晶的。**所谓再结晶温度，系指在规定时间内，能够完成再结晶或再结晶达到规定程度的最低温度。**在工业生产中，通常以经过 70%以上的大变形量的冷变形加工金属，经一小时退火能完全再结晶的最低温度规定为**再结晶温度**。

再结晶温度主要决定于变形度。金属预先变形程度越大，晶体缺陷越多，组织就越不稳定，因此，其再结晶温度便越低(图 3.17 示)。当变形度达一定值(70%～80%)之后，再结晶温度趋于一定值，此温度即为最低的再结晶温度。大量试验结果表明，**工业纯金属的最低再结晶温度** T_R 与其熔点 T_m 之间有如下近似关系，$\boldsymbol{T_R \approx 0.4 T_m}$。

式中，T_R 和 T_m 的单位以 K(绝对温度)计算。可见金属的熔点越高，其再结晶温度也越高。

金属中的微量杂质或合金元素，特别是那些高熔点元素，会阻碍原子的扩散和晶界迁移，从而可显著提高金属的再结晶温度，例如纯铁的 T_R 约 450℃，而加入少量碳的低碳钢的 T_R 提高至 540℃左右。另外加热速度低或原始晶粒细小均会使 T_R 降低。

在工业生产中使用的再结晶退火温度(T_Z)，往往要考虑到影响再结晶的诸多因素，并要求缩短退火周期，而定在比计算的再结晶温度高出 100～200℃的温度范围，即

$$T_Z \approx T_R + (100 \sim 200)℃$$

3．再结晶退火后的晶粒度

晶粒大小对金属力学性能有重大影响，因此应了解影响再结晶退火后晶粒度的因素。

(1)加热温度和保温时间

加热温度越高,保温时间越长,金属的晶粒越粗大。其中,加热温度的影响尤为显著。这是因为高温下原子活动能力更强,更有利于晶界迁移,所以促使晶粒长大。

(2)预先变形程度

预先变形程度的影响,实质上是反映变形均匀性的影响,如图3.18所示。

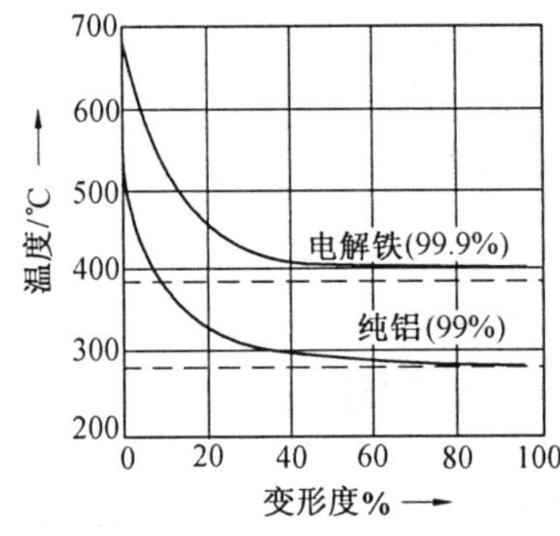

图 3.17 金属再结晶温度与预变形度关系

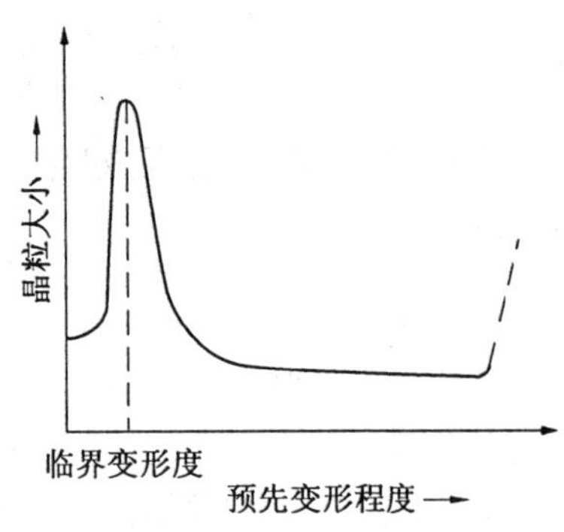

图 3.18 再结晶退火后晶粒度与预变形度的关系

①当变形程度很小(小于 2%)时,由于金属晶格畸变很小,不足以引起再结晶,因而晶粒仍保持原状。

②当变形度达 2% ~ 10%时,金属中只是部分晶粒变形,变形极不均匀,再结晶时晶粒大小相差悬殊,晶粒容易相互吞并长大,因而再结晶后晶粒特别粗大,此变形度称为临界变形度,生产中应尽量避开临界变形度。

③超过临界变形度后,随变形程度增加,变形越来越均匀,再结晶时形核量大且均匀,使再结晶后晶粒细小而均匀。达一定变形度之后,晶粒度基本不变。

④对某些金属(如 Fe),当变形量相当大(大于 90%)时,再结晶后的晶粒又重新出现粗化现象,一般认为这与金属中形成的织构有关。

【例题 3.2】 已知铁的熔点为 1538℃,铜的熔点为 1083℃,试估算铁和铜的最低再结晶温度,并确定其再结晶退火温度。

分析 根据题目给出的已知条件,会自然地想到经验公式 $T_R = 0.4T_m$,此即为最低再结晶温度。而生产中广泛使用的再结晶退火温度的选定原则是:T_R + (100℃ ~ 200℃)。

解答 铁的最低再结晶温度为 $T_R = 0.4 \times (1538 + 273) - 273 = 450$℃,

铜的最低再结晶温度为 $T_R = 0.4 \times (1083 + 273) - 273 = 269.4$℃;

铁的再结晶退火温度为 $T_Z = 450 + (100 \sim 200) = 550$℃ ~ 650℃,

铜的再结晶退火温度为 $T_Z = 269.4 + (100 \sim 200) = 369.4$℃ ~ 469.4℃ 。

归纳 最低再结晶温度经验公式适用条件有两个:一是仅适用工业纯金属,二是温度为绝对温度。例如在计算低碳钢的最低再结晶温度时,就不能直接应用该经验公式,必须考虑碳元素的影响,通常在纯铁的再结晶温度基础上 + (50 ~ 100)℃。

思考 试计算低碳钢的再结晶退火温度?

3.3.3 晶粒长大(Grain growth)

再结晶完成后,得到的是等轴的再结晶初始晶粒,随着加热温度的升高或保温时间的延长，晶粒之间就会互相吞并而长大，这现象称之谓**晶粒长大**。它对金属的力学性能是不利的，会使金属的强度、硬度和塑性、韧性均明显下降，所以应正确控制再结晶退火的加热温度和保温时间，以避免晶粒粗化。

3.4 金属的热变形加工
Hot Deformation of Metals

3.4.1 冷热变形加工的区别（Deference between cold deformation and hot deformation）

对于大尺寸或难于冷变形加工的金属材料，生产上往往采用热变形加工，如锻造、轧制等。金属在高温下强度、硬度低，而塑性、韧性高，在高温下对金属进行塑性变形加工比在较低温度下容易，于是生产上便有热变形加工与冷变形加工之分。

从金属学观点看，把于再结晶温度以上的变形加工称为热变形加工，而把于再结晶温度以下的变形加工称为冷变形加工。例如，铅的再结晶温度为 -33℃，那么即使它在室温下的塑性变形仍属于热变形加工；而钨的再结晶温度为 1 200℃，即便是它在 1 100℃的塑性变形则仍属于冷变形加工。

金属材料冷变形加工后晶粒被拉长，在变形过程中不发生再结晶，金属将保留加工硬化效应，如图 3.19(a)所示。而金属材料的热变形加工是在再结晶温度以上的变形加工，其特征是在变形过程中产生的变形晶粒及加工硬化，由于同时进行着的再结晶过程而被消除，故金属将不显示加工硬化效应，如图 3.19(b)所示。

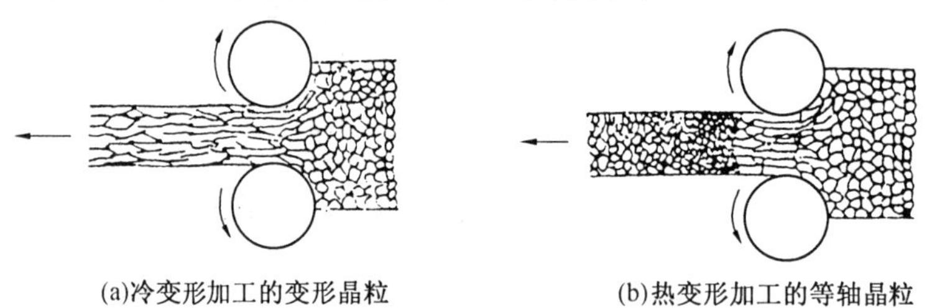

(a)冷变形加工的变形晶粒　　(b)热变形加工的等轴晶粒

图 3.19　钢材冷、热变形加工过程示意图

3.4.2 热变形加工对金属组织和性能的影响（Effect of hot deformation on microstructure and properties of metals）

热变形加工不仅能改变金属坯料形状、使之适合使用要求，而且能使金属材料的组织和性能发生一系列的显著变化。

1. 消除铸态金属组织缺陷，提高力学性能

通过热变形加工，能使铸态金属中的气孔、疏松、微裂纹焊合，减轻甚至消除粗大柱状晶粒与枝晶偏析，改善夹杂物、碳化物的形态、大小和分布等。因此，正确的热变形加工可细化晶粒、提高金属的致密度和力学性能。表 3.4 所示为 $w_C = 0.3\%$ 碳钢在铸态和锻态时的力学性能比较。可见，经热变形加工后，钢的强度、塑性、韧性等均较铸态的高。故工程上凡属受力复杂、载荷较大工件（如齿轮、轴、刃具、模具等）大多都要通过热变形加工来制造。

表 3.4　$w_C=0.3\%$碳钢铸态和锻态时力学性能比较

状态	$R_m(\sigma_b)$/MPa	$R_{eL}(\sigma_s)$/MPa	$A(\delta)$/%	$Z(\psi)$/%	a_K/(J·cm^{-2})
铸态	500	280	15	27	35
锻态	530	310	20	45	70

2. 形成热变形加工纤维组织（即流线组织）

热变形加工能使金属材料中的枝晶偏析、各种夹杂物、第二相、晶界、相界等都沿变形方向伸长，并逐渐形成纤维状（或称"流线"）组织。这些夹杂物等在再结晶时不会改变其纤维状，故对热变形加工材料进行宏观分析时，可见到沿着变形方向呈现出一条条细线，这即是**热变形加工纤维组织（流线）**。

热变形加工纤维组织使金属材料的力学性能呈现各向异性，沿纤维方向（纵向）较垂直于纤维方向（横向）具有较高的强度、良好的塑性与韧性（见表 3.5 示）。因此在制定热变形加工工艺时，应力求工件流线分布合理，尽量使流线与应力方向一致。例如，45 钢锻造成的曲轴如图 3.20(a)所示，比切削成的曲轴如图 3.20(b)所示，性能好。

表 3.5　纤维方向对 45 钢力学性能的影响

	$R_m(\sigma_b)$/MPa	$R_{eL}(\sigma_s)$/MPa	$A(\delta)$/%	$Z(\psi)$/%	a_K/(J·cm^{-2})
横向	675	440	10	31	30
纵向	715	470	17.5	62.8	62

3. 带状组织

金属材料经锻造或热轧等热变形加工后，常会出现具有明显层状特性的显微组织，称为**带状组织**，如图 3.21 所示系亚共析钢显微组织中出现的 F 和 P 呈带状分布的特征。带状组织与枝晶偏析沿加工方向拉长有关，它的存在将降低钢的强度、塑性和冲击韧性，可通过多次正火或扩散退火来消除。

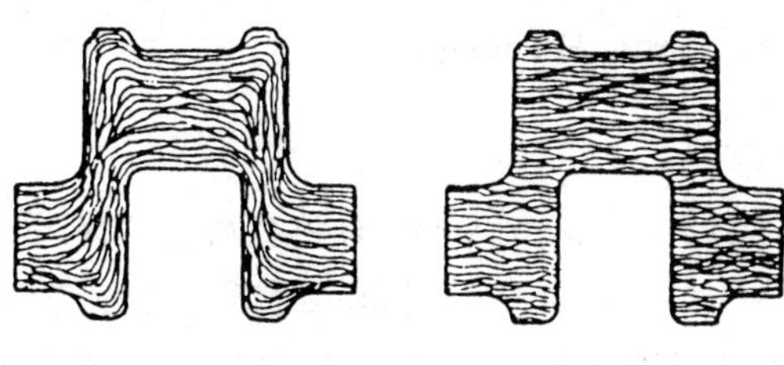

(a)流线分布合理　　(b)流线分布不合理

图 3.20　曲轴流线分布示意图

图 3.21　钢中的带状组织

3.4.3 制定正确的热变形加工工艺(Choosing the optimal processing route metal's hot deformation)

正常的热变形加工一般可使晶粒细化。但晶粒能否细化取决于变形量、热变形加工温度尤其是终锻(轧)温度及锻后冷却等因素。

一般认为,增大变形量、有利于获得细晶粒,当铸锭晶粒十分粗大时,只有足够大的变形量才能使晶粒细化。特别注意不要在临界变形度范围内加工,否则即得到粗大晶粒组织。变形度不均匀,则热变形加工后的晶粒大小往往也不均匀。当变形量很大(大于90%)且变形温度很高时,易于引起二次再结晶,得到异常粗大的晶粒组织。

终锻温度如超过 T_R 过多,且锻后冷却速度过慢,会造成晶粒粗大。但终锻温度如过低,又会造成加工硬化及残余应力。因此,对于无相变合金或加工后不再进行热处理的钢件,应对热变形加工过程,特别是终锻温度、变形量及加工后的冷却等因素认真进行控制,以获得细小均匀的晶粒,提高材料的性能。

本章小结(Summary)

塑性变形是材料在外力作用下所表现出来的一种行为,它不仅能改变材料的外形和尺寸,而且使其内部的组织、结构及性能发生一系列的变化。

本章重点讨论金属塑性变形的特点、规律,以及经塑性变形后的金属在重新加热时其组织、结构与性能所发生的变化规律。

金属材料经塑性变形产生滑移带、晶粒压扁或拉长,其性能突出表现为加工硬化(形变强化),因此**加工硬化的定义、机理及在生产中的实际应用即为其核心内容**;经塑性变形的金属在重新加热过程中依次将发生回复、再结晶与晶粒长大三个阶段的变化,其中以**"再结晶"部分为学习的重点,对再结晶的概念、再结晶温度与再结晶退火温度的计算应熟悉。**

正确的热加工可改变铸态金属材料的粗大枝晶组织,消除铸造缺陷,提高材料的力学性能。同时在某些特定条件下,合理的流线组织也是必不可少的。

本章的学习不仅为制定合理的冷、热加工提供正确依据,同时也为探讨材料在外力作用下所表现出来的性能,如强度、塑性等,以及强化材料等都具有重大的理论与实际意义。

阅读材料3 超塑性成形简介

Introduction of Super - Plastic Forming

1.超塑性的概念(Concept of super - plasticity)

在一般的加工(指冷变形加工)下,黑色金属的 δ 不大于30%,有色金属的 δ 不大于60%。某些金属材料,例如铸铁与高碳钢的 $\delta = 1\% \sim 3\%$。但当金属处于超塑性状态时,铸铁的 $\delta = 100\%$,有色金属的 $\delta = 1200\%$,甚至可达2200%(Zn - 22% Al 合金)。那么超塑性的含义可概括为:许多金属或合金在一定温度和应变速率等条件下,可以获得极大的均匀变形量,材料的这种行为,称为超塑性。利用材料的超塑性,能成形出形状极其复杂的零件。

2.超塑性的分类(Classification and of super－plasticity)

按照宏观超塑性的条件可将超塑性分为三类:

①微细晶粒超塑性　要求被加工材料具有微细晶粒,一般要求其晶粒的平均直径＜10μm,变形温度约为 $T/T_m \geq 0.5$,应变速率很低。由于它是在恒温下进行,所以有时也称恒温超塑性或静态超塑性。

②相变超塑性　对这类超塑性,并不要求材料具备微细晶粒,而是在负荷下通过多次加热和冷却,依靠循环相变或同素异构转变而获得大的延伸。由于它是在某一温度区间内实现的,所以有时亦称为环境超塑性或动态超塑性。

③其他类型的超塑性　例如 Al－5%Si 及 Al－4%Cu 合金在溶解度曲线上下施以循环加热也可得到超塑性。

3.超塑性的应用(Applications of super－plasticity)

一般认为在应力作用下,超塑性成形主要不是依靠各晶粒内滑移伸长,而是依靠晶界在特定条件下的性质,能让各晶粒间产生滑移和移动,从而使金属产生极大的宏观变形。超塑性理论比较复杂,且尚无统一、完整的理论,这里不作详细介绍。

金属超塑性可以在很多领域得到应用,如压力加工、热处理、焊接、铸造甚至切削加工等方面。采用挤压加工法制造锌铝合金的无线电壳体,采用锻造方法制造 Ti－6Al－4V－2Sn 飞机机头轮锻件,用超塑性进行无模拉拔,用相变超塑性原理进行固相焊接。超塑技术在加热切削改善工件的表面粗糙度,在模具制造中都具有广阔的前景。

再如,对于很深桶形件或形状复杂的产品,一般加工方法要分多次成形,或分成数件成形后再组合;而利用超塑性一次即可压成极其复杂的零件,精确度高、没有残余应力。

要注意工件不能在超塑性温度下使用,应变速率很敏感,只能很缓慢变形,生产率很低。超塑性加工过程是将模具、材料置于该材料的超塑性温度下,使其缓慢变形。

习题与思考题(Problems and Questions)

1.名词辨析:

(1) 再结晶与结晶、重结晶;　(2) 滑移与孪生;

(3) 冷变形加工与热变形加工;　(4) 去应力退火与再结晶退火。

2.在力学性能指标中,$R_{eL}(\sigma_s)$、$R_m(\sigma_b)$、$R_{-1}(\sigma_{-1})$、$A(\delta)$、$Z(\psi)$和 A_K 各表示什么意义,如何求其值?

3. 某钢材在不同温度下进行缺口冲击试验,所得数据如下表所示:

温度/℃	－100	－80	－40	－20	－10	0	10	20	40	60	80	100
冲击吸收功/J	20	22	25	30	50	110	140	155	170	180	182	185

请画出该钢材的冲击吸收功－温度曲线,结合曲线分析 100℃及－100℃时试验现象的不同及原因。

4.在有关工件的图纸上,出现了以下几种硬度技术条件的标注方法,问这种标注是否正确?为什么?

(1) HBW250 ~ 300;　　(2) 600 ~ 650HBS;　　(3) HRC5 ~ 10;

(4) HRC70 ~ 75;　　(5) HV800 ~ 850;　　(6) 800 ~ 850HV

5.金属塑性变形的基本方式有哪两种？主要方式是哪一种？试描述这种方式变形的特点是什么？

6.在常温下为什么细晶粒金属强度高,且塑性、韧性也好？试用多晶体塑性变形的特点予以解释。

7.说明下列现象产生的原因：

(1) 滑移面是原子密度最大的晶面,滑移方向是原子密度最大的晶向；

(2) 晶界处滑移的阻力最大；

(3) 实际测得的晶体滑移所需要的临界分切应力比理论计算值小；

(4) Zn、α－Fe、Al 的塑性不同。

8.金属铸件能否通过再结晶退火达到细化晶粒的目的？

9.钨在 1100℃加工,锡在室温下变形,它们各为何种加工类型？(已知钨的熔点 T_m = 3410℃,锡的熔点 T_m = 232℃)。

10*.一冷拉钢丝绳吊装某大型工件进行热处理,且随工件被加热至 1 000℃。加热完毕,在吊装工件出炉时,钢丝绳突然发生断裂,试分析产生该现象的原因。

11*.制造某承受中载及冲击载荷的传动齿轮,应优先采用下列哪种工艺方法？请说明原因。

(1) 由圆钢切下圆饼后,再加工成齿轮；

(2) 由厚钢板切下圆饼后,再加工成齿轮；

(3) 用圆钢坯料经锻造成圆饼后,再加工成齿轮。

12. 为何金属材料经热变形加工后力学性能较铸造状态为佳？

第4章　机械工程材料的强韧化

Strengthening and Toughening of Mechanical Engineering Materials

主要问题提示(Main questions)

1. 简述机械工程材料的强化机制,并说明金属、聚合物与无机材料强韧化的基本途径有哪些?

2. 铁碳合金相图在钢铁材料热处理中的作用是什么? TTT、CCT 曲线的物理意义是什么,您会使用其分析不同热处理条件下所获得的转变产物(组织)吗?

3. "五大转变"指的是哪五种类型的转变,试从转变性质、所处的温度范围、转变特征、组织、性能的变化与应用等方面说明?

4. "五把火"指的是哪五大类型的热处理工艺,试分别说明其分类、工艺特点与适用范围? 何谓淬透性,它与淬硬性、淬透层深度的区别是什么?

5. 何谓 TMCP 技术,它与微合金化的关系如何,试简要说明之?

学习重点与方法提示(Key points and learning methods)

本章是本书的第二个教学重点,它突出揭示了**金属材料特别是钢强韧化的两条重要途径:一是通过改变加工工艺(如对于钢实施热处理,控轧控冷等);二是改变材料的化学成分,即合金化、微合金化**。金属材料特别是钢的热处理原理和工艺,是通过改变加工工艺使之强韧化的一重要举措,也即为本章教学的重点和关键。**在学习中要以变化的铁碳相图和 C(CCT)曲线为纲,结合非合金钢的化学成分,实施的热处理工艺,牢牢把握所对应的组织特征。**

学习方法提示:爱因斯坦说过"学习知识要善于思考、思考、再思考,我就是靠这个学习方法成为科学家的"。在学习中,首先紧紧抓住铁碳相图和 C(CCT)曲线这个纲,彻底搞清、搞透 C(CCT)曲线的含义;其次要使各种热处理工艺同 C(CCT)曲线的应用结合起来,密切结合教材习题、课堂讨论、实验等多种形式,消化所学内容;学习中遇到问题,要善于思考,努力培养自己独立思考、分析与解决问题(习题)的能力。切忌遇到问题,不求甚解,盲目照搬照抄的所谓"捷径"。

机械工程材料是机械工业、工程技术上大量使用的材料。为适应产品更新发展中对材料提出的力学性能和使用安全性的要求,在承载能力一定情况下,要求所使用的材料具有更高的力学性能,亦即要求强度和韧性(即强韧性)不断提高。这样既可满足工程结构和技术装备制造中对所使用材料的强韧化要求,亦能达到节约能源和原材料之目的。

本章主要在归纳机械工程材料强韧化基本原理的基础上,重点讨论使金属材料强韧化的两条主要途径:一是通过调整钢的化学成分、加入合金元素,改善和提高钢的性能;另一就是在原材料化学成分不变的前提下,优化加工工艺,特别是对金属材料实施正确的热处理。同时对聚合物、无机(陶瓷)材料的强韧化途径,亦做一简要说明。

4.1 工程材料的强韧化概论

Introduction about Strengthening and Toughening of Engineering Materials

材料的强度(主要指标是屈服强度和抗拉强度)决定了工件的承载能力,是对工程材料的最基本要求。塑性表征材料塑性变形能力、工件抗过载能力和安全性。而材料的韧性(主要指标为冲击吸收功和断裂韧度)则反映了材料对外来冲击功、能的吸收能力,其要求材料具有一定的阻止内部微裂纹扩展的能力,是衡量工件可靠性的标准。提高材料可靠性依赖于韧化,而韧性又是强度和塑性的综合表现。工程材料的强度与塑性、韧性往往又是相互矛盾的,提高强度将导致塑性和韧性的降低,反之也是如此。因此,在机械工程材料的选择和使用中,不能单纯片面地追求强度,而是要**在保证高强度的前提下尽可能提高或保证足够的韧性,使之达到强度和韧性的良好配合,此即强韧化**。强韧化是对工程材料提出的综合性、全面而实用的性能要求,对节约材料、降低成本、增加材料在使用过程中的可靠性和延长服役寿命具有重要意义。

4.1.1 工程材料的强化机制(Strengthening mechanisms of engineering materials)

工程材料的强度与其内部组织、结构有着密切关系。通过改变化学成分,进行塑性变形及热处理等,均可提高强度。使材料强度提高的过程称为**工程材料的强化**。大多数工程材料都是晶体,其塑性变形是通过位错运动实现的。位错密度 ρ 与变形抗力 $R_m(\sigma_b)$ 之间的关系如图 1.14 所示。可以看出,晶体材料的强化途径如下所述。

①尽可能地减少晶体中的位错,使其接近于无缺陷的完整晶体,材料实际强度接近于理论强度;

②当材料中有大量位错时,则设法阻止位错运动,从而使材料强化。

晶须是一种细长的单晶体材料,直径很小(0.025 ~ 2μm)、长约 2 ~ 10mm,其强度接近于理论强度。由于晶须的尺寸很小,无法直接作结构零件,目前只能用作增强纤维(如 Al_2O_3、B_4C_3、SiC、碳晶须等)复合材料的增强体。

实际使用的结构材料一般是多晶体与合金,晶体中均存在大量的位错等晶体缺陷。材料强化的主要方向是在晶体内制造阻碍位错运动的障碍物。因此,工程材料的强化机制主要有固溶强化、形变强化、细晶强化和第二相强化等四种。

1. 固溶强化

固溶强化是指由于晶格内溶入异类原子而使材料强化的现象。溶质原子阻碍位错运动,增加了塑性变形抗力。产生固溶强化的主要原因,一是溶质原子的溶入,使固溶体晶格畸变,对在滑移面上运动着的位错有阻碍作用;二是在位错线附近偏聚的溶质原子,降低了位错的易动性,若使位错线运动,就需更大外力,从而增加其塑性变形抗力。

几乎所有工程材料都不同程度地利用了固溶强化,而一般工程构件用钢、铝锌合金、单相黄铜合金等单纯固溶强化所达到的效果十分有限。只要适当控制固溶体中的溶质含量,材料仍可保持相当好的塑、韧性。

2.形变强化(加工硬化)

金属形变强化的原因可归结为,伴随着塑性变形量的不断增大,位错密度 ρ 不断增加,产生位错塞积,位错之间的交互作用不断增强;同时亦使晶粒变形、破碎而形成许多胞状亚结构,它们极大地阻碍了位错运动,因而产生应变硬化、强度提高。如弹簧钢丝经冷拔后强度可高达 2 800 MPa 以上。滚压、喷丸是表面形变强化工艺,不仅能强化金属表层,而且能使表层产生很高的残余压应力,可有效地提高零件的疲劳强度。但形变强化后,金属的塑性和韧性下降。

聚合物的冷拔或挤压是生产聚合物纤维、管子和薄膜的标准方法,能使聚合物的强度提高近十倍。形变对聚合物结构的影响比纯金属复杂得多,可使链状分子沿形变方向排列,形成择优取向而具有较高强度。

3.晶粒细化强化(细晶强化)

晶粒细化,亦称晶界强化。晶界强化的作用有两个方面,一方面它是位错运动的障碍,另一方面又是位错聚集的地点。所以晶粒越细小,则晶界面积越增加,位错运动的障碍越多,位错密度也随之增大和聚集,导致强度升高。晶粒大小(或亚晶粒大小)与金属及陶瓷的屈服强度 $R_{eL}(\sigma_s)$的关系如下式

$$R_{eL}(\sigma_s) = R_i(\sigma_i) + K \cdot d^{-1/2}$$

式中, $R_i(\sigma_i)$为位错在单晶体中运动的摩擦力、不受晶粒大小影响的常数; d 为晶粒直径; K 为常数(与材料有关但与晶粒大小无关的常数)。

晶粒细化强化不但可提高材料的强度、硬度,还可改善其塑性和韧性,这是因为晶粒越细小,一定的变形可分散到更多晶粒中进行,这样不仅变形均匀,而且降低了应力集中,推迟了裂纹的形成和扩展;此外,晶粒越小,晶界越弯曲,越不利于裂纹的传播,从而使材料在断裂前能承受较大的变形,表现出高的塑韧性。因此,**晶粒细化强化是提高材料力学性能的最佳途径**。它在提高材料强度、硬度的同时,也使材料的塑性和韧性得到改善,尤其使材料的韧脆转变温度 T_K 降低,这是其他强化方法无法比拟的。例如氧化铝陶瓷的晶粒平均尺寸由 50.3μm 减小到 2.1μm,其抗弯强度由 204.8MPa 提高到 567.8MPa。

4.第二相强化

第二相强化是指利用合金中的第二相进行强化的现象。强化与第二相的形态、数量及其在基体上的分布方式有关,它决定了对位错运动阻碍的程度。

(1)分散强化

材料通过基体中分布有细小、弥散的第二相质点的强化方式,称为分散强化。第二相质点如碳化物、氮化物、氧化物、金属化合物或介稳中间相,可借助于过饱和固溶体的时效沉淀析出而获得(称沉淀强化或时效强化),或在粉末冶金时加入(称弥散强化)。聚合物中的第二相质点包括填料(如炭黑)和微晶区,也是一种分散强化,前者用于限制合成橡胶撕裂,后者用于强化非晶体的母相。

其机制有二:位错切过和绕过第二相质点机制,均增加位错运动的阻力,使材料强化。

①切过机制　若第二相为可变形质点,由于质点本身强度较低且与母相保持紧密关系,当位错运动到第二相质点处将受阻,只有继续增加外力,才能使位错切过质点并随基

体一起变形。

②绕过机制　当第二相质点与母相的晶格无联系，而且质点本身强度很高，为不可变形质点时，位错线在运动过程中因受质点阻挡而发生弯曲，随外力的继续加大，位错线变形部分在质点后方会合，形成一位错环包围着质点；位错线的其余部分则绕过质点继续前进。

(2)双相合金中的第二相强化

当两相的体积和尺寸相差不大，结构、成分和性能相差较大（如碳钢中的铁素体和渗碳体）时，欲使第二相起强化作用，应使第二相呈层片状或呈粒状分布。双相合金，屈服强度与层片间距成反比。粒状第二相比层片状第二相的强化作用还要大，对塑性、韧性的不利影响小，这是因为粒状第二相对基体相的连续性破坏小，应力集中不明显。

其强化机理可部分地理解为与细晶强化相似。例如在氧化铝陶瓷基体中加入碳化钛颗粒，可使此无机材料的断裂韧度提高20%左右。

复合强化　实际使用的工程材料，在大多数情况下是综合了几种强化机制的共同作用，就是复合强化的结果，例如马氏体(M)强化。

①固溶强化　C原子过饱和固溶于 α－Fe 中引起的剧烈晶格畸变，而形成的固溶强化。

②沉淀硬化　M中过饱和C原子沿晶体缺陷和内表面偏聚或沉淀析出而产生的沉淀硬化。

③形变强化　M转变过程中有无扩散切变和容积变化产生的滑移变形，使位错密度 ρ 急剧增加，具有明显的形变强化效果。

④细晶强化　M转变时，在原一A晶粒内形成几个不同位向板条M束和细板条或互成一定角度的M针，它们之间分别以大角度和小角度晶界方式产生的晶界强化。

因此，M强化是多种强化效果的综合，是钢铁材料最经济而又最重要的一种强化途径。

4.1.2　工程材料的强韧化(Strengthening and toughening of engineering materials)

除了细晶强化之外，上述几种强化机制均使工程材料的韧性降低，韧脆转变温度升高。因而，在保证高强度的前提下尽可能提高韧性是现代工程材料研究的重要课题。工程材料的韧性与组织结构的关系，比其强度更为密切。

1.金属材料的强韧化

(1) 晶粒细化强化(细晶强化)

晶粒细小均匀，不仅使材料强度高，而且塑、韧性好，同时还可降低韧脆转变温度 T_K。例如细化A晶粒，从而细化F晶粒；由M相变得到的位错亚结构，可被细小的合金K所塞积，从而细化了亚结构，达到增韧目的；加入适量合金元素、细化K颗粒，消除晶界上的K薄膜等。晶粒细化强化是钢铁材料、有色金属等工程材料最有效的强韧化途径之一。

(2)采用特殊冶炼方法和调整合金化元素，降低有害杂质，提高钢的洁净度

钢材中随C、N、P质量分数的增加，冲击吸收功下降，T_K 升高且范围变宽。钢材中偏析、白点、夹杂物、微裂纹等缺陷越多，韧性越低。钢中加入Ni和少量Mn可提高韧性，并

降低 T_K。故降低有害杂质(P、S、N、H、O、As、Sb 等)含量,降低 C 含量,用 Ni、Cr、Mo、Mn 等进行合金化可提高钢材韧性。采用电渣熔炼、真空除气、真空自耗重熔和各种炉外精炼技术等,提高钢的洁净度,可显著提高钢的韧性而不损失强度。

(3)形变热处理

将形变强化(锻、轧等)与热处理(相变)强化结合起来,使金属材料同时经受变形和相变,从而使晶粒细化,位错密度 ρ 增加,细小碳化物(K)的弥散强化,晶格发生畸变,达到提高综合力学性能之目的。最常用的是对亚稳定区 A 进行塑性变形,随即淬火及回火,称为 A 形变热处理,其主要特点是在提高强度的同时,不降低塑性和韧性。

另一种高温形变热处理,是在稳定 A 区形变,再淬火回火。形变是热轧或锻造,前者可视为控轧的一种变态,后者可利用锻造余热淬火,工艺简便,可用于较高合金含量的钢。其强化效果虽不及 A 形变热处理,但塑韧性和疲劳强度均较好。

(4)先进的控制轧制与控制冷却技术(先进 TMCP)

简称先进控轧控冷(以区别于普通控轧控冷),是在控制 A 状态基础上再对被控制的 A 进行相变控制。其目的不仅要获得预期的形状和表面质量,而且要通过工艺控制细化晶粒组织,提高材料的强韧性。控制轧制主要有图 4.1 所示的三个阶段。

①**高温再结晶区的变形** 使粗大 A 晶粒经多道次变形和再结晶而得到细化,但此时由 A 转变而来的 F 晶粒仍较粗大;

②**低温未再结晶区的变形** 发生在紧靠 Ar_3 以上的温度范围,此时在伸长而未再结晶的 A 内形成变形带,F 在变形带和 A 晶界上形核,从而形成细小晶粒的 F 组织;

③**$\gamma+\alpha$ 两相区的变形** 此时 F 也发生变形、产生位错亚结构,在随后的冷却过程中未再结晶的 A 转变为等轴的 F 晶粒,F 中的亚结构得以保留。

而**控制冷却**是在 A 相变的温度区间进行某种程度的快速冷却,使相变组织比单纯控制轧制更加微细化,获得更高的强度。

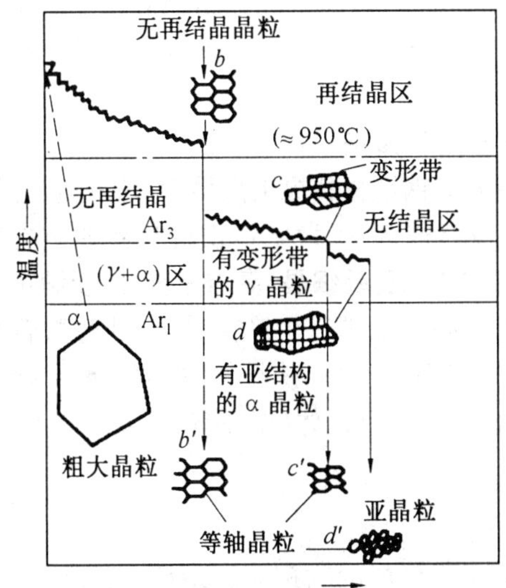

图 4.1 控制轧制的三个阶段示意图

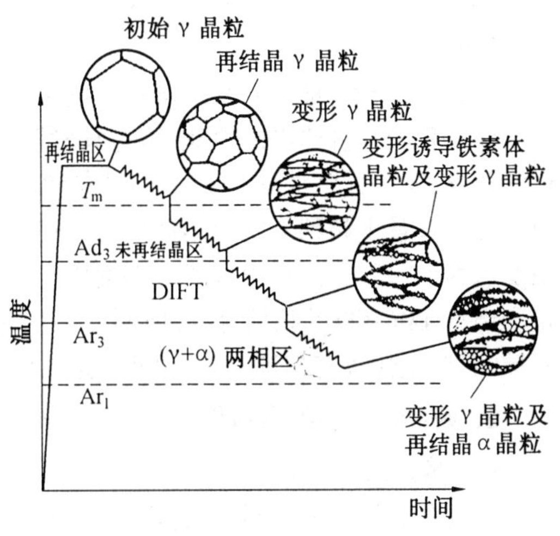

图 4.2 形变诱导 F 相变与传统热轧的关系

先进 TMCP 的关键是 DIFT(形变诱导铁素体相变)发生在 A 未再结晶区的较低温度范围,如图 4.2 所示。它与普通热轧的最大区别在于轧制温度低,轧后要及时进行冷却,可在现有轧钢设备上实现。该工艺在初轧段可利用 A 再结晶细化,在 A 未再结晶区轧制可为随后的相变细化及析出强化创造条件,在 $Ad_3 \sim Ar_3$ 之间可发生 DIFT,对过冷奥氏体 A′可发生形变强化 F 相变。轧后冷却可控制晶粒尺寸和相组成。这为开发新钢种,设计新工艺,改造和新建生产线提供技术支撑。

在第②阶段未再结晶控制轧制过程中,当轧制形变温度接近于钢的 Ar_3 温度时,由于形变 A 晶粒内的形变储能不能通过再结晶而释放,而这种形变储能将促进 $\gamma \rightarrow \alpha$ 相变,使相变温度升高至 Ad_3(Ad_3 为存在形变储能时钢材的 $\gamma \rightarrow \alpha$ 相变温度,$Ad_3 > Ar_3$ 且形变储能越大,二者之间差别越大),这就使得 $\gamma \rightarrow \alpha$ 相变将有可能在轧制变形过程中进行,而若形变储能足够大,则必将发生 DIFT。发生 DIFT 时,F 晶粒将在 A 晶界和晶内形变带上突发式形核且形核率非常高,由此限制了 F 晶粒的长大过程;在形变储能的驱动下,不断地形核相变,最终完成 $\gamma \rightarrow \alpha$ 相变。

(5)马氏体(M)强韧化(主要指低碳 M 强韧化)

①对中、高碳钢而言,获得马氏体是综合强化的结果。但淬火马氏体性脆,需要进行回火以调整强韧性。

②**低碳马氏体的强韧化**　低碳马氏体亚结构由高密度的位错胞所构成,是一种既有高强度又有韧性的相。**获得位错型板条马氏体组织是钢材强韧化的重要途径。**

(6)下贝氏体($B_下$)强韧化

高碳马氏体一般经低温回火后使用,硬度虽高,但仍较脆。研究发现,在等强条件下下贝氏体比回火马氏体韧性更好一些。**经等温淬火获得下贝氏体组织,既可减少工件变形开裂,又使之具有足够的强、韧性,它亦是钢铁材料强韧化的一条重要途径。**

(7)相变诱发塑性(Transfoumation Induced Plastisity,简称 TRIP)

这是能同时提高钢的强度和塑性的一种强韧化方法。金属材料在相变过程中都具有较大的塑性,20 世纪 80 年代以来,研究发现 F－M(或贝氏体 B)－残余 A(A_R)钢中会显示出 TRIP 效应,因而导致了低合金 Si－Mn 系 TRIP 钢的研究。这是一种既有前途又廉价的高强韧性材料。

(8)积极开发、推广和应用新一代钢铁材料——超细晶钢

伴随我国经济建设的快速、可持续发展,各行业对钢铁材料提出高强度、长寿命、轻量化的要求,新一代钢铁材料的深入研究和应用开发已成为 21 世纪钢铁材料界的历史使命。在此背景下**超细晶钢**应运而生,**它具有三个主要特征:超细晶;高洁净度**,以能满足使用要求为准;高均匀性,以现代新型冶炼技术予以保障。在现有生产条件上,通过微合金化和新型 TMCP 技术相结合,已研制出系列高强高韧钢,成为钢铁材料 30 年来最活跃的领域,其典型代表有超细晶 F－P 钢、超细组织低(超低)碳贝氏体(B)钢等。

2. 聚合物材料的强韧化

(1) 填充改性

主要是利用加入填料(又称填充剂)来提高聚合物材料的物理－力学性能,同时亦使其制品成本大幅度下降。

聚合物存在的缺点是较低的耐高温性、低强度、低模量、热膨胀系数高、易吸水、易蠕变、易老化等,不同填料加入可不同程度地克服或改善。例如,以石墨和 MoS_2 等作填料,可提高聚合物的耐磨性;以各种纤维填充聚合物,可得到质轻、高强度、高模量、耐高温、耐腐蚀等性能优异的改性聚合物材料等。

(2) 增强改性

应用增强材料对聚合物进行改性称为增强改性。增强材料按其物理形态主要有纤维增强材料和粒子增强材料两大类。纤维增强材料决定了增强聚合物的强度和弹性模量等力学性能。粒子增强材料的作用,一是增强强度与弹性模量,二是起功能复合作用,如银粉可用于制导电聚合物材料。

(3) 共混改性

由两种或两种以上聚合物形成的均匀混合物称为共混聚合物,由于其与金属合金有诸多相似之处,因而形象地称为"聚合物合金"。利用共混方法对聚合物进行的改性称为共混改性。目前广泛应用的共混改性方法有机械(物理)共混和新型聚合物共混体系(相互贯穿聚合物网络、简称 IPN)两种。

①机械共混法　它是将不同种类聚合物在混炼设备中实现共混的方法。混合的目的是将共混体系各组分相互分散,以获得组分均匀的物料。

②新型聚合物共混体系(IPN)　它是由两种或两种以上聚合物相互贯穿交联而形成的交织网络聚合物。在 IPN 中,不同种大分子相互机械缠结、贯穿在一起,起着"强迫互溶"的作用。采用 IPN 工艺可使两种或多种性能完全不同的聚合物网络互穿,使热塑性塑料、热固性塑料和橡胶弹性体相互结合,从而制得各种综合性能优异的改性材料。

(4) 化学改性

化学改性系指用各种化学反应改变已有的聚合物的化学组成与结构,或用两种以上的单体共聚合所组成的聚合物材料。其在聚合物材料改性中占有重要地位。

①形成共聚物合金　由两种或多种单体单元组成的共聚物大分子链,它能把两种或多种均聚物的固有特性综合到共聚物中来。因而可通过加聚或缩聚反应来改变聚合物的组成和结构,从而改进聚合物材料的某些性能,如力学性能、热性能、电性能等。也可由此而合成各种新型聚合物材料。因此,人们也称其为共聚物合金。

例如 ABS 工程塑料,就是由丙烯腈、丁二烯和苯乙烯共聚而制得的三元接枝共聚物。它综合了丙烯腈良好的耐化学性和表面硬度,丁二烯较高的韧性,苯乙烯的刚性和良好的流动性与染色性等,从而使 ABS 塑料具有很好的耐冲击、耐热、耐油、耐气候等综合性能,而且很容易电镀和加工成型。

②交联反应的应用　线型聚合物在光、热、辐射或交联剂作用下,分子链间产生共价键,由线型结构变为体型结构的反应称为交联反应。线型聚合物经适度交联后,其力学性能、尺寸稳定性、耐溶剂或化学稳定性等方面均有改善。

例如,聚乙烯经辐射交联后,其使用温度可由 350K 提高至 408K,可用于制造塑料管、桶和电缆涂覆材料。

3.无机(陶瓷)材料的强韧化

众所周知,无机材料虽然具有耐高温、耐磨损、耐腐蚀、高硬度、高弹性模量等一系列优良特性，但由于其致命的弱点即脆性，而限制了它的实际应用。为此，无机材料的强韧化便成了近代无机材料研究的核心。迄今，已探索出许多使之强韧化的途径与方法，并已收到显著果。

(1)消除晶体缺陷，提高材料强度

①制造微晶、高密度、高纯度陶瓷，提高晶体的完整性，使材料细、密、匀、纯是当前无机材料发展的方向。

②消除表面缺陷，可有效地提高其实际强度。

(2)在无机材料表层引入压应力，提高材料强度

由于脆性断裂通常是由表面拉应力引起的，若通过工艺方法在表面造成一压应力层，则可部分抵消外加拉应力，从而减小表面处的拉应力峰值。钢化玻璃是成功应用这一方法的典型例子。

(3)二氧化锆(ZrO_2)增韧强化

ZrO_2 晶体有三种结构，即单斜相(m)、四方相(t)和立方相(c)。其同素异构转变可表示为

$$单斜相(m) \xrightleftharpoons{\sim 1\,100℃} 四方相(t) \xrightleftharpoons{\sim 2\,000℃} 立方相(c)$$

其中，冷却时所发生的 t→m 相变为马氏体相变，并伴有 5% 的体积膨胀。在 ZrO_2 中加入适量稳定剂(如 MgO)，通过适当控制加热与冷却条件，可将 t-ZrO_2 全部或部分地保留至室温。这种 ZrO_2 陶瓷具有很高强韧性。利用 ZrO_2 增韧 Al_2O_3 也取得显著效果，其机理如下。

①相变增韧　在室温下亚稳定的 t-ZrO_2 中，加载时在裂纹尖端附近的高应力会导致 t-ZrO_2 转变为 m-ZrO_2。这种马氏体相变引起体积膨胀，产生应力场，消耗外加载荷能量，从而阻止裂纹扩展，提高其断裂韧度。

②微裂纹增韧　在陶瓷基本相(如 Al_2O_3)和分散的第二相(ZrO_2)间，由于温度变化或相变引起的体积差，会产生弥散均布的微裂纹。当导致断裂的主裂纹扩展时，这些微裂纹会促使主裂纹分叉，增加裂纹扩展过程中的表面能，使裂纹快速扩展受阻。

③裂纹偏转增韧　残余应力及高强度高韧性第二相颗粒的阻挡作用，可使宏观裂纹在扩展中发生偏转和扭折，相应提高其断裂韧度。

④表面残余压应力增韧　通过适当的工艺可使含 ZrO_2 的陶瓷表面发生 t→m 相变，引起表面局部体积膨胀，使材料表面处于压应力状态，有利于提高断裂韧度。

4.2　金属材料热处理原理

Heat Treatment Principles of Metallic Materials

材料的组织、结构决定其性能，热处理就是通过改变金属材料的加工工艺，使内部组织、结构发生变化。本节主要阐述金属材料(重点是钢)在加热与冷却过程中的组织转变规律。

4.2.1　钢在加热时的转变(Transformation of steel during heating)

1. 铁碳合金相图是钢加热转变的理论依据

热处理的加热，多数情况下是先把钢加热至高温，使其组织转变为奥氏体。钢的加热

过程就是奥氏体的形成过程,这种组织转变称为**奥氏体化**。**铁碳合金相图是确定钢加热转变的重要理论依据**。

加热或冷却时,钢的组织实际转变温度往往高于(或低于)相图中的平衡临界温度,在热处理工艺中,把加热(或冷却)时的临界点分别用Ac_1、Ac_3、Ac_{cm}(或 Ar_1、Ar_3、Ar_{cm})表示。

2. 奥氏体化过程

共析碳钢(全部珠光体组织)当加热至 Ac_1 以上时,将形成奥氏体。奥氏体的形成也是通过形核和长大实现的。此过程可分为奥氏体形核、长大,残余渗碳体的溶解和奥氏体成分均匀化四个阶段,如图 4.3 示。

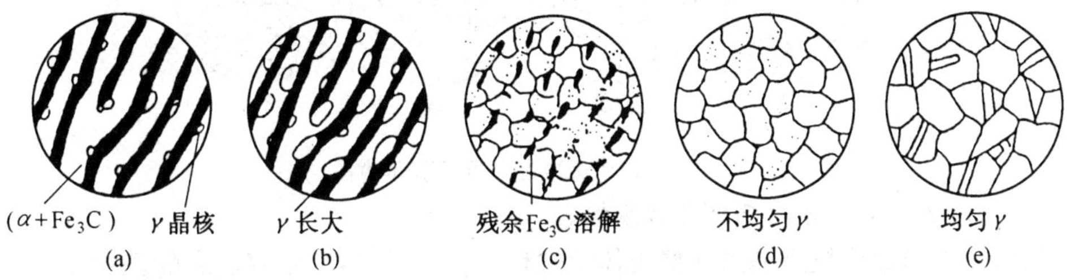

图 4.3 共析钢中奥氏体形成过程示意图

(a)奥氏体形核;(b)奥氏体中晶核的长大;(c)残余渗碳体的溶解;(d)、(e)奥氏体成分均匀化

新相奥氏体晶核优先在原铁素体和渗碳体相界面处形成。奥氏体晶核的长大是依靠铁素体的晶格重组和渗碳体的溶解供给碳原子而逐渐长大,由于铁素体的晶格类型和碳含量与奥氏体差别都不大,因而铁素体向奥氏体的转变总是先完成。当铁素体全部转变为奥氏体后,尚有部分渗碳体未能溶解,需在继续保温过程中逐渐溶入奥氏体。渗碳体完全溶解刚结束时,奥氏体相的成分尚未均匀,原渗碳体处碳浓度较高,原铁素体处碳浓度较低,进一步延长保温时间才能使奥氏体成分均匀化。

亚(或过)共析钢中奥氏体形成过程与共析钢相似,只是除共析转变外,还有先共析铁素体(或先共析渗碳体)的转变过程。亚共析钢自 Ac_1 温度开始转变为奥氏体,直至 Ac_3 温度以上先共析铁素体才完全消失,此时全部组织为细小的奥氏体晶粒。过共析钢当加热至 Ac_1 ~ Ac_{cm}温度范围内为奥氏体 + 二次渗碳体,只有当温度大于 Ac_{cm}时,二次渗碳体才完全溶解,此时全部组织已是粗化了的奥氏体。

必须指出的是钢奥氏体化的目的主要是**为了获得成分均匀、晶粒细小的奥氏体组织,如果加热温度过高,或保温时间过长,将会促使奥氏体晶粒粗化**。

3. 奥氏体晶粒大小及其控制

奥氏体晶粒的大小将直接影响到随后冷却过程中发生的转变及转变所获得的组织与性能。奥氏体晶粒细小,冷却后转变产物的组织也细小,其强度与韧性均较高,韧脆转变温度较低。因此,为了获得细小晶粒的奥氏体,有必要研究奥氏体晶粒度及**奥氏体晶粒大小的控制方法**。

(1)奥氏体晶粒度

奥氏体晶粒度即指奥氏体晶粒大小的量度。在实际生产中,往往采用与标准晶粒度级别图(图 4.4 示)对比确定(在放大 100× 的金相显微镜下观察),晶粒度 1～4 级称为粗晶粒,5～8 级为细晶粒,超过 8 级的晶粒为超细晶粒。也可采用直接测量的方法。

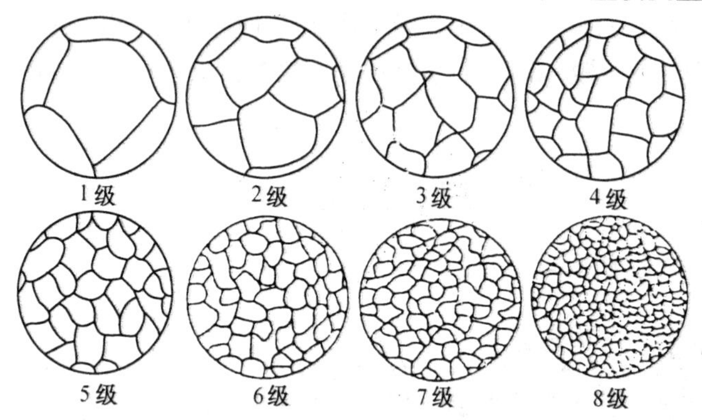

图 4.4　常用标准晶粒度等级示意图

(2)注意区分奥氏体的三种晶粒度概念

①**奥氏体起始晶粒度**是指在奥氏体化过程中,奥氏体转变刚完成时的晶粒大小,一般都是很细小的。

②**奥氏体实际晶粒度**是指在某一具体加热条件下所得到的奥氏体实际晶粒大小,它取决于具体的加热条件,将直接影响钢热处理后的组织和性能,一般比起始晶粒度大些。

③**奥氏体本质晶粒度**是指在规定加热条件下(930±10℃,保温 3～8h)的奥氏体晶粒度。如图 4.5,奥氏体晶粒度 1～4 级的为**本质粗晶粒钢**,5～8 级的为**本质细晶粒钢**。

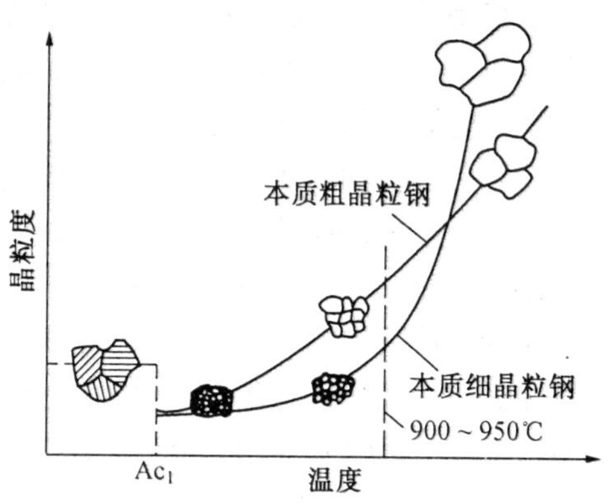

图 4.5　本质细晶粒和本质粗晶粒示意图

由此可见,**奥氏体本质晶粒度是表征奥氏体晶粒长大的倾向性**,而不是实际奥氏体晶粒大小的度量。工业生产中,经硅锰脱氧的钢、沸腾钢一般为本质粗晶粒钢;而经铝脱氧或钢中含 Ti、V、W 等合金元素,在钢中形成细小化合物(如 AlN、TiC 等)分布在奥氏体晶界上,阻碍奥氏体晶粒长大的钢、镇静钢则多为本质细晶粒钢。

(3)奥氏体晶粒大小的控制

①合理选择加热温度和保温时间　加热温度越高,原子扩散能力越强,奥氏体晶粒越易于长大,应严格控制加热温度;在一定温度下,保温时间越长,奥氏体晶粒也越长大,但到一定尺寸后就几乎不再长大,且加热温度低时,保温时间的影响较小,反之则影响较大。因此加热温度和保温时间都应适当加以控制。

②加热速度的选择　加热速度越快,奥氏体形成温度越高、形成温度区域越大,但形成所需的时间越短。同一成分钢的奥氏体化,既可选择在较低温度、较长时间完成,亦可用快速加热法获得更加细小的奥氏体晶粒。

③化学成分的控制　合金元素除 Mn 和 P 能促使奥氏体晶粒长大外,其他元素均不同程度地阻碍奥氏体晶粒的长大。有未溶碳化物等第二相存在时,往往起到阻碍奥氏体晶粒长大的作用。

因此**在热处理加热时,应严格控制加热温度、保温时间、加热速度及合理选择钢种。**

4.2.2　奥氏体在冷却时的转变(The transformation of austenite during cooling)

奥氏体的冷却转变直接影响着热处理后钢的组织和力学性能,所以冷却是热处理三个阶段中最关键的环节。表 4.1 为 45 钢加热至奥氏体化温度(840℃)并适当保温后,以不同冷却速度冷却,由于所得到的组织不同,其力学性能差异很大。常用的冷却方式通常有两种,即等温冷却和连续冷却,如图 4.6 所示。淬火、正火、退火等热处理工艺中所采用的水冷、油冷、空冷、炉冷等冷却方法属于后者,而等温淬火、等温退火的冷却方法则属于前者。为了分析奥氏体以这两种方式进行冷却时的转变规律,必须首先掌握过冷奥氏体等温冷却转变曲线(以及过冷奥氏体连续冷却转变曲线),它们是选择和制定热处理工艺的重要依据。

表 4.1　45 钢不同速度冷却后的力学性能

冷却方式	$R_{eL}(\sigma_s)$/MPa	$R_m(\sigma_b)$/MPa	$A(\delta)$/%	$Z(\psi)$/%	HRC
炉冷(退火)	281	532	32.5	49.3	15 ~ 18
空冷(正火)	340	720	15 ~ 18	45 ~ 50	18 ~ 24
油冷(油淬)	620	900	12 ~ 20	48	40 ~ 50
水冷(水淬)	720	1100	7 ~ 8	12 ~ 24	52 ~ 60

1. 过冷奥氏体等温冷却转变曲线(C 曲线或 TTT 曲线)

当奥氏体冷至临界点 A_1 以下时,处于不稳定状态,有自发向稳定状态转化的趋势,此即**过冷奥氏体**(A′)。过冷奥氏体 A′是一种介稳相,它必然要转变成该温度下的稳定相。过冷奥氏体 A′等温冷却转变曲线就是研究奥氏体在不同的过冷温度下等温转变过程及转变产物的有力工具。由于其曲线形状像字母“C”(或“S”),俗称 C 曲线或 S 曲线,又称 TTT(time - temprature - transformation 的缩写)曲线。

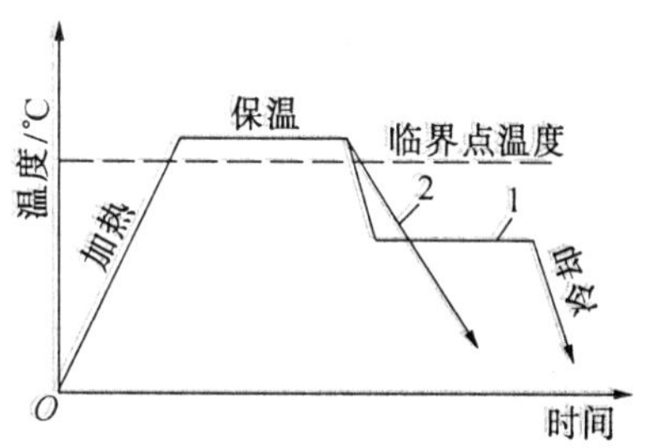

图 4.6　不同冷却方式示意图

1—等温冷却;2—连续冷却

(1) C 曲线的建立

首先将钢试样加热到临界点以上某一温度使之奥氏体化,然后迅速冷至临界点以下各不同温度并在此温度下等温不同时间,逐个取出试样迅速冷却下来,利用热分析法、金相分析法、硬度分析法及 X 射线结构分析法等,测出各不同等温温度下,A′开始转变和转变终了的时间,同时分析出转变产物的组织形态和性能,并将它们标在温度 - 时间坐标系中,最后将所有转变开始点和转变终了点分别连接起来,便获得了该钢的 C 曲线,如图4.7

所示。

当 A′处于极大的过冷度下，会发生另一种非平衡相变，即马氏体(M)相变。M 转变开始温度为 Ms，转变终了温度为 Mf。

(2)C 曲线分析

由图 4.8 共析钢的 C 曲线可知：

各条特性线含义　两条水平线：A_1 线为 A′向 P 转变的临界温度(即共析线)；Ms(Mf)线为 A′向 M 转变的开始温度(终了温度)线，应说明的是 M 是在连续冷却条件下形成，所以 Ms(Mf)线不属于等温转变的特征点。两个“C”字：左边一条表示 A′向转变产物转变的开始线，右边一条则为 A′向转变产物转变的终了(结束)线。

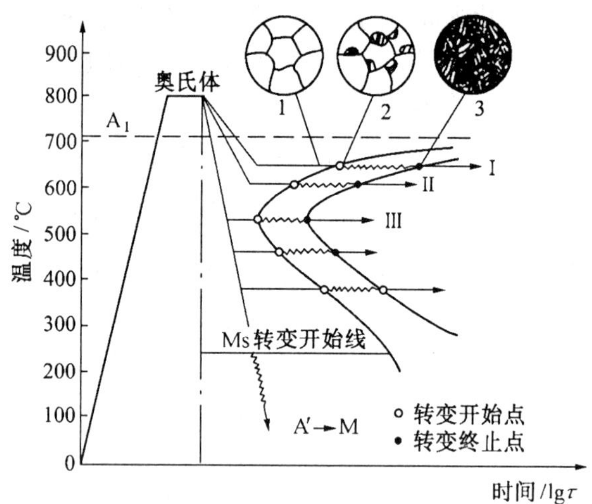

1—孕育期的显微组织；2—转变开始点 t_2 时的显微组织；3—转变终了点 t_3 时的显微组织

图 4.7　C 曲线的测定与绘制

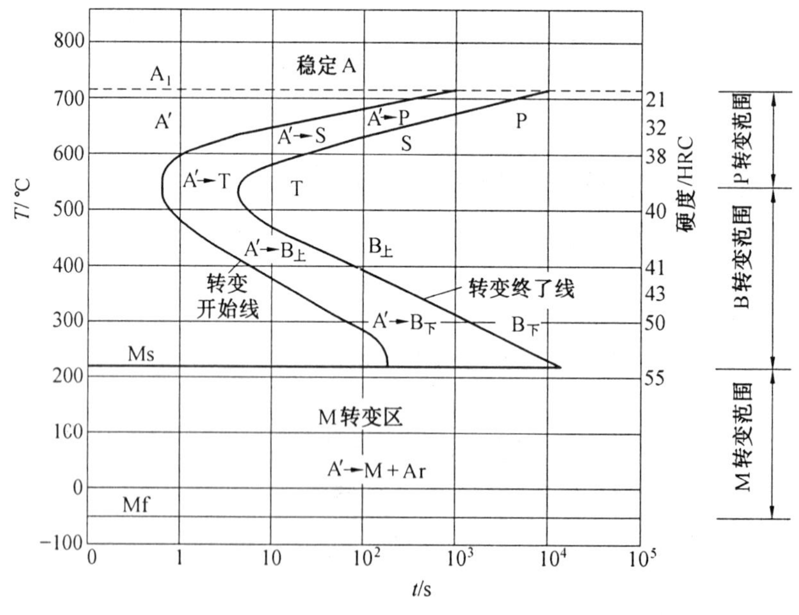

图 4.8　共析碳钢的过冷奥氏体(A′)等温冷却转变曲线(C 曲线)

各区域组织　A_1 线以上钢处于 A 稳定区域；A_1 线以下，转变开始曲线以左，Ms 线以上为 A′区，此时 A 处于过冷状态，尚未发生转变；在转变终了曲线以右和 Ms 线以上为各转变产物区域；两条 C 曲线之间，为转变过渡区，A′与转变产物同时共存。

孕育期　在 Ms 线以上，A′在各个温度下的等温转变并非瞬间开始，而要经过一段时间后转变才发生，这段时间称为孕育期(即转变开始线与纵坐标间的水平距离)。孕育期的长短反映了 A′存在的稳定性。由图 4.8 可看出，约 550℃时孕育期最短，说明该温度下 A′最不稳定，会很快转变成其他组织（这是由其相变驱动力和原子扩散能力综合作用的结果）。

(3)影响 C 曲线的因素

C 曲线的形状和位置与 A 的稳定性有关，而 A 稳定性又取决于其成分和 A 化条件。因此，影响 C 曲线的主要因素是 A 的成分和 A 化条件。

①C 质量分数　在正常加热条件下，亚共析碳钢的 C 曲线随碳质量分数增加而向右移，过共析碳钢的 C 曲线则随碳质量分数增加而向左移，故以共析碳钢的 A′最为稳定。与共析钢的 C 曲线相比，亚(过)共析钢的 C 曲线上部，还各多一条先共析相 F(Fe_3C)的析出线，如图 4.9 所示。因为在 A′转变为 P 之前，在亚共析钢中要先析出 F，在过共析钢中要先析出 C_m。随 A 中碳质量分数增加，M 转变温度(Ms、Mf)下降，如图 4.9 所示。

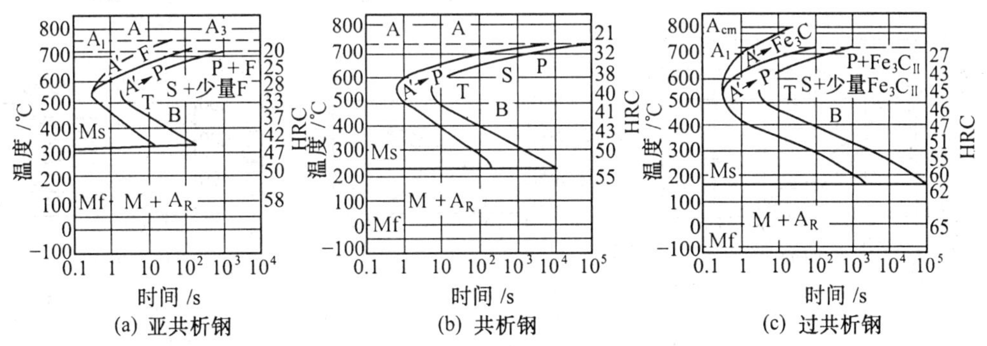

图 4.9　亚共析碳钢、共析碳钢及过共析碳钢的 C 曲线比较

②合金元素(Me)　**除 Co 外，几乎所有溶入 A 中的 Me，都能增加 A′的稳定性，使 C 曲线右移**。当 A 中溶有较多碳化物(K)形成元素(如 Cr、W、Mo、V、Ti 等)时，不仅使 C 曲线右移，而且 C 曲线的形状将发生变化，甚至曲线从鼻尖处(～550℃)分开，形成上下两个 C 曲线，如图 4.10 所示。但若 Me 未溶入 A 中、而以 K 形式存在时，将使 A′的稳定性降低。**除 Co、Al 以外，凡溶入 A 中的 Me 均能使 Ms(Mf)点下降**。

③奥氏体化条件　提高 A 化温度或延长保温时间，A 成分越均匀、晶粒越粗大，未溶 K 越少，均使 A′稳定性增加，使 C 曲线右移。应指出，对于同一种钢，由于 A 化条件的不同，测出的 C 曲线可能有很大差别。因此在使用 C 曲线时，必须注意加热温度和 A 晶粒度的影响。

2. 过冷奥氏体(A′)转变产物的组织与性能

由图 4.8 可见，A′在不同过冷度下会发生三种不同类型转变，即珠光体(P)转变、贝氏体(B)转变和马氏体(M)转变，现以共析钢为例，对三种类型转变分别予以讨论。

(1)珠光体型转变(A_1～550℃，高温转变，又称扩散型相变)

珠光体的组织形态主要有片状珠光体和球化体两种。

①**片状 P**　一般情况下，均匀的 A 缓慢冷却后，转变为由 F 与 Fe_3C 片层相间的机械混合物，即为片状 P 组织。P 的层片间距和厚度主要取决于 A 分解时的过冷度，即等温温度。等温温度越低，珠光体层片间距越小。依据层片间距的大小，**珠光体型组织又可分为**

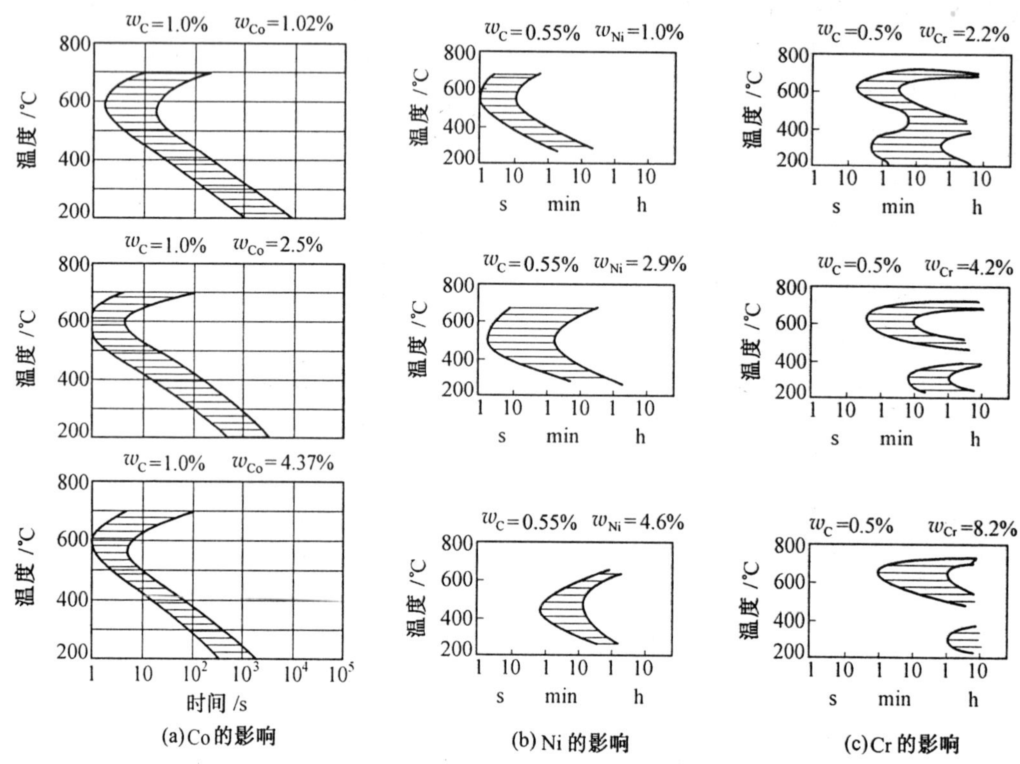

图 4.10 合金元素(Me)对C曲线的影响

三类:珠光体(P)、索氏体(S)和托(或屈)氏体(T),如表 4.2 所示。

表 4.2 珠光体型组织类别、形成温度及特性

转变类型产物		形成温度/℃	转变机制	显微组织特征	形成特点	硬度/HRC	性能特点	获得工艺
珠光体型	P	A_1~650	扩散型	粗片状F与C_m相间分布	片层间距0.6~0.8μm,500倍分清	10~20	随片层间距减少、强度、硬度提高,塑性、韧性也有所改善	退火
	S	650~600		细片状F与C_m相间分布	片层间距0.25~0.4μm,1000倍分清	25~30		正火
	T	600~550		极细片状F与C_m相间分布	片层间距0.1~0.2μm,2000倍分清	30~40		等温处理
贝氏体型	$B_上$	550~350	半扩散型	羽毛状(光镜下),短杆状C_m不均匀分布在过饱和F条间(电镜下)	粗大、平行密排F条间,不均匀断续分布着粗大短杆状C_m	40~50	脆性大,性能差,无实用价值	等温处理
	$B_下$	350~Ms		针片状(光镜下),在过饱和F针内均匀分布与长轴呈55°~65°排列的小薄片ε碳化物(电镜下)	过饱和F针细小,其内部呈一定方向析出的ε碳化物薄片更细小	50~60	较高的强韧性(较高强硬度,一定塑韧性)	等温淬火

续表 4.2

转变类型产物		形成温度/℃	转变机制	显微组织特征	形成特点	硬度/HRC	性能特点	获得工艺
马氏体型	$M_{针}$	Ms ~ Mf (240 ~ -50)	无扩散型	针片状(光镜下),双凸透镜状、其内部含高密度的孪晶(电镜下)	变温形成;高速长大;转变的不完全性、$w_C \geqslant 0.5\%$	64 ~ 66	硬而脆	淬火
	$M_{条}$			板条状(光镜下),M 板条内存在有高密度的位错、构成胞状亚结构(电镜下)	钢中存在 Ar;M 的硬度主要取决于其碳含量	30 ~ 50	高强韧性即较高硬、强度,足够的塑韧性	淬火

由表可见,P、S、T 三者的层片间距依次减小,但强度、硬度依次增高,而且其塑韧性也略有改善。其显微组织如图 4.11、图 4.12、图 4.13 所示。

(a) 光学显微组织(500×)

(b) 电子显微组织(8 000×)

图 4.11 珠光体 P 的显微组织

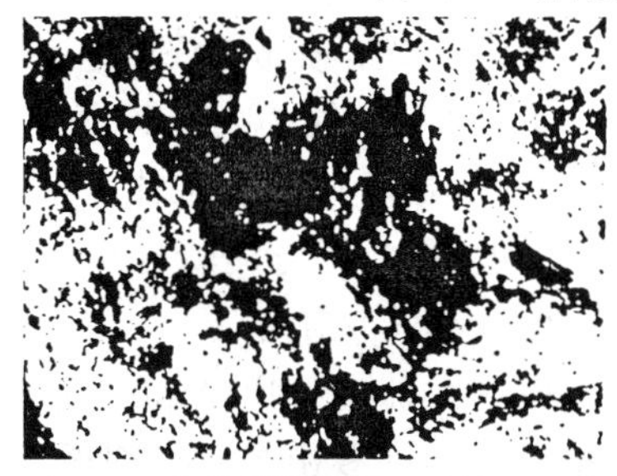

(a) 光学显微组织 (1 000×)

(b) 电子显微组织 (19 000×)

图 4.12 索氏体 S 的显微组织

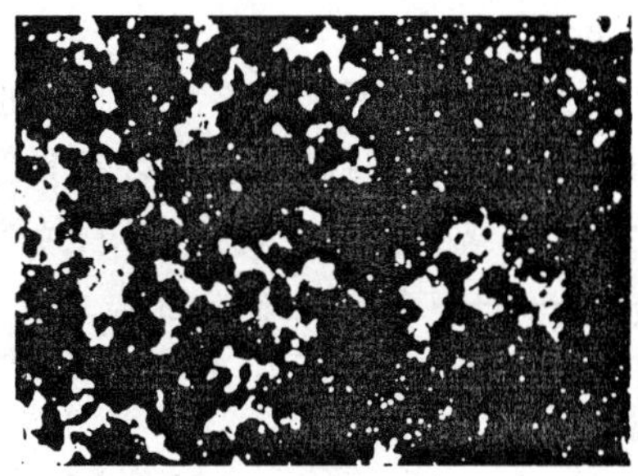

(a) 光学显微组织(200×)

(b) 电子显微组织(19 000×)

图 4.13 托氏体 T 的显微组织

②**球化体(粒或球状 P)** 其组织特征为在 F 基体上分布着球状或粒状 C_m 组成的组织,如图 4.14 所示。通过球化退火可获得此组织,也可通过淬火加回火处理得到。

球化体与片状 P 相比,在成分相同情况下,球化体具有较小的相界面,其强度、硬度较低,塑性较好,球化体的可切削加工性好,对刀具磨损小,冷挤压成形性也好,加热淬火时变形、开裂倾向也小。因此**高碳钢在机加工和最终热处理前,常要求先经球化退火处理,以获得均匀的球化体组织。**

(2)马氏体(M)转变(Ms - Mf,低温转变,亦称无扩散型相变)

若将 A 自 A_1 点以上以 $V_{冷} > V_{KC}$(上临界冷速)快速冷至 C 曲线的 Ms 点以下时,便会发生 M 转变,转变产物称为 M,**即碳在 α - Fe 中的过饱和固溶体**。其转变类型、产物、性能及特征如表 4.2 所示。

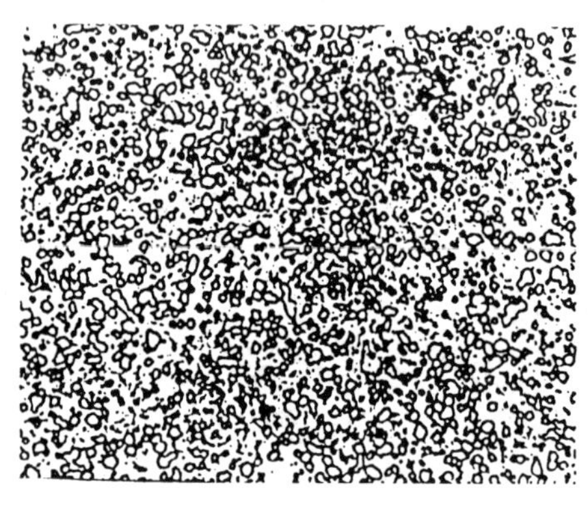

图 4.14 球化体组织

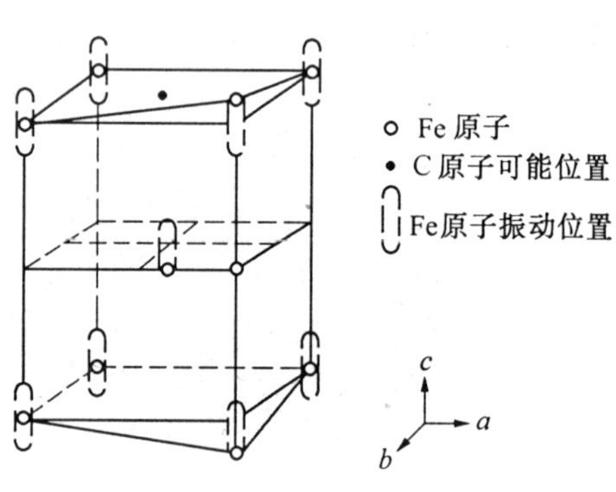

图 4.15 马氏体的晶体结构

①晶体结构特点 A′向 M 转变时,A 中的 C 全部“冻结”在 α - Fe 中。由于 C 的过饱和固溶,C 原子择优分布在 α - Fe 晶格的 C 轴方向间隙内,使 α - Fe 的 BCC 晶格发生畸变,C 轴被拉长,使 $a = b < c$,形成体心正方晶格,如图 4.15 所示。轴比 c/a 称为 M 的正方度,M 的 C 质量分数越高,其正方度越大,而正方度越大,正方畸变也越严重,M 的比容也越大。因此,增加 A 的 C 含量,则其转变为 M 时的体积将增大。

②M 的组织形态特征 钢中 M 的形态主要有两种:即板条状 M 和片状 M。

(i)**板条状 M 在光学显微镜下呈板条状形态**,是由许多相互平行细板条组成一个板条束,一个原 A 晶粒内部可形成几个不同位向的 M 束(通常是 3 ~ 5 个)。透射电镜观察表明,**M 板条内的亚结构主要是高密度位错,因而又称位错** M(如图 4.16 示)。$w_C \leqslant 0.2\%$ 的钢中的 M 几乎全部是板条状,故亦称**低碳** M。

(ii)**针片状 M 在光学显微镜下呈针叶状或双凸透镜状**,M 针之间互成一定角度(60°或120°)。M 针一般限制在原 A 晶粒内,最初形成的 M 针较粗大,往往贯穿整个 A 晶粒,以后形成的 M 因受先形成 M 的限制,尺寸越来越小。电镜观察表明,**片状 M 内亚结构主要是含有大量孪晶**,如图 4.17 所示。$w_C \geqslant 1\%$ 的钢中 M 几乎全部是**片状** M。因此片状 M 又称孪晶 M,或高碳 M。由细小 A 晶粒转变得到 M,一般在光学显微镜下分辨不出 M 的形貌,称为**隐晶** M。

(iii)M 形态主要取决于 A 中 C 的质量分数 当 $w_C \leqslant 0.2\%$时,M 转变后的组织中几

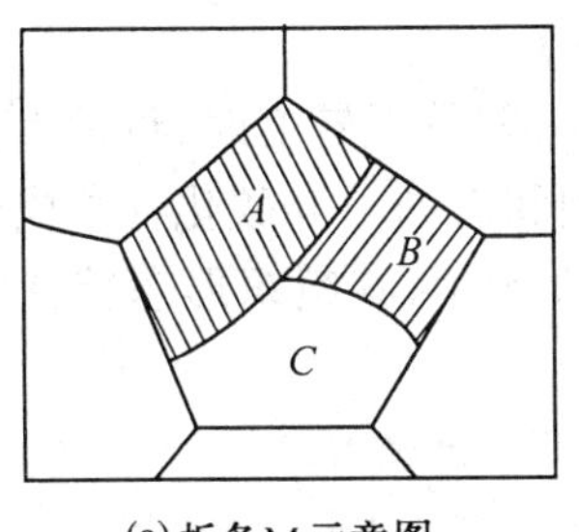

(a) 板条M示意图

(b) 光学显微组织

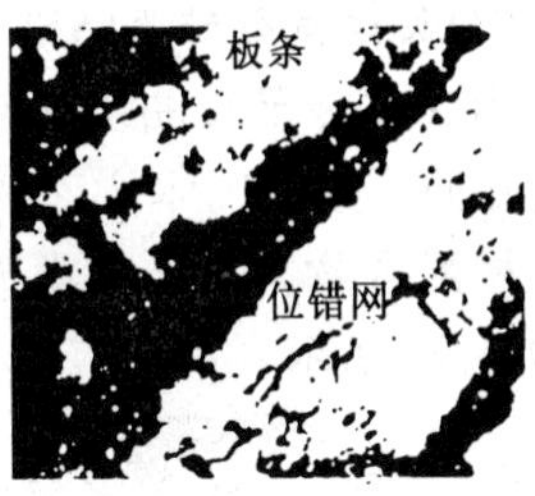

(c) 透射电镜组织

图 4.16 板条状马氏体的组织形态

乎完全是板条 M，$w_C \geqslant 1.0\%$ 时，则几乎全部是针状 M，而 $w_C = 0.2\% \sim 1.0\%$ 之间时，为板条状 M 和针片状 M 的混合组织。

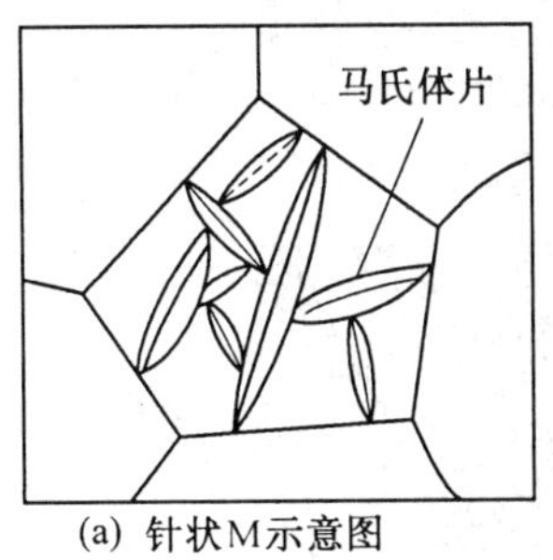

(a) 针状M示意图

(b) 光学金相组织

(c) 透射电镜组织

图 4.17 片状马氏体的组织形态

③M 的性能 高硬度与高强度是 M 的主要特性之一。

M 的硬度高低主要取决于 C 的质量分数，随 C 质量分数的增加硬度升高，当 $w_C = 0.6\%$ 时，淬火钢的硬度达最大值，$w_C > 0.6\%$ 后，M 的硬度仍随 C 质量分数的增加而升高，但对钢而言，由于 Ar 量的增加，使钢的硬度反而下降，如图 4.18 所示。Me 对 M 的硬度影响不大，但可提高强度，C 质量分数相同的碳钢和合金钢淬火后，硬度相差不大，但合金钢的强度显著高于碳钢。

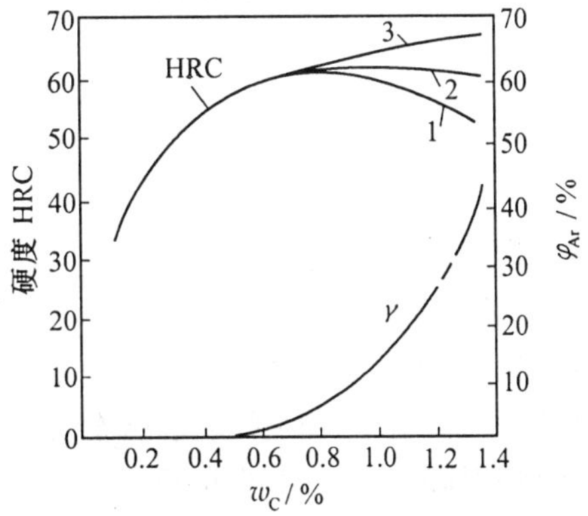

图 4.18 淬火钢的最大硬度与 C 质量分数的关系

1—高于 Ac_3 淬火；2—高于 Ac_1 淬火；3—马氏体硬度

M 的韧性主要取决于亚结构。板条 M 不仅具有相当高的强度，还具有良好的韧性。这主要是板条 M 亚结构是高密度位错，位错可进行滑移运动，故具一定塑变能力。此外，板条 M 中碳的过饱和程度较低，晶格畸变较少，也是韧性好的原因之一。**片状 M 虽具有高硬度，但韧性很差。**其主要原因是片状 M 的亚结构是高密度孪晶，滑移系少，难以塑性变形。另外，高碳 M 片在呈一定交角的快速成长过程中，互相碰撞形成显微裂纹，使其韧性下降。

(3)贝氏体型转变(550℃～Ms,中温转变,半扩散型相变)

当A过冷至C曲线鼻温与Ms点之间(即C曲线的下半部)等温转变时,将发生贝氏体转变而形成贝氏体,以符号B表示。B是由含有一定过饱和碳的F和碳化物组成的两相机械混合物。其转变类型、产物、性能及特征等如表4.2所示,其组织形态特征如图4.19、4.20所示。

(a) 光学显微组织(500×)

(b) 电子显微组织(4 000×)

图4.19　上贝氏体显微组织形态

(a) 光学显微组织(500×)

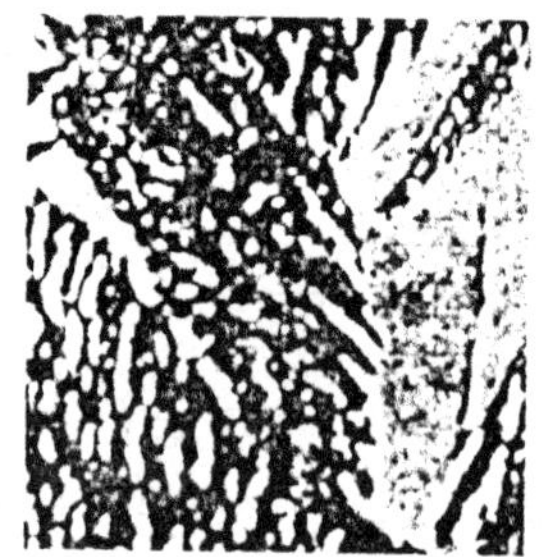

(b) 电子显微组织(10 000×)

图4.20　下贝氏体显微组织

3. 过冷奥氏体(A′)连续冷却转变曲线(简称CCT曲线)

在实际生产中,如一般淬火、正火、退火等,A′的转变大多是在连续冷却过程中完成的。所以,研究A′在连续冷却过程中的转变具有十分重要的意义。

(1)CCT曲线及分析

图4.21所示为共析碳钢的CCT曲线。图中P_s线为A′转变为P的开始线;Pf线为A′转变为P的终了线;K线表示A′转变为P的中止线,它表示当冷却曲线碰到K线时,A′就中止向P转变,而一直保留至Ms点以下直接转变为M;Ps线与Pf线之间为转变过渡区。

图4.21中,按V_1(炉冷)速度冷却至室温将得到P;按V_2(空冷)速度冷却得到S;V_{KC}**是与Ps相切的冷却速度曲线,它是得到全部M组织的最小冷却速度,称为上临界冷却速度**。只要$V_{冷速} > V_{KC}$,钢就不发生扩散型相变,V_{KC}值越小,表示钢件冷却时越易获得M组织。冷速处于$V_{KC'} \sim V_{KC}$之间(如油冷时),冷至K线之前,部分A′转变为P,在K线～Ms之间,A′转变中止,冷至Ms点以下,剩余A′才开始转变为M,继续冷至Mf点,M转变完毕,最后获得T+M+Ar组织;水冷条件下,因其$V_{冷速} > V_{KC}$,所以将获得M+Ar组织。

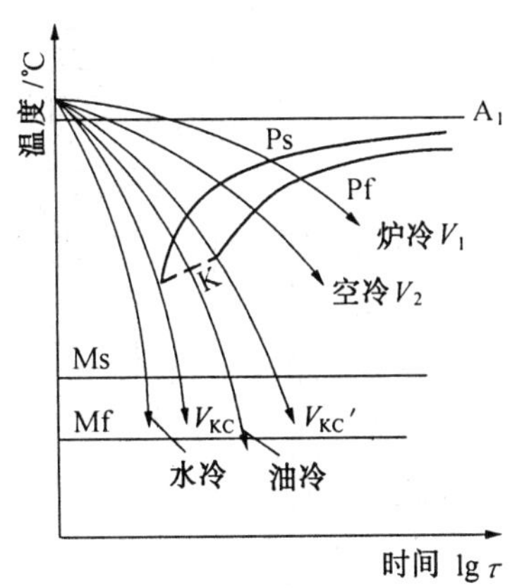

图 4.21　共析碳钢 CCT 曲线

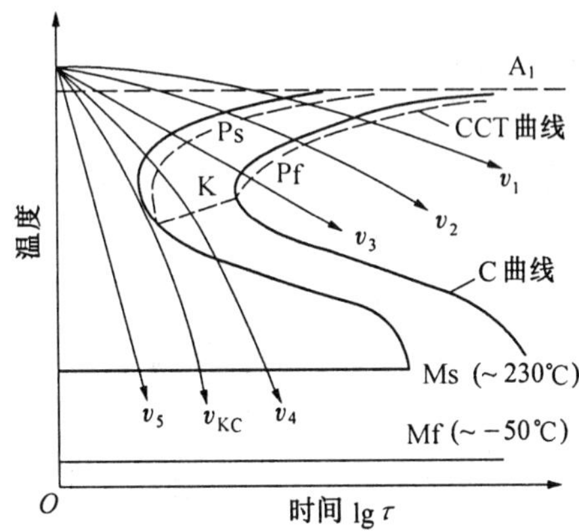

图 4.22　共析碳钢 CCT 曲线与 TTT 曲线的比较

(2)CCT 与 C 曲线比较

图 4.22 所示为共析碳钢 CCT(图中虚线)与 C(图中实线)曲线的对比,由图可知:

①CCT 曲线位于 C 曲线的右下方。这表明连续冷却时,A′转变开始和终了温度都要比等温冷却转变时低些,孕育期也要长些。

②在连续冷却时,共析碳钢(或过共析碳钢)无 B 转变发生。它表明共析碳钢(以及过共析碳钢)在连续冷却时得不到 B 组织。

③连续冷却转变时获得的组织不均匀,先转变的组织较粗,后转变的组织较细。

4. 过冷奥氏体 A′转变曲线的应用

CCT、C(TTT)曲线反映了 A′转变规律,是制定热处理工艺的基本依据,对热处理生产具有重要的指导意义。

(1)C 曲线的应用

C 曲线主要用于指导制定等温冷却条件下的热处理工艺,如等温退火、等温淬火、分级淬火、形变热处理等,还可近似估计连续冷却条件下的转变产物。图 4.23 为利用共析钢 C 曲线,估计连续冷却时的转变情况。图中 V_1 冷速相当于炉冷(退火),将获得 P 组织;V_2 冷速相当于空冷(正火),将获得 S 组织;V_4 冷速相当于油冷,将获得 T + M + Ar 组织;V_5 冷速相当于水冷(淬火),会得到 M + Ar 组织。

必须指出,用 C 曲线估计连续冷却转变过程,是很粗略、不精确的。随着实验技术的发展,将会有更多、更完善的 CCT 曲线被测得,用其分析连续冷却转变过程才是合理的。

(2)CCT 曲线的应用

CCT 曲线主要用来指导制定连续冷却条件下的热处理工艺,如分析淬火、正火、退火后钢件所得到的组织和力学性能,还可用来分析焊接热影响区的组织与力学性能等。如图 4.24 所示为 45 钢的 CCT 曲线,可看出它多了两条曲线,即 A′转变为 F 及 B 的开始线;还多了两个区域,即先共析 F 区及 B 转变区。当以退火冷速由 A 状态连续冷却时,A′中先析出 F,最终组织为 F + P;正火为 F + S;油淬将由 S(或 T) + B + M 组成;水淬为 M。

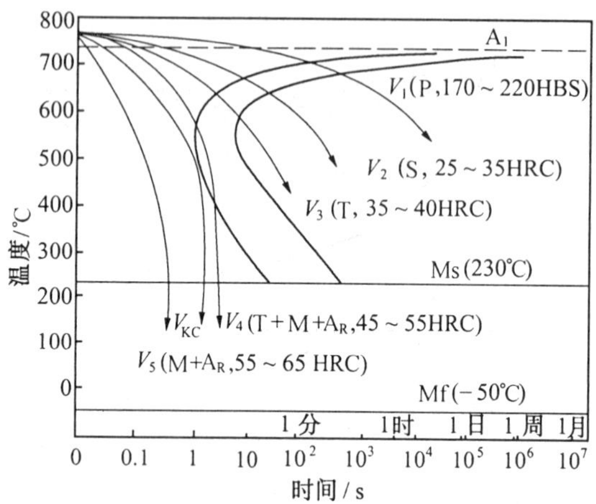

图 4.23 在 C 曲线上估计连续冷却时 A′转变产物的示意图

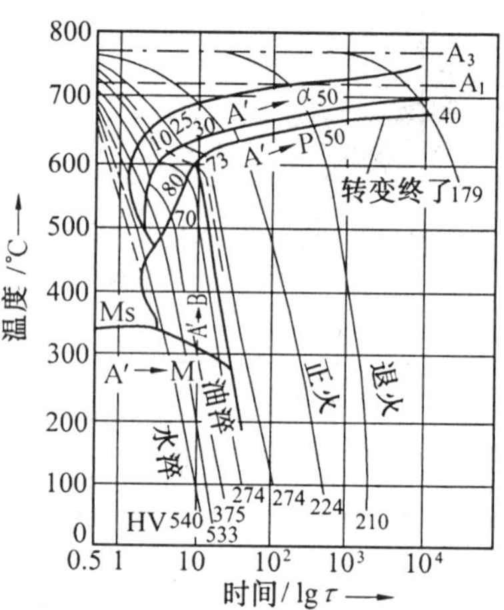

图 4.24 亚共析碳钢(45 钢)的 CCT 曲线

4.2.3 淬火钢在回火时的转变(Transformation of quenched steel in tempering proceses)

将淬火钢件加热至低于 A_1 以下的某温度范围经保温后而冷却下来的一种热处理工艺操作,称为回火。

经淬火的钢件一般必须立即进行回火。因为淬火钢中的 M 和 Ar 都是亚稳组织,而且 M 中尚存在大量晶体缺陷(如高密度位错、孪晶、空位等),以及淬火钢中较大的残余内应力等,它们都是不稳定因素,有自发转变为 $F+Fe_3C$ 两相组成的平衡组织的倾向。淬火钢的回火正是促使这种转变易于进行,为此把这种转变称为淬火钢的回火转变。

1. 回火时的组织、结构变化

淬火钢在回火时的组织、结构变化主要发生在加热阶段,加热温度是关键因素。随加热时的温度升高,淬火钢的组织、结构将会发生如图 4.25 所示,表 4.3 所列的四个阶段的变化。不同回火温度下的组织特征分别如图 4.26、4.27、4.28 及表 4.7 所示。

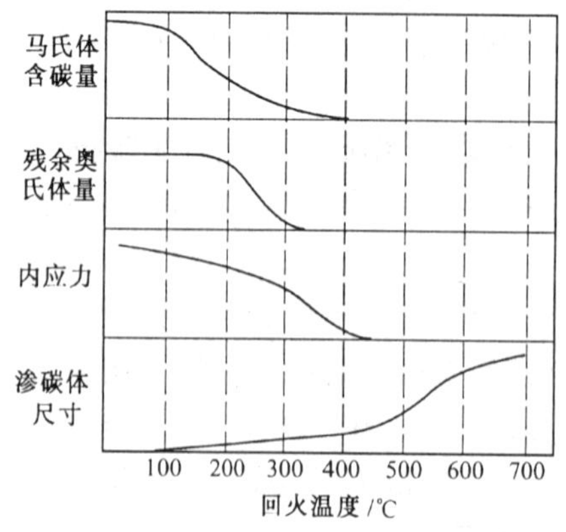

图 4.25 淬火钢回火时的转变

(a) 光学金相组织(1 500×)

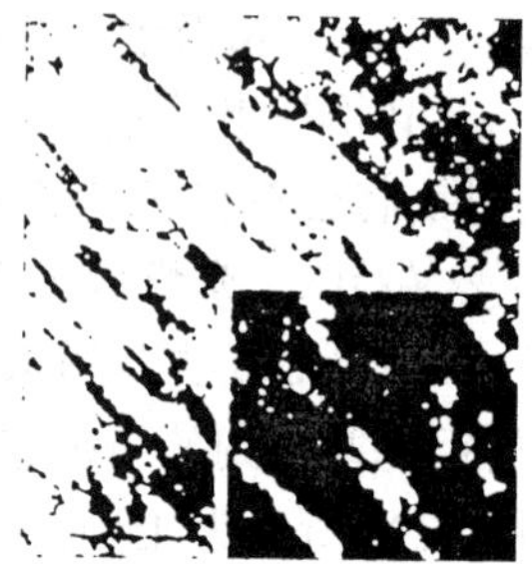

(b) 电子显微组织(ε 形貌)

图 4.26 回火马氏体组织形态

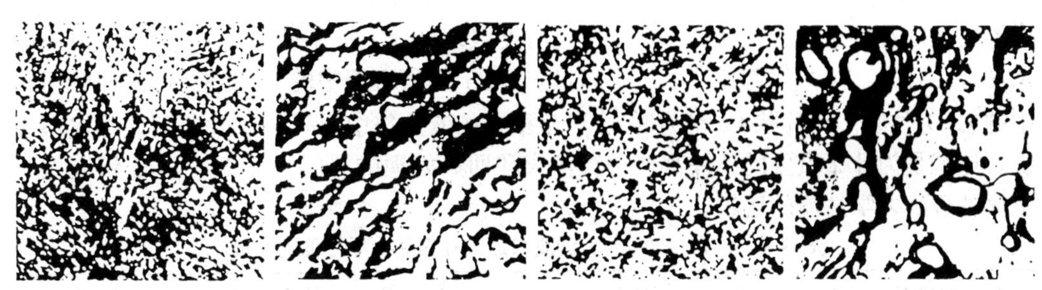
(a) 光学组织(500×)　(b) 电镜组织(7 500×)　(a) 光学组织(500×)　(b) 电镜组织(7 500×)

图 4.27　回火托氏体显微组织　　图 4.28　回火索氏体显微组织

表 4.3　淬火钢回火时的转变特征

回火阶段	组织转变阶段名称	回火温度范围	回火时组织、结构的变化	
			板条马氏体	针片状马氏体
预备	碳原子的偏聚与聚集	<100℃	碳原子偏聚在位错线附近	碳原子沿一定晶面而聚集
一	马氏体分解	(100～250)℃一直持续到350℃	碳原子仍偏聚在位错附近	正方度(c/a)下降,马氏体过饱和度下降,由马氏体中共格析出极细小片状ε($Fe_{2.4}C$)碳化物
二	残余奥氏体分解	(200～300)℃		残余奥氏体分解为回火马氏体
三	碳化物类型的变化	(250～400)℃	碳原子全部脱溶,析出细粒状渗碳体,α相仍保持条状特征	过饱和碳自α相内继续析出,同时ε碳化物转变为细粒状渗碳体
四	碳化物聚集长大与α相回复、再结晶	>400℃	Fe_3C 细粒$\longrightarrow$聚集长大 α条状$\xrightarrow{回复}$α回复$\xrightarrow{再结晶}$α多边化	

2. 回火过程中的性能变化

淬火钢回火时,伴随着组织、结构的变化,钢的性能也会发生相应变化。规律是随回火温度升高,钢的强度、硬度下降,塑性、韧性上升。图 4.29 为硬度与回火温度的关系。

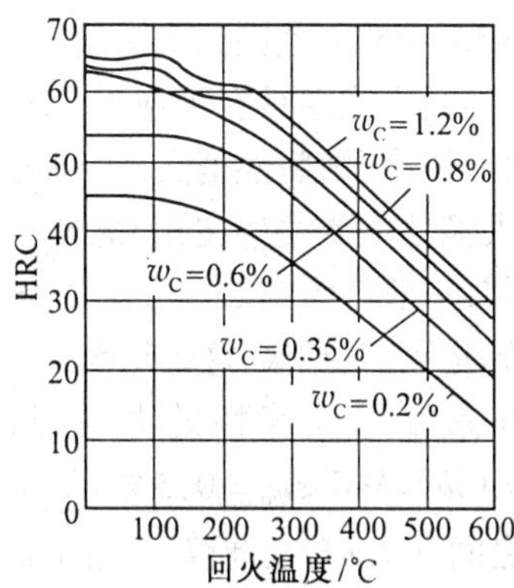

图 4.29　淬火钢的硬度与回火温度的关系

在200℃以下,由于ε-碳化物弥散析出,使得钢硬度并不下降,对于高碳钢甚至略有升高。在200～300℃时,由于高碳钢中 Ar 转变为 $M_{回}$,硬度会再次提高,而对于低、中碳钢,由于 Ar 量很少,则硬度缓慢下降。300℃以上,由于 C_m 粗化及 M 转变为 F 而使钢的硬度呈直线下降。

值得说明的是钢淬火经回火得到的 $T_{回}$、$S_{回}$ 与 A′直接分解得到的层片状 T、S 和 P 的力学性能有着显著区别。当硬度相同时,两类组织的 $R_m(\sigma_b)$ 相差无几,但回火组织的 $R_{eL}(\sigma_s)$、$A(\delta)$、$Z(\psi)$ 等都比片状组织高,这是由于回火组织中的 C_m 为粒状,而片状组织中的 C_m 为片状。当片状 C_m 受力时,会产生很大的应力集中,易使 C_m 片断裂或形成微裂纹。这就是为什么重要的工件都要进行淬火和回火处理的原因。表 4.4 为 45 钢调质与正火处理后力学性能的比较。

表 4.4 45 钢(ϕ20 ~ ϕ40)调质与正火处理后力学性能的比较

热处理状态	$R_m(\sigma_b)$/MPa	$A(\delta)$/%	α_K/(kJ·m^{-2})	硬度/HBW	组织
正火	700 ~ 800	15 ~ 20	40 ~ 64	163 ~ 220	F + S
调质	750 ~ 850	20 ~ 25	64 ~ 96	210 ~ 250	$S_{回}$

3. 回火脆性的概念

回火温度升高时,钢的冲击韧度变化规律如图 4.30 所示。由图可见,在 250 ~ 400℃ 和 450 ~ 650℃ 两个温度区间冲击韧度显著降低,这种脆化现象称为回火脆性。

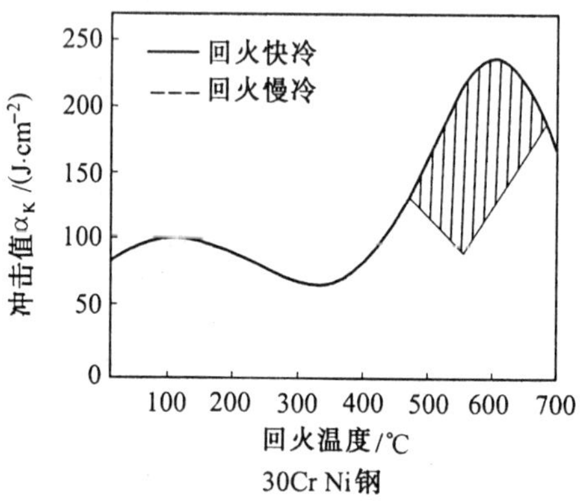

图 4.30 钢的冲击韧度随回火温度的变化

(1)低温回火脆性

在 250 ~ 400℃ 回火时出现的脆性,为低温回火脆性(第一类回火脆性)。几乎所有工业用钢都有这类脆性。这类脆性的产生与回火后的冷却速度无关,即在产生脆性温度区回火,不论快冷或慢冷都会产生此类脆性。

目前还没有办法完全消除第一类回火脆性,通常都是避开此温度范围回火,或采用等温淬火代替淬、回火,或在钢中加入少量硅等合金元素,使脆化温区提高。

(2)高温回火脆性

在 450 ~ 650℃ 范围回火后缓慢冷却所产生的脆性称为高温回火脆性(第二类回火脆性)。这类回火脆性具有可逆性,即将已产生此类回火脆性的钢,重新加热至 650℃ 以上温度,然后快冷,则脆性消失;若回火保温后缓冷,则脆性再次出现,故又称可逆回火脆性。这类回火脆性主要发生在含 Cr、Ni、Si、Mn 等合金元素的结构钢中。关于高温回火脆性产生的原因,一般认为与 Sb、Sn、P 等杂质元素在原 A 晶界上偏聚有关。Ni、Cr、Mn 等合金元素促进杂质元素的偏聚,这些元素本身也易在晶界上偏聚,所以增强了这类回火脆性的倾向。

防止高温回火脆性的办法是,尽量减少钢中杂质元素的质量分数,或者加入 W($w_W = 1\%$)、Mo($w_{Mo} = 0.5\%$)等能抑制晶界偏聚的合金元素;避免在此温度(450 ~ 650℃)之间回火;若在此温度范围回火,则回火保温后应快冷以抑制杂质元素的析出等。

4.2.4 金属材料的脱溶沉淀与时效(Precipitation process and age hardening of metallic materials)

从过饱和固溶体中析出第二相(沉淀相)或形成溶质原子聚集区,以及亚稳定过渡相的过程称为脱溶或沉淀，是一种扩散型相变。

1.基本条件

合金在相图上有固溶度的变化，并且固溶度随温度降低而减少，如图 4.31 所示。若将 C_0 成分的合金自单相 α 固溶体状态缓慢冷至固溶线 MN 以下温度如 T_3 保温时，β 相将从母相 α 固溶体中脱溶析出，α 相的成分将沿固溶线变化为平衡浓度 c_1，这种转变可表示为 $\alpha \rightarrow \alpha_{c1} + \beta$（二次析出反应）。β 为平衡相，可以是固溶体，也可是金属化合物，反应产物为 α + β 双相组织。

2.固溶处理与时效强化

将 α + β 双相组织加热到固溶线以上某一温度（如 T_1）保温足够时间，会获得均匀的单相固溶体 α 相，这种处理称为**固溶处理**。

若将经固溶处理后的 C_0 合金急冷，抑制 α 相分解，则在室温下获得亚稳的过饱和 α 固溶体。这种过饱和固溶体在室温或较高温度下等温保持时，亦将发生脱溶，但脱溶相往往不是相图中的平衡相，而是亚稳相或溶质原子聚集区。这种脱溶可显著提高合金的强度和硬度，称为**时效强化，是强化金属材料的重要途径之一**。

合金在脱溶过程中，其力学性能、物理和化学性能等均随之发生变化，这种现象称为**时效**。室温下产生的时效称为**自然时效**，高于室温的时效称为**人工时效**，如图 4.32 所示。以 $w_{Cu} = 4\%$ 的铝合金为例简要说明之。

3.铝合金的时效强化及机理简介

图 4.33 为 Al – Cu 合金相图，可见铜在 α 固溶体中的溶解度，在室温时 Cu 最大溶解度为 0.5%，而加热至 548℃极限溶解度为 5.65%。$w_{Cu} = 4\%$ 的合金在室温下的平衡组织为 α + θ($CuAl_2$)，当加热至固溶线 BD 以上时获得单相 α 固溶体，如快冷则可获得 Cu 在 Al 中的过饱和 α 固溶体，其 $R_m(\sigma_b) = 250$MPa（未经淬火时 $R_m(\sigma_b) = 200$MPa）。过饱和 α 固溶体在室温下搁置数天，强度和硬度显著提高，强度达 $R_m(\sigma_b) = 400$MPa。图 4.34 表示该合金在 130℃时效时，合金硬度随时效保温时间的变化规律。

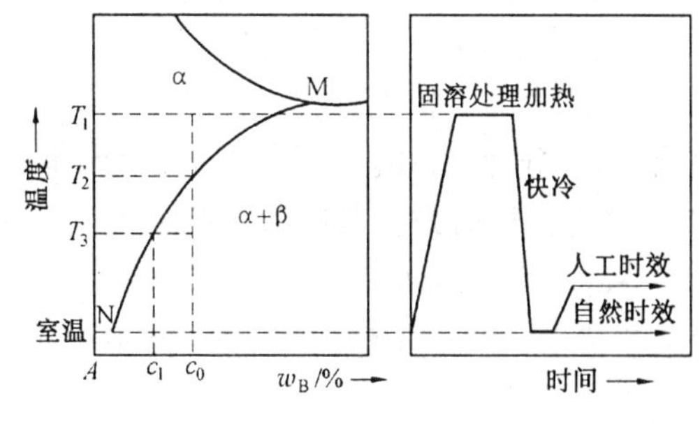

图 4.31　固溶与时效处理的工艺过程示意图

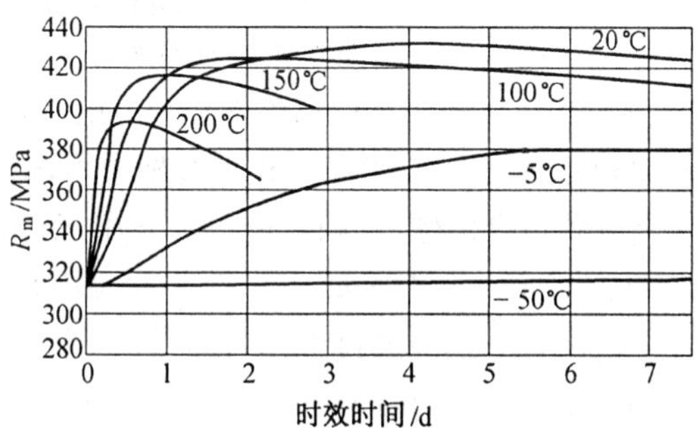

图 4.32　铝合金（$w_{Cu} = 4\%$）于不同温度下时效曲线

强化机理简介　铝合金在时效过程中产生显著的时效强化现象，主要与铝合金在时效过程中所产生的中间过渡相有关。研究表明，时效过程包括以下四个阶段。

①形成铜原子富集区(GP[I]区)　在过饱和 α 中,Cu 原子偏聚在局部区域形成了薄片状的 Cu 原子富集区即 GP[I]区,其没有独立的晶体结构,完全保持与母相 α 共格关系;其厚度约 0.3~0.6nm,直径约 8nm。试验证明,GP 区(Guinier - Preston zone)的数目比位错密度要大得多。由于 GP[I]区数目多且 Cu 原子浓度较高,而 Cu 原子半径比 Al 小,因此必引起其周围晶格严重畸变,阻碍位错运行,故合金强度、硬度升高。

②铜原子富集区有序化(即 GP[Ⅱ]区的形成)　在 GP[I]区基础上,随时效温度的提高或保温时间的延长,为进一步降低自由能,Cu 原子进一步富集,GP[I]区沿厚度和直径方向长大,使溶质原子和溶剂原子呈规则排列并发生有序化,即形成有序的、较为稳定的 GP[Ⅱ]区,常用 θ″表示。其与 α 仍保持着完整的共格关系,厚度约 0.8~2nm,直径约 15~40nm。故所引起晶格畸变更加严重,并有很大弹性应变区,使位错运动受阻更大,从而使合金的强度、硬度进一步提高,时效强化的作用进一步提高。

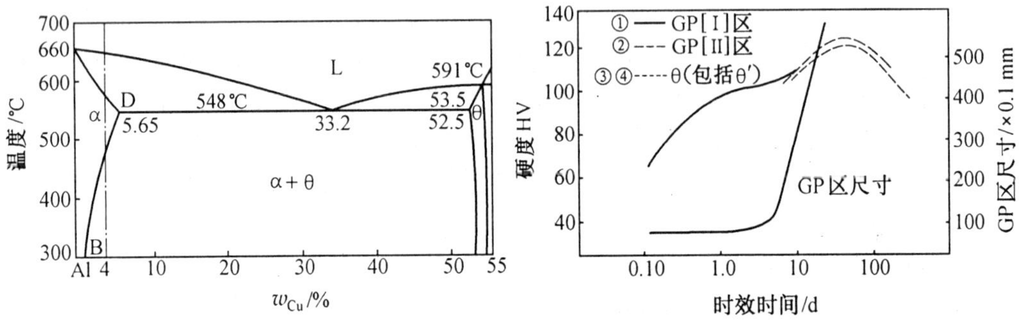

图 4.33　Al - Cu 合金相图　　　　图 4.34　4%Cu - Al 合金 130℃下时效曲线

③形成过渡相 θ′　脱溶过程的进一步发展,将出现过渡相 θ′,即随时效过程的进展,圆片状 θ″相周围与基体部分失去共格联系转变为 θ′相。开始出现 θ′相时,合金的硬度达最大值。过渡相 θ′也具有正方晶格,其成分与 θ($CuAl_2$)相当。但随 θ′相增多,其与基体共格关系的破坏程度增大,因此 θ′相周围基体的晶格畸变减弱,位错运动的阻力也随之减小,致使合金的强度、硬度有所下降。

④平衡相 θ 的形成与长大　随着 θ′相的成长,其周围基体中的应力、应变增加,弹性应变能越来越大。因而 θ′相逐渐变得不稳定,所以当 θ′相长大到一定尺寸时,共格关系破坏,θ′与基体 α 相完全脱离而形成独立的平衡相,称为 θ 相。θ 相也具有正方晶格,与 θ″相和 θ′相相差甚大,与基体 α 相无共格关系,呈块状,其成分为 $CuAl_2$。θ 相的形成、聚集和长大将导致合金的硬度、强度进一步下降,在生产上称之为过时效。其时效序列可概括为:$\alpha_{\text{过}} \to \alpha_{\text{过}}$ + GP[I]区→ $\alpha_{\text{过}}$ + GP[Ⅱ]区(θ″过渡相)→$\alpha_{\text{过}}$ + θ′→α + θ。

时效合金的脱溶过程,即使在同一合金中由于成分、时效温度不同,也可能不一致。其他合金的时效过程与 Al - Cu 合金不完全一样,但基本原理相同。

4.3　金属材料热处理工艺

Heat Treatment of Metallic Materials

一般机械零件的加工工艺路线为:坯料(铸、锻)→预先热处理→机加工→最终热处理→精磨→成品，其中退火或正火常作为预先热处理，淬火、回火常作为最终热处理。而对那些要求表面硬度高、心部韧性好的零件，则可采用表面强化处理。

4.3.1 退火与正火(Annealing and normalizing)

1. 定义、目的

把工件加热至临界点 Ac_1(或 Ac_{cm})以上或以下，保温一定时间后，使其缓慢冷却(生产中随炉冷却)以获得接近平衡状态的组织，这种热处理工艺称为退火。

而正火是将钢件加热至 Ac_3(亚共析钢)或 Ac_{cm}(过共析钢)以上 30～50℃，经保温后在空气中冷却的热处理工艺。

正火与退火的主要区别在于冷却速度不同，正火冷却速度较快，得到的组织较细，硬度、强度、韧性等也较高。当碳钢中 $w_C < 0.6\%$ 时，正火后的组织为 F + S；当 $w_C = 0.6\% \sim 1.4\%$ 时，正火后组织为 S(伪共析组织)。

退火和正火的目的大致可归纳为如下几点。

①调整硬度以便进行切削加工。因为工件经铸造或锻造等热加工后，硬度常偏高或偏低而且不均匀，严重影响切削加工。而经适当退火或正火后可使钢件的硬度调整至 170～250HBW 范围且比较均匀，从而改善了切削加工性。

②消除残余内应力，以防止钢件在淬火时产生变形或开裂。

③细化晶粒、改善组织以提高钢的力学性能。

④为最终热处理(淬火、回火)作好组织上的准备。

2. 退火与正火的种类、工艺特点及适用范围

表 4.5 列出了退火和正火的热处理工艺，图 4.35 为退火和正火的加热温度和工艺规范。

表 4.5 退火和正火的热处理工艺

热处理名称	热处理工艺特点	热处理的目的	相应组织	性能的变化	应用范围
扩散(均匀化)退火	将工件加热到 1100℃左右，保温 10～15h，随炉缓冷至 350℃后出炉空冷	高温长时间加热，使原子充分扩散，消除枝晶偏析，使成分均匀化	粗大 F + P(亚共析钢)；P(共析钢)；P+ Fe_3C_{II}(过共析钢)	铸件晶粒粗大，组织严重过热。须再进行一次完全退火或正火以细化晶粒	用于高质量要求的优质合金钢铸锭和成分偏析严重的合金钢铸件
完全退火	将亚共析碳钢加热至 Ac_3 以上 30～50℃，保温，随炉缓冷至 600℃以下出炉空冷	消除铸、锻、焊件组织缺陷，细化晶粒，均匀组织；降低硬度，提高塑性，便于切削加工；消除内应力	平衡组织：F+P	强度、硬度低(与正火态相比)	亚共析碳钢与合金钢的铸、锻、焊件等
等温退火	将 A(或不均匀 A)化的钢快冷至 P(或 Ar_1 下 10～20℃)形成温度等温保温，使 A′转变为 P(或 $P_{球}$)，然后空冷至室温	准确控制转变的过冷度，保证工件内外组织和性能均匀，大大缩短工艺周期，提高生产率	同完全退火(或球化退火)	同完全退火(或球化退火)	同完全退火(或球化退火)

续表 4.5

热处理名称	热处理工艺特点	热处理的目的	相应组织	性能的变化	应用范围
球化退火	将共析、过共析碳钢加热至 Ac_1 以上 10 ~ 20℃，保温 2 ~ 4h，使片状 C_m 发生不完全溶解断开成细小链状或点状，弥散分布在 A 基体上。在随后缓冷过程中，或以原细小 C_m 为核心，或在 A 中的富碳区域产生新核心，形成均匀颗粒状 C_m	降低硬度，改善切削加工性；为淬火做好组织准备	$P_{球}$（在 F 基体上均匀分布着粒状 C_m）	硬度低于片状 P，但切削加工性好、淬火时不易过热	用于共析、过共析碳钢及合金钢的锻、轧件
去应力(低温)退火	将工件随炉缓慢加热至 500 ~ 650℃，保温，随炉缓慢冷却至 200℃ 出炉空冷	消除铸、锻、焊、冷压件及机加工件中的残余内应力，提高工件的尺寸稳定性，防止变形和开裂	组织不发生变化，仍为退火前的组织	与退火处理前的性能基本相同	用于铸件、锻件、焊接件、冷冲压件及机加工件等
再结晶退火	将经冷塑性变形的工件，加热至 T_R 以上 100 ~ 200℃，保温，然后空冷至室温	消除冷塑性变形金属的加工硬化及内应力，恢复原有塑性	变形晶粒变为细小的等轴晶粒	强度、硬度显著降低，塑性明显提高	经受冷塑性变形加工的各种制品
正火(常化)	将亚(或过)共析碳钢加热至 Ac_3(或 Ac_{cm})以上 30 ~ 50℃，保温，然后在空气中冷至室温。	对低碳钢、低碳低合金钢，细化晶粒提高硬度，改善切削加工性；对过共析钢，消除二次网状 K，以利于球化退火的进行	亚共析钢，F + S；共析钢，S；过共析钢，$S + C_{mII}$	比退火态的强度、硬度高	低、中碳钢及低合金钢的预先热处理；性能要求不高零件的最终热处理；消除过共析钢中的网状 K

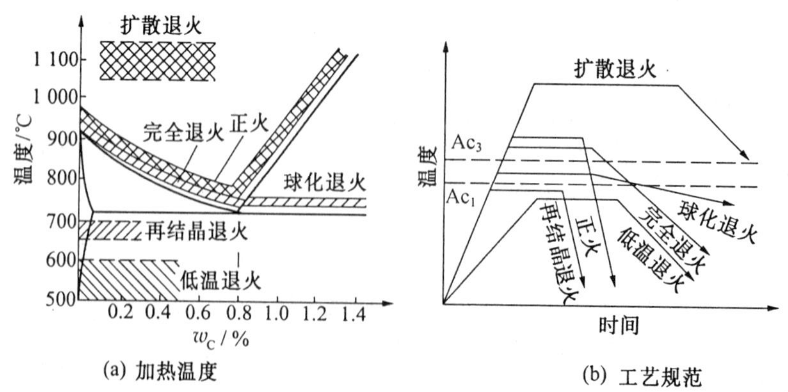

图 4.35　各种退火与正火工艺规范

4.3.2 淬火与回火(Quenching and tempering)

淬火工艺是将钢加热至临界点(Ac_3 或 Ac_1)以上,保温后以大于 V_{KC}的速度冷却,使奥氏体转变为马氏体(或下贝氏体)的热处理工艺;而回火则指将淬火后的钢加热至 A_1 以下的某一温度后进行冷却的热处理工艺。

一般淬火工件必须经过回火后方能使用,淬火与回火是配合使用的两种应用广且重要的热处理工艺。

淬火的目的就是为了获得马氏体(或下贝氏体),以提高钢的力学性能。而淬火钢件回火的目的在于:

①降低脆性,减少或消除内应力,防止工件变形开裂;

②调整淬火钢的组织与性能,用不同的回火温度配合,获得工件的使用性能;

③稳定工件尺寸,以保证工件在使用过程中不发生尺寸和形状变化。

④对于某些高淬透性的合金钢,空冷便可淬成 M,如采用退火软化,则周期很长。此时可采用高温回火,使 K 聚集长大,降低硬度,以利切削加工,同时可缩短软化周期。

对于未淬火的钢,回火一般是没有意义的,但淬火钢不经回火一般也不能直接使用。为了避免工件在放置过程发生变形和开裂,淬火后应及时进行回火。

⑤对于有色金属合金、A 不锈钢等,淬火即固溶处理。

1. 淬火工艺特点

(1)淬火加热温度的选择

其主要原则是获得均匀细小的奥氏体组织。一般规定淬火加热温度在临界点以上 30~50℃。

对于亚共析碳钢,淬火加热温度为 Ac_3 + 30~50℃,淬火组织为 M。若淬火加热温度不足(< Ac_3),则淬火后组织中将有 F 被保留下来,使钢的强度、硬度降低,达不到淬火的目的,当 $w_C > 0.5\%$时淬火组织中还应有少量 Ar。

对于共析钢和过共析碳钢,淬火加热温度为 Ac_1 + 30~50℃,淬火后的组织为 M + Fe_3C + Ar,分散分布的未溶颗粒状渗碳体对钢的硬度和耐磨性有利。若将过共析钢加热至 Ac_{cm}以上温度淬火,会得到粗大的 M,脆性极大,由于 Fe_3C_{II} 的全部溶解,会使奥氏体碳含量过高,降低 M 转变温度,增加淬火钢中 Ar 量,使钢的硬度和耐磨性降低,变形开裂倾向性增大。

(2)淬火冷却介质

合理选择淬火冷却介质是淬火工艺的重要问题。为保证得到 M 组织,淬火冷却速度必须大于 V_{KC},但快冷不可避免地会造成很大内应力,往往会引起工件变形和开裂。要想既得到 M 又避免变形开裂,理想的淬火冷却曲线如图 4.36 所示。即在 C 曲线拐点附近其 $V_{冷} > V_{KC}$。而在拐点以下,M_s 点附近,则应尽量慢冷,以减少 M 转变时产生的内应力。工业上常用的淬火冷却介质有水、盐水、油、水玻璃、聚乙烯醇水溶液等。

水是最常用的冷却介质,有很强的冷却能力,且成本低易得到,但其缺点是在拐点以下 500~300℃内冷却能力仍很强,因此常会引起淬火钢内应力增大,造成变形开裂。

盐水的冷却能力比水大,其缺点也是在低温时冷速仍很快,对减少变形不利。

油较之水要缓慢些,在低温区冷却慢,但在C曲线拐点附近冷却也慢。

(3)淬火方法

目前还没有理想的淬火介质,在实际生产中应根据淬火件的具体情况采用不同的淬火方法,以尽量取得好的淬火效果。常用淬火方法的冷却方式与特点等如图4.37及表4.6所示。

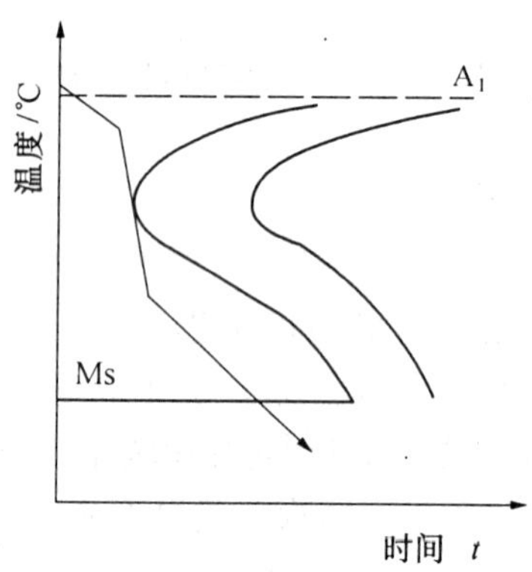

图4.36　淬火理想冷却过程

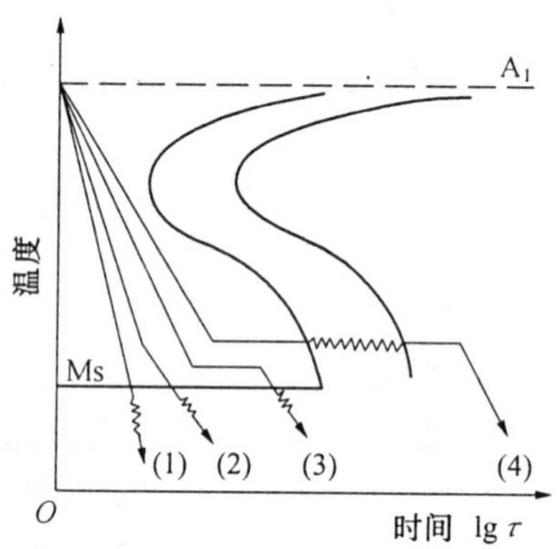

图4.37　各种淬火冷却曲线示意图

表4.6　常用淬火方法的种类、冷却方式、特点和应用

淬火方法	冷　却　方　式	特　点　和　应　用
单液淬火法[图4.37(1)]	将奥氏体化后的工件放入一种淬火冷却介质中一直冷却到室温	操作简单,已实现机械化与自动化,适用于形状简单的工件
双液淬火法[图4.37(2)]	将奥氏体化后的工件在水中冷却到接近Ms点时,立即取出放入油中冷却	防止低温马氏体转变时工件发生裂纹,常用于形状复杂的钢件
分级淬火法[图4.37(3)]	将奥氏体化后的工件放入温度稍高于Ms点的盐浴中,使工件各部分与盐浴的温度一致后,取出空冷完成马氏体转变	大大减小热应力、变形和开裂,但盐浴的冷却能力较小,故只适用于截面尺寸小于10 mm^2 的工件,如刀具、量具等
等温淬火法[图4.37(4)]	将奥氏体化的工件放入温度稍高于Ms点的盐浴中等温保温,使A′转变为$B_下$组织后,取出空冷	常用来处理形状复杂,尺寸要求精确、强韧性高的工具、模具和弹簧等
局部淬火法	只对工件局部要求硬化的部位进行加热淬火	
冷处理	将淬火冷却到室温的钢继续冷却到-70~-80℃,使Ar转变为M,然后低温回火,消除应力,稳定新生M组织	提高硬度、耐磨性、稳定尺寸,适用于一些高精度的工件,如精密量具、精密丝杠、精密轴承等

2. 回火的种类及适用范围，如表 4.7 所示。

表 4.7 回火组织及性能特点

回火类型	回火温度	回火组织名称	组织形态特征	性能特点及应用
低温回火	(150～250)℃	回火马氏体(回火 M)或 $M_{回}$	碳在 α－Fe 中的过饱和固溶体与细小的 ε 碳化物组成的复相组织	保持淬火钢的高硬度和耐磨性，但降低了钢的脆性及残余应力；用于处理各种工、模具钢、表面淬火及渗碳淬火的工件
中温回火	(350～500)℃	回火托氏体(回火 T)或 $T_{回}$	保留了马氏体针状形貌的铁素体与细粒状的渗碳体的复相组织	硬度下降，但具一定的韧性和极高的弹性极限和屈服极限；多用于弹性元件的处理
高温回火	(500～650)℃	回火索氏体(回火 S)或 $S_{回}$	多边形铁素体与颗粒状渗碳体构成的复相组织	具有较高强度、塑性及韧性，即具有良好的综合力学性能；广泛用于处理各类重要零件，如轴、齿轮等，或精密零件、量具的预先热处理

【例题 4.1】 共析碳钢在例题图 4.1 所示方法冷至室温后的转变组织为何？

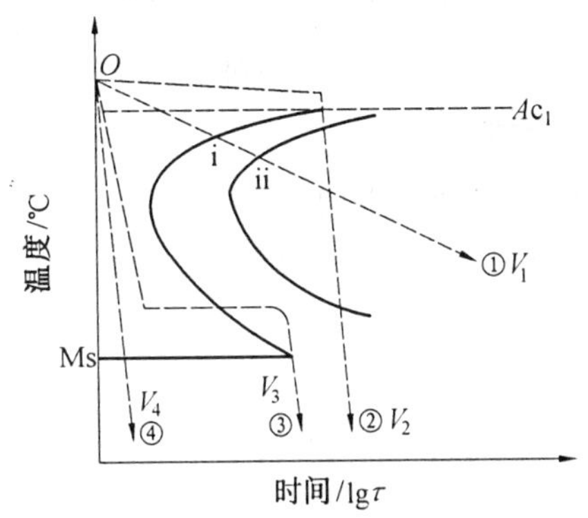

例题图 4.1 C 曲线的应用

分析 本题旨在检查是否正确掌握利用 C 曲线来近似分析不同热处理工艺(冷却)条件下获得转变产物(组织)的方法。

冷却速度①(V_1)条件下，由于冷速缓慢，当缓冷至点 i 时，A′开始转变为 A′＋P 组织，继续缓冷至点 ii 以下时，即会得到全部 P 组织。

冷却速度②(V_2)，表面上观察该冷却速度曲线似乎已经切割了 C 曲线。但仔细分析，在临界点以上的那一段缓慢冷却实属保温时间，此时该合金的组织仍为稳定 A，它如同仍在左上角 O 点一样，此时 A 并不会发生分解。只有继续快速冷却，当其实际 $V > V_{KC}$时，就一定会获得 M 组织。现可从 O 点作 V_2 的平行线 V_4，并判断其 V_4 是否大于 V_{KC}。很显然此处 $V_4 > V_{KC}$，故 V_2 下最终的组织为 M＋A_R。

在冷却速度③(V_3)曲线的中下方有一水平台阶，它相当于等温冷却，此等温冷却线与 A′等温冷却转变开始线的下半部分相交，说明会产生部分 $B_下$ 转变，继续快速冷却时，剩余的 A′将转变为 M＋A_R。

解答 V_1 条件下最终获得的组织是 P；V_2 是 M＋A_R；V_3 是 $B_下$＋M＋A_R。

归纳 初学者易产生的错误可概括为：V_3，只获得 $B_下$；V_2 下，获得 P 或 P＋M。它说明仅仅从形式上认识冷却速度曲线与 C 曲线的关系是远远不够的。对于 V_2，开始的近乎水平似的冷却可看成是保温，因而就如同过 O 点做一条平行于 V_2 的线段，就很容易看出只能会得到 M＋A_R 组织。对于 V_3，当 A′在等温冷却阶段仅仅有部分转变为 $B_下$，继续快速冷却时尚未转变的 A′随即又转变为 M＋A_R，这里的关键是应明确钢的冷却转变实质上是 A′的转变，当 A′遇到第一条 C 字时即开始发生 $B_下$ 转变，但还未与第二条 C 字相遇，这说明仍有部分 A′，因而在快速冷却时会继续转变。

该题所反映出来的问题是大多数初学者都会遇到的普遍性问题，它说明对于 C、CCT 曲线的含义(物理意义)还没有真正搞清。另外，冷却速度曲线与不同的热处理工艺相对应，掌握它更具有实际应用上的意义。这亦需要引起学习者足够重视。

思考 若要获得 $T+M+A_R$ 组织，请在图中绘出所选择的相应冷却速度曲线？

【例题 4.2】 在分析共析钢的正火作用时，应根据 C 曲线、CCT 曲线还是 $Fe-Fe_3C$ 相图？

分析 本题旨在检查正火的定义是否真正理解。所谓正火，即把钢件加热至 Ac_3 或 Ac_{cm} 以上，经一定时间保温后取出空冷，以期获得索氏体组织的一种热处理工艺操作。从定义的叙述中，可体会到正火包含加热过程，保温，冷却过程。加热，就需要确定具体的加热温度范围，这就需要借助于变化了的 $Fe-Fe_3C$ 相图；冷却过程是在空气中进行的，那就需要根据 CCT 曲线来分析了，但由于 C 曲线和 CCT 曲线存有共同的理论基础，如果手头没有 CCT 曲线(因其测定较困难)，因而可根据 C 曲线近似地估计正火连续冷却时的转变产物。

解答 在分析共析钢的正火作用时，确定正火的加热温度范围时应依据变化了的 $Fe-Fe_3C$ 相图；当判断正火的冷却组织时则应依据 CCT 曲线来分析。

若查不到有关 CCT 曲线的资料时，则可利用 C 曲线近似地估计正火冷却时的组织。

归纳 正火的定义可能人人都会背，但深入理解正火的作用并非易事，决不能只知其一就算了事。既要考虑加热温度范围，又要分析冷却过程中的变化，还要与该钢的 C、CCT 曲线结合起来综合考虑。对于其他的热处理工艺亦是一样。

思考 试根据教材图 4.22，判断 V_1、V_2、V_3、V_4、V_5 冷却速度下，分别将获得何种类型的组织呢？

4.3.3 钢的淬透性(The hardenability of steel)

淬透性是钢的主要热处理工艺性能，它对合理选材及正确制定热处理工艺，具有十分重要的意义。

1. 有关淬透性的概念

所谓淬透性系指钢在淬火时获得淬透层深度的能力，是钢材本身固有的属性，其大小通常以规定条件(指规定尺寸和形状的钢试样，在规定的淬火冷却条件下淬火)**下淬透层的深度来表示**。规定条件下淬火后钢的淬透层越深，表明其淬透性越好。对于结构钢，一般规定由钢件表面到半马氏体区(即 50%区域 M 组织)的垂直距离为淬透层深度。

应注意，**钢的淬透性和淬硬性是两个完全不同的概念**。钢的淬硬性是指钢在淬火后能达到的最高硬度，即钢在淬火时的硬化能力，它主要取决于马氏体的碳含量。同时还应**注意把钢的淬透性与具体淬火条件下的淬透层深度区别开来**。在规定条件下，同种钢其淬透性应是相同的。由于同种钢在相同 A 化条件下，水淬比油淬的淬透层深，小件比大件的淬透层深。但决不能说成是，同种钢水淬比油淬的淬透性好，小件比大件的淬透性好。谈淬透性，必须排除工件尺寸、形状及介质的冷却能力等淬火条件的影响。

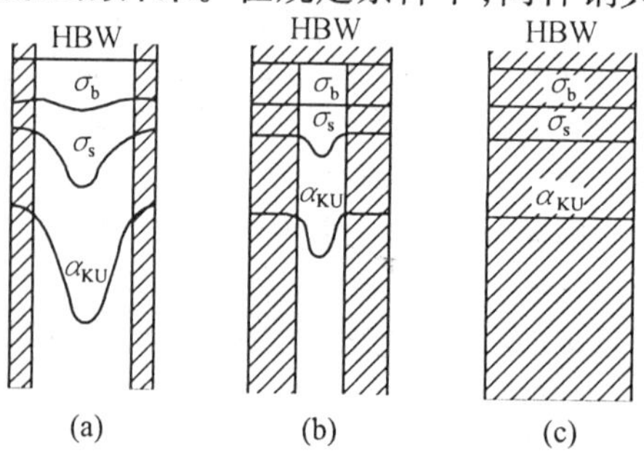

图 4.38 淬透性不同钢在调质处理后力学性能对比

2. 淬透性对钢力学性能的影响

钢的淬透性直接影响其热处理后的力学性能。图 4.38 所示为淬透性不同的三种钢材，经调质处理后其力学性能的比较。由图可知，三种钢的硬度虽然相同，但淬透性低的钢，心部的力学性能低、特别是冲击韧度 a_K 值更低，截面越大其影响越显著。

这是因为淬透性高的钢，经调质处理后组织由表及里均为 $S_{回}$，其中碳化物呈粒状分布，具有较高韧性。而未淬透的钢，其心部组织为片状 P 型(S 或 P)，所以韧性较低。此外，淬火组织中 M 量多少还会影响钢的屈强比(σ_s/σ_b)和疲劳强度(σ_{-1})。M 量越多，σ_s/σ_b值越高。对于不允许出现塑性变形的工件，一般都希望σ_s/σ_b 高些，以尽量提高材料强度的利用率。M 量越多，则钢回火后的 σ_{-1}也越高。

3. 影响淬透性的因素

钢的淬透性由 V_{KC}决定。V_{KC}越小，即奥氏体越稳定，则淬透性越好。因此，凡是影响奥氏体稳定性的因素，均影响钢的淬透性。

(1)化学成分

除 Co 外，大多数 Me 溶入奥氏体后，降低 V_{KC}，使 C 曲线右移，提高钢的淬透性。**在正常淬火条件下**，亚共析碳钢随碳含量增加其 V_{KC}降低、淬透性增大；过共析碳钢随碳含量增大其淬透性下降。

(2)奥氏体化条件

奥氏体化温度越高、保温时间越长，则奥氏体晶粒越粗大、成分越均匀，从而减少随后冷却转变的形核率，降低其 V_{KC}，增加淬透性。

4. 淬透性的测定与表示方法

(1)末端淬火法

目前测定钢的淬透性最常用方法是末端淬火法。

GB225—1963 规定，结构钢的末端淬透性试验如图 4.39 所示，其要点是：将标准试样经奥氏体化后，对末端喷水冷却。由于试样末端冷却最快，越往上冷却得越慢，因此沿试样长度方向便能测出各种冷却速度下的不同硬度(对应不同组织)。若从距喷水冷却的末端 1.5mm 处每隔 1.5mm 测一硬度点，则最后绘成如图(b)示的被试钢种的淬透性曲线。由(b)图可见，45 钢比 40Cr 钢硬度下降得快，故 40Cr 比 45 钢的淬透性好。图中(c)为钢的半 M 区硬度与钢中 C 质量分数的关系。利用图(b)与(c)可找出相应的钢半 M 区至水冷端的距离。该距离越大，钢的淬透性便越大。

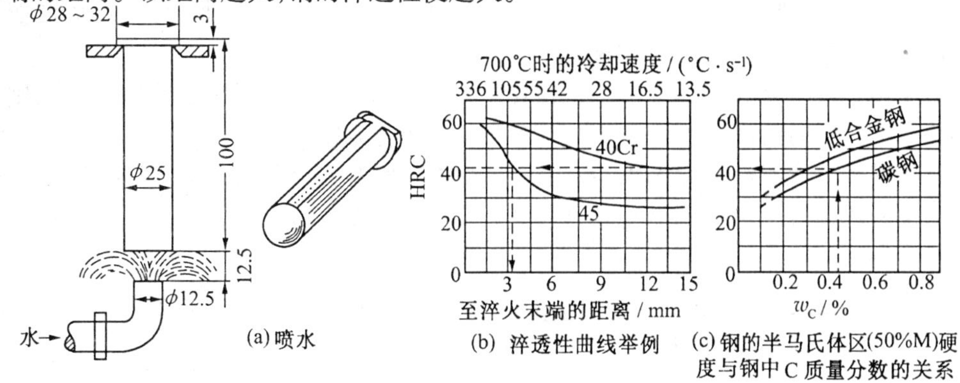

图 4.39 末端淬火法

钢的淬透性值用 $J\frac{HRC}{d}$ 表示，其中 J 表示末端淬火的淬透性，d 表示距水冷端的距离，HRC 为该处测得的硬度值。例如 $J\frac{42}{5}$ 表示距淬火末端 5mm 处试样的硬度值为 42HRC。

(2)临界直径(D_0)法

它是一种直观衡量淬透性的方法。即将同一种钢的不同直径的圆棒加热至单相奥氏体区，然后在同一种淬火介质中冷却，测出其能全部淬成 M 组织的最大直径，用 D_0 表示，如图 4.40 所示。显然，同一钢种在冷却能力大的介质中，比在冷却能力小的介质中所得的 D_0 要大。但在同一冷却介质中，钢的 D_0 越大，则其淬透性越好。表 4.8 为几种常用钢的 D_0。

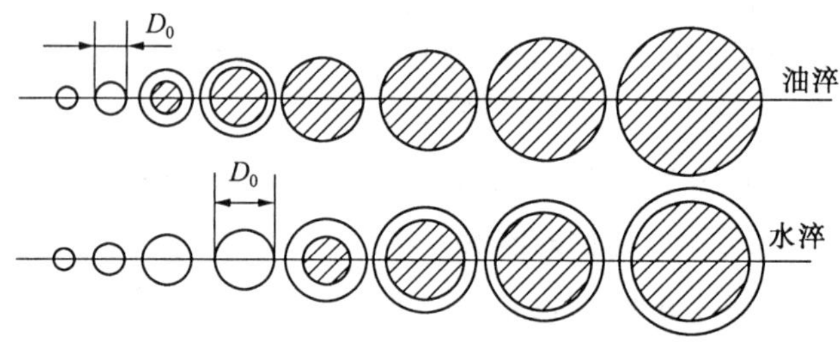

图 4.40 不同截面的钢淬火时淬硬层深度的变化（D_0 为获得全部 M 的最大直径）

表 4.8 部分常用钢的临界淬透直径 D_0/mm 值

钢号	$D_{0水}$	$D_{0油}$	钢号	$D_{0水}$	$D_{0油}$	钢号	$D_{0水}$	$D_{0油}$
65Mn	25 ~ 30	17 ~ 25	20CrMnTi	22 ~ 35	15 ~ 24	30CrMnSi	40 ~ 50	23 ~ 40
60Si2Mn	55 ~ 62	32 ~ 46	18Cr2Ni4W	–	~ 200	38CrMoAlA	100	80
45	13 ~ 17	5.5 ~ 9.5	40Mn	12 ~ 18	7 ~ 12	40CrNiMo	–	~ 75
60	12 ~ 17	6 ~ 12	40Cr	30 ~ 38	19 ~ 28	GCr15	–	30 ~ 35
T10	10 ~ 15	6 ~ 8	40MnB	50 ~ 55	28 ~ 40	Cr12	–	200
20Cr	12 ~ 19	6 ~ 12	35CrMo	36 ~ 42	20 ~ 28	50CrVA	55 ~ 62	32 ~ 40

5. 淬透性的实际意义

力学性能是机械设计中选材的主要依据，而钢的淬透性又会直接影响热处理后的力学性能。因此选材时，必须对钢的淬透性有充分了解。

对于截面尺寸较大和在动载荷下工作的许多重要零件，以及承受拉和压应力的联结螺栓、拉杆、锻模、锤杆等重要零件，常常要求零件的表面与心部力学性能一致，此时应选用高淬透性的钢制造、并要求全部淬透。

对于承受弯曲或扭转载荷的轴类、齿轮类零件，其表面受力最大、心部受力最小，则可选用淬透性较低的钢种，只要求淬透层深度为工件半径或厚度的 1/2 ~ 1/3 即可。

对于某些工件不可选用淬透性高的钢。例如焊件，若选用高淬透性钢，易在焊缝热影响区内出现淬火组织，造成焊件变形和裂纹。又如承受强力冲击和复杂应力的冷镦凸模，其工作部分常因全部淬硬而脆断。

总之应具体问题具体分析，绝不能认为一切工件都要求钢的淬透性越高越好，否则除浪费材料外，还会产生适得其反的效果。

4.4 材料的表面强化
Surface Hardening of Materials

在实际生产中,有不少零件(如齿轮、凸轮、曲轴、活塞销等)是在弯曲、扭转等循环载荷、冲击载荷以及摩擦条件下工作的。它们要求其表面具有高硬度与高耐磨性,而心部又必须具备足够塑、韧性,即“表硬内韧”。满足这些性能要求的正确途径就是采用**表面强化技术**。其中以**表面淬火**和**化学热处理**等方法应用最为普遍,而高能束、气相沉积等高新技术近年来正在被越来越广泛地应用于材料表面强化,在国民经济各个领域收到日益明显的经济效益。

4.4.1 表面强化概述(Introduction of surface hardening)

表面强化技术定义为增强材料表面强度、硬度、耐磨性、耐蚀性、物理性能以及美观等表面处理方法的总称,它包括机械的、物理的、化学的以及物理化学的一系列表面强化处理方法,其主要目的在于增强材料的使用性能。

按其工艺特点可分为如下 6 类:

①表面冶金强化(它包括堆焊、热喷涂、激光重熔等);

②表面形变(机械)强化(它包括喷丸、滚压、挤压等);

③表面热处理强化(它包括表面淬火、化学热处理等);

④表面薄膜强化(它包括电镀、电刷镀、气相沉积、化学镀等);

⑤表面非金属化处理(它包括喷塑、粘涂、涂装等);

⑥高能束(密度)表面强化(它包括电子束、离子束、激光束等)。

以下仅简要介绍表面淬火、化学热处理技术等。

4.4.2 表面淬火(Surface quenching)

钢的表面淬火是将工件表面快速加热到淬火温度,在热量尚未传到心部时立即迅速冷却,使工件表面得到一定深度的淬硬层,而心部仍保持未淬火状态的一种局部淬火方法。

钢经表面淬火后,其表层组织为极细马氏体(隐晶 M),而心部则为原始组织,一般为回火索氏体或正火索氏体。

表面淬火方法很多,当前工业中广泛应用的有感应加热表面淬火法、激光加热表面淬火法、火焰加热表面淬火法等。

1. 感应加热表面淬火

感应加热表面淬火是采用一定方法使工件表面产生一定频率的感应电流,将工件表面迅速加热然后快速冷却的一种热处理工艺操作。

(1)感应加热的基本原理

如图 4.41 所示,把工件放入由空心铜管绕成的感应器线圈中,感应器中通入一定频率的交流电以产生交变磁场，于是工件内就会产生频率相同、方向相反的**感生电流**。这种感生电流在工件中的分布是不均匀的，主要集中在表面层。越靠近表面、电流密度越大。频率越高，电流集中的表面层越薄，这种现象称为**集肤效应**。

在淬火温度状态下，电流透入的深度与感应电流的频率有关，其关系如下

$$\delta = \frac{500 \sim 600}{\sqrt{f}}$$

式中，δ 为感应电流透入深度，mm；f 为电流频率，Hz。

(2)感应加热的分类

工作电流频率及应用如表 4.9 所示。

表 4.9　感应加热种类、工作电流频率及应用范围

感应加热类型	工作电流频率	淬硬层深度/mm	应　用　范　围
高频感应加热	100 ~ 1000kHz （常用 200 ~ 300kHz）	0.2 ~ 2	中小型零件，如小模数齿轮（m < 3），中小轴，机床导轨等
超音频感应加热	20 ~ 70kHz （常用 30 ~ 40kHz）	2.5 ~ 3.5	中小型零件，如中小模数齿轮（m = 3 ~ 6），花键轴，曲轴，凸轮轴等
中频感应加热	500 ~ 10000Hz （常用 2500 ~ 8000Hz）	2 ~ 10	大中模数齿轮（m = 8 ~ 12），大直径轴类，机床导轨等
工频感应加热	50Hz	10 ~ 20	大型零件，如直径 > 300mm 的轧辊，火车车轮，柱塞等

(3)感应加热表面淬火的特点

与普通加热淬火相比，感应加热表面淬火有以下特点。

①**感应加热速度极快**　一般只需几秒至几十秒时间就可使工件达淬火温度。由于快速加热，使相变临界点（Ac_1、Ac_3）升高，转变温度范围扩大但转变所需时间缩短。

②**工件表层获得极细小的 M（称隐晶 M）组织**　使工件表层具有比普通淬火稍高的硬度（高 2 ~ 3HRC）且脆性较低。由于表层淬火时 M 体积膨胀，使工件表层存在残余压应力，因而具有较高的疲劳强度。

③**工件表面质量好**　由于快速加热，工件表面不易氧化、脱碳，且淬火时工件变形小。

④**生产效率高**　便于实现机械化、自动化。淬硬层深度也易于控制。

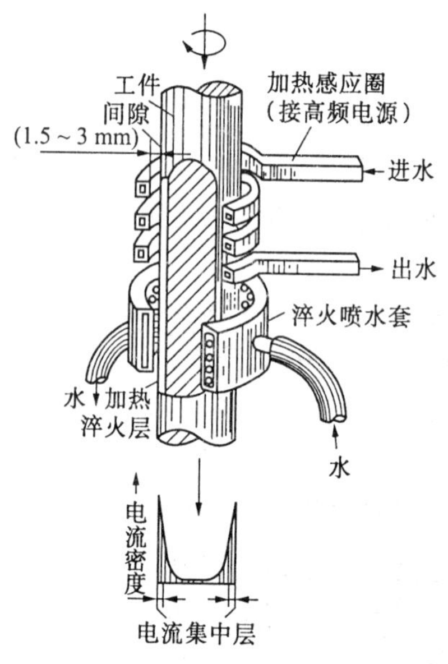

图 4.41　感应加热表面淬火示意图

上述特点使感应加热表面淬火在工业上获得日益广泛的应用。但其缺点是工艺设备较

贵，维修调整困难，对于形状复杂的零件的感应器不易制造等。

(4)感应加热表面淬火用钢及加工工艺路线

用作表面淬火最适宜的钢种是中碳钢和中碳合金钢，如45、40Cr、40MnB等。若碳质量分数过高，会增加淬透层脆性，降低心部塑、韧性，并增加淬火开裂倾向。若碳质量分数过低，会降低零件表面淬硬层的硬度与耐磨性。在某些条件下，感应加热表面淬火也应用于高碳工具钢、低合金工具钢及铸铁等工件。

感应加热表面淬火零件的典型加工工艺路线如下：下料→锻造→退火或正火→粗加工→调质或正火→精加工→感应加热表面淬火+低温回火→精磨→时效(100~150℃、10~15h加热，以稳定工件尺寸，消除内应力)→精磨→成品。

应注意三点：

①感应加热表面淬火零件的预先热处理有调质和正火两种，调质处理后工件的力学性能比正火的好。然而当心部性能要求不高时，一般可采用正火作为预先热处理。

②感应加热表面淬火后工件必须随即进行低温回火。低温回火一般在170~200℃左右炉中进行，也可采用“自回火”方式，即当淬火冷至200℃时停止喷水，利用工件中的余热传到表面而达到回火目的。

③零件经感应加热表面淬火+低温回火后，其表层组织为$M_{回}$，心部组织为$S_{回}$(调质)或F+S(正火)。

2. 火焰加热表面淬火

如图4.42所示，将乙炔-氧或煤气-氧的混合气体燃烧的火焰喷射到工件表面，使表面快速加热至奥氏体区，立即喷水冷却，使表面淬硬的工艺。淬硬层深度一般为2~6mm。此法简便，无须特殊设备，适用于单件或小批量生产的各种零件，如轧钢机齿轮、轧辊，矿山机械的齿轮、轴，机床导轨和齿轮等。缺点是要求熟练工操作，否则加热不均匀，质量不稳定。

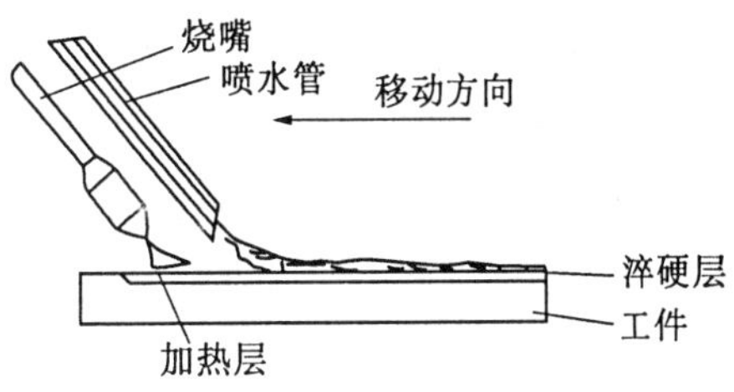

图4.42 火焰加热表面淬火示意图

4.4.3 化学热处理(Diffusion methods of surface hardening)

所谓化学热处理，是将工件置于某种化学介质中，通过加热、保温和冷却使介质中某些元素渗入工件表面以改变工件表面层的化学成分和组织，从而使其表面具有与心部不同的特殊性能的一种工艺操作。

与上述表面淬火相比较，**化学热处理的主要特点是工件表面层不仅有组织的变化，而且有化学成分的变化。**

化学热处理的方法较多，由于渗入的元素不同，会使工件表面具有不同性能。例如渗碳、碳氮共渗可提高钢的硬度、耐磨性及疲劳强度；氮化、渗硼、渗铬使工件表面特别硬，显著提高耐磨性和耐蚀性；渗铝可提高耐热性和抗氧化性；渗硫可提高减摩性；渗硅可提高耐酸性等。可根据工件的工作条件和对性能的要求，选用不同的工艺方法。

1. 化学热处理的基本过程

无论哪种化学热处理,元素渗入零件表面层均由分解、吸收和扩散这三个基本过程所组成。

①介质的分解　在化学热处理过程中,只有活性原子才能为工件表面所吸收。化学介质在一定温度下,分解生成活性原子。例如渗碳时 CO 或 CH_4,分解出活性[C]原子

$$2CO \rightarrow CO_2 + [C], CH_4 \rightarrow 2H_2 + [C], CO + H_2 \rightarrow [C] + H_2O$$

又如渗氮时由 NH_3 分解而析出活性[N]原子

$$2NH_3 \rightarrow [N] + 3H_2$$

②工件表面的吸收　分解出来的活性原子由零件表面进入铁晶格的过程,其必要条件就是渗入元素在基体金属中有较大的可溶性。当超过溶解度后还会形成化合物。

③原子扩散过程　溶入元素的原子在浓度梯度的作用下由表及里扩散,形成一定厚度的扩散层。

2. 渗碳

所谓渗碳是将工件放入渗碳气氛中,并在 900～950℃的温度下加热、保温,使其表面层增碳的一种工艺操作。因此渗碳是向钢的表面层渗入碳原子的过程,其目的是使工件在继续经过相应热处理后表面具有高硬度和耐磨性,而心部仍保持一定的强度和较高的韧性。齿轮、活塞销等零件常采用渗碳处理。

(1)渗碳方法

根据渗碳剂的不同,渗碳方法分为固体渗碳、气体渗碳、真空渗碳等。

①固体渗碳法　将工件置于四周填满固体渗碳剂的箱中,用盖和耐火泥将箱密封后,送入箱式电炉中加热至渗碳温度(900～950℃),保温一定时间使工件表面增碳。常用的固体渗碳剂是碳粉和碳酸盐($BaCO_3$ 或 Na_2CO_3 等)混合物。此法的优点是操作简单,设备费用低,大、小零件都可用;缺点是渗速慢,生产效率低,劳动条件差,渗碳后不易直接淬火。

②**气体渗碳法**　它是将工件置于特制的井式渗碳炉中,并在高温(900～950℃)渗碳气氛中进行加热、保温,使工件表面层增碳的过程,如图 4.43 所示。常用的气体渗碳剂是裂化混合气体(天然气或煤气等)和有机液体(煤油、苯、甲醇、丙酮等)在高温下裂解成渗碳气氛。此法的优点是生产效率高,渗层质量好,劳动强度低,便于直接淬火。缺点是碳量及渗层深度不易精确控制,电力消耗大等。

③**真空渗碳法**　它是将零件放入特制的真空渗碳炉中,先抽真空使之达一定真空度,然后将炉温升至渗碳温度,再通入一定量的渗碳气体进行渗碳。由于渗碳炉中无氧化性气体等其他不纯物质,零件表面无吸附的气体,因而表面活性大,通入渗碳气体后,渗碳速度快,渗碳时间约为气体渗碳的 1/3,而且表面光亮。

(2)渗碳用钢、渗碳层的组织及热处理

渗碳用钢为低碳钢和低碳合金钢,C 质量分数一般为 0.1%～0.25%。C 质量分数提高,将降低工件心部的韧性。

工件渗碳后其表层碳含量通常在 0.8%～1.1%范围,由表及里 C 质量分数逐渐降低、直至原始碳质量分数。因此工件渗碳后缓冷至室温组织由表面向中心依次为过共析

($P+Fe_3C_{II}$网)组织、共析(P)组织、过渡区亚共析(P + F)组织与原始亚共析(F + P)组织(如图 4.44 所示)。对于碳钢,以从表面到过渡区亚共析组织一半处的深度作为渗碳层深度;对于合金钢,则把从表面至过渡区亚共析组织终止处的深度作为渗碳层深度。

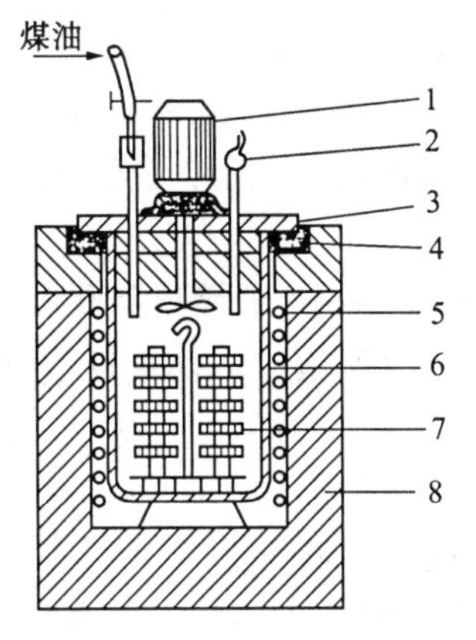

图 4.43　气体渗碳法示意图

1—风扇电动机;2—废气火焰;3—炉盖;4—砂封;5—电阻丝;6—耐热罐 7—零件;8—炉体

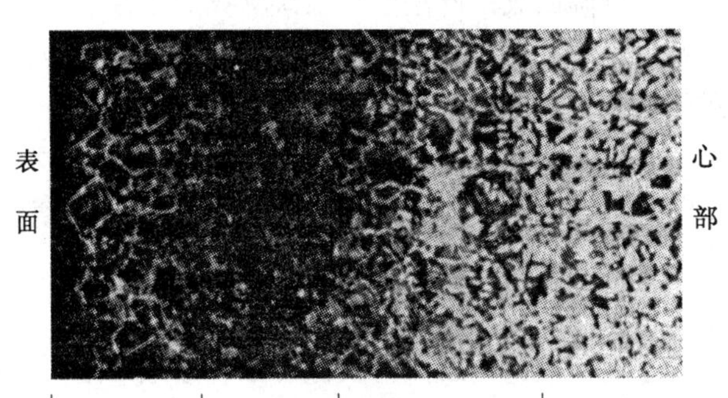

图 4.44　低碳钢渗碳缓冷后的组织

工件渗碳后必须进行适当的热处理,即淬火并低温回火,方能达到性能要求。渗碳件的热处理工艺有三种,如图 4.45 所示。

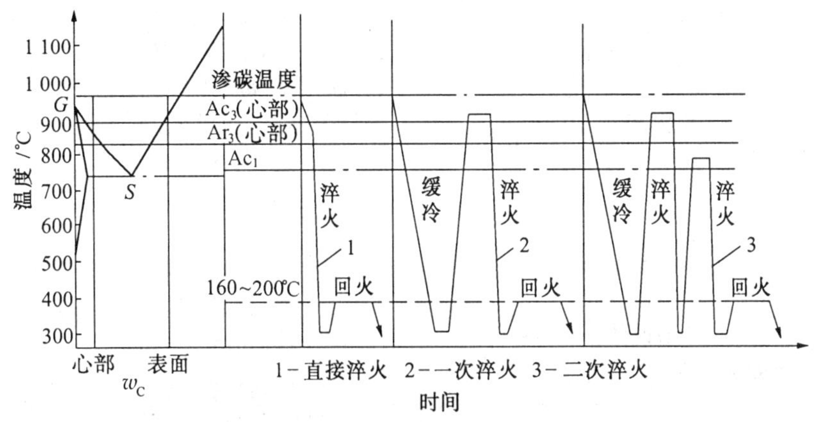

图 4.45　渗碳后常用的热处理工艺曲线

①**直接淬火法**　先将渗碳件自渗碳温度预冷至某一温度(一般为 850 ~ 880℃),立即淬入水或油中,然后在 160 ~ 200℃进行低温回火。此方法最简便,可降低成本,提高生产率,且淬火变形小。但由于渗碳时工件在高温下长时间保温,奥氏体晶粒易粗大,影响淬火后工件的性能,故只适用于过热倾向小(如 20CrMnTi)的本质细晶粒钢或性能要求较低的零件。

②**一次淬火法**　工件渗碳后出炉缓冷,然后再重新加热至 830 ~ 860℃进行淬火、低温回火。由于工件在重新加热时奥氏体晶粒得到细化,因而可提高钢的力学性能。此法应

用比较广泛。

③二次淬火法　工件渗碳缓冷后两次加热淬火：第一次淬火的目的是细化工件心部晶粒和消除表层中的网状碳化物，加热温度约在 850～900℃之间；第二次淬火是使工件表面渗层获得细片状 M 和均匀分布的粒状碳化物，加热温度约在 760～830℃之间。淬火后要进行低温回火。此法由于二次淬火后工件表层与心部组织均被细化，从而获得较好力学性能。但该工艺复杂、成本高，而且工件经反复加热、冷却易产生变形与开裂。故仅应用于少数对性能要求特别高的工件。

渗碳件经淬火并低温回火处理后，表层组织为 $M_{回}+C_{m_{粒}}+Ar$(少量)，其硬度为 58～64HRC；心部淬透时组织为低碳 $M_{回}+F$(少量)，硬度为 35～45HRC（心部未淬透时，其组织为 F+P，硬度相当于 10～15HRC）。

渗碳件的一般加工工艺路线为

下料→锻造→正火→机械加工→渗碳→淬火＋低温回火→精加工

氮化（渗氮）、碳氮共渗与渗碳等化学热处理的特点及应用比较如表 4.10 所示。

表 4.10　常用化学热处理的特点及应用比较

渗入元素	工艺方法	渗层组织	渗层厚度/mm	表面硬度	作用与特点	应　用
C	渗碳	淬火后为碳化物、马氏体、残余奥氏体	0.3～1.6	57～63HRC	提高表面硬度、耐磨性、疲劳强度，渗碳温度(930℃)较高，工件变形较大	常用于低碳钢、低碳合金钢、热作模具钢制作的齿轮、轴、活塞、销、链条等
N	渗氮	合金氮化物、含氮固溶体	0.1～0.6	560～1100HV	提高表面硬度、耐磨性、疲劳强度、抗蚀性、抗回火软化能力，渗氮温度(550～570℃)较低，工件畸变小，渗层脆性大	常用于含铝低合金钢、含铬中碳低合金钢、热作模具钢、不锈钢制作的齿轮、轴、镗杆、量具等
C、N	碳氮共渗	淬火后为碳氮化合物、含氮马氏体、残余奥氏体	0.25～0.6	58～63HRC	提高表面硬度、耐磨性、疲劳强度、抗蚀性、抗回火软化能力，工件畸变小，渗层脆性大	常用于低碳钢、低碳合金钢、热作模具钢制作的齿轮、轴、活塞、销、链条等
N、C	氮碳共渗	氮碳化合物、含氮固溶体	0.007～0.020	500～1 100HV	提高表面硬度、耐磨性、疲劳强度、抗蚀性、抗回火软化能力，工件畸变小，渗层脆性大	常用于低碳钢、低碳合金钢、热作模具钢制作的齿轮、轴、活塞、销、链条等

4.5　钢的合金化与微合金化
Alloying and Micro-Alloying of Steels

钢材是现今工业生产中广泛使用的金属材料，其中非合金钢由于价格低廉，生产加工方便，所以在工业上应用最为广泛，占钢材总量的80%以上。其主要缺点是：

①**淬透性低** 对于直径>20~25mm的零件，水冷也不可能淬透。因此，使零件截面性能不均匀，且快速淬火会导致零件产生变形或开裂。

②**强度和屈强比低** 致使工程构件和设备笨重，强度的有效利用率低。如碳钢的$\sigma_s/\sigma_b=0.5\sim0.6$，合金钢为$0.8\sim0.9$。Q235钢的$\sigma_s\geqslant235$MPa，16Mn钢的$\sigma_s\geqslant360$MPa；

③**回火稳定性差** 不易获得优良的综合力学性能；

④**不能满足特殊性能要求** 如耐热性、耐磨性、耐蚀性等。

合金钢是在非合金钢的基础上发展起来的，有意识地向非合金钢中加入某些合金元素(Me)，加入Me之后改变了钢的内部组织。

4.5.1 合金元素对钢平衡组织与力学性能的影响(The effect of alloying elements on the equilibrium microstructure and mechanical properties of steel)

1. 钢中的合金元素(Me)

(1)钢中常存杂质元素

钢中常存杂质元素主要指Si、Mn、S、P、O、H、N等，它们是在冶炼时由所用原料、燃料、耐火材料带入的，或由冶炼方法和工艺操作等的影响由大气进入钢中或脱氧时残留于钢中，它们的存在会对钢的质量产生严重影响。

S和P在钢中都是有害元素，S**产生热脆性**，在热变形加工时导致钢材脆性开裂；P**可产生冷脆性**，会显著降低钢的塑韧性。因此其在钢中的含量均有严格控制。

气体N，室温下其在F中的溶解度很低，钢中过饱和N在常温放置过程中会以铁氮化合物(Fe_2N、Fe_4N)形式析出而使钢变脆(称为**时效脆化**)；**O在钢中主要以氧化物夹杂形式存在**，其与基体的结合力弱而不易变形，所以成为疲劳裂纹源；H在钢中的溶解度很低(常温下)，钢中当H以原子态溶解时**易引起氢脆**而降低钢的韧性，当H在内部缺陷处以分子态析出时将产生很高内压而形成微裂纹(其内壁为白色，故称**白点或发裂**)。

(2)Me在钢中的存在形式

通常有5种存在形式：①溶于固溶体(γ,α)中；②形成合金渗碳体或各种碳、氮化物；③一些Me间彼此作用形成金属间化合物，如FeSi、Ni_3Al、Fe_2W等；④一些Me与钢中的氧、氮、硫形成简单的或复合的非金属夹杂物(如$FeO\cdot Al_2O_3$、AlN、$SO_2\cdot M_xO_y$、MnS等)，会降低钢的质量；⑤有的Me，如Cu和Pb，常以游离状态存在。

应当说明，并非Me加入钢中就能发挥预期作用，即使同一Me存在于不同相中，所起的作用也是不同的。因此，应视Me在钢中的存在形式及分布状况来决定。

(3)Me与碳的相互作用

按Me与碳的作用可将Me分成两类：一类是非碳化物形成元素，如Al、Cu、Si、Ni、Co等，它们大都溶于铁素体或奥氏体，或形成其他类型的化合物而不单独形成碳化物。另一类是**碳化物形成元素**，根据合金元素与碳的亲和力的强弱，**由弱到强的顺序为**Fe、Mn、Cr、Mo、W、V、Nb、Zr、Ti等，其中Fe、Mn**等称为弱碳化物形成元素**，Cr、Mo、W**等称为中强碳化物形成元素**，**而**V、Nb、Zr、Ti**等则称为强碳化物形成元素**。

2. Me 对钢中基本相的影响

Me 加入钢中后，当加入量不是很多时，在退火状态下其影响主要是通过对铁素体与碳化物的作用而表现出来，当加入 Me 多时还有金属化合物如 FeCr，Ni_3Al 等。

(1)形成合金铁素体

大部分 Me 加入钢中后都能溶入铁素体而形成合金铁素体，从而使铁素体的强度及硬度提高。其中与 $\alpha-Fe$ 晶格不同的 Mn、Si、Ni 等强化铁素体的作用比 Cr、W、Mo 等与 $\alpha-Fe$ 晶格相同的元素要大。除 Ni（$w_{Ni} \leqslant 5\%$）、Mn（$w_{Mn} \leqslant 1.5\%$）、Cr（$w_{Cr} \leqslant 2\%$）在一定范围内可提高铁素体韧性外，一般 Me 都会使铁素体的韧性降低，如图4.46 所示。

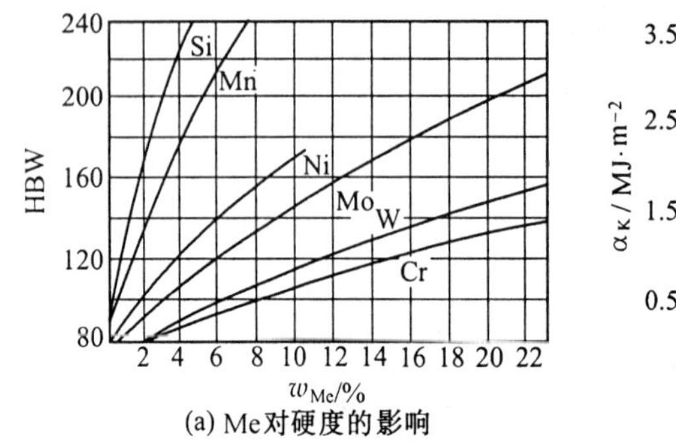

(a) Me对硬度的影响

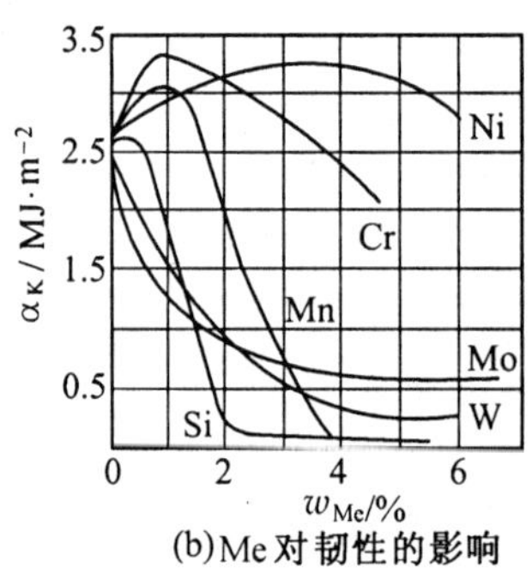

(b)Me 对韧性的影响

图 4.46 Me 对铁素体性能的影响

(2)形成合金碳化物

①**合金渗碳体** 弱碳化物形成元素 Mn，含量较多时或中强碳化物形成元素 Cr、W、Mo 含量不多时，一般都可溶于渗碳体，形成合金渗碳体，例如，$(Fe、Mn)_3C$、$(Fe、Cr)_3C$、$(Fe、W)_3C$ 等。

合金渗碳体[通式为$(Fe,Me)_3C$]，由于 Me 固溶而使其硬度、稳定性及熔点等均有所提高。因此，合金渗碳体较渗碳体难溶于奥氏体、难聚集长大，可提高钢的硬度、强度和耐磨性等，是一般低合金钢中存在的主要碳化物。

②**特殊碳化物** 中强碳化物形成元素 Cr、W、Mo 等与 C 可形成如 $Cr_{23}C_6$、Cr_7C_3、W_2C、Mo_2C 等特殊碳化物，它们属于具有复杂晶格的间隙化合物。

而强碳化物形成元素 V、Nb、Ti 等与 C 可形成如 VC、NbC、TiC 等熔点极高，硬度极高的特殊碳化物，它们属于间隙相。

总之，这类强、中强碳化物形成元素均可形成均匀分布、细小颗粒状的特殊碳化物，其稳定性更高，具有更高的熔点与硬度，难溶于奥氏体中，难于聚集长大，随其数量增多，使钢的硬度、强度增大，耐磨性增加，而塑、韧性下降。

当这类碳化物大小不一、分布不均匀时，会使钢的脆性显著增加，故对于高合金工具钢必须采用较大的锻造比和适当的热处理工艺（如球化退火），来调整碳化物形态、大小和分布，以期获得均匀、细小的粒状碳化物，降低钢的脆性。

3. Me 对 $Fe-Fe_3C$ 相图的影响

Me 对钢平衡组织的影响是由于 Me 加入铁碳合金中后，使 $Fe-Fe_3C$ 相图发生改变，主要是奥氏体转变温度(A_1、A_3 及 Ac_m)及共析点 S 和 E 点的位置发生了变化。

如 Mn、Ni、N 等元素的加入,使 A_1、A_3 点下降。当钢中加入大量的扩大 γ 区的元素时,可使 A_3 点降至室温,因而可在室温下获得单一的奥氏体组织,如 ZGMn13 耐磨钢。图 4.47(a)为 Mn 元素对 γ 相区的影响。

如 Cr、W、Mo、Si、V、Ti、Al、B、Zr、Nb、Be、P 等元素加入钢中后,能使 A_4 线下降,A_3 与 A_1 点上升。当上述 Me 质量分数很高时,可使合金在高温和室温均为稳定的铁素体组织,如 1Cr17 铁素体不锈钢。图 4.47(b)为 Cr 元素对 γ 相区的影响。

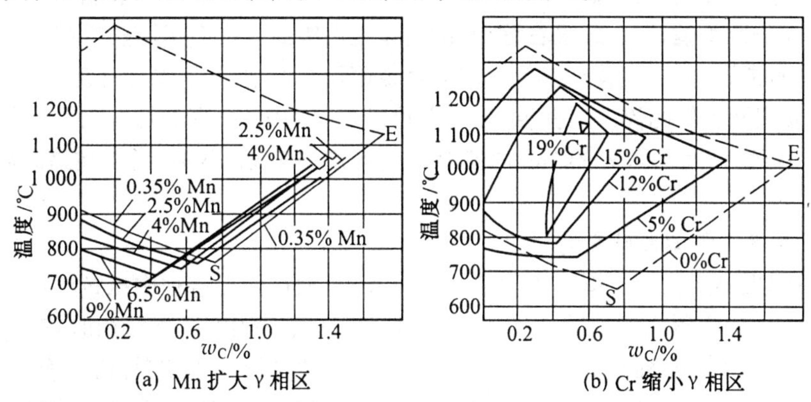

(a) Mn 扩大 γ 相区　　(b) Cr 缩小 γ 相区

图 4.47　合金元素对 Fe－Fe_3C 相图 γ 相区的影响

可以看出,**Me 加入钢中均使 S 与 E 点左移**。S 点左移,意味着共析碳钢中碳的质量分数不再是 0.77%,而小于 0.77%。这就使原亚共析钢,加入 Me 后,变成共析钢或过共析钢了。例如,$w_C = 0.4\%$ 的碳钢是亚共析钢,但加入质量分数 13% 的 Cr 元素后,则成为过共析钢,如 4Cr13 不锈钢;E 点左移,使 $w_C < 2.11\%$ 的合金钢中出现共晶组织(即莱氏体),如 W18Cr4V 高速钢(其 E 点 $w_C = 0.7\%$)。

4.5.2　合金元素对钢热处理与力学性能的影响(The effect of alloying elements on the heat treatment and mechanical properties of steel)

1. 合金元素(Me)对正火态钢力学性能的影响

Me 对正火态钢力学性能的影响比退火态(近似平衡组织)显著增大,这是因为大部分合金元素提高了钢的过冷奥氏体的稳定性,使合金钢空冷即可得到索氏体、托氏体、贝氏体甚至马氏体组织。

应说明的是,正火态性能仍明显低于淬火 + 回火状态,它并不能充分发挥合金元素在钢中作用。因此只有在某些特定条件下,如对淬透性小的低合金钢或因调质处理不经济、不合理的情况才用正火作为合金钢的最终热处理。

2. 合金元素对淬火 + 回火状态下钢力学性能的影响

Me 对钢力学性能的影响通常只有在淬火 + 回火状态下才能得到充分发挥。这是因为所加入的 Me,通过影响淬火钢回火后的组织,进而影响淬火、回火态钢力学性能的。

(1)Me 对钢加热转变的影响

除 Ni 和 Co 外,大多数合金钢的热处理加热温度(A_1、A_3、Ac_m)都高于同等碳含量的碳钢。同时大多数 Me(除 Mn 外)都不同程度地阻止奥氏体晶粒长大,尤以强碳化物形成元素 Ti、V、Zr、Nb 及 Al 的阻碍作用大,它们在钢中分别形成 TiC、VC、ZrC、NbC 和 AiN 等细微质点,强烈阻止奥氏体晶粒长大并细化奥氏体晶粒,使淬火后获得细小均匀马氏体组织。

(2)Me 对 A′冷却转变的影响

除 Co 外,大多数溶入 A 的 Me,都不同程度地降低 Fe、C 原子的扩散能力,减缓了 A 分解能力,**使 A 稳定性提高,C 曲线右移,使钢的淬透性提高**。合金钢淬透性好,在生产中具有非常重要的指导意义。当淬火时,大多数合金钢可在油中冷却,减少了工件变形开裂倾向,增加了大截面工件的淬透层深度,使之获得沿截面均匀的、高的综合力学性能。

除 Co、Al 外,所有溶入 A 的 Me,均使 M 转变温度(Ms、Mf)下降,使钢在淬火后 Ar 量增加。

(3)Me 对淬火钢回火转变的影响

①**提高回火稳定性**　所谓回火稳定性,系指淬火钢在回火过程中抵抗硬度、强度下降的能力。由于 Me 阻碍原子扩散,促使淬火碳钢在回火过程中组织分解和转变速度减慢,使回火转变的四个阶段推向更高温度,使回火后的硬度降低得比较缓慢,从而提高回火稳定性。因而在淬火回火状态下,与碳钢相比,在回火温度相同条件下,合金钢具有较高的强度和硬度;在保持相同强度、硬度条件下,合金钢回火温度较高、回火时间较长,内应力消除彻底,故塑性、韧性较高。

②**产生二次硬化**　若高合金钢中含 W、Mo、V、Ti 等较强 K 形成元素,在 400℃以上回火时由于析出特别细小、弥散分布的特殊 K(如 VC、Mo_2C、W_2C 等),产生沉淀硬化以及回火冷却时 Ar 转变为 M 而产生二次淬火,使硬度、强度重新升高,直至 500~600℃达最高值,此即二次硬化现象,如图 4.48 所示。二次硬化对高合金工具钢十分重要。

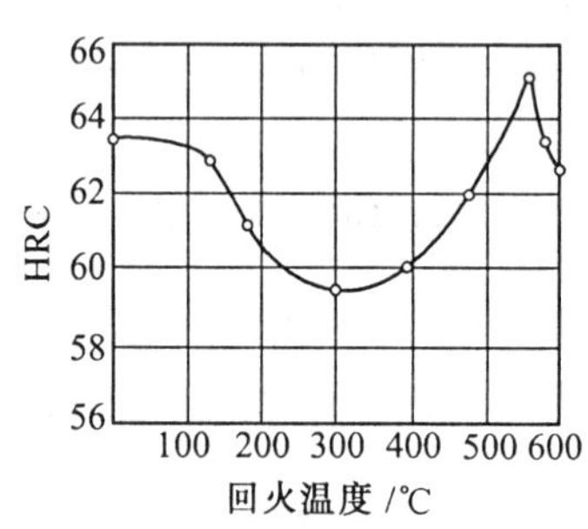

图 4.48　W18Cr4V 钢二次硬化现象

③**产生回火脆性**　Me 对淬火回火后力学性能不利的方面是回火脆性问题,如图 4.30 所示。第一类回火脆性(250~350℃)无论在碳钢或合金钢中均存在。加入 Me 只是使脆性区向高温移动,如 Si 元素影响最为显著。第二类回火脆性(450~650℃),它与某些杂质元素(如 Sb、Sn、As、P 等)在原 A 晶界上严重偏聚或以化合物形式析出有关。而合金钢中含有的 Cr、Mn、Ni 等 Me 会促进杂质元素偏聚且本身也向晶界偏聚,所以严重降低了晶界的强度,呈现脆性。

为防止第二类回火脆性,可采用回火后快冷(在油或水中)来抑制杂质向晶界的偏聚;或在合金钢中加入 W、Mo 元素能强烈阻碍杂质向晶界迁移,以消除或减轻此类脆性。

4.5.3　钢中微合金元素的作用(Action of microalloying elements in steels)

传统合金钢中 Me 的添加量一般以 1%质量分数为单位,大都在 1%以上甚至高达 30%以上。相对而言,微合金化钢中添加的 Me 一般均小于 0.1%(在某些特定微合金化钢中有适当升高微合金元素的趋势，但一般仍低于0.25%，很少超过0.5%）。因此，微合金元素是指添加量很少，一般均小于0.1%(最多不超过0.25%)，即能对钢的某一性能或多种性能产生明显有利的变化。

随着微合金化理论的不断发展，目前在绝大多数钢中都有添加微合金化元素的研究和应用的趋势，使微合金化钢的生产应用领域不断扩大。如在中碳钢中加入微合金元素可得到**微合金化非调质钢**；在工具钢中加入微合金元素可得到**微合金化工具钢**；在不锈钢中加入微合金元素可得到**微合金化不锈钢**。而在普通低碳钢或普通高强度低合金钢化学成分的基础中，添加微合金元素而得到的使用状态组织一般为F+P的工程结构用钢，称之为**微合金钢**。

以下仅介绍微合金元素在微合金高强度钢和微合金非调质钢中的作用。

1. 影响钢相变的的微合金元素，如Mn、Mo、Cr、Ni等

微合金元素在微合金(高强度)钢中起降低钢的相变温度、细化晶粒等作用，并且对相变过程或相变后析出的碳(氮)化物也起到细化作用。例如，Mo和Nb的共同加入，引起相变中出现针状F组织；加入Ni改变了基体组织的亚结构，从而提高了钢的韧性。

在非调质钢中，降低C含量，增加Mn或Cr含量，也有利于钢韧性的提高。当Mn质量分数从0.85%增至1.15%~1.3%时，则在同一强度水平下非调质钢的A_K提高30J，可达到经调质处理的非合金钢的冲击韧度水平。

2. 形成碳(氮)化物的微合金元素，如V、Ti、Nb、Zr等

V、Ti、Nb、Al等是微合金化钢常用的主要元素，其质量分数为0.01%~0.20%，系强碳(氮)化物形成元素，在高温下优先形成稳定的碳(氮)化物。每种元素的作用都与析出温度有关，而析出温度又受到各种化合物平衡条件下的形成温度、相变温度以及轧制温度的制约。

在微合金高强度钢中，VN在缓慢冷却条件下自A中析出，VC是在相变过程中或相变后形成，两者形成温度是不同的。这样，V能起到阻止晶粒长大、细化组织的作用，也对沉淀硬化做出有效贡献。而Ti的化合物主要在高温下形成，在钢相变过程或相变后的析出量非常少，因此Ti的主要作用局限于细化A晶粒。Nb的碳化物也在A中形成，阻止了高温形变A再结晶，在随后的相变过程中将析出Nb的碳(氮)化物，产生沉淀硬化。

在非调质钢的常规锻造加热温度下，V基本上都溶解于A中，一般在1100℃则完全溶解，然后在冷却过程中不断析出，大部分V的碳化物是以相间沉淀形式在F中析出。V的强化效果要比Ti、Nb大。Ti完全固溶温度在1255~1280℃，它能很好地阻止形成A再结晶，可细化组织。Nb的完全固溶温度为1325~1360℃，所以需热锻的非调质钢不宜单独用Nb合金化。然而当Ti和V复合加入可显著改善钢的韧性；Nb和V复合加入时，既可提高钢的强度，又能改善钢的韧性。

由以上分析可以看出，**微合金元素的复合加入**(复合加入质量分数控制在0.01%~0.2%)，**强韧化效果最好，它是微合金化钢的一个显著特点。微合金化钢的另一显著特点就是微合金元素的复合加入，必须和先进TMCP加工技术相结合，才能发挥强韧化效果。**因此，先进TMCP加工技术也是现代钢铁材料强韧化的基础。

本章小结(Summary)

提高机械工程材料使用性能的最根本途径是对材料实施强韧化。本章在归纳常见机械工程材料强韧化途径基础上,**重点概括了金属材料强韧化的两条重要途径,即合金化与热处理**,同时也简要介绍了聚合物与陶瓷材料的强韧化途径。

金属材料特别是钢的热处理原理与工艺是本章乃至本课程学习的重点内容,可概括为**"五大转变、五把火"。五大转变即钢的热处理原理,五把火即钢的热处理工艺。**"五大转变"的理论依据是"两张图",即铁碳合金相图与钢的 CCT(C)曲线图,对其应能默画,熟练掌握其含义,并能利用 CCT(C)曲线正确分析不同冷却条件下的转变产物,对于 A、M、P、B 及 $M_{回}$、$T_{回}$、$S_{回}$ 等组织特征、形成条件及重要性能特点应熟悉;"五把火"的关键是各种热处理工艺的目的、工艺特点、组织及适用范围等。

总之,熟练地掌握本章内容,将为学习常用机械工程材料奠定一个坚实的基础,同时也是实际生产中必不可少的基础知识。

"钢铁材料热处理"课堂讨论提纲

A Class Discussion Plan about "Heat Treatment of Metallic Materials"

钢铁材料热处理在机械加工制造行业中占有重要地位, 是本课程讨论的第二个重点内容。由于重要的铁碳合金多经适当热处理才能充分发挥自身潜力,所以本次课堂讨论不但是对本章内容全面复习与提高,而且更有益于第 5 章金属材料的学习。在生产实际中合理选用工程材料,正确选择热处理工艺、合理按排加工工艺路线是关键。因此本次课堂讨论至关重要。

1. 讨论目的

①消化和巩固 C 与 CCT 曲线的物理意义,能运用其分析不同冷却条件(冷却速度)下得到的组织类型、形态特征及与性能关系;

②融汇贯通钢的热处理原理——五大转变的规律及对不同热处理条件下钢的组织与性能影响;

③搞清"五把火"——各种热处理工艺的目的、特点及适用范围,初步做到在生产实际中正确、合理地使用,为今后学习奠定坚实基础。

2. 讨论内容

本次课堂讨论以教材习题为主,另外还有三个综合思考题,供讨论时参考。

(1)附图 4.1 所示为 40Cr 钢的 CCT 曲线,①说明图中各条线、各区域的含义;②在虚线所示冷却条件下各得到什么组织? 并比较其性能;③如果将油淬后得到的组织再进行回火,又将得到什么组织?

(2)附表 4.1 列出直径为 10mm 的 45 钢及 T12 钢试样的不同热处理条件及相应的硬度.要求:①根据 CCT 曲线(见教材中图 4.24)估计不同热处理条件下的显微组织(填入表内的显微组织一栏中);②分析 T8 钢在表列加热温度及冷却方式的条件下,其显微组织及硬度的变化规律;③分析冷却速度、加热温度、碳质量分数及回火温度对钢硬度的影响。

(3)试比较 20CrMnTi、65、T8、40Cr 的淬透性和淬硬性(用两种方法);并在淬透性曲线上标出相应的钢号,附图 4.2 为四种钢号的淬透性曲线。

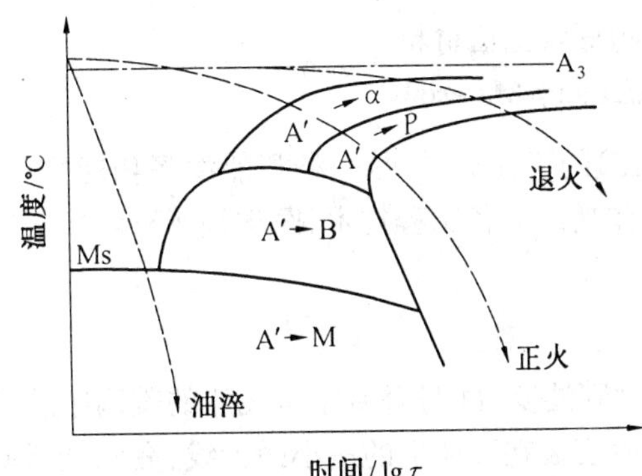

附图 4.1 40Cr 钢的 CCT 曲线

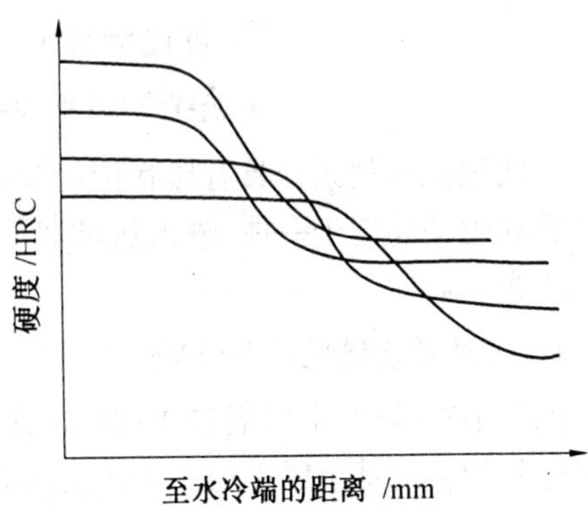

附图 4.2 几种金属材料的淬透性曲线

3. 讨论要求

①着重准备有关作为课堂讨论题的习题，对其中的必答题重点准备，写出发言提纲；对其他问题也要要认真思考，做好准备。

②各组在充分准备的基础上展开竞赛，自由讨论、相互启发、相互补充，最后由教师小结。

③对要求重点准备的习题，作为各小组必答内容；而对于思考类习题作为小组间竞赛时的强答选择题。

④一定要做好充分准备，争做本次课堂讨论的优胜班组、优胜个人。

附表 4.1 根据 CCT 曲线填写显微组织

钢号	热处理工艺			硬度		显微组织
	加热	冷却	回火	HRC	HBS	
45	860℃	炉冷			148	
	860℃	空冷			196	
	860℃	油冷		38	349	
	860℃	水冷		55	536	
	860℃	水冷	200℃	53	515	
	860℃	水冷	400℃	40	369	
	860℃	水冷	600℃	24	248	
	750℃	水冷		45	422	
T12	750℃	炉冷			240	
	750℃	空冷		26	257	
	750℃	油冷		46	437	
	750℃	水冷		66	693	
	750℃	水冷	200℃	63	652	
	750℃	水冷	400℃	51	495	
	750℃	水冷	600℃	30	283	
	860℃	水冷		61	627	

注：45 的 Ac_3 是 780℃，T12 的 Ac_{cm} 是 820℃。

阅读材料4　神秘的形状记忆材料
Mysterious Shape Memory Materials

形状记忆材料系指具有形状记忆效应(SME)的工程材料,是一种智能型多功能材料,集敏感和驱动功能于一体,输入热量就可对外作功。在各工程技术、医学领域有着广阔的应用前景。

1．何谓形状记忆效应(SME)?

那是1969年7月20日晚10时56分,乘坐"阿波罗"11号登月宇宙飞船的美国宇航员阿姆斯特朗在月球上踏下第一个人类脚印,此时安装在飞船上的一小团天线,在阳光照射下迅速展开,伸展成半球状,开始了自己工作。月、地之间的信息就是通过它传输过来的。而这个半球形天线就是用当时刚发明的形状记忆合金制成的。极薄 Ni－Ti 形状记忆合金先在正常情况下按预定要求作成半球状天线,然后降低温度把它压成一团,装进登月宇宙飞船带上天去。当到达月面后,在阳光照射下温度升高至一定温度时,天线又"记忆"起自己本来面貌,故而恢复成一个半球状天线(如图4.49所示)。

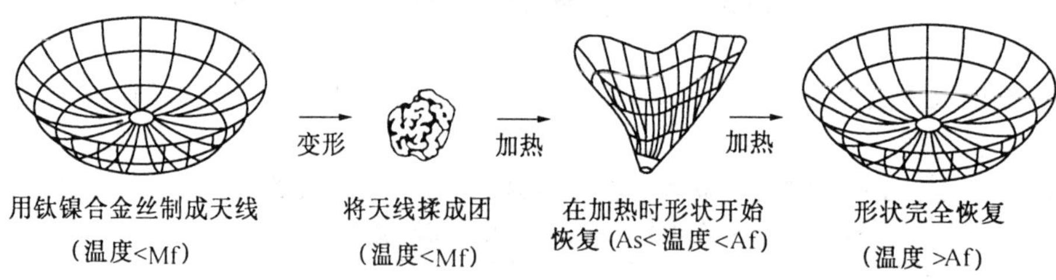

Mf—马氏体转变终了点;As—马氏体向原始相逆转变的开始(终了)温度

图4.49　用形状记忆合金制成的通信卫星天线略图

所谓形状记忆效应(SME)系指具有一定形状的固体在一定条件下经一定塑性变形后,当加热至一定温度时又完全恢复至原形状的现象,即它能记忆母相的形状。具有 SME 的合金,称为形状记忆合金(SMA)。金属合金和陶瓷记忆材料都是通过 M 相变(热弹性 M 相变产生的低温相在加热时向高温相进行可逆转变的结果)展现 SME 的,而聚合物记忆材料是由于其链结构随温度改变而出现 SME 的。

原来, M 相变分为两类:一类为非弹性 M 相变,如前述(4.2、3节)Fe－C、Fe －30Ni 系合金等;一类为弹性 M 相变,如 Au－Cd、Ti－Ni、Cu 基合金等。只有弹性 M 相变才能产生形状记忆效应。

图4.50为某些具有热弹性 M 相变材料,当温度低于 M 相变的 Mf 点时,变成在低温下稳定 M 相;这些 M 相由晶体结构相同、结晶方向不同的孪晶体构成,这些孪晶界面受很小的力即可移动。在外力作用下进行一定程度变形后,孪晶结构生长成处于外力择优位向的同系晶体,而产生了高达百分之几、甚至20%的剪切变形量。若随后将这种变形 M 加热至超过 M 逆转变成 A 时的相变终了温度 Af 时,M 相反过来又变为母相 A。这种形状变化,也可发生在 M 相变温度以上。经过变形诱发的择优位向 M 晶体相能量不稳定,当外力除去,便可反过来变成 M,而恢复原形状。

2. 形状记忆合金的类别与性能

形状记忆材料目前已 20 余种。最引人注目的是 Ni－Ti 基、Cu－Zn－Al、Fe－Mn－Si 和 Cu－Al－Ni 合金等。

①Ni－Ti 基合金　其原子比为 1∶1，具有优异的 SME，高耐热性、耐蚀性，高强度及其他材料无可比拟的耐热疲劳性与良好生物相容性。但存在原材料价格昂贵，制造工艺困难，切削加工性能差等不足。

②Cu 基合金　价格便宜，生产过程简单，良好的 SME，电阻率小，加工性能好。但长期或反复使用时，形状恢复率会减小，是尚需探索解决的问题。

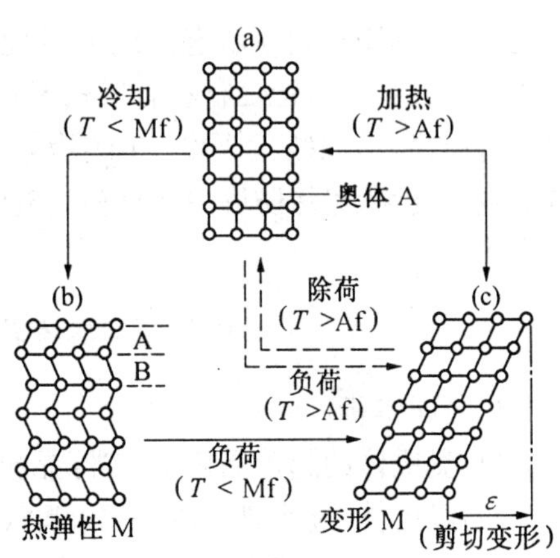

图 4.50　形状记忆效应中晶体结构的变化

③铁基合金　具有强度高，塑性好，价格便宜等优点，正逐渐被人们重视。

3. 形状记忆合金的应用

外观看，记忆合金不但能受热膨胀、伸长，也可受热收缩和弯曲，这主要取决于原始形状。利用这一特性，SMA 在航天、机械、电子仪器和医疗器械上有着广泛的用途。

SMA 受热恢复原状时会产生很大力，利用此力做功。用它制造发动机不要汽缸和活塞，而是使 SMA 在反复受热、冷却过程中，一会变形.一会又恢复原状，利用所产生力可作功。用 SMA 制造的新型热发动机是利用黄铜的 SME，它在形变时产生足够的力来做功。目前，这种热发动机可利用太阳能或其他热源改变其叶片形状而产生旋转力矩，使曲轴转动而做功。英国已有厂家制造出黄铜热发电机，尽管其热能利用率仅 4%～5%，但对人们仍有很大吸引力，因为它只需几度温差就可工作。有人利用它来回收和利用发电厂及其他工业烟囱排出的废热。SMA 还可用于热敏装置，如火灾警报器等；还可做紧固销、管接头等器具；在电子仪器方面用作接插件、集成线路的钎焊等。现研究用 SMA 制造机器人，其动作由微处理机控制。

SMA 在医疗上的应用也很引人注目。可用于牙齿矫形、人造心脏、接合断骨等医疗器械方面，大大减轻患者病痛。例如脑血栓是一种多发病，当人体内血液粘稠到一定程度，就会形成血栓，若血栓通过血液循环流到心脏或肺脏时，就会引发致命疾病。但只要把用镍钛 SMA 制成的血栓过滤网插入病人静脉里，就能有效防止血栓进入心脏或肺脏。这种小小器件可通过导管插入静脉，插入之前形状是直的，插入后当 SMA 被体温温暖时，就“回忆”起原形状，在静脉里变成一个精巧的滤网。

4. 形状记忆聚合物材料

当聚合物由玻璃态转变为高弹态时，其物理性质将发生显著变化。聚合物在加热至玻璃化温度 T_g(对结晶聚合物加热到接近其熔点 T_m)时产生相变：通过一定外力作用，使之产生弹性变形。保持变形条件，将温度降到 T_g(或熔点)以下，聚合物大分子被“冻结”而不能恢复到外力作用前状态。若再加热到 T_g(或熔点)以上，由于聚合物内部应力突然松弛，而使其恢复到原状态。这种"弹性记忆效应"是制造聚合物形状记忆材料的基础。实用的聚合物形状记忆材料有反式聚异戊二烯(TPI)、苯乙烯－丁二烯共聚体、聚氨脂等。它具有质轻、易成型、耐腐蚀、电绝缘等优点，主要用作管接头、电容器、干电池绝缘包装、电线电缆终端、绝缘防腐、密封、输气输油管道防腐加热、食品包装、医用固定材料及玩具、装饰品等。

习题与思考题(Problems and Questions)

1.名词辨析：

(1)奥氏体的起始晶粒度、实际晶粒度与本质晶粒度；

(2)奥氏体、过冷奥氏体与残余奥氏体；

(3) 珠光体、索氏体与托氏体(屈氏体)；

(4) 片状珠光体与球化体(球状珠光体)；

(5) 再结晶退火与重结晶退火；

(6) 淬透性、淬硬性与淬透层深度。

2. 判断下列说法是否正确，并说明原因：

(1) 共析钢加热为奥氏体，冷却时所形成的组织主要取决于钢的加热温度；

(2) 低碳钢或高碳钢为便于进行机械加工，可预先进行球化退火；

(3) 钢的实际晶粒度主要取决于钢在加热后的冷却速度；

(4) 过冷奥氏体的冷却速度越快，钢冷却后的硬度越高；

(5) 钢中合金元素越多，则淬火后硬度越高；

(6) 同一钢材在相同的加热条件下，水淬比油淬的淬透性好，小件比大件的淬透性好。

3. 为什么说具有粗大或不均匀晶粒的锻件或铸件可以通过退火或正火使其晶粒细化？

4. 试绘出共析碳钢过冷奥氏体连续冷却转变曲线，说明其物理意义；为了获得以下组织，应采用何种冷却方法？并在所绘出的 CCT 曲线上绘出其冷却曲线示意图。

(1) 珠光体；(2) 索氏体；(3) 托氏体＋马氏体＋残余奥氏体；

(4) 马氏体＋残余奥氏体。

5. 现有 20、45、T8、T12 钢试样一批，分别加热至 760℃、840℃、920℃后各得到什么组织？然后在水中淬火后各得到什么组织？淬火马氏体中碳的质量分数各是多少？这四种钢最合适的淬火温度分别应是什么温度(已知 20 钢的 $Ac_1$735℃，$Ac_3$855℃；45 钢的 $Ac_3$780℃；T12 钢的 $Ac_1$730℃，Ac_m820℃)？

6. 马氏体的本质是什么？其组织有哪两种基本形态，性能各有何特点？马氏体的硬度主要取决于什么因素？

7. 马氏体为什么必须经回火后才能使用？回火时会发生什么变化？

8. 何谓钢的(上)临界冷却速度？它与钢的淬透性有何关系？

9. 根据题表 4.1 所列的要求，归纳、比较共析碳钢过冷奥氏体冷却转变中几种转变产物的特点。

题表 4.1

过冷奥氏体冷却转变产物	表示符号	形成条件	相组分	显微组织特征	硬度/HRC	塑性和韧性
珠光体						
索氏体						
托氏体						
上贝氏体						
下贝氏体						
马氏体						

10. 为什么工模具钢的锻造毛坯在机加工前最好进行正火，再进行球化退火工艺处理？

11. 共析碳钢的 C 曲线和冷却曲线如题图 4.1 所示，试指出图中各点位置所对应的组织。

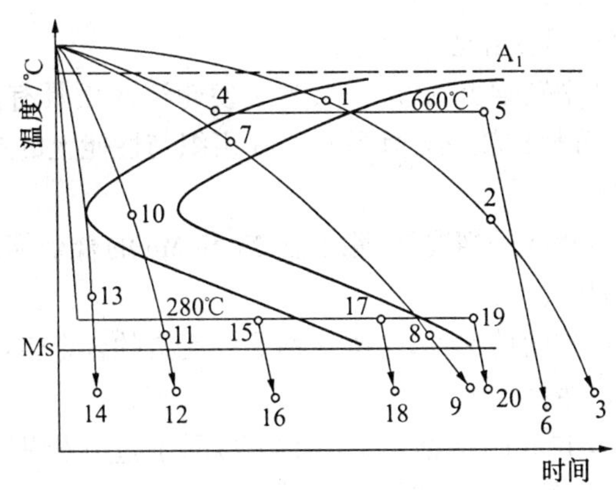

题图 4.1　共析碳钢 C 曲线与冷却曲线

12. 试从形成条件、组织形态特征及主要性能特点三方面说明以下组织区别：

(1)马氏体与回火马氏体；(2)索氏体与回火索氏体；

(3)托氏体与回火托氏体；(4)上贝氏体与下贝氏体。

13. 指出直径 10mm 的 45 钢经下列温度加热并水冷后所获得的组织：

(1) 700℃； (2) 760℃； (3) 40℃； (4) 1 000℃。

14. 指出下列钢件正火后的主要目的及正火后的组织：

(1) 20 钢齿轮； (2) 45 钢小轴； (3) T12 钢锉刀。

15. 生产中常用的退火方法有哪几种？下列钢件各选用何种退火方法？它们退火加热的温度各为多少？请指出退火的目的及退火后的组织：

(1)经冷轧后的 15 钢钢板，要求保持高硬度；

(2)经冷轧后的 15 钢钢板，要求降低硬度；

(3)锻造过热的 60 钢锻坯；

(4)具有片状渗碳体的 T12 钢坯。

16. 在共析碳钢的 CCT 曲线上示意地绘出获得 P、T + M + A_R、$B_下$、M + B + A 等组织的冷却速度工艺曲线。

17. 拟用 T10 钢制成形状简单的车刀,其加工工艺路线为:锻造→热处理→机加工→热处理→磨加工。试问:

(1) 两次热处理具体工艺名称和作用为何?

(2) 确定最终热处理工艺参数,并指出获得的显微组织。

18. 有一直径 10mm 的 20 钢制工件,经渗碳处理后空冷,随后进行正常的淬火回火处理,试分析工件在渗碳空冷后及淬火回火后,由表面到心部的组织。

19*. 有两个 $w_C = 1.2\%$ 的碳钢薄试样,分别加热到 780℃和 860℃,保温相同时间,使之达到平衡状态,然后以大于 V_{KC}的冷却速度冷至室温,试问:

(1) 哪个温度淬火后晶粒粗大?

(2) 哪个温度淬火后马氏体 C 的质量分数较高?

(3) 哪个温度淬火后未溶碳化物较少?

(4) 哪个温度淬火后残余奥氏体量较多?

(5) 你认为哪个淬火温度合适?为什么?

20*. 现有低碳钢和中碳钢齿轮各一只,为了使轮齿表面具有高的硬度和耐磨性,各应怎样进行热处理?并分析比较热处理后它们在组织与性能上的差别。

21. 解释下列现象:

(1)在 C 的质量分数相同的情况下,除了含 Ni 和 Mn 的合金钢外,大多数合金钢的热处理加热温度都比碳钢高?

(2)在 C 的质量分数相同情况下,含碳化物形成元素的合金钢(如 40Cr)比碳钢(如 40 钢)具有较高的回火稳定性;

(3)$w_{\geqslant}0.40\%$、$w_{Cr} = 12\%$的铬钢(如 4Cr13 钢)属于过共析钢,而 $w_C = 1.5\%$、$w_{Cr} = 12\%$的钢(如 Cr12MoV 钢)属于莱氏体钢;

(4) 高速钢在热锻或热轧后,经空冷获得马氏体组织。

22. 判断下列说法是否正确,为什么?

(1) 所有的合金元素都阻碍奥氏体晶粒的长大;

(2) T12 与 20CrMnTi 相比,淬透性和淬硬性都较低。

23. 钢中常存的杂质有哪些?S、P 对钢的性能有哪些影响?

24. 将 φ5mm 的 T8 钢(即共析钢)加热至 760℃并保温足够时间,问采用何种冷却工艺可得到如下组织,并请在 C 曲线上示意地描绘出其热处理工艺曲线示意图。

(1)珠光体;(2)索氏体;(3)下贝氏体;

(4)托氏体 + 马氏体 + 残余奥氏体;(5)马氏体 + 残余奥氏体。

第5章　常用金属材料

Common Metallic Materials

主要问题提示(Main questions)

1.你熟悉工业用钢的分类与牌号表示方法吗?

2.何谓机械零件的失效?试说明失效的类型、原因以及失效分析的基本思路。

3.常用工程结构用钢的类别,典型钢号、工作条件、性能特点、化学成分、主要失效形式、热加工工艺特点、使用态组织、用途举例是什么?

4.常用机械结构用钢的类别,典型牌号,工作条件,性能特点,化学成分,主要失效形式,热加工(包括热处理)工艺特点与相应组织典型用途是什么?

5.常用工具钢、特殊性能钢的类别,典型牌号,工作条件,性能与化学成分特点,主要失效类型,热处理工艺特点与相应组织,典型用途又是什么?

学习重点与方法提示(Key points and learning methods)

本章学习重点:工业用钢是本课程学习的第三个重点。在工业用钢中,以用途最为广泛的结构钢为教学与学习的重点,其次为工具钢与特殊性能钢。

学习方法提示:工业用钢种类繁多,如何识记成为学习的关键。建议采用"以点带面"法,即**每类钢应熟记2~3个用途最为广泛的典型牌号,明确其类别(按主要用途分类)-主要用途-性能要求-常见失效形式-化学成分特点(碳及Me的含量范围、Me主要作用)-常用热处理工艺特点(特别是最终热处理)-使用态组织。**合金元素的作用是本章学习的另一关键。应采用普遍性与特殊性相结合的方法,首先判断该钢归属于哪一大类,记住Me在其中的主要作用,这是普遍性;某Me的特殊功用需单独记忆,这是其特殊性。例如对于Cr元素在机械结构钢中的主要作用是提高淬透性,强化基体组织;但在专用滚动轴承钢中,它还具有提高耐磨性的作用,这就是特殊性。

5.1　工业用钢概述

Brief Introduction of Industrial Steels

工业用钢是应用最为广泛的金属材料,占有极其重要的地位。工业用钢包括碳钢和合金钢。碳钢,由于价格低廉、便于冶炼、容易加工,通过碳含量的控制和热处理可使其性能得到改善,能满足许多工业生产上的需求,因而获得广泛应用。但是,随着现代工业和科学技术的迅速发展,机械设备普遍向重载、高速、高(低)温、高压、多功能、精密、可靠等方向发展,这就要求钢材具有较高的强度、良好的塑、韧性以及耐高压、耐高(低)温、耐腐蚀等特殊物理、化学性能,合金钢则可满足这些要求。

在碳钢的基础上**有意识地加入**一种或几种合金元素,使其性能(使用性能和工艺性能)得以提高的以铁为基体的合金即为**合金钢**。由于合金钢具有比碳钢更加优良的特性

（如淬透性好、回火稳定性好、基本相强硬、物理化学性能优异等），因而其用量比率在逐年增大。然而合金钢，由于加入了合金元素，使其冶炼、浇铸、锻造、切削加工、焊接与热处理等工艺复杂化，加工成本增高、价格较贵。因此**在选择与使用工业用钢时，在满足机械零件使用性能要求的前提下应尽量使用碳钢，必要时才使用合金钢。**

本节主要概述工业用钢的分类、编号原则，以及机械零件失效分析的有关知识。

5.1.1 钢的分类（Classification of steels）

1.钢的分类

钢的分类分为两部分：第一部分按化学成分分类；第二部分按主要质量等级、主要性能及使用特性分类。

①按化学成分分类　根据各种合金元素规定含量界限值，将钢分为非合金钢、低合金钢、合金钢三大类，如表5.1示。

②按主要质量等级　主要性能及使用特性分类（见表5.2）。

表5.1　各类钢中合金元素规定质量分数的界限值

合金元素	合金元素规定质量分数界限值/%			合金元素	合金元素规定质量分数界限值/%		
	非合金钢	低合金钢	合金钢		非合金钢	低合金钢	合金钢
Al	< 0.10	—	≥ 0.10	Pb	<0.40	- - -	≥ 0.40
B	<0.0005	—	≥0.0005	Se	<0.10	- - -	≥ 0.10
Bi	< 0.10	—	≥ 0.10	Si	<0.50	0.50 ~ <0.90	≥ 0.90
Cr	< 0.30	0.30 ~ <0.50	≥ 0.50	Te	<0.10	- - -	≥0.10
Co	< 0.10	—	≥ 0.10	Ti	<0.05	0.05 ~ <0.13	≥0.13
Cu	< 0.10	0.10 ~ <0.50	≥ 0.50	W	<0.10	- - -	≥0.10
Mn	< 1.00	1.00 ~ <1.40	≥ 1.40	V	<0.04	0.04 ~ <0.12	≥0.12
Mo	< 0.05	0.05 ~ <0.10	≥ 0.10	Zr	<0.05	0.05 ~ <0.12	≥0.12
Ni	< 0.30	0.30 ~ <0.50	≥ 0.50	La系	<0.02	0.02 ~ <0.05	≥0.05
Nb	< 0.02	0.02 ~ <0.06	≥ 0.06	其他	<0.05	- - -	≥0.05

表5.2　工业用钢主要分类

	主要质量等级	主要性能及使用特性
非合金钢	普通质量的非合金钢； 优质非合金钢； 特殊质量的非合金钢。	规定最高强度（或硬度）为主要特性（如冷成型钢）； 规定最低强度为主要特性（如压力容器用钢）； 限制碳含量为主要特性（如调质钢）； 非合金易切削钢；非合金工具钢； 具有特定电磁性能的非合金钢（如电工纯铁）； 其他非合金钢。

续表 5.2

	主要质量等级	主要性能及使用特性
低合金钢	普通质量的低合金钢； 优质低合金钢； 特殊质量的低合金钢。	可焊接的低合金高强度结构钢； 低合金耐候钢；低合金钢筋钢； 铁道用低合金钢；矿用低合金钢； 其他低合金钢。
合 金 钢	优质合金钢； 特殊质量合金钢。	工程结构用合金钢； 机械结构用合金钢； 不锈、耐蚀钢和耐热钢； 合金工具钢和高速工具钢； 轴承钢；特殊物理性能钢； 其他合金钢。

2.从不同角度进行分类

①按用途分类　可把钢分为结构钢、工具钢和特殊性能钢。结构钢包括工程结构用钢和机械结构用钢；工具钢包括刃具钢、模具钢和量具钢；特殊性能钢则包括不锈钢、耐热钢和耐磨钢等。

②按冶金质量分类　根据钢中有害元素磷、硫的质量分数可将钢分为普通质量钢、优质钢、高级优质钢和特级优质钢，如表 5.3 所示。

表 5.3　各质量等级钢的磷、硫质量分数/%

钢的类型	非合金(碳)钢		合　金　钢	
	$w_P \leqslant$	$w_S \leqslant$	$w_P \leqslant$	$w_S \leqslant$
普通质量钢	0.045	0.045	0.045	0.045
优　质　钢	0.035	0.035	0.035	0.035
高级优质钢	0.030	0.030	0.025	0.025
特殊优质钢	0.025	0.020	0.025	0.015

③按金相组织分类　按退火组织可将钢分为亚共析钢、共析钢和过共析钢。按正火组织又可将钢分为珠光体钢、贝氏体钢、马氏体钢、铁素体钢、奥氏体钢和莱氏体钢等。

5.1.2　钢号表示方法(China's designation methods for steels)

1.钢铁产品牌号表示方法

我国的钢材编号采用化学元素符号、汉语拼音字母和阿拉伯数字并用原则。

(1)普通碳素结构钢和低合金高强度钢

其牌号由代表屈服点的拼音字母、屈服点数值、质量等级符号及脱氧方法等四部分组成。牌号中 Q 表示“屈”；A、B、C、D 表示质量等级，它反映了碳素结构钢中有害杂质(S、P)质量分数的多少，C、D 级 S、P 质量分数最低，质量好；在普通钢中脱氧方法用符号 F 代表沸腾钢、b 表示半镇静钢，Z 表示镇静钢，TZ 表示特殊镇静钢。例如 Q215－A·F表示普通碳素结构钢，$R_{eL}(\sigma_s)\geqslant 215$MPa(试样尺寸≤16mm)、质量级别为 A 的沸腾钢。低合金高强度钢都是镇静钢或特殊镇静钢，其牌号中没有表示脱氧方法的符号，例如 Q345C 表示 $R_{eL}(\sigma_s)\geqslant 345$ MPa、质量级别为 C 的低合金高强度钢。

(2)优质碳素结构钢

钢号用两位数字表示，表示平均 C 质量分数的万分之几，例如 45 钢等。但应注意：

①含 Mn 量较高的钢，须将 Mn 元素标出，如 $w_C=0.50\%$、$w_{Mn}=0.70\%\sim1.00\%$的钢，其钢号表示为“50 锰”或“50Mn”；

②沸腾钢、半镇静钢及专门用途的优质碳素结构钢，应在钢号后特别标出，例如“20 锅”或“20g”即表示 $w_C=0.20\%$的锅炉专用钢。

(3)碳素工具钢

在钢号前加“碳”或“T”表示碳素工具钢，其后跟以表示 C 质量分数的千分之几的数字。如 T8 钢，表示 $w_C=0.80\%$的碳素工具钢。但也应注意：

①含 Mn 量较高者，在钢号后标以“锰”或“Mn”，如 T8Mn；

②如为高级优质碳工钢，则在其钢号后加“高”或“A”，如 T10A 钢。

(4) 合金钢

①编号一般原则　在我国合金钢是按 C 质量分数、合金元素的种类和数量及质量级别来编号的。首先，在牌号首部用数字标明钢的 C 质量分数。为表明用途，规定结构钢以万分之一为单位的数字(两位数)、工具钢和特殊性能钢以千分之一为单位的数字(一位数)来表示 C 质量分数，而且工具钢的 $w_C\geqslant1\%$时，C 质量分数不予标出。其次，在表明 C 质量分数的数字之后，用化学元素符号表明钢中主要合金元素，质量分数由其后的数字表明，当合金元素平均质量分数小于 1.5%时不予标数，平均质量分数为 1.5%～2.49%、2.5%～3.49%…时，相应地标以 2、3…数字。

②特例

(i)在合金结构钢中对于专用的铬滚动轴承钢，应在钢号前注明“滚”或“G”，其后为 Cr＋数字，数字表示铬质量分数的平均值为千分之几。例如 GCr15，表示 $w_C=1\%$、$w_{Cr}=1.5\%$的滚动轴承钢。

(ii)合金工具钢的高速钢牌号，一般不标出其 C 质量分数，只标合金元素质量分数平均值的百分之几。如 W18Cr4V、W6Mo5Cr4V2 钢中碳质量分数实际为 0.7%～0.8%、0.8%～0.9%。

(iii)在不锈钢和耐热钢中，当 $w_C\geqslant1.00\%$时，用两位数字表示，如 11Cr17 钢，表示平均 $w_C=1.10\%$、$w_{Cr}=17\%$的高碳铬不锈钢；当 $0.03\%<w_C<0.10\%$时，以“0”表示，如 0Cr18Ni9 钢，表示 C 质量分数上限为 0.08%、$w_{Cr}=18\%$、$w_{Ni}=9\%$的铬镍不锈钢；$0.03\%\geqslant w_C>0.01\%$时，以“03”表示，如 03Cr19Ni10 钢，表示 C 质量分数上限为 0.03%、$w_{Cr}=19\%$、$w_{Ni}=10\%$的超低碳不锈钢；当 $w_C\leqslant0.01\%$时，以“01”表示，如 01Cr19Ni11 钢，表示 C 质量分数上限为0.01%、$w_{Cr}=19\%$、$w_{Ni}=11\%$的极低碳不锈钢。

(iv)在珠光体耐热钢中，C 质量分数表示方法同结构钢，是以两位数字表示 C 质量分数的万分之几。如 15CrMo 钢，表示 $w_C=0.15\%$，Cr、Mo 的质量分数均小于 1.5%的珠光体耐热钢。

(v)铸钢牌号用汉语拼音字头"ZG"+"数字"组成。对于碳素铸钢由两组数字组成，第1组数字表示最低屈服强度值，第2组数字表示最低抗拉强度值，单位为MPa，如ZG200-400；对于合金铸钢，由1组两位数组成，它表示平均C质量分数的万分之一，在数字后再加上带有百分号的元素符号(当合金元素平均质量分数为0.9%~1.4%时，除Mn只标符号不标质量分数外，其他元素需在符号后标注数字1；当合金元素平均质量分数大于1.5%时，标注方法同合金钢，如ZG20Cr13)。

2. 钢铁及合金统一数字代号体系

国标GB/T17616—1998对钢铁及合金产品牌号规定了统一数字代号，与现行的GB/T221-2000钢铁产品牌号表示方法等同时并用。统一数字代号有利于现代化数据处理设备进行存储和检索，便于生产和使用。

统一数字代号由固定的6位符号组成，左边第1位用大写拉丁字母作前缀("I"和"O"除外)，后接5位阿拉伯数字。每个统一数字只适用于一个产品牌号。

统一数字代号的结构型式如下：

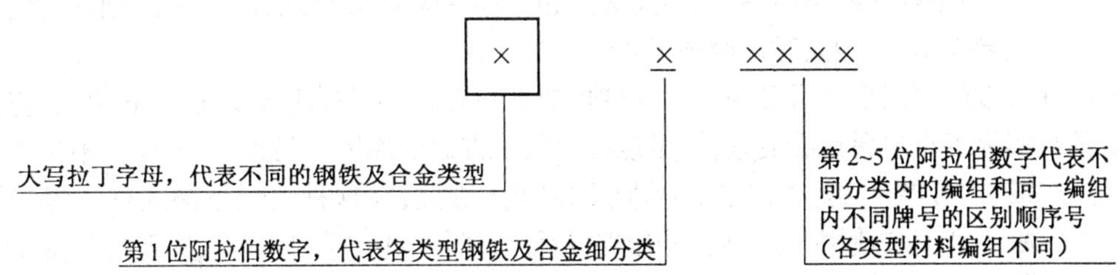

钢铁及合金的类型与每个类型产品牌号统一数字代号如表5.4所示。

表5.4 钢铁及合金的类型与统一数字代号

钢铁及合金的类型	统一数字代号	钢铁及合金的类型	统一数字代号
合金结构钢	A×××××	杂类材料	M×××××
轴承钢	B×××××	粉末及粉末材料	P×××××
铸铁、铸钢及铸造合金	C×××××	快淬金属及合金	Q×××××
电工用钢和纯铁	E×××××	不锈、耐蚀和耐热钢	S×××××
铁合金和生铁	F×××××	工具钢	T×××××
高温合金和耐蚀合金	H×××××	非合金钢	U×××××
精密合金及其他特殊物性材料	J×××××	焊接用钢及合金	W×××××
低合金钢	L×××××		

5.1.3 金属材料的失效分析(Failure analysis of metallic materials)

1. 有关失效的概念

(1)失效的定义

每种机械零件都有一定功能。当由于某种原因丧失其规定功能时，即发生了失效。主要表现：

①零件完全破坏，不能继续工作；

②严重损伤，继续工作不安全；

③虽安全工作，但不能满意地起到预期作用。

上述情况中任何一种发生，都认为零件已失效。零部件的失效，特别是那些事先没有明显征兆的失效，往往会带来巨大的损失，甚至导致重大事故。因此，对零部件的失效进行分析，找出失效的原因，并提出防止或推迟失效的措施，具有十分重要的意义。同时，失效分析的结果，对于零部件的设计、选材、加工特别是使用性能（包括力学性能）的确定等也都是完全必要的，它为这些工作提供了至关重要的实践基础。绪论图 0-1 所示为贯穿《机械工程材料》课程的“纲”，由图可见：机械零部件的性能要求，首先是根据零件的用途进行工作条件估计、受力分析，然后再结合常见零件失效分析，最后才得以确定的。由此可见，失效分析是多么重要。

(2)失效类型与原因

零件失效形式，依其损坏特点和损坏时承受载荷形式及外界条件可归纳为表 5.5 所示的四大类型，对结构材料而言前三种失效形式是最重要的；对于功能材料则物理性能降级是主要的，但也存在断裂与腐蚀、磨损等问题。同一零件可有几种不同失效形式，但总有一种起主导作用，很少同时以两种形式失效。

零件失效的原因大体可分为设计、材料、加工和安装使用等四方面（表 5.6 示）。应当说明的是实际工作情况错综复杂，还可能存在其他方面的原因。另外，失效往往不是单一原因所造成，而可能是多种原因共同作用的结果。因此，在这种情况下必须逐一考查设计、材料、加工和安装使用等方面问题，排除各种可能性，找出真正原因，特别是起决定作用的主要原因。

表 5.5　零件失效形式类型

过量变形失效	弹性变形失效 塑性变形失效 蠕变变形失效
断裂失效	塑变断裂失效 低应力脆断失效 疲劳断裂失效 蠕变断裂失效 介质加速断裂失效
表面损伤失效	磨损失效 表面接触疲劳失效 腐蚀失效
物理性能降级	电、磁、热等物理性能衰减

表 5.6　零件失效的主要原因

设　计	工作条件及过载情况估计不足 结构工艺性差 计算错误
材　料	选材错误或不合理 材质低劣（如气孔、夹杂物等各种冶金缺陷）
加工工艺	冷加工不当造成缺陷（冷压、各种切削加工） 热加工不当造成缺陷（铸、锻、焊、热处理）
安装使用	装配不良 使用不当 操作失误 维护不善

2．失效分析方法

失效分析现已发展成为一门科学，它包括逻辑推理和实验研究两方面。实验研究时要充分利用宏观测试和微观分析手段，有系统、有步骤地进行研究和分析，以便从中找到零件失效的根源。

失效分析实验的大致步骤如下：

①收集失效零件的残骸并进行肉眼观察、测量并记录损坏位置、尺寸变化和断口的宏观特征；收集表面剥落物和腐蚀产物，必要时照相留据。这是失效分析中最关键的一步。

②详细了解零件的工作环境和失效经过，观察相邻零件的损坏情况，判断损坏顺序。审查有关零件设计、材料、加工、安装、使用和维修等方面的资料。

③有针对性地进行有关试验研究，取得数据。根据需要选择以下项目试验：

(i)化学分析。检验材料成分与设计要求是否相符。

(ii)断口分析。对断口做宏观和微观观察，确定裂纹源、扩展区和最终断裂区，判断断裂性质。

(iii)宏观检验。检查零件的材料及其在加工过程中产生的缺陷。例如，与冶金质量有关的疏松、气泡、白点、夹杂物等；与锻造有关的流线分布、锻造裂纹等；与热处理有关的氧化、脱碳、淬火裂纹等。为此，应对失效部位的表面和纵、横剖面做低倍检验。有时还要用无损探伤法检测内部缺陷及分布。对表面强化件，还应检查强化层厚度等。

(iv)金相分析。判别组织类型、组织组分的形状、大小、数量和分布。鉴别各种组织缺陷，应着重分析失效源周围组织的变化，这对查清裂纹的性质，找出失效的原因非常重要。

(v)应力分析。检查零件的内应力分布，确定损伤部位是否为主应力最大部位，确定产生裂纹的平面与最大主应力方向之间的关系，以判定零件形状与受力位置的安排是否合理。

(vi)力学性能测试。根据硬度值能大致判定材料的力学性能；对大载面零件，还应在适当部位取样，测定其他力学性能。

(vii)断裂力学分析。用无损探伤测定断裂部位最大裂纹尺寸，按材料断裂韧性值验算发生低应力脆断的可能性。

④综合以上各种资料，判断失效的原因，提出改进措施，写出分析报告。

总之，影响失效的因素很多，失效与诸多因素之间的关系如图 5.1 所示。它可作为失效分析的基本环节，供参考。

5.2 工程结构用钢
Structural Steels of Project

用于制造各类工程结构件和机械结构零件的钢统称为结构钢，它是工业用钢中用途最广、用量最大的一类钢。工程结构用钢是指工程和建筑结构用的各种金属构件，如船舶、桥梁、车辆、锅炉、输油(气)管道、建筑材料、压力容器等工程结构件，通常又称工程用钢或简称构件钢。在钢总产量中工程结构用钢约占 90%左右，此类钢冶炼简单、成本低、用量大，使用时一般不进行热处理。

5.2.1 工作条件、常见失效形式与性能要求(Working conditions, common failure reasons and mechanical property requirements)

一般说来，工程结构件的工作特点是不作相对运动，承受长期静载荷，有一定使用温度要求，如有的(如锅炉)使用温度可达 250℃以上，有的则在寒冷(- 30 ~ - 40℃)条件下

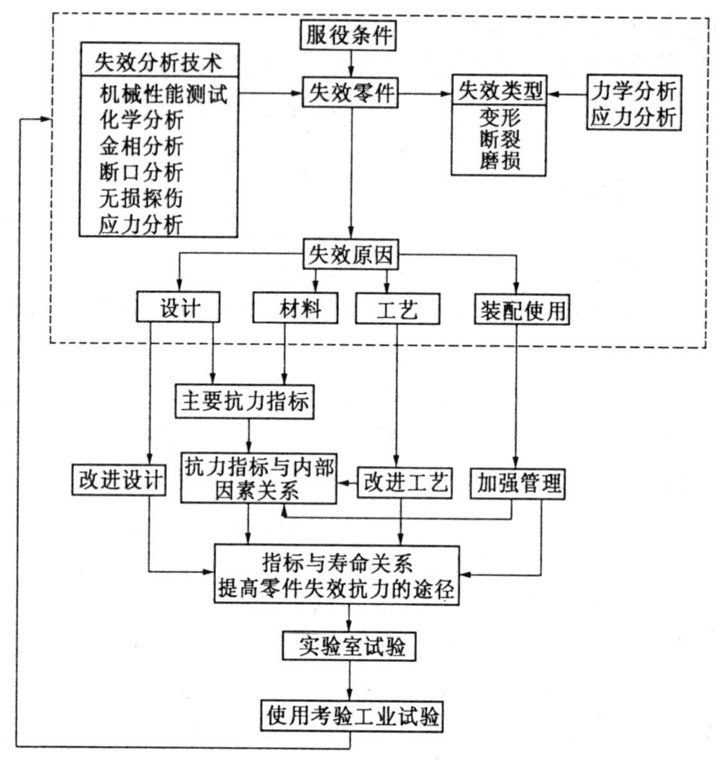

图 5.1　失效分析的基本环节示意图

工作、长期承受低温作用,通常在野外(如桥梁)或海水(如船舶)条件下使用,承受大气或海水的侵蚀作用。**此类工程构件常见的失效形式主要有变形、断裂以及遭受腐蚀等**,因此构件用钢应满足以下使用性能要求。

1. 良好的加工工艺性能

通常工程构件的主要生产过程有冷塑性变形和焊接两个方面,所以构件用钢必须相应地具有良好的冷(热)成形工艺性和可焊性。在构件用钢的设计和选材上首先需要满足这两方面的要求。

2. 高强度与良好塑韧性

为使构件在长期静载下结构稳定,不易产生弹性变形,更不允许产生塑性变形与断裂,要求构件用钢有大的弹性模量,以保证刚度;有高的强度,减轻结构自重、节约钢材和减少能耗;良好的塑韧性,以免断裂和塑性变形及低的韧脆转变温度 T_K。

3. 良好的耐大气和海水腐蚀性

保证构件在大气或海水等腐蚀性工况下长期稳定工作。

总之,构件用钢应在保证工艺性能的前提下,达到其高强度、高韧性等力学性能。这是与其他钢种不同之处,同时又要有低的成本。

据此可将工程用钢分为三类,即碳素结构钢、低合金结构钢和微合金化低碳高强度钢。

5.2.2 碳素结构钢(简称普碳钢)(Plain carbon steels)

1.碳素结构钢的牌号、化学成化、性能及应用

这类钢大部分用作钢结构,少量用作机器零件。由于其易于冶炼,工艺性能好,价格低廉,虽含有较多有害杂质元素和非金属夹杂物,但在力学性能上一般能满足普通工程构件及机器零件的要求,所以工程上用量很大,约占钢总产量的70%~80%。它通常均轧制成钢板或各种型材供应,一般不经热处理强化。

根据GB700—1988,将普碳钢分为Q195、Q215、Q235、Q255、Q275等五类,其化学成分、力学性能和用途举例见表5.7。

表5.7 普通碳素结构钢的牌号、化学成分、力学性能及应用(GB700—1988)

牌号	等级	化学成分/%			脱氧方法	力学性能			应用举例
		w_C	$w_S\leqslant$	$w_P\leqslant$		$R_{eL}(\sigma_s)$/MPa	$R_m(\sigma_b)$/MPa	$A(\delta)$/% ≥	
Q195	—	0.06~0.12	0.050	0.045	F、B、Z	≥195	315~390	≥33	塑性好,用于载荷不大的结构件,铆钉,垫圈,地脚螺栓,开口销,拉杆,螺纹钢筋,冲压件和焊接件等
Q215	A	0.09~0.15	0.050	0.045	F、B、Z	215	335~410	≥31	
	B		0.045						
Q235	A	0.14~0.22	0.050	0.045	F、B、Z	≥235	375~460	≥26	塑性较好,有一定强度,用于结构件,钢板,螺纹钢筋,型钢,螺栓,螺母,铆钉,拉杆,齿轮,轴,连杆等;Q235 C、D可用作重要的焊接结构件等
	B	0.12~0.20	0.045						
	C	≤0.18	0.040	0.040	Z				
	D	≤0.17	0.035	0.035	TZ				
Q255	A	0.18~0.28	0.050	0.045	Z	≥255	410~510	≥24	强度较高,可用于承受中等载荷的零件,如键,链,拉杆,转轴,链轮,链环片,螺栓及螺纹钢筋等
	B		0.045						
Q275	—	0.28~0.38	0.050	0.050	Z	≥275	490~610	≥20	

2.高性能的细晶碳素结构钢

随着经济建设的持续快速发展,对钢材的需求量猛增,各行业都要求开发高强度、长寿命的钢材。我国2001年启动的973计划"500MPa碳素钢先进工业化制造技术"课题,研究的主要目标是在保证有良好塑韧性的基础上,使原钢材强度提高1倍,其技术思路是以细化钢材的晶粒和组织为核心,同时提高钢的洁净度并改善钢的均匀性。确定在现有工业生产条件下生产出以C、Mn为主要成分的500MPa级细晶钢,逐步代替该强度级别的低合金高强度钢。

用Q235普碳钢,通过较低温度的TMCP技术,利用形变诱导铁素体相变机制使F晶粒细化至3~5μm,强度提高1倍以上。现已在300~500MPa级系列细晶钢生产中获得实际应用。其用于生产卡车、轿车、农用车等的底盘纵梁、横梁、车桥等冲压件,使用效果良好，已实现了工业化生产。又如，首钢生产的Ⅲ级螺纹钢筋，已成功应用于国家大剧院、西直门交通枢纽等国家重点工程建设。细晶粒碳素结构钢在建筑、造船、桥梁、容器、工程机械等方面，均有着广阔的应用前景。

5.2.3 低合金高强度钢(High strength low alloy steels)

低合金高强度钢(HSLA)(普低钢，低合金结构钢)是在碳素结构钢($w_C < 0.25\%$)基础上，加入少量 Me(一般 $w_{Me} < 3\%$)，明显提高钢材的强度或改善其某方面的使用性能，而发展起来的工程结构用钢。较准确的定义为：它是 Me 含量满足 GB/T13304 规定的低合金钢的界限值，屈服强度在 275MPa 以上，具有良好的焊接性、耐蚀性、耐磨性和成形性，通常以板、带、型、管等钢材形式直接供货使用的工程结构用钢。这类钢比碳素结构钢的强度提高 20% ~ 30%，节约钢材 20%以上，从而可减轻构件自重质量，提高使用可靠性等。目前已广泛用于制造建筑钢、输油(气)管道、船舶、桥梁、机车车辆、锅炉、高压容器、工程机械、农机具等。

1. 强韧化与合金化原理

晶粒细化强化是最重要的强化方式，在提高强度的同时使钢的 T_K 降低。而细小的**碳氮化物的沉淀硬化**也是一重要的强化方式，故其合金化方案是**低碳、微合金化**。

①**主加合金元素是** Mn，因 Mn 的固溶强化可微弱提高钢的强度而基本不损害韧性，且固溶的 Mn 可扩大 A 区、压低 $\gamma \to \alpha$ 相变温度，因而提高相变细化 F 晶粒和 P 的效果。

②**辅加合金元素** Al、V、Ti、Nb 等，热轧时未溶碳氮化物可阻止 A 晶粒长大而起到细化晶粒作用，而溶入 A 中 Me 在热轧或随后的冷却过程中析出碳氮化物起到沉淀硬化的效果而提高强度；合金元素 Cu、P，可改善钢的耐大气腐蚀性能，另外加入微量 Re 可脱硫去气，净化钢材，并改善夹杂物的形态和分布，从而改善钢的性能。

2. 典型牌号简介

为了减轻金属结构的质量，节省钢材，提高其可靠性，首先要求其具有高的屈服强度。因此常用低合金高强度钢按屈服强度 $R_{eL}(\sigma_s)$的高低分为 6 个级别：300、350、400、450、500、550 ~ 600MPa。Q345(16Mn)、Q420(15MnVN)，如表 5.8 所示，是这类钢的典型牌号，分别属于 350MPa、450MPa 级别，多用于制作船舶、车辆、桥梁等大型钢结构。例如，武汉长江大桥采用 Q235(A_3)钢制造，其主跨度为 128m；南京长江大桥采用 Q345(16Mn)钢制造，其主跨度 160m；而九江长江大桥采用 Q420(15MnVN)钢制造，其主跨度为 216m。300 ~ 450MPa 级的低合金结构钢均是在热轧状态(或正火状态)下使用，相应组织为 F + 少量 S。

5.2.4 提高低合金高强度钢性能的途径(Ways for improving mechanical properties of high strength low alloy steels)

低合金高强度钢的发展趋势是：

①微合金化与先进 TMCP 技术相结合，以达最佳强韧化效果。加入少量 V、Ti、Nb 等微合金化元素，通过 TMCP 控制再结晶及 DIFT 等过程，使钢的晶粒细化，进而达到强韧化效果。

表 5.8　低合金高强度钢的牌号与用途

牌号	质量等级	厚度＞16～35mm $R_{eL}(\sigma_s)$/MPa≥	$R_m(\sigma_b)$ /MPa	$A(\delta)$ /% ≥	A_K/J +20℃ ≥	旧标准	用途举例
Q295	A	275	390～570	23	34	09MnV,9MnNb,09Mn2,12Mn	车辆的冲压件、冷弯型钢、螺旋焊管、拖拉机轮圈、低压锅炉气包、中低压化工容器、输油管道、储油罐、油船等
	B	275	390～570	23			
Q345	A	325	470～630	21	34	12Mn,14MnNb,16Mn,18Nb,16MnRE	船舶、铁路车辆、桥梁、管道、锅炉、压力容器、石油储罐、起重及矿山机械、电站设备,厂房钢架等
	B	325	470～630	21			
	C	325	470～630	22			
	D	325	470～630	22			
	E	325	470～630	22			
Q390	A	390	490～650	19		15MnTi,16MnNb,10MnPNbRE,15MnV	中高压锅炉气包、中高压石油化工容器、大型船舶、桥梁、车辆、起重机及其他较高载荷的焊接结构件等
	B	390	490～650	19			
	C	390	490～650	20			
	D	390	490～650	20			
	E	390	490～650	20			
Q420	A	420	520～680	18	34	15MnVN,14MnVTiRE	大型船舶、桥梁、电站设备、起重机械、机车车辆、中高压锅炉及容器及其大型焊接结构件等
	B	420	520～680	18			
	C	420	520～680	19			
	D	420	520～680	19			
	E	420	520～680	19			
Q460	C	460	550～720	17	34		可淬火加回火后用于大型挖掘机、起重运输机械、钻井平台等
	D	460	550～720	17			
	E	460	550～720	17			

②通过多元微合金化(如 Cr、Mn、Mo、Si、B 等)改变基体组织(在热轧空冷下获得贝氏体组织,甚至马氏体组织),提高强度。

③超低碳化。为保证韧性与焊接、冲压性能,进一步降低 C 的质量分数,甚至降低 1.0～0.6 个数量级,此时须采用真空冶炼、真空去气等先进冶炼工艺。从以下几方面具体阐述。

1. 发展微合金化低碳高强度钢(简称微合金钢)

(1)微合金化及强韧化特点

微合金元素在钢中的主要作用是,**晶粒细化强化仍是最重要的强化方式**。具体表现在,高温均热未溶的细小微合金碳氮化物阻止 A 晶粒长大;再结晶控轧,通过形变 A 发生再结晶及适当形变诱导析出的微合金碳氮化物阻止再结晶晶粒长大,而细化 A 晶粒;未再结晶控轧技术通过大形变量的累积使 A 晶粒严重拉长并积蓄相当大的形变储能,从而在 $\gamma \to \alpha$ 相变后获得非常细小 F 晶粒;形变诱导 F 相变技术,通过推进 $\gamma \to \alpha$ 相变获得非常细小 F 晶粒;轧制过程中或轧制后适当加速冷却,通过抑制轧制变形 A 晶粒的长大及压

低 $\gamma \to \alpha$ 相变温度，可进一步细化 F 晶粒。

微合金碳氮化物的沉淀硬化也是低合金高强度钢中采用的重要的强化方式。

Mn 的固溶强化也是普遍采用的强韧化方式，而且还可提高相变细化 F 晶粒的效果。

微合金元素与钢中的 C、N、O、S 等非金属元素有强烈的亲和力，当它们与钢中残存的 C、N、O、S 元素结合后，就可以固定这些非金属元素，抑制其有害作用。

成分特点是低碳，高锰并加入微量合金元素 V、Ti、Nb、Zr、Cr、Ni、Mo **及** Re **等**。常用 $w_C = 0.12\% \sim 0.14\%$，甚至降至 0.03% ~ 0.05%，降低 C 质量分数主要是从保证塑性、韧性和可焊性等方面考虑。微量 Me 复合（0.01% ~ 0.1%）加入对钢的组织、性能的影响主要表现在：改变钢的相变温度、相变时间，从而影响相变产物的组织和性能；细晶强化；沉淀强化；改变钢中夹杂物的形态、大小、数量和分布；可严格控制 P 的体积分数，从而获得少 P 钢、无 P 钢（如针状 F）乃至无间隙固溶钢等新型微合金化钢种。

（2）冶金工艺特点

微合金化必须与先进 TMCP 技术相结合，才能发挥其强韧化作用。

（3）无单独钢类

其并非一特定钢类，通常在低碳高强度钢中就包含大量微合金化低碳高强度钢种，同时在许多未标注微 Me 的低碳高强度钢中也允许加入微 Me 而使其成为实际上的微合金化低碳高强度钢。

（4）微合金化低碳高强度钢应用例解

①汽车壳体用的超低碳深冲无间隙原子钢（IF 钢） 使用炉外精炼等先进冶炼技术，降低钢中碳含量（$w_C = 0.005\% \sim 0.01\%$），加入 Ti、Nb 元素固定 C、N 元素，从而得到了无间隙原子的纯净 F，此即无间隙原子钢，简称 IF 钢（Interstitial Free Steel）。由于其具有优良的深冲性能，几乎可满足各种复杂的冷冲压成形件的性能要求，可取代 08F、08Al 等冲压用钢，主要用于汽车冲压用钢，也用于船舶和家用电器行业等。

②桥梁用微合金钢 目前我国桥梁钢的 $R_{eL}(\sigma_s)$ 为 245 ~ 440MPa，远低于国外（日本近几年建造的大桥其 $R_m(\sigma_b)$ 为 785MPa，美国的 R_{eL} 达 700MPa）。桥梁用微合金钢基本上以 C – Mn 钢为基，再根据需要添加一种（主要为 Nb）或多种微合金化元素（V、Ti、Nb，及少量 Cu、P、Cr 等）。例如我国为满足高强度、性能稳定、更大跨度铁路桥梁建造的需要，运用炉外精炼及 TMCP 技术开发出强韧性匹配好、焊接性优良的 14MnNbq 钢（其 $R_{eL} \geqslant$ 390MPa），成功建造了芜湖长江大桥（其主跨跨度为 312m）、武汉长江二桥和南京长江二桥等。

2. 发展新型超细组织低（超低）碳贝氏体钢

这是一类高强度（$R_m(\sigma_b) > 600$MPa）、高韧性、多用途、低成本、节能环保新型钢种。由于其碳含量已降至 0.05% 左右，因而彻底消除了碳对 B 组织韧性不利影响，在新型 TMCP 后可得到细小的含有高位错密度的 B 基体组织。其强度不再依靠钢中碳含量，而主要通过细晶强化，位错及亚结构强化，Nb、Ti、V 微合金化元素在工艺过程中的析出强化，及 ε – Cu 在回火过程中析出等方式来保证，钢的强韧性匹配极佳，尤其是具有优良的野外焊接性能和抗氢致开裂能力。现在 $R_{eL}(\sigma_s)$500 ~ 800MPa 级超细 B 钢已实现了批量生产，主要用于工程机械、采挖设备等方面，如大型汽车塔吊吊用挂臂、煤机厂的液压支架、起重机悬臂梁、60吨载重车的纵梁等。

5.3 机械结构用钢
Steells for Mechanical Structure

机械结构用钢(机器制造用钢)系指用于制造各类机器零件，如轴类零件、齿轮、弹簧等所用的钢种。

5.3.1 综述(Brief introduction)

1. 工作条件与性能要求

机器零件在工作时承受拉伸、压缩、剪切、扭转、冲击、震动、摩擦等力的作用，或几种力的同时作用，在零件的截面上产生拉、压、切等应力。这些应力值可以是恒定的或变化的，在方向上可以是单向或反复的，在加载方式上可以是逐渐的或骤然的。其工作环境也很复杂，有的在高温，有的在低温，有的还受腐蚀介质作用，其破坏方式也是各式各样的。根据以上工作条件分析，可明显看出机器零件用钢对力学性能的要求应是多方面的，而且是最主要的。它不但要求钢材具有高的强度($R_{eL}(\sigma_s)$、$R_m(\sigma_b)$等)、塑性和韧性($Z(\psi)$、$A(\delta)$、A_K(或α_K等)，而且要求钢材具有良好的疲劳强度和耐磨性等。

要达到这些力学性能值，必须对机器零件用钢进行热处理强化，才能充分发挥钢材的性能潜力，以满足机器零件结构设计、安全可靠等方面要求。马氏体相变及其随后的回火转变综合应用了固溶强化、沉淀强化和相变强化的机理，能使钢在有足够韧性条件下获得尽可能高的强度，已成为钢重要的强化手段。将钢淬火成M后再回火形成不同的组织状态是机器零件用钢最基本的热处理方式。所以，钢的淬透性是机器零件用钢非常重要的工艺性能。

影响机器零件用钢力学性能的主要因素有：钢中C质量分数、回火温度、合金元素的种类与数量。

2. 化学成分特点

(1)C质量分数的选择

碳是机器零件用钢中重要的合金元素，它不但直接决定了马氏体的硬度，而且对马氏体的形态及回火后的性能都有很大影响。

淬火低碳(合金)钢的低温回火组织为位错M和弥散分布的K，具有很高强度，良好的塑韧性，缺口敏感性低，韧脆转变温度(T_K)在-60℃以下，使用上较安全可靠。

对于淬火中碳(合金)钢而言，淬火后得到位错与孪晶M的混合组织，当经高温回火(500~650℃)后，其相应组织为回火索氏体，则可获得良好的综合力学性能，在仍具有较高强度的同时，塑韧性得到明显改善。

对于淬火中高碳($w_C=0.6\%\sim0.7\%$)(合金)钢，若在小于300℃回火，不能消除淬火内应力和高碳马氏体的固有脆性。而在350℃附近回火时，其$R_e(\sigma_e)$和$R_{eL}(\sigma_s)$均达峰值，并具有很高的疲劳强度，此时的组织为回火托氏体。

当钢中 $w_C = 1.0\%$时，淬火加低温回火后，其组织为回火马氏体 + 粒状碳化物 + 少量Ar，由于合金碳化物具有很高的硬度，使钢具有很高耐磨性和接触疲劳强度；但当钢中C质量分数进一步增加，在组织中出现网状碳化物时将使接触疲劳强度下降。所以滚动轴承钢中的 $w_C \approx 1.0\%$时，可保证轴承对耐磨性和接触疲劳强度的要求。

(2)合金化原则

机器零件用钢中常加入的合金元素，依据其作用可划分为主加元素与辅加元素两类。**主加元素**：系指那些对**增大钢的淬透性、强化铁素体和提高钢的综合力学性能**起主导作用的合金元素，**如** Cr、Mn、Ni、Si **及微量** B，它们可分别或复合加入钢中，一般加入量为 $w_{Me} \geq 1\%$。**辅加元素**：系指那些经常加入到含有上述主加元素的钢中，起着**细化晶粒、降低钢的过热敏感性与回火脆性、改善夹杂物形态**等作用的合金元素，加入量通常在千分之几范围内变动，且不单独加入钢中，**如** W、Mo、V、Ti、Re **等**。

实验表明，在钢中同时加入几种合金元素，提高淬透性的作用明显大于只加入单一元素的作用。因此，淬透性要求较高的钢均采用多元少量的复合合金化方案。

5.3.2 调质钢与非调质钢(Steels for hardening and tempering and non－hardening and tempering steels)

调质钢一般指经调质处理后使用的中碳钢或中碳合金钢。

1. 工作条件、常见失效形式与性能要求

许多机器设备上的重要零件如机床主轴、汽车拖拉机后桥半轴、发动机曲轴、连杆、高强度螺栓等，都是在多种应力负荷下工作的，受力较复杂，有时还受到冲击载荷作用，在轴颈或花键等部位还存在较剧烈摩擦。**其主要失效形式有**：由于承受交变的扭转、弯曲载荷所引起的疲劳断裂，以及由于工件的塑韧性不足而导致的脆性断裂；在摩擦副的配合处承受强烈摩擦磨损，工件本身由于硬度低、耐磨性差而造成的过度磨损等。因此，要求其**具有良好的综合力学性能(既有高强度，又具良好塑、韧性)**。只有具备良好综合力学性能，零件工作时才能承受较大工作应力，以防止由于突然过载等偶然原因造成的破坏。

2. 化学成分特点

①**中碳**　一般 $w_C = 0.25\% \sim 0.5\%$。C质量分数过低，影响钢的强度；C的质量分数过高，由于碳化物数量较多则使韧性不足。一般碳素调质钢C质量分数偏上限，而对于合金调质钢，随合金元素增加则C质量分数趋于下限。

②合金化原则　**主加元素**：Cr、Ni、Mn、Si **及微量** B **等，主要作用为提高淬透性，强化铁素体。辅加元素**：W、Mo、V、Ti **等，主要作用为细化晶粒、进一步提高淬透性**，W、Mo **还起着防止第二类回火脆性作用**。另外W、Mo、V、Cr、Si等还可有效提高钢的回火稳定性。

3. 热处理特点

①**预先热处理**　调质钢经热变形加工后，必须经预先热处理以调整硬度、便于切削加工，消除热变形加工造成的组织缺陷，细化晶粒、均匀组织。

对于合金元素含量较低的钢，可进行正火或退火处理，对于合金元素含量较高的钢，正火处理后可得马氏体组织，尚需再进行高温回火，使其转变为粒状珠光体。

②**最终热处理** 一般采用调质处理，即淬火加高温回火。淬火及回火的具体温度取决于钢种及技术条件要求，通常是油淬后进行 500～650℃回火。对第二类回火脆性敏感的钢，回火后必须快冷(水或油冷)。**调质处理后的组织为 $S_{回}$，具有良好的综合力学性能。**

某些零件除了要求有良好的综合力学性能外，还要求零件的某些部位(如轴类零件的轴颈或花键部分)有较高的耐磨性。这时零件经调质处理后，**还应对零件局部部位进行感应加热表面淬火、然后低温回火，提高表面硬度至 56～58HRC。如果对耐磨性、零件尺寸精度要求更高，则需要选用氮化钢(如 38CrMoAlA)经调质处理后再进行氮化处理。**

4. 常用调质钢(如表 5.9 所示)

调质钢在机械制造中应用十分广泛，种类很多，根据淬透性大小将其分为三类：

①**低淬透性调质钢($D_{0油}$30～40mm)** 如 45(U20452)、40Cr(A20402)等。45 钢价格便宜、淬透性小，用于对力学性能要求不高的零件。40Cr 钢具有较高的力学性能和工艺性能，应用十分广泛，可用以制造汽车、拖拉机上的连杆、螺栓、传动轴及机床主轴等零件。

②**中淬透性调质钢($D_{0油}$40～60mm)** 含有较多合金元素，淬透性较好，典型钢种是 **35CrMo(A30352)、38CrMoAlA(A33382)**等，可用于制造截面尺寸较大的中型甚至大型零件，如曲轴、齿轮、连杆等。

③**高淬透性调质钢($D_{0油}$>60mm)** 大多含有 Ni、Cr 等元素。为防止回火脆性，钢中还含有 Mo，如**40CrNiMoA(A50403)**等，用于制造大截面、承受重载荷的重要零件，如航空发动机中的涡轮轴、压气机轴等。

某 40Cr 钢制作的汽车发动机连杆螺栓的生产加工工艺路线如下所示：

下料→锻造→正火→粗机加工→调质→精加工→装配

5. 调质零件用钢的新进展——低碳 M 钢

低碳 M 钢，采用低碳(合金)钢(如渗碳钢和低合金高强度钢等)经适当介质淬火和低温回火得到低碳 M，从而可获得比常用中碳合金钢调质后更优越的综合力学性能。它充分利用了钢的强化和韧化手段，使钢不仅强度高而且塑性和韧性好。例如，采用 15MnVB 代替 40Cr 钢制造汽车的连杆螺栓，提高了强度和塑性、韧性(如表 5.10 所示)，从而使螺栓的承载能力提高 45%～70%，延长了螺栓的使用寿命，并满足大功率新车型设计的要求；又如，采用 20SiMnMoV 代替 35CrMo 钢制造石油钻井用的吊环，使吊环质量由原来的 97kg 减小为 29kg，大大减轻了钻井工人的劳动强度。

6. 微合金化非调质钢

微合金化非调质钢是在中碳碳钢基础上添加微量($w_{Me}<0.2\%$)Me 如 V、Ti、Nb 等，通过 TMCP 或锻后空冷，在 F+P 中弥散析出碳氮化物为强化相，使之在轧(锻)后不经调质处理，即可获得碳素结构钢或焊接结构钢经调质处理后所达到的力学性能的钢种，**简称非调质钢**。按使用加工方法，可分为两类：切削加工用和热压力加工用非调质机械结构钢，分别在钢号前缀以 YF 和 F 字母。

表 5.9　常用调质钢的牌号、热处理、性能与用途

类别	钢号	统一数字代号	化学成分/%					热处理/℃		力学性能(不小于)							应用举例
			w_C	w_{Mn}	w_{Si}	w_{Cr}	$w_{其他}$	淬火	回火	R_m/MPa	R_{eL}/MPa	A_S/%	Z/%	A_{KU2}/J	退火硬度 HBW	毛坯尺寸/mm	
低淬透性	45	U20452	0.42～0.50	0.50～0.80	0.17～0.37	≤0.25		840 水	600	600	355	16	40	39	≤197	25	小截面、中载荷的调质件，如主轴、曲轴、齿轮、连杆、链轮等
	40Mn	U21402	0.37～0.44	0.70～1.00	0.17～0.37	≤0.25		840 水	600	590	355	17	45	47	≤207	25	比 45 钢强韧性要求稍高的调质件
	40Cr	A20402	0.37～0.44	0.50～0.80	0.17～0.37	0.80～1.10		850 油	520	980	785	9	45	47	≤207	25	重要调质件，如轴类、连杆螺栓、机床齿轮、蜗杆、销子等
	45Mn2	A00452	0.42～0.49	1.40～1.80	0.17～0.37			840 油	550	885	735	10	45	47	≤217	25	代替 40Cr 做 $\phi<50$ mm 的重要调质件，如机床齿轮、钻床主轴、凸轮、蜗杆等
	45MnB	A71452	0.42～0.49	1.10～1.40	0.17～0.37		B0.0005～0.0035	840 油	500	1030	835	9	40	39	≤217	25	
	40MnVB	A73402	0.37～0.44	1.10～1.40	0.17～0.37		V0.05～0.10 B0.0005～0.0035	850 油	520	980	785	10	45	47	≤207	25	可代替 40Cr 或 40CrMo 制造汽车、拖拉机和机床的重要调质件，如轴、齿轮等
	35SiMn	A10352	0.32～0.40	1.10～1.40	1.10～1.40			900 水	570	885	735	15	45	47	≤229	25	除低温韧性稍差外，可全面代替 40Cr 和部分代替 40CrNi
中淬透性	40CrNi	A40402	0.37～0.44	0.50～0.80	0.17～0.37	0.45～0.75	Ni1.00～1.40	820 油	500	980	785	10	45	55	≤241	25	做较大截面的重要件，如曲轴、主轴、齿轮、连杆等
	40CrMn	A22402	0.37～0.45	0.90～1.20	0.17～0.37	0.90～1.20		840 油	550	980	835	9	45	47	≤229	25	代 40CrNi 做受冲击载荷不大零件，如齿轮轴、离合器等
	35CrMo	A30352	0.32～0.40	0.40～0.70	0.17～0.37	0.80～1.10	Mo0.15～0.25	850 油	550	980	835	12	45	63	≤229	25	代 40CrNi 做大截面齿轮和高负荷传动轴、发电机转子等
	30CrMnSi	A24302	0.27～0.34	0.80～1.10	0.90～1.20	0.80～1.10		880 油	520	1080	885	10	45	39	≤229	25	用于飞机调质件，如起落架、螺栓、天窗盖、冷气瓶等
	38CrMoAl	A33382	0.35～0.42	0.30～0.60	0.20～0.45	1.35～1.65	Mo0.15～0.25	940 水、油	640	980	835	14	50	71	≤229	30	高级氮化钢，做重要丝杆、镗杆、主轴、高压阀门等
高淬透性	37CrNi3	A42372	0.34～0.41	0.30～0.60	0.17～0.37	1.20～1.60	Ni3.00～3.50	820 油	500	1130	980	10	50	47	≤269	25	高强韧性的大型重要零件，如汽轮机叶轮、转子轴等
	25Cr2Ni4WA	A52253	0.21～0.28	0.30～0.60	0.17～0.37	1.35～1.65	Ni4.00～4.50 W0.80～1.20	850 油	550	1080	930	11	45	71	≤269	25	大截面高负荷的重要调质件，如汽轮机主轴、叶轮等
	40CrNiMoA	A50403	0.37～0.44	0.50～0.80	0.17～0.37	0.60～0.90	Mo0.15～0.25 Ni1.25～1.65	850 油	600	980	835	12	55	78	≤269	25	高强韧性大型重要零件，如飞机起落架，航空发动机轴等
	40CrMnMo	A34402	0.37～0.45	0.90～1.20	0.17～0.37	0.90～1.20	Mo0.20～0.30	850 油	600	980	785	10	45	63	≤217	25	部分代替 40CrNiMoA，如做卡车后桥半轴、齿轮轴等

注：钢中的磷、硫质量分数均不大于 0.035%。

表 5.10　低碳马氏体 15MnVB 钢与调质 40Cr 钢性能对比

钢号	状态	硬度 /HRC	$R_m(\sigma_b)$ /MPa	$R_{eL}(\sigma_s)$ /MPa	$A(\delta_5)$ /%	$Z(\psi)$ /%	a_K /(J·cm^{-2})	a_K(−50℃) /(J·cm^{-2})
15MnVB	低碳 M	43	1353	1133	12.6	51	95	70
40Cr	调质态	38	1000	800	9	45	60	≤40

其强韧化机制是靠微合金元素在热变形加工后冷却时，从 F 中析出弥散碳氮化物质点形成沉淀强化，同时又通过控制 P 与 F 量的比例与 P 的片层间距、细化晶粒等途径，来保证其良好强韧性配合。该钢主要缺点是塑性、冲击韧性偏低，因而限制其在强冲击条件下应用。

中碳微合金非调质钢代替调质钢，具有简化生产工序、节约能源、降低成本的特点，已引起国内外广泛的关注。一些发达国家以及我国已在多种型号的汽车曲轴、连杆上成功应用微合金化非调质钢，例如我国一汽 CA15 型汽车发动机曲轴采用非调质钢 YF45V 代替原 45 钢正火或调质，其力学性能如表 5.11 所示，符合 CA15 曲轴产品要求。中碳微合金非调质钢的开发应用有着广阔的发展前景。

表 5.11　非调质钢与调质钢力学性能的对比

材　　料	$R_m(\sigma_b)$ /MPa	$R_{eL}(\sigma_s)$ /MPa	$A(\delta_5)$ /%	$Z(\psi)$ /%	A_K/J	硬度/HBW
YF45V(非调质钢)	779	473	16.5	33	27	220 ~ 240
45(正火)	652	360	23.0	40	35	170 ~ 195
45(调质)	784	519	19.0	43	86	210 ~ 240

晶内析出 F 型非调质钢，是近年来新开发的一种高强度高韧性非调质钢。针对一般非调质钢的韧性偏低，采用适当增加 S 含量($w_S \approx 0.06\%$)，可使 A 晶粒细化，在 1200℃高温下，晶粒度可达 5 级，韧性提高。而当细小 MnS 和 TiN 同时存在时，其复合效应可使 A 晶粒在 1200℃以上仍维持 6 级。其原因在于，一方面 MnS 和 TiN 在高温下溶解度小，可有效阻止晶粒长大；另一方面在钢冷却过程中，MnS 粒子上有 VN、TiN 析出，并以此作为 F 的形核核心，促进了晶内 F(Inter – granular Ferrite，IGF)的形成，有效细化晶粒，由此发展了高强高韧新型 F – P 非调质钢。IGF 钢中的先共析 F 大量、细小地在 A 晶粒内部析出，起到分割原 A 晶粒，细化组织的有效作用，从而显著改善钢的强韧性。

5.3.3　表面硬化钢(Case hardening steels)

1. 概　述

此类钢适于制造通过某种热处理工艺使零件表面坚硬耐磨而心部韧性适当的零件，由于表层具有较高的残余压应力而使其疲劳性能显著提高。欲达表硬内韧效果，有以下三种选择：

①承受剧烈冲击、接触应力较大且要求耐磨的零件，宜采用低碳钢渗碳淬火工艺；

②圆柱形或形状较简单零件，采用中碳钢的高频(或中频)感应加热表面淬火工艺；

③机床主轴、丝杠和发动机曲轴等要求尺寸精确的零件，一般采用渗氮处理工艺，加

热温度低，热处理变形小。

此外，激光表面热处理等新工艺也逐步被采用。

各种工艺所适用的钢种不同，选择时考虑的因素也有所不同。以下重点介绍渗碳钢。

2. 渗碳钢

(1)工作条件、常见失效形式与性能要求

渗碳钢系指经渗碳处理后使用的钢种。渗碳钢**主要用于承受较强烈摩擦磨损和较大冲击载荷条件下工作的机械零件**，如汽车、拖拉机上的变速齿轮，内燃机上的凸轮、活塞销等。**此类零件常见的失效形式主要有工作表面承受较大的接触疲劳载荷而引起的局部破坏（俗称麻点剥落）**，承载较重而引起的工作表面**过度磨损**，或是由于工作时承受的**冲击载荷过大而导致的断裂**等。因此，这类零件工作时要求其表面硬而耐磨，而零件心部则要求有较高的韧性和强度以承受较大冲击载荷作用，即**"表硬内韧"是其主要性能要求**。

(2)化学成分特点

低碳（$w_C = 0.1\% \sim 0.25\%$），渗碳件心部 C 的质量分数，对保证工件心部有足够塑、韧性是十分必要的。若 C 质量分数过低，表面的渗碳层易于剥落；C 质量分数过高，则心部塑、韧性下降，并使表层的压应力减少，从而降低弯曲疲劳强度。**合金化原则，其主加元素为 Cr、Mn、Ni、Si、B 等，提高心部淬透性和强化 F；辅加元素 W、Mo、V、Ti 等，用以细化晶粒、进一步提高心部淬透性。**

(3)热处理特点

预先热处理一般为**正火**，其作用是提高硬度、改善切削加工性能，同时亦可以均匀组织、消除组织缺陷、细化晶粒。**最终热处理一般为渗碳后进行淬火及低温回火**，以获得高硬度、高耐磨性的表层及强而韧的心部。根据钢化学成分的差异，常用的热处理方式有三种：

①渗碳后经预冷、直接淬火并低温回火（**称直接淬火法**），适用于合金元素含量较低又不易过热的钢，如 20CrMnTi 钢等。

②渗碳后缓冷至室温、然后重新加热淬火并低温回火（**称一次淬火法**），适用于渗碳时易过热的碳钢及低合金钢工件，或固体渗碳后的零件等，如 20、20Cr 钢等。

③渗碳后缓冷至室温、又重新加热两次淬火并低温回火（**称二次淬火法**），适用于本质粗晶粒钢及对性能要求很高的重要合金钢工件，但因生产周期长、成本高、工件易氧化脱碳和变形，目前生产上已很少采用。

经最终热处理后的组织应为，表层由回火马氏体加粒状合金碳化物及少量残余奥氏体组成，心部由低碳回火马氏体及少量铁素体（淬透时）或铁素体加珠光体（未淬透时）组成。

(4)常用渗碳钢

如表 5.12 所示，按其淬透性（或强度）的大小可分为三类：

①**低淬透性（低强度）渗碳钢**（$D_{0水} 20 \sim 35\text{mm}$，$w_{Me} < 2\%$，$R_m(\sigma_b) < 800\text{MPa}$）　常用钢种有**20（U20202）、20Cr（A20202）**等，其淬透性低，只适用于受力不大、对心部强度要求不高的小型、耐磨渗碳件，如套筒、活塞销等。

表 5.12 常用渗碳钢的牌号、成分、热处理、性能与用途

类别	钢号	统一数字代号	化学成分/%					热处理/℃			力学性能(不小于)					毛坯尺寸/mm	应用举例
			w_C	w_{Mn}	w_{Si}	w_{Cr}	$w_{其他}$	第一次淬火	第二次淬火	回火	R_m/MPa	R_{eL}/MPa	A_S/%	Z/%	A_{KU2}/J		
低淬透性	15	U20152	0.12~0.18	0.35~0.65	0.17~0.37	~920(正火)					375	225	27	55		25	小轴、小模数齿轮、活塞销等小型渗碳件
低淬透性	20	U20202	0.17~0.23	0.35~0.65	0.17~0.37	~910(正火)					410	245	25	55		25	同上
低淬透性	20Mn2	A00202	0.17~0.24	1.40~1.80	0.17~0.37			850 水、油		200 水、空	785	590	10	40	47	15	代替20Cr做小齿轮、小轴、活塞销、十字销头等
低淬透性	15Cr	A20152	0.12~0.18	0.40~0.70	0.17~0.37	0.70~1.00		880 水、油	780~820 水、油	200 水、空	735	490	11	45	55	15	船舶主机螺钉、齿轮、活塞销、凸轮、滑阀、轴等
低淬透性	20Cr	A20202	0.18~0.24	0.50~0.80	0.17~0.37	0.70~1.00		880 水、油	780~820 水、油	200 水、空	835	540	10	40	47	15	机床变速箱齿轮、齿轮轴、活塞销、凸轮、蜗杆等
低淬透性	20MnV	A01202	0.17~0.24	1.30~1.60	0.17~0.37		V0.07~0.12	880 水、油		200 水、空	785	590	10	40	55	15	同上,也用做锅炉、高压容器、大型高压管道等
中淬透性	20CrMn	A22202	0.17~0.23	0.90~1.20	0.17~0.37	0.90~1.20		850 油		200 水、空	930	735	10	45	47	15	齿轮、轴、蜗杆、活塞销、摩擦轮
中淬透性	20CrMnTi	A26202	0.17~0.23	0.80~1.10	0.17~0.37	1.00~1.30	Ti0.04~0.10	880 油	870 油	200 水、空	1080	850	10	45	55	15	汽车、拖拉机上的齿轮、齿轮轴、十字销头等
中淬透性	20MnTiB	A74202	0.17~0.24	1.30~1.60	0.17~0.37	0.70~1.00	Ti0.04~0.10 B0.0005~0.0035	860 油		200 水、空	1130	930	10	45	55	15	代替20CrMnTi制造汽车、拖拉机截面较小、中等负荷的渗碳件
中淬透性	20MnVB	A73202	0.17~0.23	1.20~1.60	0.17~0.37	0.80~1.10	B0.0005~0.0035 V0.07~0.12	860 油		200 水、空	1080	885	10	45	55	15	代替2CrMnTi、20Cr、20CrNi制造重型机床的齿轮和轴、汽车齿轮
高淬透性	18Cr2Ni4WA	A52183	0.13~0.19	0.30~0.60	0.17~0.37	1.35~1.65	W0.8~1.2 Ni4.0~4.5	950 空	850 空	200 水、空	1180	835	10	45	78	15	大型渗碳齿轮、轴类和飞机发动机齿轮
高淬透性	20Cr2Ni4	A43202	0.17~0.23	0.30~0.60	0.17~0.37	1.25~1.65	Ni3.25~3.65	880 油	780 油	200 水、空	1180	1080	10	45	63	15	大截面渗碳件,如大型齿轮、轴等
高淬透性	12Cr2Ni4	A43122	0.10~0.16	0.30~0.60	0.17~0.37	1.25~1.65	Ni3.25~3.65	860 油	780 油	200 水、空	1080	835	10	50	71	15	承受高负荷的齿轮、蜗轮、蜗杆、轴、方向接头叉等

注:①钢中的磷、硫质量分数均不大于 0.035%。②15、20 钢的力学性能为正火状态时的力学性能,15 钢正火温度 920℃,20 钢正火温度为 910℃。

②**中淬透性(中强度)渗碳钢**($D_{0油}$25 ~ 60mm,w_{Me} = 2% ~ 5%,$R_m(\sigma_b)$ = 800 ~ 1 200MPa)　常用钢种有**20CrMnTi(A26202)**等,这类钢的淬透性与心部强度均较高,可用于制造一般机器中较为重要的渗碳件,如汽车、拖拉机变速齿轮及活塞销等。因含有 Ti 或 V 等阻碍奥氏体晶粒长大的元素,所以渗碳时过热倾向较小,可在渗碳后预冷至 860℃左右直接淬火、然后低温回火。

③**高淬透性(高强度)渗碳钢**($D_{0油}$ > 100mm,w_{Me} > 5%,$R_m(\sigma_b)$ > 1 200MPa)　常用钢种有**18Cr2Ni4WA(A52183)**等。由于具有很高的淬透性、心部强度很高,因此这类钢可用于制造截面较大的重负荷渗碳件,如航空发动机变速齿轮、轴等。

某 20CrMnTi 钢制 CA – 10B 载重汽车变速箱中间轴的三挡齿轮的加工工艺路线如下

下料→锻造→正火→加工齿形→渗碳(930℃)、预冷淬火(830℃)+
低温回火(200℃)→磨齿

(5)新的进展

近年来,生产中采用渗碳钢直接淬火并低温回火,以获得低碳 M 组织,用以制造某些要求综合力学性能较高的零件,如传递动力的轴、重要的螺栓等。在某些场合下,它还可代替中碳钢的调质处理。

3. 渗氮钢简介

渗氮钢多为 C 质量分数偏低的中碳铬钼铝钢(如 35CrMo、42CrMo、38CrMoAlA 钢等)。渗氮钢零件一般经过调质处理、切削加工、500 ~ 570℃之间氮化处理。零件经渗氮处理后具有以下特点:

①不需再进行任何热处理即可得到非常高的表面硬度,因而耐磨性能优越。

②有一定的耐热性,在低于渗氮温度下加热时可保持高硬度,改善抗腐蚀性能。

③可提高钢件的疲劳强度,改善对缺口的敏感性。

④**由于氮化处理温度较低,热处理变形小,因此特别适合于尺寸精度要求较高而最终热处理要求变形小的机械零件(如机床丝杆、镗杆,大马力内燃机曲轴等)。**

应当说明的是,随着渗氮新工艺的发展,如氮碳共渗、离子氮化等工艺的采用,可通过氮化处理工艺改善性能的钢种逐渐增多,如中碳合金结构钢、铬钢、铬钼钢、铬钒钢、镍铬钼钢、铬锰钛钢、铬质量分数为 5% 的模具钢 H11 和 H13,铁素体和马氏体系列不锈钢,奥氏体不锈钢和沉淀硬化不锈钢等。

5.3.4　弹簧钢(Spring steels)

1. 工作条件、主要失效形式与性能要求

弹簧钢系指用于制造各种弹簧的钢种。弹簧的主要作用是吸收冲击能量,缓和机械的振动和冲击作用。例如汽车、拖拉机和机车上的板弹簧,除承受静重载荷外,还要承受因地面不平所引起的冲击载荷和振动。此外,弹簧还可储存能量使其他机件完成事先规定的动作,如汽阀弹簧等,可保证机器和仪表的正常工作。**其主要的失效形式就是因弯曲或扭转疲劳载荷所导致的弹簧类零件疲劳断裂**,以及**由材料的弹性极限较低而引起弹簧的过量变形以致失去弹性**等。弹簧钢应具备以下性能:

①**高强度和高屈强比** 以保证弹簧有足够高的弹性变形能力，并能承受大的载荷。

②**高的疲劳强度** 以保证弹簧在长期振动和交变应力作用下不产生疲劳破坏。

③**一定的塑、韧性** 为满足成形需要和可能承受的冲击载荷，应有一定塑、韧性。

④**良好的耐热性或耐蚀性** 在高温或腐蚀条件下工作的弹簧，还应具有良好的耐热性或耐蚀性等。

2. 化学成分特点

①**中高碳** 目的是保证其较高的弹性极限与屈服强度。一般碳素弹簧钢中碳的质量分数在0.6%~0.9%，合金弹簧钢中碳的质量分数在0.45%~0.7%。

②**合金化原则** **加入Si、Mn、Cr等主加元素，主要目的是提高淬透性、强化F，亦可提高回火稳定性（其中以Si的作用最大）。辅加元素为W、V及Cr等较强碳化物形成元素，起到细化晶粒的作用，进一步提高淬透性，**不易脱碳和过热，保证钢在较高使用温度下仍**具有较高的高温强度和韧性以及高的回火稳定性。**

应注意，Si含量高时有石墨化倾向、并在加热时使钢易于脱碳，Mn可增大钢的过热倾向。

3. 加工成型与热处理特点

弹簧钢的热处理取决于弹簧的加工成型方法，一般可分为两种类型。

①热成型弹簧 弹簧截面尺寸≥8~10mm的大型弹簧多用热轧钢丝或钢板、热态下成型，然后淬火及中温回火（350~500℃），经回火后的组织是回火托氏体（$T_{回}$），硬度为40~48HRC，具有较高的弹性极限和疲劳强度，同时又具一定塑、韧性。如60Si2Mn钢制汽车板簧的加工工艺路线为：

扁钢剪断→机械加工（倒角钻孔等）→加热压弯→淬火+中温回火→喷丸。

近年来，热成型弹簧也采用等温淬火获得下贝氏体或经形变热处理，这对提高弹簧的性能和使用寿命也有较明显的效果。

②冷成型弹簧 对直径或截面单边尺寸小于8~10mm的弹簧，常采用冷拔（轧）钢丝（板）冷卷成型或先热处理强化、然后冷卷成型，这类弹簧钢丝按强化工艺可分为三种：铅浴等温冷拔钢丝、冷拔钢丝和油淬回火钢丝，最后进行去应力退火和稳定化处理（加热温度为250~300℃，保温时间1h）以消除应力，稳定尺寸。其常见的加工工艺路线如下

缠绕弹簧→去应力退火→磨端面→喷丸→第二次去应力退火→发蓝

弹簧的表面质量对使用寿命影响很大，若弹簧表面有缺陷，易造成应力集中，从而降低疲劳强度，故常采用喷丸强化表面，使表面产生压应力，消除或减轻弹簧的表面缺陷，以便提高其强度及疲劳强度。

4. 常用弹簧钢

①Si-Mn**类型弹簧钢** 如表5.13所示，65Mn钢，其价格低廉，淬透性优于碳素弹簧钢，可用以制造ϕ8~15mm的小型弹簧，如各种小尺寸的扁簧和坐垫弹簧、弹簧发条等。**60Si2Mn钢**，由于同时加入Si与Mn，可用以制造厚度为10~12mm的板簧和直径为25~30mm的螺旋弹簧，油淬即可淬透，常用于制造汽车、拖拉机和机车上的减震板簧和螺旋弹簧，还可用于制造温度<230℃使用的弹簧。

②Cr-V**类型弹簧钢** 如表5.13所示，**典型钢种为**50CrVA，它具有良好的综合力学

性能，弹簧表面不易脱碳，但价格相对较高，一般用于工件截面尺寸较大的重要弹簧，它于300℃以下工作时弹性不减，内燃机的气阀弹簧就是用此钢制造。

弹簧钢除用于制作各类弹簧外，还可用于制造弹性零件，如弹性轴、耐冲击的工模具等。

表 5.13　常用弹簧钢的牌号、性能与用途

种类		钢号	性能特点	主要用途
碳素弹簧钢	普通 Mn 量	65	硬度、强度、屈强比高，但淬透性差，耐热性不好，承受动载和疲劳载荷的能力低	价格低廉，多应用于工作温度不高的小型弹簧（<12mm）或不重要的较大弹簧
		70		
		85		
	较高 Mn 量	65Mn	淬透性、综合力学性能优于碳钢，但对过热比较敏感	价格较低，用量很大，制造各种小截面（<15mm）的扁簧、发条、减震器与离合器簧片，刹车轴等
合金弹簧钢	Si－Mn 系	55Si2Mn	强度高、弹性好，抗回火稳定性佳；但易脱碳和石墨化。含 B 钢淬透性明显提高	主要的弹簧钢类，用途很广，可制造各种中等截面（<25mm）的重要弹簧，如汽车、拖拉机板簧，螺旋弹簧等
		60Si2Mn		
		55Si2MnB		
		55SiMnVB		
	Cr 系	50CrVA	淬透性优良，回火稳定性高，脱碳与石墨化倾向低；综合力学性能佳，有一定的耐蚀性，含 V、Mo、W 等元素的弹簧具有一定的耐高温性；由于均为高级优质钢，故疲劳性能进一步改善	用于制造载荷大的重型、大型尺寸（50～60mm）的重要弹簧，如发动机阀门弹簧、常规武器取弹钩弹簧、破碎机弹簧、耐热弹簧，如锅炉安全阀弹簧、喷油嘴弹簧、气缸胀圈等
		60CrMnA		
		60CrMnBA		
		60CrMnMoA		
		60Si2CrA		
		60Si2CrVA		

5.3.5　滚动轴承钢（Bearing steels）

1．工作条件、主要失效形式与性能要求

主要用以制造滚动轴承内、外套圈和滚动体（滚珠、滚柱）的专用钢称为滚动轴承钢。滚动轴承是高速转动机械中不可缺少的重要零件之一。工作时套圈与滚动体之间呈点或线接触，接触面上承受极高的交变载荷，交变次数达数万次/min、甚至更高，所以主要承受接触疲劳破坏；其表面受到极高的局部压应力，且不仅受滚动摩擦，还有滑动摩擦。因此滚动轴承**常见的失效形式主要有因摩擦造成的过度磨损而丧失精度，或产生接触疲劳破坏而形成的麻点剥落。**

根据工作条件和失效形式，要求滚动轴承钢应具有高屈服强度和接触疲劳强度，高而均匀的硬度和耐磨性，足够韧性和淬透性，在大气和润滑介质中还应有一定抗蚀能力。

同时应注意对钢中非金属夹杂物，组织均匀性，碳化物的形状、大小和分布，以及脱碳程度等都有严格的要求，否则就会显著缩短滚动轴承工件的使用寿命。

2．化学成分特点

①**高碳**　滚动轴承钢中 $w_C = 0.95\% \sim 1.15\%$，高的质量分数以保证钢有高的硬度及耐磨性。因决定钢硬度的主要因素是马氏体中的质量分数，只有质量分数足够高时，才能保证马氏体的高硬度；此外，碳还要形成一部分高硬度的碳化物，进一步提高钢的硬度和

耐磨性。

②合金化原则　**主加元素为** Cr(w_{Cr} = 0.4% ~ 1.65%),所起作用:**一方面可提高淬透性,另一方面**还可形成合金渗碳体,使钢中碳化物非常细小、均匀,从而大大**提高钢的耐磨性和接触疲劳强度**,另外 Cr 还可提高钢的耐蚀性。

当钢中 $w_{Cr} > 1.65\%$时,则将增加残余奥氏体数量,降低硬度及尺寸稳定性,同时还可增加碳化物的不均匀性,降低钢的韧性和疲劳强度。

Si、Mn 等元素,常用于制造大型轴承时进一步提高钢的淬透性和强度,Si 还可显著提高钢的回火稳定性。对无 Cr 轴承钢还应加入 V、Mo 元素,可阻止 A 晶粒长大,防止过热,形成 VC 以保证耐磨性。

3. 冶金质量(严格限制 S、P 含量)

一般要求 S、P 含量均小于 0.025%,同时尽量减少 O、H、N 等有害气体含量和非金属夹杂物的数量,改善夹杂物的类型、形态、大小和分布,以保证接触疲劳强度。因此,轴承钢一般要采用电炉冶炼和真空脱气等炉外精炼先进技术。

4. 热处理特点

①**预先热处理　采用正火 + 球化退火**。正火的主要作用是消除网状碳化物,以利于球化退火的进行。若无连续网状碳化物,可不进行正火。

球化退火的目的有二:一是为获得球化体组织,降低钢的硬度,以利于切削加工;二是为最终热处理作好组织准备。

②**最终热处理　采用淬火 + 低温回火,显微组织为** $M_{回} + K + A_r$,其硬度为 61 ~ 65HRC。由于低温回火不能彻底消除内应力及 A_r,在长期使用中会发生应力松弛和组织转变,引起尺寸变化,所以在生产精密轴承时,在淬火后应立即进行一次冷处理(- 60℃ ~ - 80℃),并分别在低温回火和磨削加工后再进行 120℃ ~ 130℃保温 5 ~ 10h 的低温时效处理,以进一步减少残余奥氏体和消除内应力,保证尺寸稳定。

一般滚动轴承的加工工艺路线为

轧制或锻造→球化退火→机加工→淬火→低温回火→磨削→成品

精密轴承的加工工艺路线为

轧制或锻造→球化退火→机加工→淬火→冷处理→低温回火→时效处理→磨削→时效处理→成品

5. 常用滚动轴承钢

滚动轴承钢按所含合金元素大致分为两类。

①含铬轴承钢　即高碳低铬钢,如 GCr9、GCr15 等。其中以 GCr15 **钢应用最广**。对于尺寸较大的轴承(如铁路轴承)可采用 GCr15SiMn(BO1150)钢等,详见表 5.14。

②无铬轴承钢　如 GMnMoVRE、GSiMoMnV,其性能和用途与 GCr15 相同,可节约我国短缺元素 Cr。

应当说明的是滚动轴承钢除了制作滚动轴承外,目前还广泛用于制造各类工具和耐磨零件,如量具、精密偶件、冷轧辊、冷作模具等。

表 5.14 高碳铬轴承钢的牌号、化学成分和用途等

统一数字代号	牌号	化学成分/%									退火硬度 HBW	用途举例
		w_C	w_{Si}	w_{Mn}	w_{Cr}	w_{Mo}	w_P	w_S	w_{Ni}	w_{Cu}		
							不大于					
B00040	GCr4	0.95~1.05	0.15~0.30	0.15~0.30	0.35~0.50	≤0.08	0.025	0.020	0.25	0.20	179~207	用于载荷不大、形状简单的机械转动轴上的滚珠和滚柱
B00150	GCr15	0.95~1.05	0.15~0.35	0.25~0.45	1.40~1.65	≤0.10	0.025	0.025	0.30	0.25	179~207	各种滚动体，壁厚≤12 mm、外径≤250 mm 的轴承套，模具、精密量具及耐磨件
B01150	GCr15SiMn	0.95~1.05	0.45~0.75	0.95~1.25	1.40~1.65	≤0.10	0.025	0.025	0.30	0.25	179~217	180℃以下工作的大尺寸轴承套、滚动体，模具、量具、丝锥及高硬度耐磨件
B03150	GCr15SiMo	0.95~1.05	0.65~0.85	0.20~0.40	1.40~1.70	0.30~0.4	0.027	0.020	0.30	0.25	179~217	大尺寸的轴承套、滚动体，模具、精密量具及其他高硬度耐磨件
B02180	GCr18Mo	0.95~1.05	0.20~0.40	0.25~0.40	1.65~1.95	0.15~0.25	0.025	0.020	0.25	0.25	179~207	壁厚≤20mm 的各种轴承套，其他用途与 GCr15 钢基本相同

【例题 5.1】 对比分析 GCr15 和 20CrMnTi 中各合金元素的作用，并说明 20CrMnTi 钢的热处理特点。

分析 GCr15 与 20CrMnTi 钢二者均为合金结构钢，所以合金元素 Cr 的作用为提高淬透性、强化铁素体，Mn 的作用与 Cr 相同，而 Ti 的作用为细化晶粒、提高回火稳定性；而从另一方面看，GCr15 钢系专用结构钢，虽然按其主要用途划归为结构钢，但就其主要性能要求而言应视为低合金刃具钢，故其合金元素 Cr 的作用又表现为提高耐磨性、细化晶粒。

20CrMnTi 钢系渗碳钢，其预先热处理工艺为正火，主要作用为提高硬度、改善切削加工性，又可起到细化晶粒、均匀组织的作用；其最终热处理工艺为渗碳 + 淬火 + 低温回火，主要作用为使表面层具有高硬度、高耐磨性，而又使工件心部具有良好的塑、韧性。

解答 GCr15 钢是滚动轴承钢，合金元素 Cr 的作用有二：一是提高淬透性、强化铁素体，以保证钢具有一定的强度；二是有效地提高耐磨性、细化晶粒。

20CrMnTi 钢系渗碳钢，合金元素 Cr、Mn 的作用是提高淬透性、产生固溶强化以保证钢具有一定的强度，而合金元素 Ti 的作用则是阻止渗碳时奥氏体晶粒的长大、所形成的碳化物有一定的强化作用。其热处理工艺为：先正火，然后进行渗碳处理，随后直接经预冷后淬火、低温回火。

归纳与引伸 合金钢中合金元素的作用是学习中的难点，这就要求我们在理解、记忆合金元素在不同种类钢中的作用时，既要掌握其一般规律，又要认识其特殊性。例如本题中 GCr15 钢中 Cr 元素的作用就是如此，从提高淬透性来看完全符合结构钢中主加元素的作用；而从提高耐磨性来看又完全符合工具钢中主加元素的作用，这是由其特殊性所决定的。

思考 举例说明 GCr15 钢除制作滚动轴承外，还可用于何种场合？

5.3.6 易切削钢(Free – cutting steels)

在钢中加入一种或几种元素,改善其切削加工性能,这类钢称为易切削钢。随着切削加工的自动化、高速化与精密化,要求钢材具有良好的易切削性是非常重要的,这类钢主要用于自动切削机床上加工,故亦属专用钢。

1. 工作条件与性能要求

易切削钢的好坏代表材料被切削加工的难易程度,由于材料的切削过程比较复杂,易切削性用单一的参量是难于表达的。通常,钢的切削加工性,是以刀具寿命、切削力大小、加工表面的粗糙度、切削热以及切屑排除难易等来综合衡量。

2. 化学成分特点

为了改善钢的切削加工性能,最常用的合金元素有 S、Pb、Ca、P 等,其一般作用:

①S 的作用　在钢中与 Mn 和 Fe 形成(Mn,Fe)S 夹杂物,它能中断基体的连续性,使切削易于脆断,减少切屑与刀具的接触面积。S 还能起减摩作用,使切屑不易粘附在刀刃上。但 S 的存在使钢产生热脆,所以 S 的质量分数一般限定在 0.08% ~ 0.30% 范围内,并适当提高含 Mn 量与其配合。

②Pb 的作用　其用量通常在 w_{Pb} = 0.10% ~ 0.35% 范围,可改善钢的切削性能。Pb 在钢中基本不溶而形成细小颗粒(2 ~ 3μm)均匀分布在基体中。在切削过程中所产生的热量达到 Pb 颗粒的熔点时,它即呈熔化状态,在刀具与切屑以及刀具与钢材被加工面之间产生润滑作用,使摩擦系数降低,刀具温度下降,磨损减少。

③Ca 的作用　其加入量通常在 w_{Ca} = 0.001% ~ 0.005% 范围内,能形成高熔点(约 1 300 ~ 1 600℃)的 Ca – Si – Al 的复合氧化物(钙铝硅酸盐)附在刀具上,形成薄的具有减摩作用的保护膜,防止刀具磨损。

④P 的作用　其加入量为 w_P = 0.05% ~ 0.10%,能形成 Fe – P 化合物,性能硬而脆,有利于切屑折断,但有冷脆倾向。

3. 常用易切削钢

易切削钢钢号是以汉字“易”或拼音字母字头“Y”为首,其后的表示法同一般工业用钢。自动机床加工的零件,大多数用低碳碳素易切削钢。

例如,Y40CrSCa 表示附加 S、Ca 复合的易切削 40Cr 调质钢,它广泛用于各种高速切削自动机床;T10Pb 表示碳的质量分数为 1.0% 的附加易切削元素 Pb 的易切削碳素工具钢,它常用于精密仪表行业中,如制作手表、照相机的齿轮轴等。

4. 应注意点

①易切削钢可进行最终热处理,但一般不进行预先热处理,以免损害其切削加工性。

②易切削钢的冶金工艺要求比普通钢严格,成本较高,故只有对大批量生产的零件,在必须改善钢材的切削加工性时,采用它才能获得良好的经济效益。

5.4 工具钢

Tool Steels

工具钢是用以制造各种加工工具的钢种。按化学成分，分为碳素工具钢、合金工具钢和高速工具钢三类。根据用途又可分为刃具钢、模具钢和量具钢三大类。

5.4.1 工具钢的特点（与结构钢对比）(Characteristics of tool steels)

1. 用途与性能要求

结构钢是用来制造各种机器零件及金属构件，而工具钢则是用来制造刃、模、量具等各式工具。由于用途不同，性能要求亦不同。

对结构钢而言，常用力学性能指标 $R_m(\sigma_b)$、$R_{eL}(\sigma_s)$、$R_{-1}(\sigma_{-1})$、$A(\delta)$、$Z(\psi)$、$A_K(\alpha_K)$等作为判断该钢在某种工作条件下能否胜任的重要依据。

而对工具钢来说，大多是在承受很大局部压力和磨损条件下工作，因此可用硬度、耐磨性表示该工具对局部压力和磨损的抗力，**而工具钢的耐磨性取决于马氏体的高硬度及碳化物的性质、数量、形态与分布**。

因此，**判断工具钢性能的主要依据应是其化学成分和组织状态**。

2. 化学成分特点

结构钢主要要求较高的强度和较好的塑、韧性，因此其碳的质量分数一般较低（如调质钢的 $w_C<0.5\%$），并以 Cr、Ni、Mn、Si 等为主加元素，而一些碳化物形成元素 Mo、W、V、Ti 等仅起辅助作用。

而**工具钢**，为获得高硬度、高耐磨性与高红硬性（即在较高温度下保持高硬度（≥60HRC）的能力），**必须具有高的碳质量分数（$w_C=0.7\%\sim1.5\%$），并常以较强碳化物形成元素 Cr、W、Mo、V 等为主加元素**。有时也**加入一些辅加元素 Mn、Ni、Si 等，旨在进一步增加钢的淬透性、回火稳定性，减少工具在热处理时的变形等**。

由于工具钢的碳的质量分数较高，其塑性较结构钢为差。为了改善工具钢塑性变形能力、并减轻淬火时开裂倾向，工具钢中 S、P 的质量分数一般均限制在 0.02%～0.03% 以下，而结构钢则在 0.04% 左右。

3. 组织状态

工具的使用寿命取决于热处理后的组织状态。为了保证工具钢的高硬度、高耐磨性与足够的韧性，须使其**最终热处理后的组织为细针状回火马氏体＋细小均匀的颗粒状碳化物＋少量残余奥氏体**。对工具钢的热变形加工及热处理工艺应严格加以控制。

(1)热变形加工及预先热处理

由于工具钢中碳的质量分数及碳化物形成元素的质量分数均较高，因而碳化物数量较多。而碳化物的形状、大小、分布对工具钢的寿命影响很大。实践证明，细小均布的颗粒状碳化物耐磨性好、脆性小，工具使用寿命高。

但在铸态下工具钢中碳化物往往不均匀分布，改善碳化物的分布状况须靠**热变形加**

工即锻造工艺予以保证。锻造时应采用大的锻造比、反复锻造以获得均匀分布的碳化物。

碳化物的形状和大小则与预先热处理——球化退火工艺密切相关。工具钢在淬火前必须进行球化退火以获得细小、均匀、颗粒状碳化物，这样的组织不仅有利于切削加工、提高耐磨性，而且可防止淬火加热过程中产生晶粒粗大、变形与淬裂等。

(2)最终热处理

结构钢加热至淬火温度，组织呈均匀的奥氏体，所有合金元素均溶入奥氏体中。工具钢在正常淬火加热温度下，其组织为 $A+K_{未溶}$。碳化物的存在能阻止奥氏体晶粒长大，使奥氏体保持细小晶粒，使钢既有高硬度，又有一定韧性；更重要的是未溶碳化物有利于提高钢的耐磨性。

但由于合金碳化物中含有大量合金元素，因而淬火加热时合金碳化物在奥氏体中溶解量的多少，就意味着奥氏体中含合金元素量的高低，其结果必然对钢的淬透性有一定影响。调节淬火加热温度，变更溶入奥氏体中的碳化物数量，便能改变钢的淬透性。

若加热温度过低，碳化物溶解量少，奥氏体中 C 质量分数和合金元素质量分数低，则淬透性降低；若加热温度过高，碳化物溶解量多，奥氏体稳定性高、淬透性好，但淬火后会得到粗大马氏体，有较多的 Ar，并且剩余合金碳化物数量减少，造成强度、硬度、耐磨性和韧性下降。因此，**必须严格控制淬火加热温度**。

合金工具钢一般用油冷却，对于形状复杂的工具为了减少变形与防止开裂，常用分级淬火或等温淬火方法。合金工具钢淬火后应立即回火，除了热作模具钢和高合金工具钢采用高温回火之外，**大多数工具钢都采用低温回火，以消除内应力而同时保持其高硬度、高耐磨性。**

但应注意，在合金工具钢中由于加入合金元素后，钢的回火抗力增高。因而含有合金元素种类与数量不同的各种工具钢，它们的具体回火温度可能有较大差异，但其组织状态应是相同的。

5.4.2 刃具钢(Cutting tool steels)

1. 工作条件、常见的失效形式与性能要求

刃具钢是用来制造各种切削加工工具(车刀、铣刀、刨刀、钻头、丝锥、板牙等)的钢种。刃具在切削过程中，刀刃与工件表面金属相互作用使切屑产生变形与断裂并从整体上剥离下来。故刀刃本身承受弯曲、扭转、剪切应力和冲击、振动负荷，同时还要受到工件和切屑的强烈摩擦作用，产生大量热，使刃具温度升高，有时高达 600℃左右，切削速度愈快、吃刀量愈大则刀刃局部升温愈高。**刃具的失效形式有卷刃、崩刃和折断等，但最普遍的失效形式是磨损。**其性能要求为：

①**高硬度与高耐磨性** 刃具是用来切削工件的，只有其硬度比被加工工件的硬度要高得多时才能进行切削。一般切削金属的刃具刃口处硬度应≥60 HRC。实践证明，在细小高碳回火马氏体基体上分布着稳定性高、弥散度大的特殊 K 颗粒，能显著提高其耐磨性。

②**高红硬性** 为防止刃具在切削过程中因温度升高而使硬度下降，必须具有高红硬性。

③**足够的强度、韧性和塑性** 防止刃具由于冲击、振动负荷作用而发生崩刃或折断。

2. 非合金工具钢(碳素工具钢,简称碳工钢)

为保证高硬度和高耐磨性,其碳的质量分数通常在0.65%~1.35%范围内。因其生产成本低,冷、热加工工艺性能好,热处理工艺(淬火+低温回火)简单,热处理后有相当高的硬度(58~64HRC),切削热不大(<200℃)时具有较好的耐磨性。因此碳工钢在生产上获得广泛应用。对于侧重于要求韧性的工具如錾子、凿子、冲子等多采用T7、T8(A)钢。侧重要求硬度和耐磨性的工具如锉刀、刨刀多采用T12(A)、T13(A)钢。要求较高硬度和一定韧性的工具如小钻头、丝锥、低速车刀等多采用T9~T11(A)钢等。

由于碳工钢的淬透性低,截面大于10~12mm的刃具只能使表面淬硬,当工作温度大于200℃,其硬度明显下降而使刃具丧失切削能力。碳工钢淬火时需用水冷,形状复杂的工具易于淬火变形,开裂危险性大等。当刃具性能要求较高时,就必须采用合金刃具钢。

3. 低合金刃具钢

为克服碳工钢的缺点,在碳工钢基础上加入适量的合金元素($w_{Me}<5\%$)Cr、Mn、Si、W、V等,形成的合金工具钢即称为低合金刃具钢。

(1)化学成分特点

①高碳含量($w_C=0.75\%\sim1.5\%$)。形成适量碳化物,同时保证钢淬火回火后获得高硬度和高耐磨性。②合金化原则。Cr、W、Mo、V**等较强碳化物形成元素**在钢中形成合金渗碳体和特殊碳化物,用以**提高钢的硬度和耐磨性,并可细化晶粒,提高强度**;合金元素Cr、Mn、Si等则主要是**提高钢的淬透性,强化铁素体**。

(2)热变形加工及热处理特点

①锻造或轧制。应反复进行锻造或轧制,以破碎碳化物网,并使碳化物细小、均匀分布于基体之中。②预先热处理为球化退火,所得组织为球化体即粒状P。③最终热处理为淬火加低温回火,其热处理后显微组织为粒状($K+M_{回}+Ar$)。低合金刃具钢的热处理过程基本与碳工钢相同,所不同的是低合金刃具钢大部分是用油淬,工件淬火变形小,淬裂倾向低。

(3)常用低合金刃具钢

如表5.15所示,9SiCr(T30100)钢淬透性很高,ϕ40~50mm的工具可在油中淬透,淬、回火后的硬度在60HRC以上。和碳工钢相比,在相同回火硬度(如60HRC)下,9SiCr的回火温度可提高100℃以上,故切削寿命提高10%~30%。此外,9SiCr钢K分布较均匀,该钢可用于制造板牙、丝锥、搓丝板等精度及耐磨性要求较高的薄刃刀具。但该钢脱碳倾向较大,退火硬度较高,切削加工性差些。

CrWMn(T20111)钢是一种微变形钢,具有高淬透性、高硬度和高耐磨性。由于该钢淬火后残余奥氏体量较多,可抵消马氏体相变所引起的体积膨胀,故淬火变形小。因此该钢适于制造截面较大、要求耐磨和淬火变形小的刃具,如板牙、拉刀、长丝锥、长铰刀等。一些精密量具(如游标卡尺、块规等)和形状复杂的冷作模具也常使用该钢种。

滚动轴承钢(如GCr15钢)亦可作为低合金刃具钢使用。

低合金刃具钢红硬性虽比碳工钢有所提高,但其工作温度仍不能超过250~300℃,否则硬度下降，使刃具丧失切削能力。它只能用于制造低速切削且耐磨性要求较高的刨刀、铣刀、板牙、丝锥、钻头等刃具。

表 5.15　常用低合金刃具钢的牌号、成分、热处理、性能与用途

统一数字代号	钢组	牌号	化学成分/%					淬火		交货状态硬度/HBW	用途举例
			w_C	w_{Si}	w_{Mn}	w_{Cr}	$w_{其他}$	温度/℃	硬度/HRC		
T30100	量具刃具用钢	9SiCr	0.85～0.95	1.20～1.60	0.30～0.60	0.95～1.25		820～860 油	≥62	241～197	丝锥、板牙、钻头、铰刀、齿轮铣刀、冷冲模、轧辊
T30000		8MnSi	0.75～0.85	0.30～0.60	0.80～1.10			800～820 油	≥60	≤229	一般多用做木工凿子、锯条或其他刀具
T30060		Cr06	1.30～1.45	≤0.40	≤0.40	0.50～0.70		780～810 水	≥64	241～187	用做剃刀、刀片、刮刀、刻刀、外科医疗刀具
T30201		Cr2	0.95～1.10	≤0.40	≤0.40	1.30～1.65		830～860 油	≥62	229～179	低速、材料硬度不高的切削刀具、量规、冷轧辊等
T30200		9Cr2	0.80～0.95	≤0.40	≤0.40	1.30～1.70		820～850 油	≥62	217～179	主要用做冷轧辊、冷冲头及冲头、木工工具等
T30001		W	1.05～1.25	≤0.40	≤0.40	0.10～0.30	W0.80～1.20	800～830 水	≥62	229～187	低速切削硬金属的刀具，如麻花钻、车刀等
T20000	冷作模具钢	9Mn2V	0.85～0.95	≤0.40	1.70～2.00	—	V0.10～0.25	780～810 油	≥62	≤229	丝锥、板牙、铰刀、小冲模、冷压模、料模、剪刀等
T20111		CrWMn	0.90～1.05	≤0.40	0.80～1.10	0.90～1.20	W1.20～1.60	800～830 油	≥62	255～207	拉刀、长丝锥、量规及形状复杂精度高的冲模、丝杠等

注：各钢种 S、P 质量分数均不大于 0.030%。

4. 高速钢（俗称锋钢）

高速钢是用于高速切削（由此得名“高速”）的高合金工具钢。其红硬性较高，工作温度达 500～600℃时硬度仍可保持在 60HRC 以上，故可进行高速切削。

(1)化学成分特点

①碳的质量分数（$w_C = 0.7\% \sim 1.65\%$）　高碳的质量分数作用是保证钢淬火获得马氏体后具有高硬度，同时与碳化物形成元素生成碳化物，增加耐磨性。

②合金化　含有大量的碳化物形成元素 W、Mo、V 和 Cr，这些元素的质量分数分别是，$w_W = 6.0\% \sim 19.0\%$，$w_{Cr} = 4.0\%$，$w_V = 1.0\% \sim 5.0\%$，$w_{Mo} = 0.0 \sim 6.0\%$。**W 和 Mo 的作用是提高红硬性**，含有大量 W 和 Mo 的马氏体具有高的回火稳定性，在 500～600℃回火温度下，因析出了细小、弥散的特殊 K(Mo_2C、W_2C)而产生二次硬化效应，使刃具可高速切削，W 和 Mo 可互相取代，$w_{Mo} = 1\%$可代替 $w_W = 1.5\% \sim 2.0\%$。**Cr 的主要作用是显著提高淬透性**（因淬火加热时，Cr 的碳化物几乎完全溶解）。**V 在钢中可形成稳定的 VC，显著提高耐磨性**。

根据钢的化学成分，高速钢分为 W 系、Mo 系及 W－Mo 系，如表 5.16 所示。其典型牌号为**W6Mo5Cr4V2**（6－5－4－2）（T66541）和**W18Cr4V**（18－4－1）（T51841）钢，前者红硬性较好，而后者耐磨性稍高。由于 W 的碳化物比 Mo 显著粗大，所以 W6Mo5Cr4V2 的韧性比 W18Cr4V 钢好，但其脱碳和过热倾向比 W18Cr4V 钢大，所以热处理要求严格。

(2)热加工与热处理特点

W18Cr4V 钢制某盘形铣刀的加工工艺路线为:**下料→锻造→球化退火→机加工→淬火+回火→喷砂→磨削加工→成品**。以此为线索介绍高速钢的热加工与热处理特点,以及相应组织等。

表 5.16 常用高速钢的牌号、成分、热处理与性能

牌号	化学成分/%								热处理温度/℃		退火硬度 HBW	淬火回火 HRC
	w_C	w_{Mn}	w_{Si}	w_{Cr}	w_W	w_{Mo}	w_V	$w_{其他}$	淬火	回火		
W18Cr4V (T51841)	0.70~0.80	0.10~0.40	0.20~0.40	3.80~4.40	17.50~19.00	≤0.30	1.00~1.40		1270~1285	550~570	≤255	≥63
W18Cr4V2Co5	0.85~0.95	0.10~0.40	0.20~0.40	3.75~4.50	17.50~19.00	0.40~1.00	0.80~1.20	Co4.25~5.75	1280~1300	540~560	≤269	≥63
W6Mo5Cr4V2 (T66541)	0.80~0.90	0.15~0.45	0.20~0.45	3.80~4.40	5.50~6.75	4.50~5.50	1.75~2.20		1210~1230	550~570	≤255	≥63
W6Mo5Cr4V3	1.00~1.10	0.15~0.40	0.20~0.45	3.75~4.50	6.00~7.00	4.50~5.50	2.25~2.75		1200~1230	540~560	≤255	≥64
W9Mo3Cr4V (T69341)	0.77~0.87	0.20~0.45	0.20~0.40	3.80~4.40	8.50~9.50	2.70~3.30	1.30~1.70		1220~1240	540~560	≤255	≥63
W6Mo5Cr4V2Al	1.05~1.20	0.15~0.40	0.20~0.60	3.80~4.40	5.50~6.75	4.50~5.50	1.75~2.20	Al0.80~1.20	1220~1250	540~560	≤269	≥65

注:①各钢种 S、P 质量分数均不大于 0.030%;②淬火介质为油。

①锻造　高速钢铸态组织中含有大量共晶莱氏体,如图 5.2 所示。共晶碳化物呈鱼骨状,粗大且分布很不均匀,脆性很大,很难用热处理方法消除。只能采用锻造方式将其击碎。锻造加工时,采用大锻造比(>10),反复镦粗与拔长,目的是使碳化物细化并均匀分布。很显然,**高速钢锻造的目的不仅仅在于成型,更重要的是击碎莱氏体中的粗大碳化物**,从而改善其性能。锻造后要缓慢冷却,以免开裂。

②退火　高速钢锻、轧后应进行退火(预先热处理)。退火工艺分普通退火和等温退火两种,实质均为球化退火。其目的是为**降低硬度**,以利切削加工;并使碳化物形成均匀分布的颗粒状,为最终热处理做好组织准备。球化退火后的组织为索氏体(基体)+未溶粒状碳化物,如图 5.3 所示。

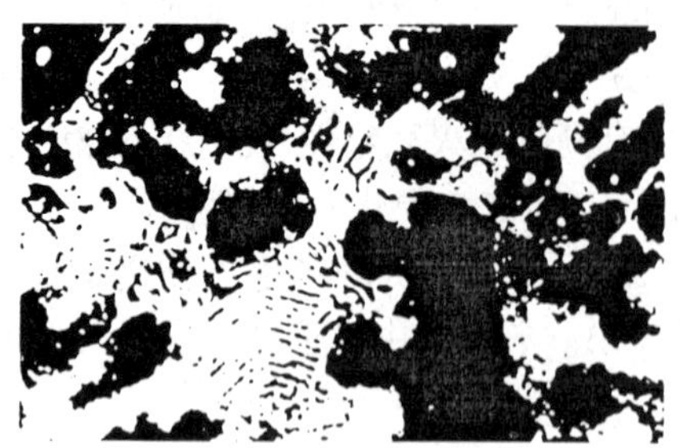

图 5.2　W18Cr4V 的铸态组织(400×)

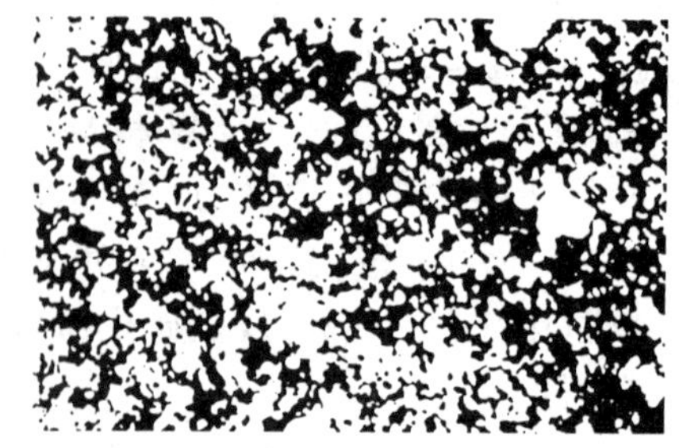

图 5.3　W18Cr4V 钢退火组织(1000×)

③淬火加回火　图 5.4 为 W18Cr4V 盘形铣刀最终热处理工艺(淬火加回火)曲线示意图。由图可见,W18Cr4V 钢的淬火加热温度很高(1 260~1 280℃)。它的 Ac_1 点约

820℃，若加热至 820～860℃，虽然珠光体转变为奥氏体，但此时奥氏体中碳和合金元素的含量很低，淬火后硬度仅 45～50HRC，不能满足使用性能要求；但若淬火温度大于 1 300℃时，奥氏体晶粒急剧粗大，淬火后残余奥氏体量增加，致使性能变差，甚至造成晶界熔化而报废。

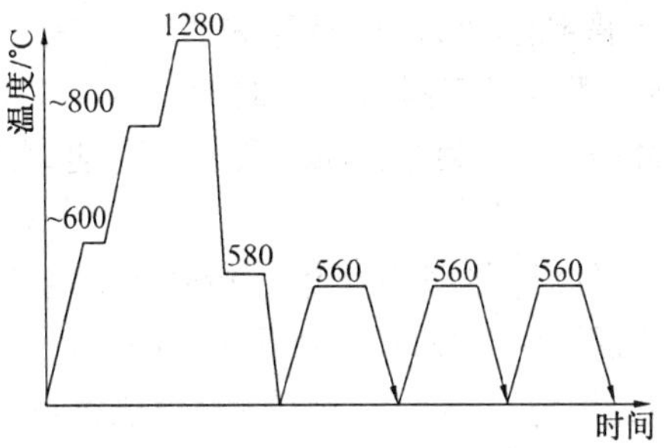

图 5.4　W18Cr4V 盘形铣刀淬、回火工艺

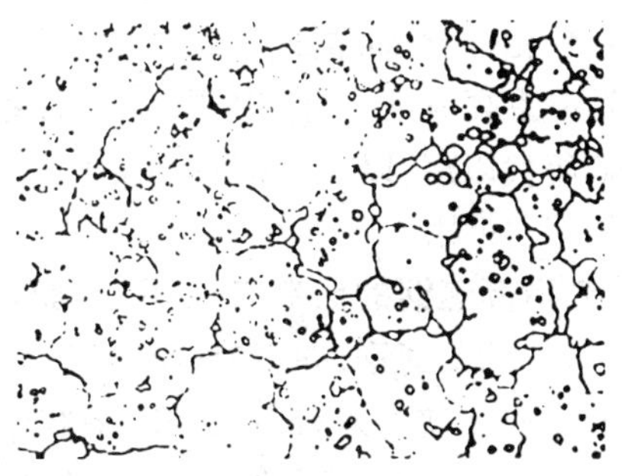

图 5.5　W18Cr4V 淬火组织（400×）

因此，只有将高速钢中 W、Mo、Cr、V 等大量碳化物形成元素更多地溶解到奥氏体中而又不使奥氏体晶粒粗大时，才能充分发挥碳及合金元素作用，淬火后获得高碳、高合金元素且细小的马氏体，回火后才能以合金碳化物形式弥散析出，从而保证高速钢获得高的淬透性、淬硬性和红硬性。在不发生过热的前提下，淬火加热温度愈高，合金元素溶解愈多，淬火后马氏体的合金浓度愈高，回火后的红硬性亦高。

由于高速钢的导热性差，淬火温度又高，为防开裂，先预热，一般采用两或三段加热。淬火冷却方式为油冷、分级淬火、等温淬火等。在油中冷却后得到的淬火组织为 M + $K_{粒}$ + Ar（约 25%～30%），如图 5.5 所示。淬火后应立即回火（回火工艺是 560℃左右三次回火），因在 560℃左右回火硬度有最高值，这是由于“二次硬化”，提高了钢的硬度、耐磨性及红硬性。钢经淬火后硬度为 62～63HRC，而经三次 560℃回火后硬度达 63～65HRC，如图 4.48 所示。

为什么要进行三次回火呢？因为 W18Cr4V 钢在淬火状态约有 25%～30% Ar，一次回火难于全部消除，经三次回火后可使 Ar 减至最低值（第一次回火 Ar 降至 15%左右，第二次回火后 Ar 降至 3%～5%，第三次回火后 Ar 才降至 1%左右），高速钢经淬、回火后的组织为 $M_{回}$ + $K_{粒}$ + Ar，如图 5.6 所示。

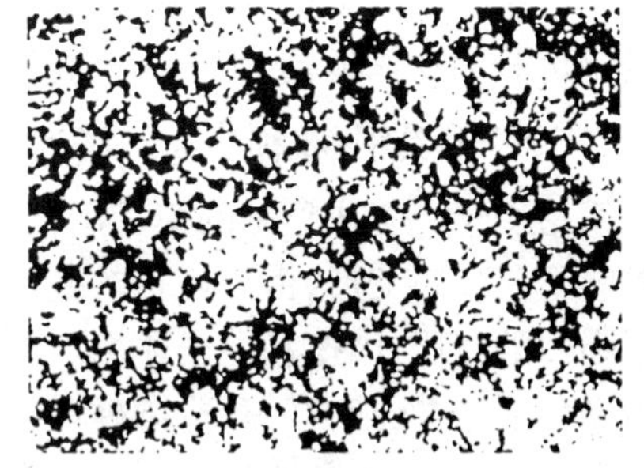

图 5.6　W18Cr4V 淬、回火的组织（400×）

当刃具的工作温度高于 700℃时，一般高速钢已无法胜任，这时应使用硬质合金刀具（工作温度可达 800～1 000℃）、陶瓷材料刀具（工作温度可达 1 000～1 200℃），超硬工具材料（可耐 1 400～1 500℃的高温）等。

(3)其他用途

应说明的是各种高速钢由于具有比其他刃具钢高得多的红硬性、耐磨性及较高的强度和韧性，不仅可制作切削速度较高的刃具，也可制作载荷大、形状复杂、贵重的切削刃具

(如拉刀、齿轮铣刀等)。此外还可用于制造冷冲模、冷挤压模及某些要求耐磨性高的零件,但应根据具体工作的使用要求,选用与上述刃具不同的热处理工艺。

(4)高速钢的发展动向

①**W-Mo系和Mo系高速钢发展很快,逐渐取代W系高速钢** 随着热处理设备和技术的发展,由于含Mo高速钢脱碳敏感等问题逐步得到解决,所以近年来发展很快,已逐步取代W系高速钢。目前国外W-Mo系高速钢一般占高速钢总用量的65%~70%。20世纪80年代以后,以M7(W2Mo9Cr4V2)、M10(90Mo8Cr4V2)为主的Mo系通用高速钢迅速发展并广泛使用。

②**新型高速钢的研究与应用受到普遍重视** (i)超硬型高速钢。指热处理硬度达67HRC以上的高速钢,如W6Mo5Cr4V2Al是根据我国资源开发的一种不含Co的超硬型高速钢,其室温下硬度为65~70HRC,600℃时的硬度为54~55HRC,已达Co高速钢的最佳水平,而成本仅为Co高速钢的1/2~1/4。(ii)低合金型高速钢。是以通用高速钢基体成分为基础,采用较低合金质量分数和较高的碳质量分数来产生二次硬化,二者所获得的硬度、强度及红硬性相近,但低合金高速钢有以下特点:节约合金元素,W、Mo质量分数约为通用高速钢的1/2,成本低;K细小,分布较均匀,有较好的工艺性能和综合性能;热处理淬火温度低,节能;在中低速切削条件下,性能与通用高速钢相当。例如,W3Mo2Cr4VSi钢,可通过加入Si和适当提高碳含量,使其获得良好强韧性配合,回火后硬度65~66.5HRC,抗弯强度3000~4000MPa,620℃热硬性大于60HRC,550℃时的高温硬度680HV。其在600℃以下的力学性能与W6Mo5Cr4V2钢相当,其机用锯条性能达到W18Cr4V及W9Mo3Cr4V机用锯条性能水平,其钻头的使用寿命达到W6Mo5Cr4V2钢的水平。

高速钢的冶金生产还采用了电渣重熔、快速凝固等新工艺,也都为改善钢的组织性能起到了良好的效果。

5.4.3 模具钢(Dies steels)

用于制造各种工程材料成型的工、模具的钢种,通常称为模具钢。根据其工作条件,模具钢可分为冷作模具钢、热作模具钢和塑料模具钢。

1. 冷作模具钢(亦称冷变形模具钢)

系指用于冷态成形用的模具用钢,如冷冲模、冷挤压模、冷镦模、拉丝模等。冷作模具在常温下使坯料变形,由于坯料的变形抗力很大且存在加工硬化效应,模具的工作部分受到了强烈的挤压、摩擦和冲击作用。模具类型不同,其工作条件也有差异。如冲裁模的刃口承受很强的冲压和摩擦,冷镦模和冷挤压模工作时冲头承受巨大的挤压力,而凹模则受到巨大的张力,冲头和凹模都受到剧烈的摩擦,拉伸模工作时也承受很大的压应力和摩擦。这类模具工作时的实际温度一般不超过200~300℃。**冷作模具常见的失效形式有脆断、堆塌、磨损、啃伤和软化等。**

(1)性能要求

①较高的变形抗力,主要指高硬度(54~64HRC)、高抗压强度与抗弯强度等,以保证模具在高应力作用下保持其尺寸精度不发生变化;

②较好的韧性,主要指较好的冲击韧度和断裂韧度;

③较高的耐磨性、抗咬合性和抗疲劳性能;

④较好的冷、热加工工艺性能,如良好的可锻性、可切削性、淬透性与淬硬性,极小的脱碳敏感性和较小的变形倾向等。

(2)化学成分特点

碳的质量分数多在 1.0%以上,有时达到 2%,以保证获得高硬度和高耐磨性。合金化原则:通过加入 Cr、W、Mo、V 等较强碳化物形成元素,**形成难熔碳化物以提高耐磨性,尤其是 Cr 还显著提高淬透性。**

(3)冷作模具钢的类型

按化学成分可分为碳素工具钢、低合金工具钢、高合金工具钢、高速钢等。按工艺性能和承载能力又可分为低淬透性、低变形、微变形、高强度、高韧性和抗冲击冷作模具钢等。

对于尺寸小、形状简单、负荷轻的冷作模具(如小冲头、剪薄钢板的剪刀)可选用 T7~T12(A)等碳工钢制造。对尺寸较大、形状复杂、淬透性要求较高的冷作模具,选用 9SiCr、9Mn2V、CrWMn 或 GCr15 等低合金刃具钢。而对尺寸大、形状复杂且负荷重、变形要求严的冷作模具,须采用中或高合金模具钢,如 Cr12MoV(T21201)等,这类钢淬透性高、耐磨性好,属微变形钢。常用冷作模具钢的分类、钢号、特点及适用范围详见表 5.17。

表 5.17 冷作模具钢的分类、钢号、特点及适用范围

分类		材料	特点	适用范围
化学成分	钢的性质			
碳素工具钢 低合金工具钢	低淬透性钢	T7A~T12A Cr2、9Cr2	加工性能好,在薄壳硬化状态有充分的韧性和疲劳抗力,但淬透性、回火抗力和耐磨性低	适于制作轻载冲裁模、一般成型模和压印模等
(弹簧钢) 低合金工具钢	抗冲击性钢	4CrW2Si,5CrW2Si 60Si2Mn,6CrW2Si,65Mn	中碳低合金,抗冲击疲劳极好,耐磨性、抗压强度较差	适于各种冲剪工具、精压模、冷镦模等用钢
低合金工具钢	低变形性钢	9Mn2V,CrWMn,9Mn2, 6CrNiSiMoV,7CrSiMnMoV, 8Cr2MnSiMoV	淬透性较好,淬火操作简单,变形易于控制,但韧性、回火抗力及耐磨性仍不足	适于中、小批量,形状较复杂的模具
高合金工具钢	微变形高耐磨性钢	Cr12,Cr12MoV, Cr4W2MoV, Cr12Mo1V1(D2),Cr5Mo1V	淬透性高,中等的回火抗力,耐磨性好,但变形抗力和冲击抗力较小	适于成批大量生产的冷冲模,中等载荷的冷挤、冷镦模
(基体钢) 高合金工具钢	高强韧性钢	6W6Mo5Cr4V, 5Cr4W5Mo2V, 65Cr4W3Mo2VNb(65Nb), 5Cr4Mo3SiMnVAl(012Al)	属于高碳高合金钢,兼有高强度和高综合性能优良	适于各类重载冷作模具用钢
高速钢	高强度钢	W18Cr4V, W6Mo5Cr4V2	具有高的抗压强度、回火抗力和耐磨性,韧性较差	适于制造重载的长寿命的拉伸模,冷挤压模

(4)冷作模具钢的热处理

预先热处理一般为球化退火(包括等温退火),**最终热处理为淬火加低温回火。**

现以微变形高耐磨性模具钢 Cr12 型钢为例，简要说明其成分、热处理及应用。如 Cr12MoV(T21201)钢的质量分数分别是，$w_C = 1.45\% \sim 1.70\%$，$w_{Cr} = 11\% \sim 12.5\%$，$w_{Mo} = 0.40\% \sim 0.60\%$，$w_V = 0.15\% \sim 0.30\%$，**系高碳高铬钢。** Cr 为主加元素，其主要作用是显著提高淬透性和耐磨性。该类钢属于莱氏体钢，在铸态下存在共晶体，其不均匀性很大，铸后要进行反复锻造，以破碎 K、改善 K 的分布。

锻后采用球化退火，最终热处理工艺方案有二：

①**一次硬化法** 即采用低温淬火(淬火温度 980～1030℃)加低温回火(回火温度 150～180℃)，其硬度可达 61～64HRC。由于其晶粒细小、强度和韧性较好，变形较小，故在生产中多采用。

②**二次硬化法** 即采用较高的淬火温度(1 100～1 150℃)并进行二至三次高温回火(回火温度 500～520℃)，其硬度为 60～62HRC。此法优点是可获得较高的红硬性和耐磨性及高抗压强度，适宜制作在 400～450℃条件下工作的模具。其缺点是韧性低于一次硬化法，且淬火变形较大。

D2(Cr12Mo1V1)(T21202)钢是由美国引进的新钢种，其质量分数分别是，$w_C = 1.4\% \sim 1.6\%$，$w_{Cr} = 11\% \sim 13\%$，$w_{Mo} = 0.7\% \sim 1.2\%$，$w_V \leqslant 1.1\%$，$w_{Co} \leqslant 1.0\%$，$w_{Si} \leqslant 0.6\%$，$w_{Mn} \leqslant 0.6\%$，$w_{S、P} \leqslant 0.030\%$，由于细化了晶粒、改善了 K 形貌，因而 D2 钢的强韧性(抗弯强度、挠度、冲击韧性等)较 Cr12MoV 高，耐磨性也有所增加。如用 D2 钢制作的冷冲裁模、滚丝模等均比 Cr12MoV 钢提高 5～6 倍。

(5)新的进展

应当指出的是近十余年来还研制了多种高强韧型冷作模具钢(表5.17中列举的几种)，如低碳高速钢、基体钢等。这类钢除抗压性及耐磨性稍逊于高速钢或高碳高铬钢外，其强度、韧性、疲劳强度等均优于它们。如基体钢 65Cr4W3Mo2VNb(65Nb)等，其化学成分与相应高速钢(6－5－4－2 钢)正常淬火后基体组织的成分相当。这种钢中 K 数量少、颗粒细小分布均匀，具有高速钢的高强度高硬度，又有结构钢的高韧性，淬火变形也小，常用于制造重载的冷墩模、冷挤压模，由于合金元素含量低，所以成本低于相应的高速钢。

2. 热作模具钢

热作模具钢系指用于热态金属成形的模具用钢，如热锻模、热挤压模及压铸模等，其工作条件的主要特点是与热态(温度高者可达 1 100～1 200℃)金属相接触。由此带来两方面问题，其一是使模腔表层金属受热，温度可升至 300～400℃(锤锻模)、500～800℃(热挤压模)、甚至近千度(黑色金属压铸模)，其二是使模腔表层金属产生热疲劳(系指模具型腔表面在工作中反复受到炽热金属的加热和冷却剂的冷却交替作用而引起的龟裂现象)。此外，还有使工件变形的机械应力和与工件间的强烈摩擦作用。**热作模具常见的失效形式有模腔变形(塌陷)、磨损、开裂和热疲劳(龟裂)等。**

(1)性能要求

高温工作条件下应具备：

①良好的高温强韧性；

②高的热疲劳和热磨损抗力；

③一定的抗氧化性和耐蚀性等。

(2)化学成分特点

①碳的质量分数 **碳的质量分数**适中,**一般为** 0.3% ~ 0.6%,以保证高温力学性能。(因为热作模具钢是依靠碳化物进行强化的,为了保证钢的韧性和热疲劳抗力,碳化物量又不能太多,所以确定为**中碳**。

②合金元素 **加入** Cr、W、Mo、V 等较强碳化物形成元素是为了**提高钢的耐磨性、红硬性、耐热疲劳性及抑制第二类回火脆性,而加入** Cr、Mn、Si、Ni **等合金元素则是为了提高钢的强度、韧性、淬透性与回火稳定性等。**

(3)热作模具钢的类型

按照钢中主要合金元素种类与配比以及所具备的高温性能,可划分四个各具特色的类型,即高韧性、高强韧性、高耐热性和析出硬化热作模具钢,如表5.18所示。

表 5.18 热作模具钢的分类、钢号、特性及适用范围

类 型	钢 号	特 性	适用范围
低合金高韧性热作模具钢	5CrNiMo,5CrMnMo 45Cr2NiMoVSi(45Cr2) 5Cr2NiMoVSi(5Cr2) 5CrSiMnMoV,3Cr2NiMoWV	具有中碳低合金调质类型钢成分特点,通过减少碳质量分数和添加少量多元合金元素,提高淬透性、回火稳定性,经淬火 + 高温回火后在大截面上具有均匀一致强韧性	用于锤锻模及大截面压力机用模具
高强韧性热作模具钢	4Cr5MoSiV(H11) 4Cr5MoSiV1(H13) 4Cr3Mo3VSi(H10) 2Cr3Mo3VNb(HM3) 4Cr3Mo2NiVNb(HD) 4Cr3Mo2MnWV(TM) 4Cr3Mo2MnVNbB(Y4)	与上相比,其碳质量分数降低,Cr、Mo、V 元素含量增加、微量 Nb、B 补充合金化。经淬火 + 高温回火后,具有明显二次硬化效应,热稳定性高,高温强韧性好	适于制作热挤压、精锻和有色金属压铸模
高热强性热作模具钢	3Cr2W8V 3Cr3Mo3W2V(HM1) 5Cr4W5Mo2V(RM2) 4Cr3Mo2W4VTiNb(GR) 5Cr4Mo3SiMnVAl(012Al)	与高强韧性热模具钢相比,增加了 W、Mo,因此此类钢具有更高的热稳定性及高温强度,并保持了一定韧性和热疲劳性能	适于高速锤锻模、精密锻造和热挤压模
析出硬化热作模具钢	2Cr3Mo2NiVSi(PH) 2Cr3Mo2WNiVCo(YHD3 日)	钢中碳质量分数较低,热处理后硬度不致过高而便于机加工。添加 Cr、Mo、V 既提高淬透性又可增加析出硬化效果。使用中模具表层受热至 550℃左右,析出细小 K,导致基体强化,以达表硬内韧	适于压力机锻模

(4)热处理特点

①锻造后预先热处理为退火 目的是消除锻造应力、降低硬度(197 ~ 241HBW),以便于切削加工。

②最终热处理为 淬火 + 高温回火(大型热锻模)或中温回火(中、小型热锻模),或低温回火(压铸模、热挤压模)后使用。

目前我国使用最广泛的热作模具钢为5CrNiMo、5CrMnMo、3Cr2W8V、H11、H13等。**5CrNiMo(T20103)**、5CrMnMo9(T20102)、钢系典型的低合金高韧性热锻模用钢，其最终热处理规范为淬火(820～860℃，油淬)+高温或中温回火(400～600℃)，得到组织相应为$S_{回}$或$T_{回}$，用于制造形状复杂、受冲击载荷高的大型或中、小型热锻模。4CrMnSiMoV(T20101)钢是5CrSiMnMoV钢的改进型，具有较高的强度、耐磨性和良好的冲击韧度，其高温性能、抗回火稳定性、热疲劳抗力均比5CrNiMo钢好，该钢适用于各种大、中、小型热锻模如连杆模、齿轮模、弯曲模和平锻机锻模，其使用寿命普遍高于5CrNiMo钢。

3Cr2W8V(T20280)钢系高热强热作模用钢的代表钢号，最终热处理一般采用淬火(1 050～1 150℃，油冷)+高温回火(500～600℃，2～3次)，所得组织一般为$M_{回}+K_{粒}+Ar$，具体淬火温度应根据模具工作条件而定，一般要求硬度高且塑、韧性也较好时可选用较低的淬火温度，而当要求较高的热强性时，则应选用较高的淬火温度。3Cr2W8V钢常用以制造有色金属的压铸模和热挤压模等。

(5)新的进展

随着新技术、新工艺的发展，对热作模具钢的性能提出了越来越高的要求，促进了Cr－Mo系热作模具钢的发展。其发展方向有二：

①提高中合金热作模具钢的性能　在3Cr3Mo3V钢的基础上适当增减碳的质量分数和合金元素的质量分数，达到在保持较好韧性的条件下，提高钢的热稳定性或满足特殊要求的目的。如2Cr3Mo2NiVSi(PH)钢是国内研制的析出硬化型热作模具钢，可在淬火、回火后进行机械加工，加工后直接使用。在使用过程中模具表层受热产生K析出，导致二次硬化，硬度可达48HRC左右，而心部组织未发生转变。这样，PH模具可同时具有表层所需要的高温强度和心部的高韧性。

②发展基体钢　如5Cr4W5Mo2V(RM－2)、4Cr3Mo3W4VNb(GR)等，这类钢的W、Mo含量较高，明显提高了钢的高温强度和红硬性，又因基体中K量少，保持有一定韧性。基体钢用于工作条件恶劣的热挤压模、压力机锻模可以有好的效果。

3. 塑料模具钢

塑料制品在工业及日常生活中得到广泛应用，无论热塑性塑料还是热固性塑料，其成型过程都是在加热加压条件下完成的。但一般加热温度不高(150～250℃)，成型压力也不大(大多为40～200MPa)，因此塑料模具用钢的常规力学性能要求不高。

然而伴随着塑料制品向高速化、精密复杂化、大型化和多型腔化的方向发展，对塑料模具钢的性能要求越来越高、越来越全面。尽管对塑料模具材料的强度、韧性的要求不如冷作模具和热作模具高，但对塑模材料的加工工艺性能却要求高。如要求材料变形小，易切削，研磨抛光性能好，表面粗糙度值低、花纹图案的刻蚀性、耐蚀性等均要求较高，而且要求有较好的焊接性能和比较简单的热处理工艺等。

发达工业国家已有适应于各种用途的塑模钢系列，我国机械工业标准JB/T6057－1992推荐了普通、常用的部分塑模钢，但尚不齐全。现仅结合一些研制的新型塑模钢，按使用性能分类，如表5.19所示。

表 5.19　典型塑料模具钢的分类、成分特点、特性与应用

类型	钢号	成分特点	特性	适用范围
渗碳型	20Cr、12Cr2Ni4、20Cr2Ni4、12CrNi2	低碳，保证心部韧性；Cr、Ni，保证足够淬透性	表硬内韧，具有很高的硬度、耐磨性和适当耐蚀性	适于要求表硬内韧的塑料模具
淬硬型	40Cr、T10A、CrWMn、9Mn2V、4Cr5MoSiV1、5CrNiMo、5CrMnMo	中、高碳，高强度、耐磨性（V、W）；Cr、Ni、Mn、Si 提高淬透性	高强度、硬度、耐磨性，足够韧性、淬透性。有的还有良好切削加工性能	是用途最为广泛的一类塑料模具
预硬型	3Cr2Mo、3Cr2NiMnMo、5CrNiMnMoVSCa、8Cr2MnWMoVS	中（高）碳。中碳 Cr－Mo 系调质钢，添加 Ni、Mn、V、Si 提高淬透性和回火稳定性；中高碳易削钢，加入 S、Ca 进一步改善切削加工性	对调质钢预调质至 30HRC，直接制模，勿需再热处理；对易削钢则预调质至 36～45HRC，不再热处理，直接制模而切削性良好	广泛用于制造大、中型精密注塑模，大、中型注塑模
耐蚀型	2Cr13、1Cr18Ni9Ti、3Cr17Mo、4Cr13	低（中）碳，为保证耐蚀性；高 Cr 用于提高耐蚀性	以保证耐蚀性为主，随碳含量增加，耐蚀性下降	腐蚀性介质条件下工作的模具
时效硬化型	25CrNi3MoAl、10Ni3MnCuAl、18Al(250、300、350)	低 C、低 Ni，时效硬化型。经固溶处理后得 $M_{条}$，经高温回火得 $S_{回}$。加工后时效。	固溶＋高温回火后得 $S_{回}$，以便于机加工。在 520℃ 时效，析出 NiAl 相，使硬度升至 40HRC，变形小。	适于制作高精度塑料模，还可用作冷挤成形法制造复杂型腔模具

5.4.4　量具钢(Gauge steels)

1. 用途、常见的失效形式与性能要求

量具钢是用以制造各种度量工具(如卡尺、千分尺、块规等)的钢种。量具在使用过程中经常与被测量工件接触，受到磨损与碰撞；由于量具内部组织与内应力的存在，在长期使用和存放中会引起尺寸精度的变化。**常见的失效形式为磨损、变形等**。因此要求量具应具有高硬度和耐磨性、足够韧性，量具是测量形状和尺寸的标准，还须具有高尺寸稳定性。

2. 常用量具用钢

量具并无专用钢种，根据量具种类和精度要求可选不同类别的钢来制造。

①碳工钢　通常对形状简单、精度要求不高的量具可选用 T10A～T12A，但由于碳工钢淬透性差、淬火变形开裂倾向大，此类钢只能制造尺寸小、形状简单、精度较低的卡尺、样板、量规等。

②低合金刃具钢　精度要求较高的量具(如块规、塞规等)，通常选用低合金刃具钢，如 CrWMn、GCr15、CrMn 等。由于此类钢是在高碳钢中加入 Cr、Mn、W 等元素，可以增大淬透性、减小淬火变形，提高钢的耐磨性和尺寸稳定性。

③表面硬化钢　对于形状简单、精度不高、使用中易受冲击的量具，如简单样板、卡规、直尺及大型量具，可采用渗碳钢 15、20、20Cr 等制造，量具经渗碳、淬火并低温回火后表面具有高硬度、高耐磨性，心部保持足够的韧性。用中碳钢 50、60、65 钢等制作量具经调质处理后再经高频表面淬火并低温回火，亦可保证量具的尺寸精度。

④不锈钢　在腐蚀条件下工作的量具可选用不锈钢 4Cr13、9Cr18 等制造，经淬火后钢的硬度达到 56～58HRC，可同时保证量具具有良好耐蚀性与足够耐磨性。

常用量具钢的选用举例，如表 5.20 所示。

表 5.20　量具用钢的选用举例

用　　途	钢的类别	钢　　号
尺寸小、精度不高、形状简单的量规、塞规、样板等	碳工钢	T10A、T11A、T12A
精度不高，耐冲击的卡板、样板、直尺等	渗碳钢	15、20、15Cr
块规、螺纹塞规、环规、样柱、样套等	低合金刃具钢	CrMn、9CrWMn、CrWMn
块规、塞规、样柱等	滚动轴承钢	GCr15
各种要求精度的量具	冷作模具钢	Cr2Mn2SiWMoV、9Mn2V
要求精度和耐腐蚀的量具	不锈钢	4Cr13、9Cr18

3. 热处理特点

基本上可依据其所使用相应钢种的热处理规范进行。但作为精密量具，必须充分考虑如何保证其在使用过程中高的尺寸稳定性问题。这就要求在热处理过程中应减少变形，在使用过程中保持组织稳定。因为钢经淬火后，由于热应力和组织应力极大，并发生体积膨胀。故常采用：

①淬火加热前应进行充分预热，减少热应力，从而减少变形；

②在保证力学性能前提下，降低淬火温度以减少热应力，尽量不用分级淬火、等温淬火以减少残余奥氏体的形成；

③淬火后立即进行冷处理，尽量减少残余奥氏体量；

④应进行长时间的低温回火（称为低温时效），使马氏体趋于更稳定，进一步降低残余奥氏体含量。

例如 CrWMn（CT20111）钢制块规的最终热处理工艺为，经 650℃预热后升温至 820～840℃加热淬火，油冷至室温后随即进行冷处理（－75～－78℃，3h），再于 140～160℃、3h 保温进行低温回火，之后还须进行低温时效处理（110～120℃，36h 保温），经精磨后最后再进行低温时效处理（110～120℃，3h）、再经研磨后方为成品。这其中低温时效处理的作用就是消除应力、稳定尺寸。

5.5　特殊性能钢

Special Purpose Steels

特殊性能钢系指具有特殊的物理、化学性能的钢，此类钢种类亦很多、且发展迅速，这里仅介绍几种常用的不锈钢、耐热钢以及耐磨钢等。

5.5.1 不锈钢(Stainless steels)

在腐蚀性介质中具有高抗腐蚀性能的钢,称为不锈钢。它广泛用于化工、石油、航空等工业中。统计表明,全世界每年约有15%的钢材由于腐蚀而失效。对不锈钢的性能要求,除具有良好耐蚀性外,还要有良好的工艺性能,如冷变形性、可焊性,以便于加工、焊接成型。对于制作工具、结构件的不锈钢,还要求有好的力学性能(强度、硬度等)。实际上并没有绝对不受腐蚀的钢种,只是不锈钢的腐蚀速度很缓慢而已。

1. 金属腐蚀及提高抗腐蚀性能的途径

(1)有关金属腐蚀的概念

腐蚀是金属制件经常发生的一种现象。所谓腐蚀即指金属表面与周围介质相互作用,使金属基体逐渐遭受破坏的现象。腐蚀可分为化学腐蚀与电化学腐蚀两大类。

①**化学腐蚀** 金属直接与介质发生化学反应造成的腐蚀称为化学腐蚀。化学腐蚀有两种,一种是气体腐蚀,另一种是金属在非电解质中的腐蚀。气体腐蚀通常是指金属在高温下受蒸汽及气体的作用而发生的破坏,在常温下干燥气体中引起的破坏也为气体腐蚀。金属在非电解质中的腐蚀主要指金属受导电性能不良的有机物质(例如含硫石油、无水酒精、苯等)的作用而发生的破坏。

化学腐蚀的特点是在其腐蚀过程中无电流产生。化学腐蚀的产物一般都覆盖在金属表面上,形成一层膜。膜的出现,使金属与介质隔开了,若形成的膜很稳定(不熔化、不挥发、不进一步发生结构的变化)、很致密(原子不易在膜中扩散)、又与基体金属结合牢固,则这种膜具有保护作用,称为钝化膜。反之,若膜不稳定、疏松,与基体金属结合不牢固,则这种膜就无保护作用,腐蚀过程必将进行到使金属表面被破坏为止。

例如钢铁材料在高温下的表面氧化就是一典型的化学腐蚀实例。

②**电化学腐蚀** 金属在电介质溶液中因原电池作用产生电流而引起的腐蚀现象即为电化学腐蚀。**电化学腐蚀是金属腐蚀中更重要、更普遍的形式**。其特点是在腐蚀过程中伴有微电流产生。金属在电解质溶液中的腐蚀就是一种最普通的电化学腐蚀。在金属中由于存在的化学成分与组织的不均匀性,以及物理状态的不均匀性,例如基体与第二相、或基体与夹杂物、取向不同的晶粒、晶内与晶界、化学成分的偏析、内应力大小不同的区域等均会引起电极电位差,当与电介质相接触时,构成微电池,电极电位较低的相或微区,构成微电池的阳极,不断受到腐蚀。

(2)金属腐蚀破坏的基本类型

①均匀腐蚀 金属表面发生大面积的、较为均匀的腐蚀,它使零件的有效截面逐渐减小而遭到破坏。它是最常见的一种腐蚀,又称一般腐蚀或连续腐蚀,如图5.7(a)所示。金属材料耐均匀腐蚀能力,通常用腐蚀速度,即单位面积金属在单位时间内的失重($g/m^2.h$),或腐蚀速率即每年腐蚀掉金属的深度(mm/a)来表示。

②晶间腐蚀 图5.7(b)为**沿金属晶界进行的腐蚀称为晶间腐蚀,它使晶粒连结遭到破坏,敲击时失去金属声响,易造成突然破坏,其危害性最大**。某些不锈钢常发生这种腐蚀。因已发生晶间腐蚀的金属在外形上没有任何变化,因此不宜察觉,但金属已丧失强

度。在生产上可用弯曲法、声音法、电阻法以及失重等方法测定不锈钢的晶间腐蚀敏感性，并有具体规定。

③点腐蚀　又称孔蚀，是发生在金属表面不大的局部区域的一种腐蚀形式，如图5.7(c)所示。孔蚀一旦形成，便迅速向金属厚度深处发展，直至将金属穿透。因此点蚀也是一种危害性较大且常见的腐蚀破坏形式。在含有氯离子介质中，氯离子吸附在金属表面的缺陷、疏松及夹杂物上，破坏了该处的钝化膜，使钢表面暴露，形成微阳极，周围为阴极，构成微电池，使局部遭腐蚀而破坏。不锈钢点蚀倾向的大小一般用单位面积上腐蚀坑数量及最大深度来评定。

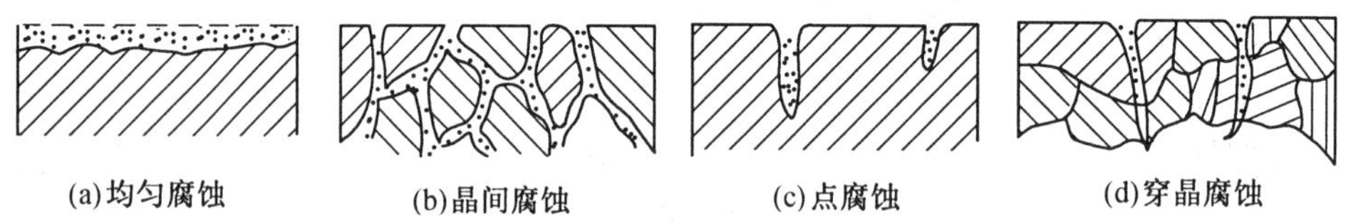

(a)均匀腐蚀　(b)晶间腐蚀　(c)点腐蚀　(d)穿晶腐蚀

图5.7　常见的腐蚀破坏形式

④应力腐蚀　是指金属在腐蚀介质(例如氯化物盐、碱的水溶液、某些硝酸盐和部分化合物的溶液，以及蒸汽介质)及拉应力(外加应力或内应力)共同作用下，沿某些显微路径发生腐蚀而导致的破坏。拉应力较大的区域电极电位低、成为阳极区，邻近处为阴极区。随着拉应力加大，发生破裂的时间越短，当取消应力时，钢的腐蚀量很小，并且不发生破裂。

应力腐蚀破坏的特征是裂缝与拉应力方向垂直，断口呈脆性破坏，断口附近有许多裂纹，裂纹的显微路径有沿晶界分布和穿晶分布，如图5.7(b)和(d)所示，或两种分布形态兼有的特征。

金属应力腐蚀断裂是具有选择性的，一定的金属在一定的介质中才会产生。例如低碳钢在浓的碱液中(称为碱脆)，奥氏体不锈钢在热浓氯化物溶液中(称为氯脆)等。

⑤腐蚀疲劳　系指金属在腐蚀介质及交变应力共同作用下，加速了的腐蚀破坏。例如，汽轮机叶片、水泵零件、船舶螺旋桨轴及腐蚀介质中工作的弹簧等，均可因腐蚀疲劳而被破坏。

腐蚀疲劳过程是，首先在零件表面因介质作用形成腐蚀坑，然后在介质和交变应力作用下，发展为疲劳裂纹，并逐渐扩展直到零件疲劳断裂。断口保持疲劳破坏特征。在显微分析时裂纹多为穿晶形式。

⑥磨损腐蚀　同时存在着腐蚀和机械磨损，两者互相加速的腐蚀称为磨损腐蚀。这种机械磨损除机械运动外，腐蚀介质流体和金属表面间的相对运动也能引起这种作用。另外气泡腐蚀也是磨损腐蚀的一种特殊形式，例如运动的螺旋桨、叶轮可使液体压力降低，从而使液体蒸发形成气泡，当叶轮使压力再升高时，则会使气泡破裂。破裂的冲击波使金属表面保护膜破坏，加剧了腐蚀，最后导致气泡腐蚀破坏。

(3)提高金属抗腐蚀性的途径

合金化是提高金属耐蚀性的主要途径，可从三方面说明提高不锈钢的耐蚀性。

①使金属表面形成钝化膜　加入一定量的Cr、Si、Al等合金元素，使金属在高温下表面形成Cr_2O_3、SiO_2、Al_2O_3等致密的钝化膜，或采用化学热处理方法进行渗Cr、渗Si、渗Al

等，从而起到防腐蚀的作用。其中，Cr是最有效的元素，这就是不锈钢中加入Cr元素的主要作用之一。另外，合金元素Mo的加入可进一步增强不锈钢的钝化作用，因此能提高钢在氧化性及非氧化性介质中的耐蚀性；加入少量的Cu元素，也可促进钢的钝化，从而改善钢的耐蚀性。

②**使金属在均匀的单相组织条件下使用**　通过加入Cr、Ni、Mn等合金元素，使钢在常温下以单相F或A状态存在。Cr是不锈钢中的主要元素，当Cr的质量分数达12.7%时，它能封闭γ相区，形成单一F组织。为了获得单一A组织，若单独加Ni元素，其加入量必须达到30%（质量分数）以上，若Ni与Cr复合加入，则可减少钢中Ni含量。

③**提高固溶体基体的电极电位**　通过在钢中加入合金元素Cr、Ni等来达此目的。如在钢中加入约12.5%Cr（摩尔比），则可使铁的电极电位由-0.5V跃升至+0.2V。如需进一步提高耐蚀性，就需进一步提高Cr的质量分数。这也即实际应用的不锈钢Cr质量分数最低不低于13%的原因。

2．化学成分特点

（1）低碳

不锈钢中碳质量分数一般很低，大多数不锈钢 $w_C=0.1\%\sim0.2\%$。耐蚀性要求愈高，碳质量分数应愈低。因为随碳质量分数增加，使K（阴极相）增加，特别是C与Cr形成 $(Cr、Fe)_{23}C_6$ 型K沿晶界析出，使晶界周围严重贫Cr，当Cr贫化到耐蚀所必需的最低质量分数达12.5%以下时，贫Cr区迅速被腐蚀，造成晶间腐蚀。

（2）合金化原则

①**Cr**　不锈钢中最基本合金元素，其主要作用是可显著提高钢在氧化性介质中的耐蚀性（但在非氧化性介质如盐酸、硫酸、醋酸等中，Cr不能提高其耐蚀性）。

②**Ni**　不锈钢中主加元素之一，铬钢中加入Ni，可同时提高钢在氧化性与非氧化性介质中的耐蚀性。

③**Mo**　能提高钢在氧化性及非氧化性介质（尤其是含Cl介质）中的耐蚀性。

④**Cu**（$w_{Cu}=2\%\sim4\%$）　可显著提高A不锈钢在稀硫酸中的抗蚀性。

⑤**Mn、N**　可提高钢在有机酸（如醋酸、甲酸等）中的耐蚀性，且可代替部分Ni获单相A组织。

⑥**Ti、Nb**　能形成稳定的K（如TiC、NbC），**防止晶间腐蚀倾向和提高钢的强度**。

3．常用不锈钢

不锈钢按其正火状态下的组织可分为M型不锈钢、F型不锈钢、A型不锈钢、双相钢（A-F型）、沉淀硬化型不锈钢等。

（1）M不锈钢

常用M不锈钢 $w_C=0.10\%\sim0.45\%$，$w_{Cr}=12\%\sim14\%$，属铬不锈钢，如1Cr13、2Cr13、3Cr13、4Cr13等。随钢中碳质量分数的增加，钢的强度、硬度、耐磨性提高，但耐蚀性下降。这类钢多用于力学性能要求较高，而耐蚀性要求较低的零件。**1Cr13、2Cr13**钢具有抗大气、蒸汽等介质腐蚀的能力，常用作耐蚀结构零件，为获得良好的综合力学性能，常采用调质处理以得到回火索氏体组织，来制造汽轮机叶片、锅炉管附件等；**3Cr13、4Cr13**钢若用作医疗器械和不锈刃具时，需进行淬火 + 低温回火处理，若用作弹簧元件时，则进行淬火 + 中温回火处理，此时耐蚀性降低，但可满足力学性能要求。

(2)F 不锈钢

常用 F 不锈钢中 $w_C < 0.15\%$，$w_{Cr} = 12\% \sim 30\%$，也属于铬不锈钢，如 0Cr13、1Cr17、1Cr17Ti 等。由于 Cr 的质量分数高，该类钢通常为单相 F 组织，其耐蚀性、冷变形性、焊接性等均优于 M 不锈钢。**这类钢在退火或正火状态下使用**，不能利用 M 来强化。主要用作耐蚀性要求很高而强度要求不高的构件，如制造硝酸、磷酸、氮肥等化工设备、容器和管道等。

(3)A 不锈钢

具有优良力学性能、耐蚀性、工艺性，是应用最广泛的不锈钢。

其典型钢种是1Cr18Ni9Ti 等，其一般 $w_C < 0.15\%$，$w_{Cr} = 18\% \sim 25\%$，$w_{Ni} = 8\% \sim 20\%$，有时加入少量 Mn、Mo、Nb 或 Ti 等。由于含有较多的扩大 γ 区的元素 Ni，钢使用状态的组织基本上是单相 A。

Cr－Ni 奥氏体不锈钢具有良好的韧性、塑性、冷变形性、焊接性，优良的抗腐蚀性，它可以在氧化性和还原性介质中使用，工作温度可达 600～700℃，广泛用于制造耐硝酸、磷酸、碱、盐溶液以及各种有机、无机盐腐蚀的零件或设备，其缺点是切削加工性较差，有晶间腐蚀倾向，以及强度低等。加工硬化是强化这类钢的有效办法，可使其 $R_m(\sigma_b)$ 由 600MPa 提高至 1200～1400MPa。

该类钢在退火状态下组织为 A + K。为了获得单相 A、提高其耐蚀性，其最终热处理工艺为固溶处理，即在 1100℃左右加热，使所有 K 都溶入 A 中，然后于水中急冷至室温、使 K 来不及析出，得到单一 A 组织，故称**固溶处理**。

A 不锈钢中的晶间腐蚀　A 不锈钢因固溶处理冷却速度过慢，或因焊接、热加工等原因在 400～800℃(称“敏化”温度)保温(停留)了一段时间后，在 A 晶界附近易析出合金碳化物 $Cr_{23}C_6$，从而使晶界附近基体 Cr 的质量分数下降($w_{Cr} < 12.5\%$)，引起抗腐蚀性能下降。由于晶间腐蚀，造成零件或设备突然发生脆断，造成事故。产生晶间腐蚀的钢，敲之无金属声，断裂处呈粉末状。

防止晶间腐蚀的方法有：

①降低碳质量分数($w_C < 0.06\%$，甚至 $w_C < 0.03\%$)使之超低碳，使钢中无法形成铬的碳化物。

②加入比 Cr 更易与碳化合形成稳定 K 的元素 Ti、Nb 等，使钢中优先形成 TiC、NbC，而不形成$(Cr、Fe)_{23}C_6$，以保证 A 中 Cr 的质量分数，如 0Cr18Ni9Ti、1Cr18Ni9Ti 钢等。

③经固溶处理后钢的成分均匀，但对大型的形状复杂的零件有一定困难。

④改变晶界上碳化铬析出数量及分布状态，可通过调整钢的化学成分，使组织中出现 5%～20%(体积分数)的 δ 铁素体，这样钢在时效过程中 $Cr_{23}C_6$ 将首先在 δ/γ 相界和 δ 相内析出，那么在 A 晶界上 $Cr_{23}C_6$ 析出数量将减少并且也不会连续分布，也就降低了钢晶间腐蚀倾向。但 δ 铁素体的存在将带来另一缺点，即钢的点腐蚀的倾向增大。

(4)F－A 不锈钢(双相钢)

如 00Cr18Ni5Mo3Si2，采用 1 000～1 100℃淬火后，可获得 60%左右 F + A 组织，由于 A

的存在，降低了高铬铁素体钢的脆性，提高了可焊性、韧性，降低了晶粒长大倾向，而铁素体的存在则提高了 A 钢的 $R_{eL}(\sigma_s)$、抗晶间腐蚀能力等，其室温 $R_{eL}(\sigma_s)$ 比镍铬奥氏体钢高一倍左右，而塑、韧性仍较高，冷热塑性加工性及可焊性较好。适用于含氯离子的环境，制造石油化工热交换器和冷凝器等。

(5)超高强度(沉淀硬化)不锈钢

如 0Cr17Ni7Al 钢经 1 060℃加热后空冷(即固溶处理)获得单相 A[其硬度低(85HBW)，易于冷轧、冲压成型和焊接]，然后再加热至 750~760℃空冷获得奥氏体－马氏体双相组织，最后在 560~570℃进行时效(即沉淀)硬化处理，以析出 Ni_3Al 等金属间化合物，使其硬度增至 43HRC。这类钢主要用作高强度、高硬度而又耐腐蚀的化工机械设备、零件以及航天用的设备、零件等。

常用不锈钢的牌号、成分、热处理、性能与用途详见表 5.21。

(6)不锈钢的新进展

当前不锈钢发展的主要趋势是超纯化、多元化和微合金化。迈入 21 世纪，新一代不锈钢可分为三种类型：超纯 F 不锈钢；超低碳、高钼、高性能 A 不锈钢和超低碳、超细晶粒 A－M 双相不锈钢。这些钢具有良好综合抗蚀性能，可在较苛刻恶劣环境中长期服役。它们是不锈钢新钢种开发主流，并能取代部分镍基合金和钛合金。

5.5.2 耐热钢(Heat resistant steels)

耐热钢系指在高温下具有高热稳定性和热强性的特殊性能钢。它们主要用于制造工业加热炉、高压锅炉、气轮机、内燃机、航空发动机、热交换器等在高温下工作的构件和零件。其常见失效形式为由于温度升高带来钢的剧烈氧化，同时又会导致材料强度的急剧下降。因此首先必须了解温度对力学性能的影响，以及有关耐热性的概念。

1. 高温对材料力学性能的影响

在动力、化工等部门，如在高压蒸汽锅炉、汽轮机、燃气轮机、柴油机等动力机械和化工炼油设备及航空发动机中，有许多零件是长期在高温条件下服役的。对于制造这类机器零件所使用的材料，如果仅考虑其在室温下的力学性能显然是不行的。

钢在高温(T ℃ > T_R)下的强度变化有两个特点，一是随温度升高，由于材料内部原子之间的结合力减弱，从而导致材料的强度下降。二是随温度的升高与时间的延长，即使材料所承受的应力不超过该温度下的 $R_e(\sigma_e)$，钢也会缓慢地发生塑性变形，且变形量随着时间的增长而增大，最后导致钢件破坏，这种现象称为蠕变。温度愈高，蠕变愈严重。

产生蠕变的原因是在高温下原子扩散能力增大，使那些在常温下起强化作用的因素逐渐减弱或消失。可促使回复与再结晶，使加工硬化效果减弱或消失。可促使过饱和固溶体(如马氏体)发生分解和弥散的硬化质点聚集。可使淬火硬化效果减弱或消失等。所有这些过程，都会导致钢逐渐软化而产生蠕变。蠕变过程不仅与受载大小有关，而且与工作温度、受载时间有关。

由此可见，对于材料的高温力学性能绝不能简单地用室温下的静载力学性能指标来评定，而必须充分考虑其耐热性。

表 5.21　常用不锈钢的牌号、成分、热处理、力学性能与用途

类型	牌号	化学成分/%			热处理/℃ 冷却剂	力学性能(不小于)				硬度 HBW	用途举例
		w_C(不大于)	w_{Cr}	$w_{其他}$		$R_{r0.2}(\sigma_{0.2})$/MPa	$R_m(\sigma_b)$/MPa	$A_S(\delta_s)$/%	$Z(\psi)$/%		
奥氏体型	0Cr18Ni9	0.07	17.00～19.00	Ni 8.00～11.00	固溶 1010～1150 快冷	205	520	40	60	≤187	作为不锈耐热钢广泛使用,食品用设备,一般化工设备,原子能工业用设备
奥氏体型	0Cr17Ni12Mo2	0.08	16.00～18.50	Ni 10.00～14.00 Mo2.00～3.00	固溶 1010～1150 快冷	205	520	40	60	≤187	在海水和其他各种介质中,耐腐蚀性比 0Cr19Ni9 好,主要用于耐点蚀材料
奥氏体型	1Cr18Ni9Ti	0.12	17.00～19.00	Ni 8.00～11.00 Ti5×(C% - 0.02)～0.8	固溶 920～1150 快冷	205	520	40	50	≤187	做焊芯、抗磁仪表、医疗器械、耐酸容器及设备衬里、输送管道等设备和零件
奥氏体型	0Cr18Ni10Ti	0.08	17.00～19.00	Ni 9.00～12.00 Ti≥5×C%	固溶 920～1150 快冷	205	520	40	50	≤187	添加 Ti 提高耐晶间腐蚀性,不推荐做装饰部件
奥氏体-铁素体型	0Cr26Ni5Mo2	0.08	23.00～28.00	Ni 3.00～6.00 Mo1.00～3.00 Si≤1.0 Mn≤1.5	固溶 950～1100 快冷	390	590	18	40	≤277	具有双相组织,抗氧化性、耐点腐蚀性好;具有高的强度,做耐海水腐蚀用等
奥氏体-铁素体型	00Cr18Ni5Mo3Si2	0.030	18.00～19.50	Ni 4.50～5.50 Mo 2.50～3.00 Si 1.30～2.00 Mn 1.00～2.00	固溶 920～1150 快冷	390	590	20	40	≤300HV	耐应力腐蚀破裂性好,具有较高的强度,适于含氯离子的环境,用于炼油、化肥、造纸、石油、化工等工业热交换器和冷凝器等
铁素体型	1Cr17	0.12	16.00～18.00	Si≤0.75 Mn≤1.00	退火 780～850 空气或缓冷	250	400	20	50	≤183	耐蚀性良好的通用钢种,用于硝酸工厂、食品工厂的设备,重油燃烧器部件等
铁素体型	1Cr17Mo	0.12	16.00～18.00	Si≤1.00 Mn≤1.00 Mo 0.75～1.25	退火 780～850 空冷或缓冷	205	450	22	60	≤183	为 1Cr17 的改良钢种,比 1Cr17 抗盐溶液性强,作为汽车外装材料使用

续表 5.21

类型	牌号	化学成分/%			热处理/℃ 冷却剂	力学性能(不小于)				硬度 HBW	用途举例
		w_C (不大于)	w_{Cr}	$w_{其他}$		$R_{r0.2}(\sigma_{0.2})$ /MPa	$R_m(\sigma_b)$ /MPa	$A_S(\delta_s)$ /%	$Z(\psi)$ /%		
马氏体型	1Cr13	0.15	11.50~13.50	Si≤1.00 Mn≤1.00	950~1000 油淬 700~750 快回	345	540	25	55	≥159	具有良好的耐蚀性、机械加工性，一般用于刃具类，做 800℃以下耐氧化用部件
	2Cr13	0.16~0.25	12.00~14.00	Si≤1.00 Mn≤1.00	920~980 油淬 600~750 快回	440	635	20	50	≥192	淬火状态下硬度高，耐蚀性良好，制作汽轮机叶片
	3Cr13	0.26~0.35	12.00~14.00	Si≤1.00 Mn≤1.00	920~980 油淬 600~750 快回	540	735	12	40	≥217	比 2Cr13 淬火后硬度高，做刃具、喷嘴、阀座、阀门等
	4Cr13	0.36~0.45	12.00~14.00	Si≤0.60 Mn≤0.80	1050~1100 油淬 200~300 空回	—	—	—	—	≥50 HRC	做较高硬度及高耐磨性的热油泵轴、阀门、阀门轴承、医疗器械、弹簧等
	9Cr18	0.90~1.00	17.00~19.00	Si≤0.80 Mn≤0.80	1000~1050 油淬 200~300 油、空回	—	—	—	—	≥55 HRC	不锈切片、机械刃具及剪切刀具、手术刀片、高耐磨设备及零件等
沉淀硬化型	0Cr17Ni4Cu4Nb	≤0.07	15.50~17.50	Ni 3.00~5.00 Cu 3.00~5.00 Nb 0.15~0.45	固溶 1020~1060 快冷	—	—	—	—	≤363	添加铜的沉淀硬化型钢种，轴类、汽轮机部件
					固溶 + 480 时效	1180	1310	10	40	≥375	
					固溶 + 550 时效	1000	1060	12	45	≥331	
					固溶 + 580 时效	865	1000	13	45	≥302	
					固溶 + 620 时效	725	930	16	50	≥277	
	0Cr17Ni7Al	≤0.09	16.00~18.00	Ni 6.50~7.75 Al 0.75~1.50	固溶 1000~1100 快冷	≤380	≤1030	20	—	≤229	添加铝的沉淀硬化型钢种，做弹簧、垫圈等部件
					固溶 + 565 时效	960	1140	5	25	≥363	
					固溶 + 510 时效	1030	1230	4	10	≥388	

2. 有关“耐热性”的概念

钢的耐热性是包含热稳定性和热强性的一个综合概念。所谓热稳定性是指钢在高温下能够保持化学稳定性(耐腐蚀,不起皮)的能力(亦称抗氧化性),而热强性则指钢在高温下承受机械负荷的能力。耐热钢系指在高温下具有热稳定性和热强性的钢。

(1)热稳定性(抗氧化性)

一般钢铁在高温(> 570℃)下易氧化,形成疏松多孔的 FeO 薄膜。外部原子可不受阻碍地穿过 FeO 膜进入内部,使铁氧化。与此同时,内部的 Fe^{2+} 离子也可穿过 FeO 膜跑到表面来参加氧化。其结果使氧化皮越积越厚。因此提高钢的热稳定性的基本途径是合金化,通常在钢中加入 Cr、Al、Si 等合金元素,使零件表面形成钝化膜,由于这些元素与氧的亲和力较大,优先形成致密的氧化膜 Cr_2O_3、SiO_2、Al_2O_3,阻碍了氧原子和金属离子通过,使钢不再继续氧化。由于 Al 及 Si 质量分数较多时钢材变脆,目前主要用 Cr 来作为提高热稳定性的合金元素,而 Si、Al 只能配合使用。钢中 Cr 的加入量与零件工作温度有关。当 $w_{Cr} \approx 12\%$时,钢材 800℃严重氧化,当 $w_{Cr} \approx 22\%$时,1 000℃严重氧化,当 $w_{Cr} \approx 30\%$时,1 100℃严重氧化。

碳对钢的抗氧化性不利,因为碳和铬很容易形成铬的 K,减少基体中 Cr 的质量分数,易产生晶间腐蚀,所以耐热钢一般为低碳,即 $w_C = 0.1\% \sim 0.2\%$。

(2)热强性

热强性表示金属在高温和载荷长时间作用下抵抗蠕变和断裂的能力,即表示材料的高温强度。通常以蠕变极限和持久强度来表征(详见 3.1 节)。

3. 提高钢耐热性(高温强度)的途径

(1)基体强化

主要出发点是提高基体金属的原子结合力,降低固溶体的扩散过程。研究表明,从钢的化学成分来说,凡是熔点高,自扩散系数小,能提高钢的再结晶温度的合金元素(如 Mo、W、Ni、Co、Si 和 Cr 等)固溶于基体后都能提高钢的热强性。加入 Mo、W、Co 和 Cr 等合金元素,能提高钢中固溶强化效果。

从固溶体的晶格类型来说,高温时具有面心立方晶格(如 A)的强度高于体心立方晶格(如 F),因面心方晶格的 A 结构致密、原子扩散较困难,使蠕变难以发生。因此,常加入一种或多种合金元素如 Ni、Mn 等使之获得单相 A。如 A 中的 Fe、C、Cr 等元素的扩散系数均显著地比 F 中的要小,这就使回复和再结晶过程减慢,第二相聚集速度减慢,从而使钢在高温状态下不易软化。而加入 Cr、Mo、W、Si 等合金元素,能提高基体金属间的结合力和再结晶温度,从而提高抗蠕变能力。

(2)第二相沉淀强化

主要出发点是要求第二相稳定,不易聚集长大,能在高温下长期保持细小均匀的弥散状态,因此对第二相粒子的成分和结构有一定的要求,耐热钢大多用难熔合金 K 作强化相,如 MC、$M_{23}C_6$、M_6C 等。为获得更高热强性,可用热稳定性更高的金属间化合物,如 $Ni_3(Al·Ti)$、Ni_3Ti、Ni_3Al 等作为基体的强化相。因为这些 K、金属间化合物等第二相沉淀在位错上,能阻碍位错的运动。而且细小、均匀、稳定的颗粒状 K 若以弥散状态分布在固溶体内，将显著阻碍位错的运动，从而明显提高钢的高温强度和硬度。

第二相沉淀强化元素有 W、Mo、V、Ti、Nb 以及 Al 等。

(3)晶界强化

高温下晶界强度较低，在耐热钢及合金中希望得到适当粗化的晶粒，以减少晶界数量。同时还采用以下方法进一步强化晶界。

①净化晶界　在耐热钢中的 S、P 等低熔点杂质易在晶界偏聚和形成低熔点共晶，削弱晶界强度。向钢中加入 B、Re、Ca、Nb、Zr 等，与上述低熔点杂质形成高熔点化合物，就可以净化晶界，使其强化。

②填充晶界空位强化　晶界上空位较多，有利于扩散和蠕变裂纹扩展。加入适当元素如 B、Ti、Zr 等能填充晶界空位，阻碍扩散，从而使晶界强化。

③晶界沉淀强化　在晶界上沉淀析出不连续骨架状强化相，也可以强化晶界使裂纹沿晶扩展受阻。常加入的合金元素有 W、Mo、V、Ti、Nb 等。

还可用形变热处理方法改变晶界形状(呈锯齿状晶界)，并在晶内形成多边化的亚晶界进一步提高钢的热强性。另外，在冶炼时这些元素还能起到除去气体和 S、P 等有害杂质的作用，亦间接地净化晶界，从而提高钢的高温性能。

4．常用耐热钢

(1)抗氧化(热稳定性)钢

主要用于长期在高温下工作，但对力学性能(强度等)要求不高的零件。如燃汽轮机的燃烧室、辊道、炉管、热交换器等。

抗氧化钢主要有 F 钢和 A 钢两类。F 抗氧化钢，如 1Cr13SiAl，其最高使用温度 900℃，常用作喷嘴、退火炉罩等；A 抗氧化钢，如 2Cr20Mn9Ni2Si2N 和 3Cr18Mn12Si2N 钢具有良好的抗氧化性能(最高温度可达 1000℃)、抗硫腐蚀和抗渗碳能力，还具有良好的铸造性能，所以常用于制造铸件，还可进行剪切、冷热冲压和焊接。实际应用的抗氧化钢大多数是在碳质量分数较低的高 Cr 钢、高 Cr－Ni 钢或高 Cr－Mn 钢基础上添加适量 Si 或 Al 配制而成。

(2)热强钢

这类钢的特点是在高温下有良好的抗氧化能力并具有较高的高温强度。例如汽轮机、燃汽轮机的转子和叶片、锅炉过热器、内燃机的排气阀等零件用钢均属此类。选用热强钢时，必须注意钢的工作温度范围以及在此温度下的力学性能指标。

热强钢按其使用温度范围及正火组织特征，大致可分为 P 钢、M 钢及 A 钢等。常用耐热钢的牌号、成分、热处理力学性能与用途等详见表 5.22。

①**P 热强钢**　常用钢号是**15CrMo、12Cr1MoV、25Cr2MoVA** 等，属于低碳合金钢，其膨胀系数小，导热性好，具有良好的冷、热塑性加工性能和焊接性能，工作温度在 450～550℃，有较高的热强性。此类钢主要用于制造载荷较小的动力装置上的零部件，例如工作温度小于 600℃的锅炉及管道、其他管道、压力容器、气轮机转子等。

表 5.22　常用耐热钢的牌号、成分、热处理、力学性能与用途

类别	牌号	化学成分/%					热处理/℃ 冷却剂		力学性能（不小于）				硬度 HBW	用途举例
		w_C	w_{Si}	w_{Mn}	w_{Cr}	$w_{其他}$	淬火	回火	$R_{p0.2}(\sigma_{0.2})$ /MPa	$R_m(\sigma_b)$ /MPa	$A_S(\delta_s)$ /%	$Z(\psi)$ /%		
珠光体型	15CrMo	0.12～0.18	0.17～0.37	0.40～0.70	0.80～1.10	Mo 0.40～0.55	900 空	650 空	295	440	22	60	≤179	正火后用于 510℃的锅炉过热器、主汽管、中高压蒸汽导管及联箱，淬火回火后可制造各种常温工作的重要零件
珠光体型	12CrMoV	0.08～0.15	0.17～0.37	0.40～0.70	0.30～0.60	Mo 0.25～0.35 V 0.15～0.30	970 空	750 空	225	440	22	50	≤241	用于≤540℃的汽轮机主汽管、转向导叶环、隔板及≤570℃的过热器管、导管
珠光体型	12Cr1MoV	0.08～0.15	0.17～0.37	0.40～0.70	0.90～1.20	Mo 0.25～0.35 V 0.15～0.30	970 空	750 空	245	490	22	50	≤179	用于≤570～585℃的高压设备中的过热钢管、导管、散热器管及有关的锻件
珠光体型	25Cr2MoVA	0.22～0.29	0.17～0.37	0.40～0.70	1.50～1.80	Mo 0.25～0.35 V 0.15～0.30 P,S≤0.025	900 油	640 空	785	930	14	55	≤241	≤570℃的螺母，<530℃的螺栓，510℃长期工作的紧固件，汽轮机整体转子、套筒、主汽阀、调节阀，可用做氮化钢
马氏体型	4Cr9Si2	0.35～0.50	2.00～3.00	≤0.70	8.00～10.00	Ni≤0.60	1020～1040 油	700～780 油	590	885	19	50		有较高的热强性，做内燃机进气阀、轻负荷发动机的排气阀
马氏体型	4Cr10Si2Mo	0.35～0.45	1.90～2.60	≤0.70	9.00～10.50	Mo 0.70～0.90 Ni≤0.60	1010～1040 油	120～160 空	685	885	10	35		
马氏体型	1Cr11MoV	0.11～0.18	≤0.50	≤0.60	10.00～11.50	Mo 0.50～0.70 V 0.25～0.40 Ni≤0.60	1050～1100 空	720～740 空	490	685	16	55		有较高的热强性、良好的减振性及组织稳定性，用于透平叶片及导向叶片
马氏体型	1Cr12WMoV	0.12～0.18	≤0.50	0.50～0.90	11.00～13.00	Mo 0.50～0.70 V 0.18～0.30 W 0.70～1.10	1000～1050 油	680～700 空	585	735	15	45		有较高的热强性，良好的减振性及组织稳定性，用于透平叶片、紧固件、转子及轮盘

续表 5.22

类别	牌号	化学成分/%					热处理/℃ 冷却剂		力学性能（不小于）				硬度 HBW	用途举例
		w_C	w_{Si}	w_{Mn}	w_{Cr}	$w_{其他}$	淬火	回火	$R_{p0.2}(\sigma_{0.2})$ /MPa	$R_m(\sigma_b)$ /MPa	$A_S(\delta_s)$ /%	$Z(\psi)$ /%		
铁素体型	0Cr13Al	≤0.08	≤1.00	≤1.00	11.50~14.50	Al 0.10~0.30	退火 780~830 空冷或缓冷		177	410	20	60	≥183	做燃气透平压缩机叶片、退火箱、淬火台架
铁素体型	1Cr17	≤0.12	≤0.75	≤1.00	16.00~18.00		退火 780~850 空冷或缓冷		205	450	22	50	≥183	900℃以下耐氧化部件、散热器、炉用部件、油喷嘴
奥氏体型	0Cr18Ni9	≤0.07	≤1.50	≤2.00	17.00~19.00	Ni 8.00~11.00	固溶 1010~1150 快冷		205	520	40	60	≤187	通用耐氧化钢，可承受 870℃以下反复加热
奥氏体型	0Cr23Ni13	≤0.08	≤1.50	≤2.00	22.00~24.00	Ni 12.00~15.00	固溶 1030~1150 快冷		205	520	40	60	≤187	可承受 980℃以下反复加热，炉用材料
奥氏体型	0Cr25Ni20	≤0.08	≤1.50	≤2.00	24.00~26.00	Ni 19.00~22.00	固溶 1030~1180 快冷		205	520	40	50	≤187	可承受 1035℃加热，炉用材料，汽车净化装置用材料
奥氏体型	4Cr14Ni14W2Mo	0.40~0.50	≤0.80	≤0.70	13.00~15.00	Ni 13.00~15.00 Mo 0.25~0.40 W 2.00~2.75	退火 820~850 快冷		315	705	20	35	≤248	有较高的热强性，用于内燃机重负荷排气阀
奥氏体型	1Cr18Ni9Ti	≤0.12	≤1.50	≤2.00	17.00~19.00	Ni 8.00~11.00 Ti×(C%－0.02)~0.8	固溶 920~1150 快冷		205	520	40	50	≤187	有良好的耐热性及抗腐蚀性，做加热炉管、燃烧室筒体、退火炉罩
奥氏体型	0Cr18Ni10Ti	≤0.08	≤1.50	≤2.00	17.00~19.00	Ti≥5×C%	固溶 920~1150 快		205	520	40	50	≤187	在 400~900℃腐蚀条件下使用的部件，高温用焊接结构部件
奥氏体型	0Cr18Ni11Nb	≤0.08	≤1.50	≤2.00	17.00~19.00	Nb≥10×C%	固溶 980~1150 快		205	520	40	50	≤187	在 400~900℃腐蚀条件下使用的部件，高温用焊接结构部件
奥氏体型	1Cr25Ni20Si2	≤0.20	1.50~2.50	≤1.50	24.00~27.00	Ni 18.00~21.00	固溶 1080~1130 快冷		295	590	35	50	≤187	具有较高的高温强度及抗氧化性，适于制作承受应力的各种炉用构件

其成分特点是:低碳,$w_C < 0.2\%$。

合金化原则是:Cr(还有 Si)**提高钢的抗氧化性**,Cr、Mo(W)**可溶于** F **起固溶强化作用、提高再结晶温度(从而提高基体的蠕变极限)**,Cr、Mo、V(Ti)**起弥散强化作用**。

热处理特点是:正火(950~1 050℃)和随后高于使用温度 100℃(即 600~750℃)下回火。正火的组织为 F+P(S),随后的高温回火是为了增加组织稳定性(由于析出弥散 K),以提高蠕变抗力。

②**M 热强钢** 常用钢号有 **1Cr13、2Cr13、1Cr11MoV、1Cr12WMoV**,以及 **4Cr9Si2、4Cr10Si2Mo** 等高合金钢。这类钢淬透性好,空冷就能得到 M。其工作温度可在 550~600℃之间,热强性高于 P 热强钢。1Cr13、2Cr13、1Cr11MoV、1Cr12WMoV 等,在 500 以下具有良好的蠕变抗力和优良的消振性,适宜于制造汽轮机叶片,故又称叶片钢。4Cr9Si2、4Cr10Si2Mo 等钢,主要用于制造使用温度低于 750℃的发动机排气阀,故又称气阀钢。

成分特点是:**低(中)碳,其** $w_C = 0.1\% \sim 0.4\%$。

合金化原则是:**高** Cr。Cr、Si 用以提高钢的抗氧化性,Cr、W、Mo、V、(Ti、Nb)等元素起固溶强化,弥散强化作用,W、Mo 还可起减少回火脆性作用。

热处理特点是:**调质处理+高于使用温度 100℃的高温回火**,其使用态的组织为 $S_{回}$,以保证在使用温度下组织和性能的稳定。

③**A 热强钢** 常用牌号为 **1Cr18Ni9Ti、4Cr14Ni14W2Mo**,使用温度为 600~700℃范围。此类钢是在 A 不锈钢的基础上加入了 W、Mo、V、Ti、Ni、Al 等元素,用以强化 A,形成稳定 K 和金属间化合物,以提高钢的高温强度。由于奥氏体晶格致密度比 F 大,原子间结合力大,合金元素在 A 中扩散较慢,因此这类钢不仅热强性很高,而且还有较高的塑、韧性和良好的焊接性、冷成型性,加之是单相 A 组织,又有优良的耐腐蚀性能。

1Cr18Ni9Ti 钢的抗氧化工作温度可达 700~900℃,在 600℃左右有足够热强性,可用于 610℃以下的锅炉过热器管、主蒸汽管等。4Cr14Ni14W2Mo 钢具有更高的热强性和组织稳定性,常用于 650℃以下的超高参数锅炉、汽轮机的过热器管、主蒸汽管,工作温度在 650~750℃范围内的内燃机排气阀、蒸汽或气体管道等。

成分特点是:**低(中)碳,其** $w_C = 0.1\% \sim 0.4\%$。

合金化原则是:**高** Cr,**高** Ni。Cr、Ni 提高钢的抗氧化性和稳定 A,提高热强性;Cr、W、Mo 起固溶强化作用,强化 A;Cr、W、Mo、Ti 元素起弥散强化作用等。

热处理特点是:**固溶处理**(加热至 1 000℃以上保温后油冷或水冷)+**高于使用温度60~100℃进行一次或两次时效处理**,沉淀析出强化相,稳定钢的组织,进一步提高钢的热强性。

其使用态组织为 A(1Cr18Ni9Ti 钢)或 A 加弥散析出的合金 K(4Cr14Ni14W2Mo 钢)。

5. 耐热钢的新进展

随着近代石油化工、电力、动力工业的不断发展,耐热钢及耐热合金的研究和应用得到了迅猛发展。P 型耐热钢主要围绕焊接热影响区低熔点杂质元素偏析对钢晶界强度的降低问题,开发了添加稀土、硼等微合金化钢,进而显著提高了钢材使用强度及使用寿命。抗氧化钢及 A 耐热钢主要围绕抗介质腐蚀和提高使用温度而开发了添加 Al 的 Fe-Ni-Cr-Al 系抗氧化、抗硫介质的钢种。

【**例题 2**】 为什么不锈钢中 $w_{Cr} > 12\%$? $w_{Cr} = 12\%$的 Cr12MoV 钢是否属于不锈钢,为什么?

分析　在不锈钢中，为提高耐蚀性，首先控制碳含量，一般为低碳或超低碳，因随碳含量的增加，更易形成碳化物(碳化物具有高电极电位)，而使基体由于低电极电位而遭受腐蚀；合金元素 Cr 可通过提高基体电极电位来提高耐蚀性：当 $w_{Cr} > 11.7\%$时，可使基体的电极电位显著提高，反之，若 Cr 在铁基固溶体的溶入量小于 11.7%，则可明显降低基体电极电位而使耐蚀性下降。

Cr12MoV 钢，虽 $w_{Cr} > 11.7\%$，但该钢中的碳含量却高达 1.45% ~ 1.70%，会形成大量 $Cr_{23}C_6$、Cr_7C_3 等碳化物，那么实际钢基体中的 Cr 含量会远低于 11.7%而很容易遭受腐蚀，所以不能用作不锈钢。

解答　因为在不锈钢中，只有使基体的 $w_{Cr} > 11.7\%$才能有效提高其电极电位，保证其耐蚀性，所以不锈钢中 $w_{Cr} > 12\%$。$w_{Cr} = 12\%$的 Cr12MoV 钢不属于不锈钢，因为虽然其 $w_{Cr} > 11.7\%$，但其碳含量却为高碳，会形成大量 $Cr_{23}C_6$、Cr_7C_3 等碳化物，实际钢基体中的 Cr 含量会远低于 11.7%，而很容易遭受腐蚀，所以不能用作不锈钢。

归纳与引申　回答问题应抓住关键点回答。因在不锈钢中，提高耐蚀性的途经有许多，但本题中点出 $w_{Cr} > 12\%$，这就是关键点。如果把合金元素 Cr 提高耐蚀性的方方面面都回答，并不能突出关键点。

同理，在回答第 2 问时，也是如此，应紧紧扣住有效提高电极电位的关键点回答才是抓住问题的关键。

思考　试分析 1Cr18Ni9Ti 不锈钢中，合金元素是如何提高耐蚀性的？

5.5.3　耐磨钢(Wear resistant steels)

广义地讲，耐磨钢是指用于制造高耐磨零件及构件的一类钢种。这些钢种有高碳铸钢、Si – Mn 结构钢、高碳工具钢以及滚动轴承钢等。但习惯上，耐磨钢主要是指在强烈冲击和严重磨损条件下发生冲击硬化，因而具有很高耐磨能力的钢。这里主要以 ZGMn13 高锰钢为例简要说明。

1. 化学成分特点

①**高碳**($w_C = 1.0\% \sim 1.3\%$)　保证钢具有足够强度、硬度与耐磨性，但碳的质量分数过高易析出较多的 K，影响钢的韧性；

②**高锰**($w_{Mn} = 11\% \sim 14\%$)　加入大量的 Mn 是为得到 A 组织、增大钢的加工硬化率和提高钢的韧性及强度，但 Mn 的质量分数过多会增大钢冷凝时的收缩量、形成热裂纹、降低钢的强度和韧性，因此其 Mn/C = 10 ~ 12 为宜。

2. 热处理特点

高锰钢的铸态组织基本上由 A 和残余 K$(Fe、Mn)_3C$ 组成。由于 K 沿晶界析出而降低钢的强度和韧性，影响钢的耐磨性。因此铸件必须进行热处理使之获得全部 A 组织。

高锰钢消除 K 并获得单一 A 组织的热处理称为“**水韧处理**”。即将钢件加热至 1 000 ~ 1 100℃，并在高温下保温一段时间，使 K 完全溶解于 A 中，然后于水中急冷，使高温 A 固定到室温。淬火加热温度不宜过高，保温时间不宜太长，否则晶粒粗大，氧化脱碳严重，降低钢的强度。高锰钢水韧处理后不能再加热至 350℃以上，否则会有针状碳化物析出，使钢的性能脆化。所以高锰钢水韧处理后不回火。

3. 应用特点

高锰钢经水韧处理后的力学性能为：$R_m(\sigma_b) = 784 \sim 981$MPa，$R_{eL}(\sigma_s) = 392 \sim 441$MPa，$A(\delta) = 40\% \sim 80\%$，$Z(\psi) = 40\% \sim 60\%$，$a_K = 1\,960 \sim 2\,940$kJ/m^2，硬度 180 ~ 220HBW。由

此可见，高锰钢屈强比很低，塑、韧性很好，硬度并不高。

在使用过程中，**高锰钢工件在很大压力、摩擦力和冲击力作用下**发生塑性变形，表面A迅速产生强烈的加工硬化，形变强化促使表面的A向M转变和ε-K沿滑移面析出，使钢件表面层（深度10~20mm）的硬度≥500HBW，而心部仍为高塑韧性的A，这就是高锰钢既具有高韧性又具有高耐磨性的原因。但如果没有外加压力或冲击力，或压力、冲击力很小，高锰钢的加工硬化特征就不明显，M转变不能发生，高锰钢高耐磨性就不能充分显示出来，甚至不及一般M组织的钢。

因此需要特别强调的是耐磨钢ZGMn13**主要应用于承受强烈冲击和较大压力作用而使材料严重磨损的条件下**，如重型拖拉机、坦克的履带板、挖掘机的铲齿、破碎机的颚板、铁道的道叉、球磨机的衬板、辊式破碎机的辊筒等。

根据国标GB5680—1985，常用高锰钢的牌号、成分与用途举例详见表5.23所示。

表5.23 高锰钢牌号、成分与用途举例

牌号	化学成分/%						力学性能（不小于）					用途举例
	w_C	w_{Mn}	w_{Si}	w_S≤	w_P≤	$w_{其他}$	R_{eL} /MPa	R_m /MPa	A /%	α_K /J·cm^{-2}	HRW (≤)	
ZGMn13-1	1.00~1.45	11.00~14.00	0.30~1.00	0.040	0.090	—	—	635	20	—	—	适于铸造形状简单的低冲击耐磨件，如破碎壁、辊套、齿板、衬板、铲齿等
ZGMn13-2	0.90~1.35	11.00~14.00	0.30~1.00	0.040	0.070	—	—	685	25	147	300	
ZGMn13-3	0.95~1.35	11.00~14.00	0.30~0.80	0.035	0.070	—	—	735	30	147	300	用于结构复杂并以韧性为主的承受强烈冲击载荷的零件，如斗前壁、提梁和履带板等
ZGMn13-4	0.90~1.30	11.00~14.00	0.30~0.80	0.040	0.070	Cr1.50~2.50	390	735	20	—	300	
ZGMn13-5	0.75~1.30	11.00~14.00	0.30~1.00	0.040	0.070	Mo0.90~1.20	—					特殊耐磨件，如自固型无螺栓磨煤机衬板等

5.6 铸铁与有色金属合金

Cast Irons and Non-Ferrous Metals

5.6.1 铸铁的特征（Introduction of cast irons）

铸铁是碳含量大于2.08%（E′点）的铁碳合金，并且还含有较多的Si、Mn、S、P等元素。同钢相比，铸铁熔炼简便、成本低廉，虽然强度、塑性和韧性较低，但具有优良的铸造性能、很高的减摩和耐磨性、良好的消震性和切削加工性以及缺口敏感性低等一系列优点。因此，铸铁广泛应用于机械制造、冶金、石油化工、交通、建筑和国防工业各部门。

1. 铸铁的组织特征

(1)铸铁的分类与组织特征

根据碳在铸铁中存在的形式,可分为白口铸铁(碳全部或大部分以渗碳体形式存在,其断口呈白亮色)、灰铸铁(碳大部分或全部以游离石墨形式存在,其断口呈暗灰色)与麻口铸铁(碳既以渗碳体形式存在,又以游离态石墨形式存在,其断口呈灰、白相间分布特征)。

根据石墨形态,又可分为普通灰铸铁(石墨呈片状)、可锻铸铁(石墨呈团絮状)、蠕墨铸铁(石墨呈蠕虫状)与球墨铸铁(石墨呈球状)。

因此除白口铸铁外,各种铸铁之间的区别仅在于石墨的形态不同,铸铁与钢的区别在于铸铁组织中存在不同形状的游离态石墨。铸铁的组织特征为钢基体上分布有不同形态的石墨夹杂的组织。

(2)石墨的构造与作用

石墨具有特殊的简单六方晶格,如图 5.8 所示,其底面碳原子呈六方网格排列,原子间系共价键结合、间距小(0.142 nm),结合力很强,在底面的边缘由于这种强大结合力,容易结合铁液中扩散来的碳原子而延续长大。底面层之间为分子键,面间距大(0.304 nm),结合力较弱,它与铁液中扩散来的碳原子不易结合,因而不易长大。所以其石墨结晶态常易发展成为片状,且石墨的强度(20MPa)、硬度(3 ~ 5HBW)极低,塑性、韧性接近于零。

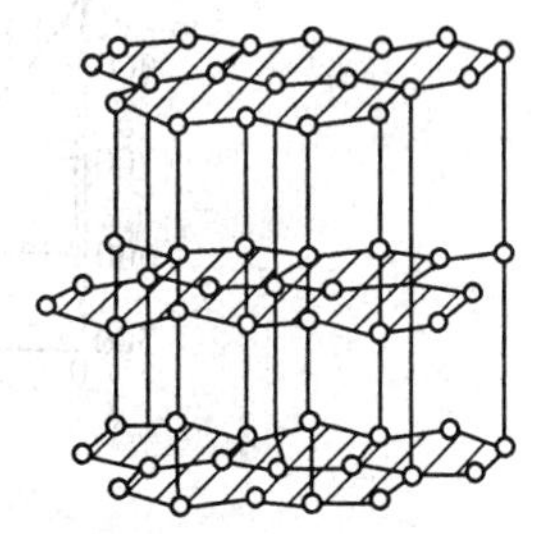
图 5.8 石墨的晶体结构

因此石墨的存在犹如许多空洞、裂纹,降低了钢基体的有效截面,同时它还会引起严重的应力集中现象。石墨夹杂物越多、越大,对基体的分割作用越严重,使铸铁的抗拉强度降低。石墨的形状对引起应力集中效应很敏感,当受单向拉应力 $R(\sigma)$作用时,其产生的应力集中 $R_{max}(\sigma_{max})$可由弹性力学公式

$$R_{max}(\sigma_{max}) = R(\sigma)(1 + 2\sqrt{\frac{a}{\rho}})$$

算出,式中 $R(\sigma)$为外加应力,a 为裂纹长度的一半,ρ 为裂纹尖端的曲率半径。从此式可看出,当石墨呈片状时,其曲率半径 ρ 最小,$R_{max}(\sigma_{max})$最大,应力集中最严重;若石墨为球状时,其 ρ 大,而 $R_{max}(\sigma_{max})$最小,应力集中则大为减轻。

2. 铸铁的石墨化

(1)复线铁碳相图

在铁碳合金中,碳的存在形式不外乎三种:溶入铁素体晶格中形成固溶体,或以化合态的渗碳体形式以及游离态的石墨(G)的形式存在。而且生产实践和科学实验均表明,渗碳体是一种亚稳定相,在一定条件下能分解为铁和石墨($Fe_3C \rightarrow 3Fe + G$),石墨(G)才是稳定相。所以,反映铁碳合金结晶过程和组织转变规律的铁碳合金相图有两种,即亚稳定的 $Fe - Fe_3C$ 相图和稳定的 Fe - G 相图。

为便于研究,有利于对比和应用,通常将这两种相图叠加在一起,称为复线铁碳相图(铁碳合金双重相图),如图 5.9 所示。其中实线表示 $Fe - Fe_3C$ 相图,虚线表示 Fe - G 相

图。铁碳合金究竟按哪种相图变化，决定于其加热或冷却条件或获得的平衡的性质（亚稳平衡还是稳定平衡）。

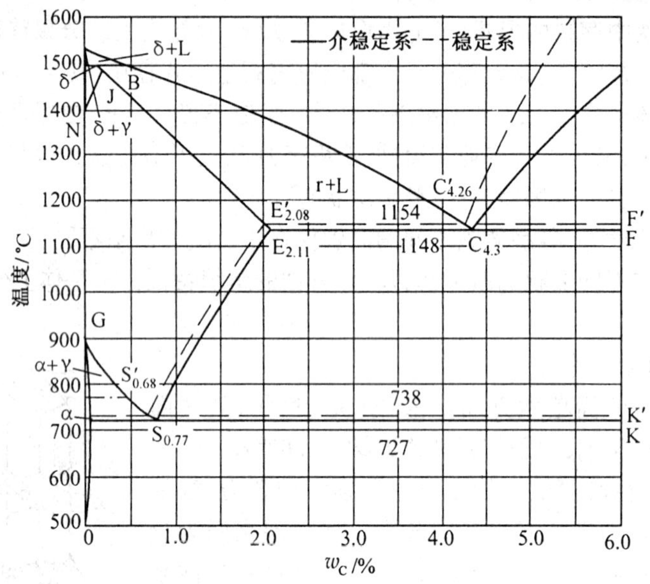

图 5.9　铁碳合金双重相图

(2)铸铁的石墨化过程

石墨化系指铸铁组织中石墨的形成过程，铸铁的石墨化过程可分为三个阶段。

①液态阶段　“液相 - 共晶反应”阶段，它包括从过共晶成分的液相直接结晶出一次石墨和在 1154℃时通过共晶反应（$L_C' \xrightarrow{1154℃} A'_E + G_{共晶}$）而形成石墨，以及由一次渗碳体和共晶渗碳体在高温退火时分解析出的石墨。

②中间阶段　“共晶 - 共析反应”阶段，包括从奥氏体中直接析出二次石墨和由二次渗碳体在这一温度范围内分解而析出的石墨。

③“共析反应”阶段（固态阶段）　包括共析反应（$As' \xrightarrow{738℃} F_P' + G_{共析}$）过程中形成的石墨和由共析渗碳体退火时分解而形成的石墨。

根据铸铁石墨化程度的不同，所得铸铁的组织类型也不同，如表 5.24 所示。

表 5.24　铸铁经不同程度石墨化后所得到的组织

名　称	石　墨　化　程　度			显微组织
	第一阶段	第二阶段	第三阶段	
灰口铸铁	充分进行	充分进行	充分进行	F + G
	充分进行	充分进行	部分进行	F + P + G
	充分进行	充分进行	不进行	P + G
麻口铸铁	部分进行	部分进行	不进行	L′d + P + G
白口铸铁	不进行	不进行	不进行	L′d + P + Fe_3C

(3)影响石墨化的主要因素

①化学成分　C和Si是强烈促进石墨化的元素，铸铁中C和Si质量分数愈高，石墨化程度愈充分。为使铸件在浇铸后能得到石墨，但又不至过多和过于粗大，通常将其成分控制在 $w_C = 2.5\% \sim 4.0\%$，$w_{Si} = 1.0\% \sim 3.0\%$。S及Mn、Cr、W、Mo、V等K形成元素则阻碍石墨化。其中S不仅强烈阻碍石墨化，还会降低力学性能和流动性，故其应控制在 $w_S < 0.1\% \sim 0.15\%$。Mn虽是阻碍石墨化元素，但与S可形成MnS，从而减弱S的有害作用，所以允许 $w_{Mn} = 0.5\% \sim 1.4\%$。

②冷却速度　在实际生产中往往发现同一铸件厚壁处为灰口，而薄壁处出现白口现象，这说明同一化学成分的铸件，由于结晶时冷却速度不同对其石墨化程度影响很大。厚壁处冷却慢，有利于石墨化的进行，反之薄壁处冷却快，则不利于石墨化。一般说来，铸件冷速越慢，越有利于依Fe－G相图进行充分石墨化，反之，则有利于依 $Fe-Fe_3C$ 相图转变，获得白口铁。尤其是共析阶段石墨化，由于温度低、冷速大，原子扩散更加困难，所以通常情况下，共析阶段石墨化难以充分进行。例如，在铸铁生产中常用三角试块经快速冷却后对铸铁件进行组织、性能鉴别（如图5.10所示）。

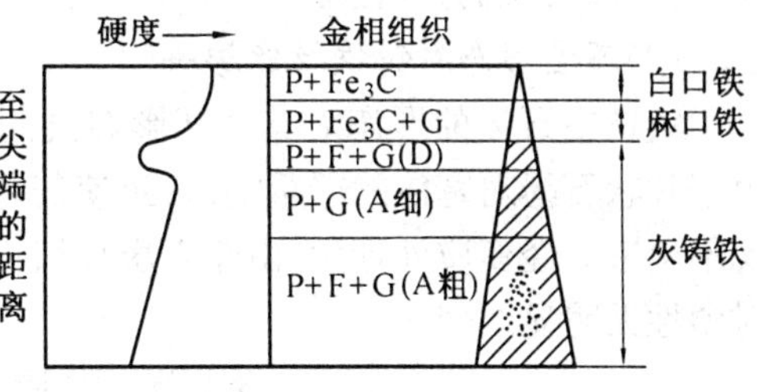

图5.10　三角试片组织变化示意图

3．石墨的形态及其对铸铁组织、性能的影响

(1)石墨形态对铸铁组织的影响

铸铁可看做是在钢基体上分布着不同形态的石墨。石墨的形态有片状、团絮状、蠕虫状与球状等，所以铸铁相应地就可分为灰铸铁、可锻铸铁、蠕墨铸铁与球墨铸铁等。

由于石墨的存在，犹如许多空洞、裂纹割裂了基体，使基体强度利用率降低。据统计，**普通灰铸铁由于石墨呈片状，严重割裂基体，使基体强度利用率不超过30%～50%。而可锻铸铁中石墨呈团絮状，减轻了对基体的割裂，使基体强度使用率可达40%～70%。对球墨铸铁而言，由于石墨呈球状分布，对基体割裂作用最小，使基体强度利用率可高达**70%～90%。总之，由于石墨呈游离态存在，大大改变了白口铸铁的脆性，但从强度观点看，石墨的存在又在不同程度上割裂了钢基体的强度。**铸铁的性能主要取决于石墨的形态。**

(2)石墨形态的控制

铸铁的主要问题在于控制石墨的形态。石墨的形态受诸多因素的影响，主要有：

①冷却速度　一般铸铁由液态结晶出的石墨呈片状，石墨片的大小、形态受冷却速度的影响较大。冷速越快，则石墨片越细小；反之，石墨片越粗大。

②化学元素　其对石墨的形态、大小、数量和分布均匀度均有明显影响，如在液态金属中加入Mg、Ce、Re等，可阻碍液－固结晶时石墨以片状析出，而促进其以球状或蠕虫状析出，又如铸铁中加入阻碍石墨化元素Cr、W、Mo、V、Mn等，可减少石墨的数量，并使石墨和基体都得到细化。而铸铁中的C、Si、Cu、Ni、Co等促进石墨化元素的增加，促使石墨数量增多。当含C、Si量太高时，如 $w_C > 4.3\%$时，会使石墨粗化。

③变质处理　在浇注前向铁水中加入少量变质剂(如硅铁、硅钙等),促进石墨的非自发形核,使石墨形核率增大,这不仅可促进石墨化,而且可使石墨细化,使壁厚不同的铸件得到均匀一致的石墨分布和均匀一致的基体组织。

④石墨化方式　从液相中直接结晶出石墨多为片状。

而将白口铸铁加热至高温,经长时间退火,使渗碳体分解,形成的石墨为团絮状(此工艺称为石墨化退火,亦称可锻化退火),如图 5.12 所示。

若想使从液体中直接结晶出的石墨呈球状,在球墨铸铁生产中,除配备合适的化学成分外,更重要的是要在浇注前对铁水进行球化处理(将 Mg、Re 或 Re - Mg 合金等球化剂加入铁水中,使石墨呈球状析出)和变质处理(再将含 $w_{Si}=75\%$ 的硅铁或硅钙合金作为变质剂加入铁水中,促进石墨化、防止白口,使石墨球径变小、数量增多,形状规整、分布均匀),从而提高球铁的力学性能。

(3)石墨形态对铸铁性能影响

铸铁中石墨的形态对其性能影响很大,如表 5.25 所示。当石墨呈片状(灰铸铁)时,由于片状石墨对基体的严重割裂,致使灰铸铁的抗拉强度和塑性较低,而塑、韧性几乎表现不出来。经变质处理后,由于石墨片细化,石墨对基体的割裂减小,使铸铁强度提高,但对塑性无明显改变。

表 5.25　石墨形态对铸铁性能的影响

材料种类	组织	抗拉强度 $R_m(\sigma_b)$/MPa	屈服强度 $R_{r0.2}(\sigma_{0.2})$/MPa	抗弯强度 $R_{bb}(\sigma_{bb})$/MPa	伸长率 $A(\delta)$/%	冲击韧度 α_K/(J/cm²)	布氏硬度/HBW
F 灰铸铁	$F+G_{片}$	100～150	100～150	260～330	<0.5	0.1～1.1	143～229
P 灰铸铁	$P+G_{片}$	200～250	200～250	400～470	<0.5	0.1～1.1	170～240
P 变质铸铁	$P+G_{细片}$	300～400	300～400	540～680	<0.5	0.1～1.1	207～296
P 可锻铸铁	$F+G_{团絮}$	300～370	190～280	540～680	6～12	1.5～2.9	120～163
P 可锻铸铁	$P+G_{团絮}$	450～700	280～560	540～680	2～5	0.5～2.0	152～270
F 球墨铸铁	$F+G_{球}$	400～500	250～350	540～680	5～20	>2	147～241
P 球墨铸铁	$P+G_{球}$	600～800	420～560	540～680	>2	>1.5	229～321
白口铸铁	$F+P+L'_d$	230～480	230～480	540～680	2	>1.5	375～530
F 蠕墨铸铁	$F+G_{蠕虫}$	>286	>204	540～680	>3	>1.5	>120
P 蠕墨铸铁	$P+G_{蠕虫}$	>393	>286	540～680	>1	1.5	>180
45 钢	F+P	610	360	/	16	8	<229

蠕墨铸铁中的石墨与灰铸铁中的石墨相比,其长厚比较小,端部较钝,ρ 增大,因此抗拉强度和塑性都明显提高。

可锻铸铁中的团絮状石墨,对基体的割裂作用大大降低,使应力集中减轻,因而铸铁的强度增大,塑性也明显改善。

球墨铸铁中的石墨呈球状,对基体的割裂作用最小,因此改变基体组织可使性能有较大的提高。球墨铸铁,可锻铸铁的抗拉强度能达到 ZG45 的水平。

4. 铸铁的良好性能

虽然铸铁的力学性能不如钢,但由于石墨的存在,却赋予铸铁许多特别性能。

①良好的铸造性能　铸件凝固时形成石墨所产生的膨胀,减少了铸件体积的收缩,并

降低了铸件中的内应力。

②切削加工性能优异　这是由于铸铁中存在石墨，切削加工时易造成脆性断屑并对刀具有润滑减摩作用。

③减震性能良好　这是由于石墨对振动的传递起着削弱作用。

④减摩性良好　因石墨作为“自生润滑剂”，能吸附和保存润滑剂，保证油膜的连续性，而有利于润滑，且石墨空穴还可储存润滑剂，因而减摩，耐磨性良好。

⑤缺口敏感性小　这是由于大量石墨对基体的割裂作用造成。

5.6.2　常用铸铁的特点(The characteristics of cast irons)

1. 常用铸铁的成分、牌号与组织特征

(1)灰铸铁

其成分大致范围为：$w_C = 2.7\% \sim 3.6\%$，$w_{Si} = 1.0\% \sim 2.5\%$，$w_{Mn} = 0.5\% \sim 1.3\%$，$w_S \leqslant 0.15\%$，$w_P \leqslant 0.3\%$。我国灰铸铁的牌号用“灰铁”二字汉语拼音的第一个大写字母“HT”和根据浇铸 30mm 试棒的最低抗拉强度 $R_m(\sigma_b)$(MPa)来表示。例如 HT200，表示 $R_m(\sigma_b) \geqslant 200$MPa 的灰铸铁。灰铸铁的组织特征为片状石墨和钢基体组成。钢基体，即依共析阶段石墨化程度不同可获得 F，F + P 和 P 三种基体；而片状石墨也呈现各种不同类型、大小和分布，一般为不连续的片状、或直或弯。灰铸铁显微组织如图 5.11 所示。常用灰铸铁的牌号、力学性能与用途等详见表 5.26 所示。

(a)F灰铸铁

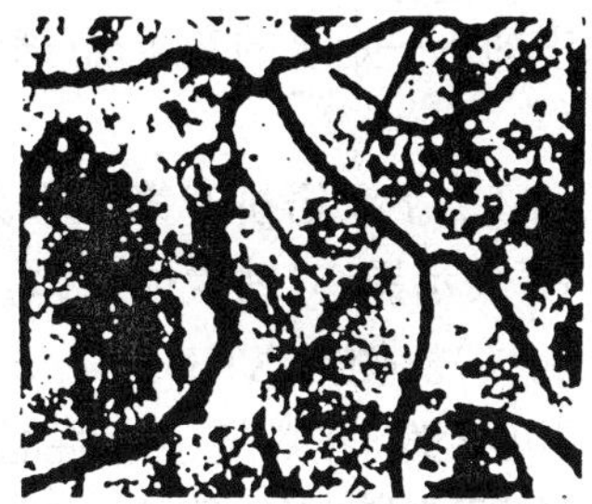
(b)F+P灰铸铁

(c)P灰铸铁

图 5.11　灰铸铁显微组织

表 5.26　常见灰铸铁的牌号、力学性能与用途

牌　号	铸件壁厚/mm	$R_m(\sigma_b)$/MPa	HBW	用　途　举　例
HT100	2.5 ~ 10	130	110 ~ 167	低载荷不重要件或薄件，如盖、罩、手轮、重锤等
	10 ~ 20	100	93 ~ 140	
	20 ~ 30	90	87 ~ 131	
	30 ~ 50	80	82 ~ 122	
HT150	2.5 ~ 10	175	136 ~ 205	承受中等载荷铸件，如机床支架、箱体、带轮、轴承座、法兰、泵体、阀体、飞轮、缝纫机件
	10 ~ 20	145	119 ~ 179	
	20 ~ 30	130	110 ~ 167	
	30 ~ 50	120	105 ~ 157	

续表 5.26

牌　号	铸件壁厚/mm	$R_m(\sigma_b)$/MPa	HBW	用　途　举　例
HT200	2.5 ~ 10	220	157 ~ 236	承受中等载荷的重要件，如汽缸、齿轮、底架、飞轮、齿条、刀架、一般机床床身等
	10 ~ 20	195	148 ~ 222	
	20 ~ 30	170	134 ~ 200	
	30 ~ 50	160	129 ~ 190	
HT250	4.0 ~ 10	270	174 ~ 262	汽缸、机体、床身、齿轮、齿轮、油缸、轴座、衬套、联油器、飞轮
	10 ~ 20	240	164 ~ 240	
	20 ~ 30	220	157 ~ 236	
	30 ~ 50	200	150 ~ 225	
HT300	10 ~ 20	290	182 ~ 272	承受高载荷、耐磨和高气密性的重要件，如重型机床和压力机床的床身、活塞环、液压件、凸轮等
	20 ~ 30	250	168 ~ 251	
	30 ~ 50	230	161 ~ 241	
HT350	10 ~ 20	340	199 ~ 298	
	20 ~ 30	290	182 ~ 272	
	30 ~ 50	260	171 ~ 257	

(2)可锻铸铁

可通过两个生产工艺过程制得，即先浇铸成纯白口铸铁件、然后再经石墨化退火，使之成为团絮状石墨的可锻铸铁。其化学成分一般为：$w_C = 2.2\% \sim 2.8\%$，$w_{Si} = 1.0\% \sim 1.8\%$，$w_{Mn} = 0.4\% \sim 1.2\%$，$w_P < 0.2\%$，$w_S < 0.18\%$，$w_{Cr} < 0.06\%$。为缩短退火周期，在冷凝前通过变质处理，即在铁水中加入一定量的变质剂（通常采用 Bi、Al、B 等），使退火周期由原 70h 缩至 32h。

我国可锻铸铁的牌号用“可铁”二字汉语拼音第一个大写字母“KT”表示，若其后加“Z”表示珠光体基体可锻铸铁，“H”表示黑心（铁素体基体）可锻铸铁，随后的两组数字分别表示 $R_m(\sigma_b$, MPa)和最低 $A(\delta, \%)$。例如 KTH350 - 10，表示 $R_m(\sigma_b) \geqslant 350$MPa、最低 $A(\delta) \geqslant 10\%$的黑心可锻铸铁。常用可锻铸铁的牌号、力学性能与用途等详见表 5.27 所示。

表 5.27　常用可锻铸铁的牌号、力学性能与用途

类别	牌　号	力　学　性　能				用　途　举　例
		$R_m(\sigma_b)$/MPa	$R_{eL}(\sigma_s)$/MPa	$A(\delta)$/%	HBW	
黑心可锻铸铁	KTH300 - 06	300	—	6	≤150	水暖管件（如三通、弯头、阀门等），机床扳手，汽车、拖拉机转向机构、后桥壳，农机铸件，线路金属用具
	KTH330 - 08	330	—	8		
	KTH350 - 10	350	200	10		
	KTH370 - 12	370	—	12		
珠光体可锻铸铁	KTZ450 - 06	450	270	6	150 ~ 200	曲轴、连杆、齿轮、齿轮轴、活塞环、线路金属用具
	KTZ550 - 04	550	340	4	180 ~ 230	
	KTZ650 - 02	650	430	2	210 ~ 260	
	KTZ700 - 02	700	530	2	240 ~ 290	

可锻铸铁的石墨化退火工艺曲线如图 5.12 所示，进行Ⅰ、Ⅱ两阶段完全石墨化退火后所获得的铸铁，为铁素体基体可锻铸铁，其显微组织如图 5.13(a)所示。只进行第Ⅰ阶段石墨化退火所获得的铸铁，则为珠光体基体可锻铸铁，其显微组织如图 5.13(b)所示。

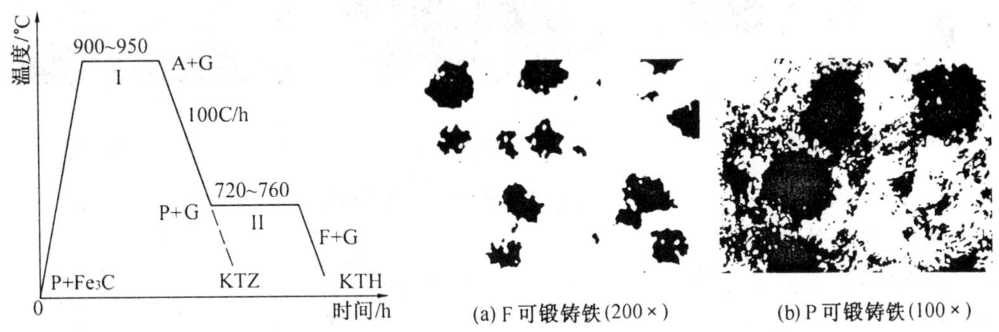

图 5.12　可锻铸铁的 G 化退火工艺曲线　　图 5.13　可锻铸铁的显微组织

可锻铸铁的组织特征为 F + $G_{团絮}$，P + $G_{团絮}$。由图 5.13 中可明显看出，团絮状石墨的特征是：表面不规则，表面积与体积之比值较大。

(3)球墨铸铁

与灰铸铁相比，球墨铸铁化学成分的主要特点是 C、Si 含量较高，Mn 含量较低，S、P 含量控制很严，尤其 S 是球铁的有害元素，强烈破坏石墨的球化。其质量分数一般为：$w_C = 3.6\% \sim 4.0\%$，$w_{Si} = 2.0\% \sim 3.2\%$，$w_{Mn} = 0.31\% \sim 0.8\%$，$w_P < 0.1\%$，$w_S < 0.07\%$，$w_{Mg} = 0.03\% \sim 0.08\%$等。

我国球墨铸铁的牌号用“球铁”二字汉语拼音第一个大写字母“QT”表示，其后的两组数字分别表示最低抗拉强度(MPa)和最低伸长率(%)。例如 QT600 - 3 表示 $R_m(\sigma_b) \geq 600$MPa、$A(\delta) \geq 3\%$的球墨铸铁。常用球墨铸铁的牌号、力学性能与用途等详见表 5.28。

表 5.28　球墨铸铁的牌号、力学性能与用途

牌　号	基体	力　学　性　能					用　途　举　例
		$R_m(\sigma_b)$ /MPa	$R_{eL}(\sigma_s)$ /MPa	$A(\delta)$ /%	α_{yu} /J·cm^{-2}	HBW	
QT400 - 17	F	400	250	17	60	< 179	受压阀门、轮壳、后桥壳、牵引架、铸管、农机件
QT420 - 10	F	420	270	10	30	< 207	
QT500 - 05	F + P	500	350	5	—	147 ~ 241	
QT600 - 02	P	600	420	2	—	229 ~ 302	油泵齿轮、阀门、轴瓦等，曲轴、连杆、凸轮轴、蜗杆、蜗轮，轧钢机轧辊、大齿轮、水轮机主轴、起重机、农机配件、犁铧、螺旋伞齿轮、凸轮轴等
QT700 - 02	P	700	490	2	—	230 ~ 304	
QT800 - 02	P	800	560	2	—	241 ~ 321	
QT1200 - 01	—	1200	840	1	3	≥38HRC	

球墨铸铁的组织特征为球状 G + 钢基体两部分组成，球铁在铸态下的钢基体可分为 F、F + P 和 P 三种，如图 5.14 所示。由图 5.14 可看出，石墨的形态接近于球。

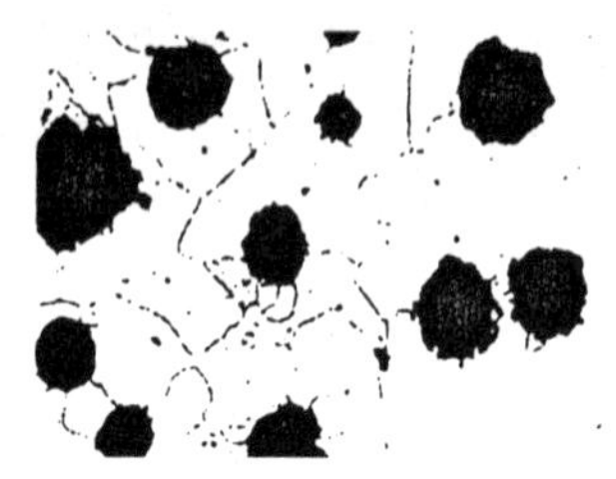

(a) F 球墨铸铁

(b) P 球墨铸铁

(c) F+P 球墨铸铁

图 5.14　球墨铸铁的显微组织特征

(4)蠕墨铸铁

蠕墨铸铁,其质量分数与球墨铸铁基本相似,即高碳、低 S、低 P、一定的 Si 和 Mn 含量,一般质量分数为:$w_C = 3.5\% \sim 3.9\%$,$w_{Si} = 2.1\% \sim 2.8\%$,$w_{Mn} = 0.4\% \sim 0.8\%$,$w_P < 0.1\%$,$w_S < 0.1\%$。它是由液体铁水经蠕化处理(主要用 Re - Mg - Ti、Re - Si - Mg 合金等作蠕化剂)和变质处理随之冷凝后所获得的一种铸铁。

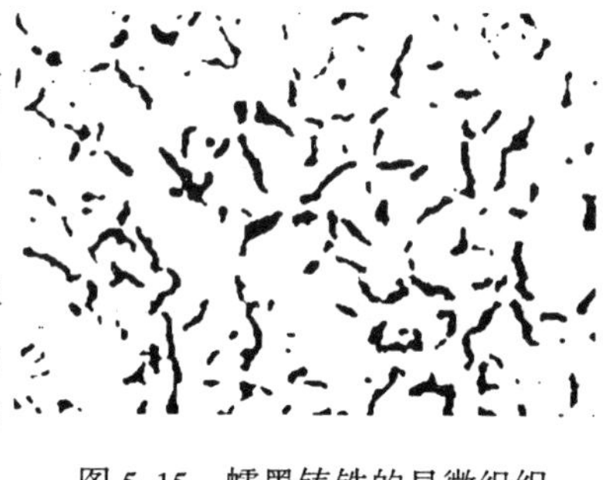

图 5.15　蠕墨铸铁的显微组织

其牌号亦是以“蠕铁”二字的汉语拼音字母的第一个字母“RuT”及其后的 R_m 值表示,例如 RuT400,表示具有 $R_m(\sigma_b) \geq 400$MPa 的蠕墨铸铁。常见蠕墨铸铁的牌号、力学性能与用途等见表 5.29。

蠕墨铸铁的组织特征是由 $G_{蠕虫}$ + 钢基体组成。蠕虫状石墨的特状是石墨片短而厚,头部较钝、较圆、形似蠕虫,其长/厚比为 2 ~ 10(与片状 G 相比)。在大多数情况下,钢基体较易得到 F 基体,如图 5.15 所示。

表 5.29　常用蠕墨铸铁的牌号、力学性能与用途

牌　号	$R_m(\sigma_b)$ /MPa	$R_{eL}(\sigma_s)$ /MPa	$A(\delta)$ /%	HBW	用　途　举　例
RuT260	260	195	3	121 ~ 197	增压器废气进气壳体、汽车底盘零件等
RuT300	300	240	1.5	140 ~ 217	排气管、变速箱、汽缸盖、液压件、纺织机零件、钢锭模等
RuT340	340	271	1.0	170 ~ 249	重型机床、大型齿轮箱体、盖、座、飞轮、起重机卷筒等
RuT380	380	300	0.75	193 ~ 274	活塞环、汽缸套、制动盘、钢珠研磨盘、吸淤泵体等
RuT420	420	335	0.75	200 ~ 280	

常用铸铁的分类、组织特征与用途说明于表 5.30。

表 5.30 铸铁的分类、组织特征与用途

铸铁名称	典型牌号	石墨形态	组织特征	用　途
灰铸铁	HT200 HT350	片状	$F+G_{片}$,$P+G_{片}$ $F+P+G_{片}$	床身、机座 机身、车床卡盘、齿轮
可锻铸铁	KTH350 – 10 KTZ450 – 06	团絮状	$F+G_{团}$ $P+G_{团}$	汽车、拖拉机的前后轮壳、制动器、冷暖器接头
球墨铸铁	QT600 – 3 QT800 – 2	球状	$F+G_{球}$,$P+G_{球}$ $F+P+G_{球}$	轴瓦、传动轴、飞轮 曲轴、连杆、球磨机齿轮
蠕墨铸铁	RuT420 RuT300	蠕虫状	$F+G_{蠕虫}$ $F+P+G_{蠕虫}$	活塞环、制动盘、泵体、 变速器箱体、排气管

2. 常用铸铁的热处理

铸铁热处理的基本原理与钢相同、但由于铸铁中有石墨存在,以及 C、Si 含量较高,热处理时又有其独特之点。

(1)铸铁热处理的特点

各类铸铁的热处理特点对比于表 5.31 中。

表 5.31 各类铸铁的热处理特点

热处理方法 / 种类	高温退火	低温退火	去应力退火	正火	调质	等温淬火	表面强化
灰铸铁	V 850℃ ~ 950℃	×	V 500℃ ~ 650℃	×	×	×	V 表面淬火
可锻铸铁	V 950℃ ~ 1000℃	×	×	×	×	×	×
球墨铸铁	V 900℃ ~ 950℃	V 720℃ ~ 760℃	V	V 900 ~ 950℃ (840 ~ 860℃)	V	V	V

注:× 表示不能;V 表示可以。

①铸铁热处理只能改变基体组织,而不能改变石墨的形态和分布。对灰铸铁而言,由于片状石墨对基体割裂作用严重而使基体强度利用率低(小于 30% ~ 50%),因此对其施以热处理强化,其效果远不如球墨铸铁显著,即灰铸铁施以热处理强化的意义不大,所以只能采用有限的几种热处理(退火、正火和表面强化热处理)。对球墨铸铁来说,由于石墨呈球状分布,对基体的割裂作用最小,即基体强度的利用率最高,因此可以和钢一样,通过各种热处理方式(如退火、正火、调质、等温淬火、感应加热表面淬火和化学热处理等),显著改变球铁的力学性能。

②铸铁是以 Fe – C – Si 为主的多元铁基合金,其共析转变发生在一个相当宽的温度范围内。在此温度区间内,可以存在 F、A 和 G 三相稳定平衡,亦可存在 F、A 及 Fe_3C 的三相亚稳平衡。在共析温度范围内的不同温度,都对应着 F 和 A 的不同平衡数量。因而改变加热温度和保温时间,就可获得不同比例的 F + P 基体组织,从而获得不同的力学性能。

③铸铁中最大特点是有石墨存在,石墨通过溶解和析出参与热处理相变,控制奥氏体化温度、保温时间和冷却方式,可在较大范围内调整和控制奥氏体及其转变产物碳的质量

分数，获得不同组织和不同性能。

(2)铸铁的热处理工艺

①退火　(i)消除应力退火。由于铸件壁厚不均匀，在冷却和发生组织转变的过程中会产生热应力和组织应力，这些内应力的存在将导致铸件在服役过程中发生变形，消除应力的方法是退火。消除应力退火通常是将铸件以 50~100℃/h 的速度加热到 500~550℃，保温 2~8h，然后炉冷(灰铸铁)或空冷(球墨铸铁)。(ii)消除铸件白口组织以及改善切削加工性能的退火。冷却时，灰铸铁铸件表层及薄壁处，往往会出现白口组织。白口组织硬而脆，不易加工。因此，必须采用高温退火的方法消除这些白口组织。此外，球墨铸铁中往往产生游离渗碳体，也可以通过高温石墨化退火得以消除。退火工艺一般为，将铸件加热至 850~950℃，保温 2~5h，随炉冷到 500~550℃，然后出炉空冷。

②正火　为了获得珠光体型基体组织，并细化晶粒，以提高铸件的力学性能。有时，正火是为表面淬火作组织上的准备。正火工艺，如图 5.16 所示，根据加热温度可分为高温正火(又称完全奥氏体化正火)和中温正火(又称不完全奥氏化正火)。

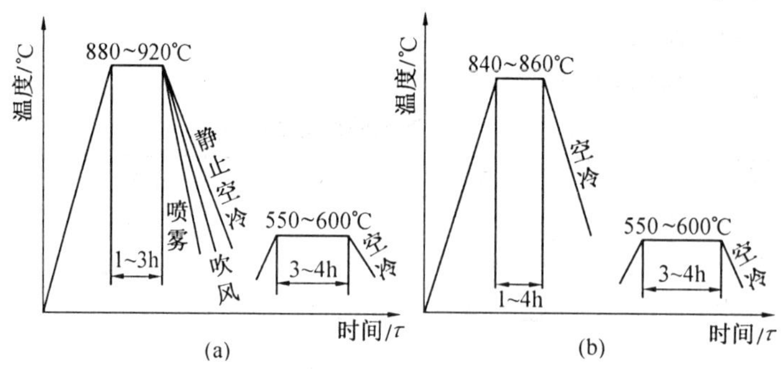

图 5.16　稀土镁球墨铸铁正火一般工艺曲线

③淬火　(i)淬火与回火。球墨铸铁与钢一样，经淬火加高温回火即调质处理后，具有较好的综合力学性能，可代替部分铸钢用来制造一些重要的结构零件，如连杆、曲轴及内燃机车万向轴等。通过淬火与低温回火(140~250℃)，可以得到回火马氏体和少量残余奥氏体基体组织，使铸件具有很高硬度(55~61HRC)和很好的耐磨性，但塑、韧性较差，主要用于要求高耐磨性的零件(如滚动轴承套圈)以及柴油机油泵中要求高耐磨性、高精度的两对偶件(芯套与阀座)等。球墨铸铁淬火与中温回火(350~550℃)后的基体组织为回火托氏体，具有较高的弹性和韧性，以及良好的耐磨性。(ii)等温淬火。它是目前发挥球墨铸铁潜力最有效的一种热处理方法，可以获得高强度和超高强度的铸件，同时仍然具有较高的塑、韧性，因而具有良好的综合力学性能和耐磨性。这种工艺适用于综合力学性能要求高且外形又较复杂、热处理易变形开裂的零件，如齿轮、凸轮轴、滚动轴承座圈等。等温淬火工艺为：加热至 840~930℃，适当保温后，在 230~290℃的盐浴中等温，可以获得具有高强度、高硬度及足够韧性的下贝氏体组织。球墨铸铁齿轮经等温淬火后力学性能为：$R_m(\sigma_b)=1\,200\sim1\,400$MPa，$a_K=3.0\sim3.6$J/cm^2，硬度为 47~51HRC。

④表面强化　(i)表面淬火。对大型灰铸铁件，如机床床身的导轨，为了提高其耐磨性可采用表面淬火。感应加热表面淬火是生产中应用较多的方法，机床导轨需淬硬到 50HRC，淬硬层深 1.1~2.5mm，可采用高频淬火，若淬硬层深要求 3~4mm，则可采用中频

淬火。对于某些球墨铸铁件(如在动载荷与摩擦条件下工作的齿轮、曲轴、凸轮轴及主轴等),除要求具有良好综合力学性能外,还要求工件表面具有较好的硬度和耐磨性及疲劳强度,也需进行表面淬火,如火焰加热表面淬火、中频或高频感应加热表面淬火等。(ii)化学热处理。对于要求表面耐磨或抗氧化、耐蚀的球墨铸铁件等,可进行化学热处理,如软氮化、渗铝、渗硼、渗硫等。

3. 常用铸铁的应用特点

由表5.32可以看出各类常用铸铁的应用特点。

表5.32 各类铸铁的应用特点比较

性能 \ 铸铁类别	白口铸铁	灰铸铁	蠕墨铸铁	可锻铸铁	球墨铸铁
抗拉强度	×	-	○	○	V
伸长率	×	-	○	○	V
冲击韧性	×	-	○	○	V
磨粒磨损	V	×	-	×	-
粘着磨损	-	V	○	○	○
减振性能	×	V	○	○	○
铸造工艺性能	-	V	○	-	○
切削加工性能	×	V	○	○	○

注:表中"V"优,"○"良,"-"一般,"×"差。

(1)白口铸铁

由于碳以 Fe_3C 形式存在,使其组织表现出硬而脆的性能,因此仅适用于磨粒磨损工况条件下工作,具有好的耐磨性,如制作犁铧等耐磨件,但由于脆性大,不能用来制作要求具有一定冲击韧度和强度的铸件。

(2)灰铸铁

由于其具有良好的铸造工艺性、切削加工性、减震性以及耐磨(粘着磨损)性能等,因此广泛用于承压和消震性的床身、箱体、底座类零件等。

(3)球墨铸铁

由于其基体强度利用率高,可通过热处理和合金化调整基体组织,这样,球墨铸铁就表现出各种独特的综合性能。① $R_{r0.2}$($\sigma_{0.2}$)可超过任何一种铁碳合金,尤为突出的是其屈强比高,约为0.7~0.8,比碳钢(其正火态仅0.3~0.5)几乎高两倍;②其疲劳强度亦高(略低于钢),可制造曲轴、凸轮、连杆等承受交变载荷,及带肩、带孔型零件;③小能量多次冲击韧度高于钢,目前中小型拖拉机等所使用的曲轴、连杆多用球铁;④耐磨、耐蚀性高于钢;⑤塑性、韧性虽低于钢但高于灰铁。因此对于承受静载荷、疲劳载荷的零件,可用球铁代替碳钢,可以减轻机器重量。例如,珠光体基体的球墨铸铁可用作曲轴、连杆、凸轮轴、齿轮等;而铁素体基体的球铁,可用做汽车的后桥壳、机器的底座等。

但其缺点是生产工艺复杂,操作困难,收缩率大,白口倾向大,对原材料要求严格,特别是S、P含量,这在一定程度上也限制了其应用。

(4)可锻铸铁

与灰铸铁相比,它具有较高的强度和韧性,可用于承受冲击和震动的零件,如汽车、拖拉机的后桥壳、管接头、低压阀门,暖气片等。与球墨铸铁相比,可锻铸铁的成分低、质量稳定、铁水处理简单,尤其薄壁件,若用球铁易出现白口组织。所以可锻铸铁适用于批量生产而形状复杂的薄壁小件。

(5)蠕墨铸铁

它兼有球墨铸铁和灰铸铁的某些优点,日益为人们所重视,广泛应用于制造电动机机壳、柴油机缸盖和机座、机床床身、钢锭模、飞轮、排气管、阀门等。

【例题 5.3】 为什么用热处理方法强化球墨铸铁零件的效果比其他铸铁要更好些?

分析 铸铁的组织特征为钢基体 + 不同形态的 G,而热处理只能改变基体组织、不能改变 G 的形态。由于 G 的形态不同,对铸铁中钢基体的割裂作用亦不同。

解答 在铸铁中,片状 G 对钢基体的割裂作用最严重,致使钢基体强度的利用率仅 30 ~ 50%;团絮状 G 对钢基体割裂作用次之,使钢基体强度利用率达 40 ~ 70%;而当 G 呈球状分布时,对钢基体的割裂作用最小,使钢基体强度利用率达 70 ~ 90%,接近于钢基体,故用热处理方法强化球墨铸铁零件的效果比其他铸铁要更好些。

联想与归纳 回答问题一定要击中要害。要做到此点,这就要求平时阅读教材时,一定要认真分析、动脑思考,决不忽略一个图表、一句话,注意从其中找出关键所在。此例中,热处理只能改变基体的组织、不能改变 G 形态,G 形态对铸铁中钢基体的割裂作用,就是回答本习题的关键所在。

思考 若使 G 形态发生改变,应采用何种方法?

5.6.3 特殊性能的铸铁(Special purpose cast irons)

在铸铁中添加一种或几种合金元素可使其具有某些特殊的使用性能,如高强度、耐热、耐蚀、耐磨等,从而形成特殊性能铸铁(亦称合金铸铁)。

1. 耐磨铸铁

铸件经常在各种摩擦条件下工作,受到不同形式的磨损。为了使这些铸件保持精度并延长使用寿命,要求铸铁除有一定的强度外,还要有好的耐磨性。根据铸件不同的工作条件及磨损形式,耐磨铸铁可分为两大类:一类是在磨粒磨损条件下工作的抗磨铸铁;另一类是在粘着磨损条件下工作的减摩铸铁。

(1)抗磨铸铁

抗磨铸铁通常是在干摩擦条件下经受各种磨粒的作用(如球磨机衬板、磨球,压延机的轧辊等),因此要求具有高而均匀的硬度。应该说,白口铸铁就是一种很好的抗磨铸铁,我国早就用它制作犁铧等耐磨铸件。但因其脆性极大,不能制作承受冲击载荷的铸件,如车轮、轧辊等,为此,生产中常在灰铸铁基础上加入 $w_{Ni} = 1.0\% \sim 1.6\%$,$w_{Cr} = 0.4\% \sim 0.7\%$,并采用"激冷"的办法使铸件表面得到白口铸铁组织,心部仍为灰铸铁组织,从而使铸件既有高耐磨性,又有一定强度和适当韧性,这种铸铁又称冷硬铸铁。

此外,在稀土镁球墨铸铁中加入 $w_{Mn} = 5.0\% \sim 9.5\%$,$w_{Si} = 3.3\% \sim 5.0\%$,经球化处理和孕育处理后,适当控制冷却速度,使铸件获得马氏体加残余奥氏体加 K 加球状石墨的组织。这种抗磨铸铁主要用于制造中、小型球磨机的磨球、衬板和中、小型粉碎机的锤头。

还有一类是在白口铸铁的基础上加入 $w_{Cr}=14\%\sim15\%$，$w_{Mo}=2.5\%\sim3.5\%$，使组织中的 Fe_3C 改变为 Cr_7C_3 和 $(Cr\cdot Fe)_7C_3$。由于后种 K 的硬度极高(1300～1800HV)、耐磨性好，且分布不连续，故使铸铁的韧性也得到了改善。这种高铬白口铸铁已用于大型球磨机衬板和大型粉碎机的锤头等零件。

(2)减摩铸铁

减摩铸铁通常是在润滑条件下经受粘着磨损作用(如机床床身、导轨、发动机的汽缸、汽缸套、活塞环等)，因此要求它具有小的摩擦系数，显微组织应是软基体上分布有硬强化相，以便铸件磨合后，软基体形成沟槽，可保持油膜以利润滑，符合这一组织要求的是珠光体基的灰铸铁，其中铁素体为软基体，渗碳体为硬强化相，同时石墨片也可起贮油润滑作用，故具有好的耐磨性。

为了进一步改善珠光体灰铸铁的耐磨性，通常在其基础上加入 P、Cu、Cr、Mo、V、Ti、Re 等元素，并进行孕育处理，得到细珠光体 + 细小石墨片的组织，同时还形成细小分散的高硬度 Fe_3P 或 VC、TiC 等起强化相作用，使耐磨性显著提高。例如，高磷铸铁($w_P=0.5\%\sim0.8\%$)，由于具有高硬度、高耐磨性的磷共晶均匀断续地分布在晶界处从而使铸铁的耐磨性大为提高，其珠光体基体磨损后形成的沟槽以及石墨片起到储油和润滑作用，机床导轨和汽缸套等就是成功地使用高磷铸铁的典型事例。

常用的减摩铸铁有高磷铸铁、磷铜钛铸铁、铬钼铜铸铁等。

2. 耐蚀铸铁

普通铸铁的组织通常是由石墨、渗碳体、铁素体三个电极电位不同的相组成，其中石墨的电极电位最高(+0.37V)，渗碳体次之，铁素体最低(−0.44V)。当铸铁处在电解质溶液中时，铁素体相不断被腐蚀掉，结果使铸件过早失效。

为了提高铸铁的抗腐蚀能力，通常在灰铸铁和球墨铸铁中加入 Si、Al、Cr、Mo、Cu、Ni 等元素，以提高基体电极电位、形成单相基体上分布着彼此孤立的石墨，并在铸件的表面形成致密的氧化膜。

耐蚀铸铁常用的有稀土高硅球墨铸铁($w_{Si}=14\%\sim16\%$)、中铝耐蚀铸铁($w_{Al}=4.0\%\sim6.0\%$)、高铬耐蚀铸铁($w_{Cr}=26\%\sim30\%$)等。主要用于制作化工机械中的管道、阀门、离心泵、反应锅及盛贮器等。

3. 耐热铸铁

铸铁的耐热性是指它在高温下抵抗“氧化”和“生长”的能力。“氧化”是指高温下的气氛使铸铁表层发生化学腐蚀的现象。而“生长”则指铸铁在 600℃以上反复加热冷却时产生的不可逆的体积长大现象。这种生长的原因是：

①渗碳体在高温下分解为密度小、体积大的石墨，导致膨胀；

②铸铁内氧化　空气中的氧通过铸铁的微孔和石墨边界渗入内部，生成疏松的 FeO 或者与石墨作用产生气体，导致体积膨胀。铸铁件一旦发生生长，其表面龟裂，脆性增大，强度急剧降低，甚至损坏。

为了提高铸铁在高温下的抗氧化、抗生长能力，可向其中加入 Al、Cr、Si 等合金元素，使其在铸件的表面形成致密的氧化膜，防止内氧化，并获得单相铁素体基体，以防渗碳体的分解，从而阻止铸铁的生长。

常用的耐热铸铁有中硅（$w_{Si}=5.0\%\sim6.0\%$）球墨铸铁，使用温度为 800～850℃；高铝（$w_{Al}=21\%\sim24\%$）球墨铸铁，使用温度为 850～950℃，高铬（$w_{Cr}=26\%\sim30\%$）球墨铸铁，使用温度为 950～1100℃等。主要用于制造加热炉炉底版、炉条、烟道挡板、热处理炉内渗碳罐及传送链条等。

4．高强铸铁

在灰铸铁、球墨铸铁、蠕墨铸铁中加入少量的铬、镍、铜、钼等合金元素，可以增强基体中的珠光体数量并细化珠光体，从而显著提高铸铁强度。目前我国应用最多的高强度铸铁是在稀土镁球墨铸铁的基础上加入 $w_{Cu}=0.5\%\sim1.0\%$，$w_{Mo}=0.3\%\sim1.2\%$ 的稀土镁钼系和稀土铜钼系特殊性能铸铁，主要用于制造要求较高强度的重要结构零件，例如代替 45 钢和 40Cr 钢制造柴油机的曲轴、连杆及代替 20CrMnTi 钢制造变速齿轮等。

5.6.4 铝及铝合金（Introduction of aluminum and its alloys）

习惯上把所有非 Fe、Co、Ni 金属及其合金，通称为有色金属材料。有色金属及其合金的种类很多，虽然其产量和使用量不及黑色金属多，但由于它们具有许多优良的特性，如铝、镁、钛等金属及其合金具有密度小，比强度高的特点，银、铜、铝等有色金属导电、导热性优良，钨、钼、钽、铌及其合金的耐热性高等特殊力学、物理、化学性能，它们在机电、仪表，特别是航空、航海等工业中发挥着重要的作用，使其成为现代工业乃至日常生活中不可缺少的材料。

1．性能特点与分类、编号

（1）工业纯铝的特性

纯铝是一种具有银白色的金属，密度小（$\rho=2.72$）、熔点低（660.4℃），导电、导热性优良，呈面心立方晶格，无同素异构转变，在大气和淡水中具有良好的耐蚀性，纯铝的塑性好（$Z(\psi)=80\%$），特别是其在低温、甚至超低温下具有良好的塑、韧性，在 0～－253℃之间塑、韧性不降低。纯铝还具有优良工艺性能，易于铸造、易于切削，也易于压力加工制成各种规格的半成品等。但工业纯铝的强度很低，其 $R_m(\sigma_b)=50$MPa，虽可通过加工硬化强化，但仍不能直接用于制作结构材料。上述特性决定了工艺纯铝的用途，适于制作电线、电缆，及要求具有导热和抗大气腐蚀性能而对强度要求不高的一些用品或器皿。

（2）铝合金的分类与编号

为提高铝的力学性能，在纯铝中加入合金元素（如 Cu、Mg、Zn、Si、Mn 和 Re 等），即可得到强度较高的铝合金。铝合金不仅保持纯铝的熔点低、密度小、导热性好、耐大气腐蚀及好的塑、韧性和低温性能，而且大都可实现热处理强化（$R_m(\sigma_b)=400\sim700$MPa）。铝合金具有很高的比强度（$R_m(\sigma_b)/\rho$），而且大大超过钢铁材料，故在机械工业中，特别是航空工业以及汽车、拖拉机制造业中得到了广泛的应用。

根据铝合金的成分和工艺特点，可分为形变铝合金和铸造铝合金两类。铝合金一般都具有图 5.17 所示的相图形式。相图中最大饱和溶解度 D 是两类合金的理论分界线。凡位于 D(D′)左边的合金，在加热时能形成单相固溶体组织，这类合金塑性较高，适于压力加工(锻造、轧制和挤压),故称为形变铝合金。合金成分位于D(D′)点以右的合金,都具有低熔点共晶组织,流动性好,塑性低,适于铸造而不适于压力加工,故称为铸造铝合金。对于形变铝合金来说,位于F点左边的合金,其固溶体成分不随温度的变化而变化,故不能用热处理强化,称为热处理不能强化的铝合金。成分在F与D′点之间的合金,其固溶体成分随温度变化而改变,可用热处理来强化,故称可热处理强化的铝合金。

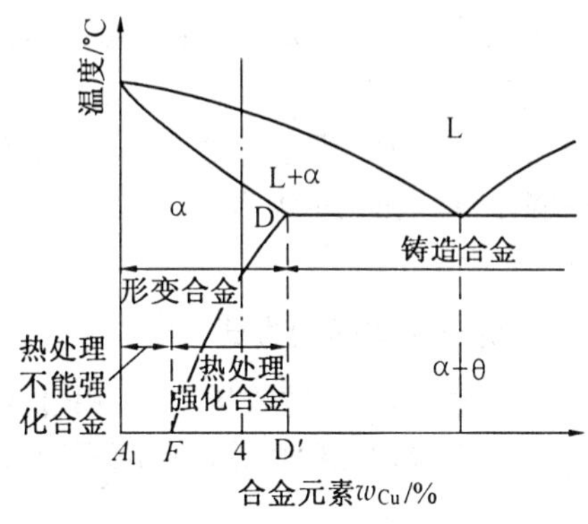

图5.17 铝合金相图的一般形式

形变铝合金按性能特点和用途分为防锈铝、硬铝、超硬铝和锻铝四种,防锈铝属于不能热处理强化的铝合金,硬铝、超硬铝、锻铝属于可热处理强化的铝合金。GB/T3190—1982(现仍可使用)中规定,形变铝合金的代号分别用"LY"("铝"、"硬")、LC("铝"、"超")和LD("铝"、"锻")及后面的顺序号表示。而新标准GB/T16474—1996规定,其可直接引用国际四位数字体系牌号。未命名为国际四位数字体系牌号的变形铝及其合金,应采用四位字符牌号命名。两种编号方法如表5.33所示。如2A12(LY12)表示12号硬铝,7A04(LC4)表示4号超硬铝,2A80(LD8)表示8号锻铝,其余类推(注:小括号内为旧牌号表示法)。

表5.33 变形铝及铝合金的编号方法(GB/T16474—1996)

位数	国际四位数字体系牌号		四位字符牌号	
	纯　铝	铝合金	纯　铝	铝合金
第一位	阿拉伯数字,表示铝及铝合金的组别。1表示铝含量不小于99.00%的纯铝;2~9表示铝合金,组别按下列主要合金元素划分:2—Cu,3—Mn,4—Si,5—Mg,6—Mg+Si,7—Zn,8—其他元素,9—备用组			
第二位	阿拉伯数字,表示合金元素或杂质极限含量控制情况。0表示其杂质极限含量无特殊控制;2~9表示对一项或一项以上的单个杂质或合金元素极限含量有特殊控制	阿拉伯数字,表示改型情况。0表示原始合金;2~9表示改型合金	英文大写字母,表示原始纯铝的改型情况。A表示原始纯铝;B~Y(C、I、L、N、O、P、Q、Z除外)表示原始纯铝的改型,其元素含量略有变化	英文大写字母,表示原始合金的改型情况。A表示原始合金;B~Y(C、I、L、N、O、P、Q、Z除外)表示原始合金的改型,其化学成分略有变化
最后两位	阿拉伯数字,表示最低铝百分含量中小数点后面的两位	阿拉伯数字,无特殊意义,仅用来识别同一组中的不同合金	阿拉伯数字,表示最低铝百分含量中小数点后面的两位	阿拉伯数字,无特殊意义,仅用来识别同一组中的不同合金

铸造铝合金按加入主要合金元素的不同,分为Al-Si系、Al-Cu系、Al-Mg系和Al-Zn系合金等。合金牌号用"铸造代号Z+基本元素Al的元素符号Al+合金元素符号

及其平均质量分数(%)”表示。如 ZAlSi12 表示 $w_{Si}=12\%$ 的铸铝合金。合金代号用“铸铝”二字汉语拼音字首“ZL”后跟三位数字表示。第一位数字表示合金系列,1 为 Al - Si 系合金,2 为 Al - Cu 系合金,3 为 Al - Mg 系合金,4 为 Al - Zn 系合金。第二、三位数字表示合金顺序号。如 ZL101 表示 1 号 Al - Si 系铸造铝合金,ZL202 表示 2 号 Al - Cu 系铸造铝合金,余类推。

2. 铝合金的强化方式

①热处理强化(时效强化) 铝合金的热处理强化原理与钢不同,热处理强化过程包括固溶处理(淬火)和时效强化两个阶段。它是铝合金强化的主要途径。

②形变强化(加工硬化) 不能热处理强化的铝合金,如 Al - Mg、Al - Mn 等通常只能退火或加工硬化态使用。加工硬化可使简单形状工件强度提高,塑性下降。$w_{Mn}=1.0\%\sim1.6\%$、$w_{Mg}<0.05\%$的铝合金,退火态 $R_m(\sigma_b)=127.4\text{MPa}$,$A(\delta)=23\%$,经强烈加工硬化后 $R_m(\sigma_b)=215.6\text{MPa}$,$A(\delta)=5\%$。

③固溶强化和细晶强化 纯铝中加入合金元素,形成铝基固溶体,起固溶强化作用,可使其强度提高。Al - Cu、Al - Mg、Al - Zn、Al - Mn 等二元合金一般都能形成有限固溶体,且均有较大溶解度,因此具有较大固溶强化效果。

对于不能热处理强化或强化效果不大的铝合金,可通过加入微量合金元素细化晶粒,提高铝合金的力学性能。例如 Al - Si 系二元合金,在浇注前加入微量的钠或钠盐进行变质处理,使合金显著细化,从而显著提高合金的强度和塑性。$w_{Si}=13\%$ 的 Al - Si 铸造铝合金,未经变质处理时,其 $R_m(\sigma_b)=137.2\text{MPa}$,$A(\delta)=3\%$,而经变质处理后,合金的 $R_m(\sigma_b)=176.4\text{MPa}$,$A(\delta)=8\%$。形变铝合金中加入微量 Ti、Zr、Be 及 Re 元素,能够形成难熔化合物,可作为合金结晶的非自发形核核心,从而细化晶粒,提高合金的强度和塑性。

3. 铸造铝合金

这里以铸造性和力学性能配合最佳的铝硅系铸造铝合金(简称硅铝明)为例说明。

(1)简单硅铝明 ZAlSi12(ZL102)

$w_{Si}=10\%\sim13\%$,该成分恰为共晶成分,如图 5.18 所示,几乎全部得到共晶体组织(α + Si),因而铸造性能好。然而铸造后组织为粗大针状 Si 与铝基固溶体组成的共晶体,加上少量板块状初晶 Si,如图 5.19(a)所示。由于组织中粗大针状共晶 Si 的存在,使其强度、塑性都较差。因此生产上常采用变质处理,即浇铸前向合金液中加入占合金重量 2% ~ 3% 的变质剂(2/3NaF + 1/3NaCl)以细化合金组织,显著提高合金的强度及塑性。经变质处理后的组织为细小均匀的共晶体组织加初晶 α 固溶体,如图 5.19(b)所示,获得亚共晶组织是由于加入钠盐后,铸造冷却较快时共晶点右移的缘故。

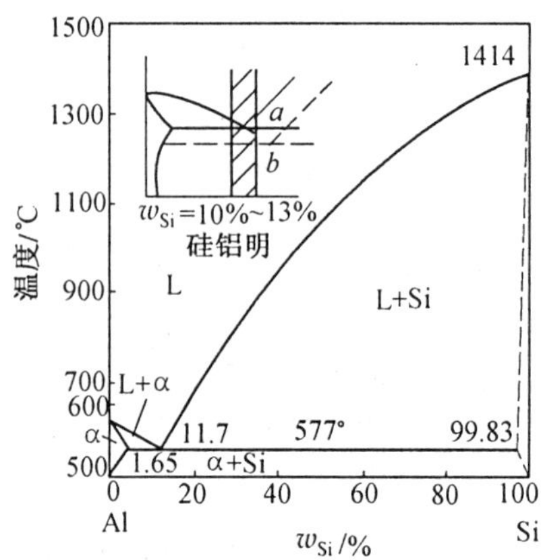

图 5.18 Al - Si 二元合金相图

ZAlSi12(ZL102)铸造性、焊接性能好,比重小,并有相当好的抗蚀性和耐热性,但不能时效强化(由于 Si 在 Al 中固溶度变化不大,且 Si 在 Al 中扩散速度很快,极易从固溶体中

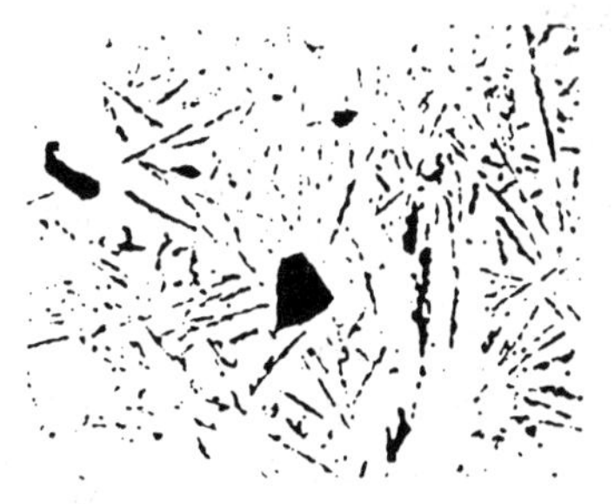

(a)未变质处理

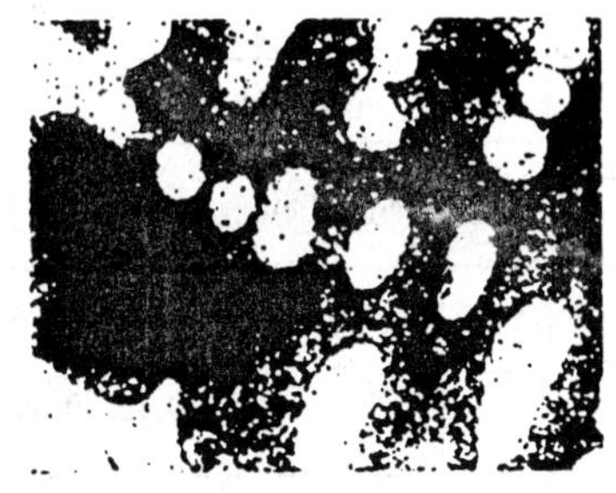

(b)变质处理后

图 5.19　ZL102 合金的铸态组织

析出、并聚集长大，时效处理不能起强化作用)，强度仍较低，因此该合金仅适于制作形状复杂但强度要求不高的铸件或薄壁零件，如仪表、水泵壳体及一些承受低载荷的零件。

(2)特殊硅铝明

为提高 Al－Si 合金的强度，常加入 Cu、Mg 等合金元素，使之形成 θ($CuAl_2$)、β(Mg_2Si)、S(Al_2CuMg)等强化相，以获得能进行时效强化的特殊硅铝明。如 ZAlSi5Cu1Mg(ZL105)、ZAlSi12Cu1Mg1Ni1(ZL109)等合金中含有 Cu 和 Mg，因而能形成 θ、β 及 S 相等多种强化相，经时效后可获得很高的强度和硬度。由于 ZAlSi12Cu1Mg1Ni1(ZL109)比重轻、抗蚀性好，线膨胀系数较小，强度、硬度较高，耐磨性、耐热性及铸造性能较好，是常用铸造铝活塞材料，故有活塞合金之称，目前在汽车、拖拉机及各种内燃机的发动机上应用甚广。

常用铸造铝合金的牌号、成分、力学性能与用途等详见表 5.34 所示。

表 5.34　常用铸造铝合金的牌号、成分、力学性能与用途

类别	代号	牌　号	化学成分/%				铸造方法	热处理	力学性能(不低于)			用　途　举　例
			w_{Si}	w_{Cu}	w_{Mg}	$w_{其他}$			$R_m(\sigma_b)$/MPa	$A(\delta)$/%	HBW	
铝硅合金	ZL102	ZAlSi12	10.0~13.0	—	—	—	SB J SB J	F F T2 T2	145 155 135 145	4 2 4 3	50 50 50 50	形状复杂的零件，如飞机、仪器零件、抽水机壳体
	ZL104	ZAlSi9Mg	8.0~10.5	—	0.17~0.35	Mn 0.2~0.5	J J	T1 T6	195 235	1.5 2	65 70	220℃以下形状复杂零件，如电机壳体、气缸体
	ZL105	ZAlSi5Cu1Mg	4.5~5.5	1.0~1.5	0.4~0.6	—	J S	T5 T7	235 175	0.5 1	70 65	250℃以下形状复杂件，气缸头、机匣、液压泵壳
	ZL107	ZAlSi7Cu4	6.5~7.5	3.5~4.5	—	—	SB J	T6 T6	245 275	2 2.5	90 100	强度和硬度较高的零件
	ZL109	ZAlSi12Cu1Mg1Ni1	11.0~13.0	0.5~1.5	0.8~1.3	Ni 0.8~1.5	J J	T1 T6	195 245	0.5 —	90 100	较高温度下工作的零件，如活塞
	ZL111	ZAlSi9Cu2Mg	8.0~10.0	1.3~1.8	0.4~0.6	Mn0.1~0.35 Ti 0.1~0.35	SB J	T6 T6	255 315	1.5 2	90 100	活塞及高温下工作的其他零件

续表 5.34

类别	代号	牌号	化学成分/%				铸造方法	热处理	力学性能(不低于)			用途举例
			w_{Si}	w_{Cu}	w_{Mg}	$w_{其他}$			$R_m(\sigma_b)$ /MPa	$A(\delta)$ /%	HBW	
铝铜合金	ZL 201	ZAlCu5Mn	—	4.5 ~ 5.3	—	Mn 0.6 ~ 1.0 Ti 0.15 ~ 0.35	S S	T4 T5	295 335	8 4	70 90	温度为 175 ~ 300℃零件,如内燃机气缸头、活塞
	ZL 203	ZAlCu4	—	4.0 ~ 5.0	—	—	J J	T4 T5	205 225	6 3	60 70	中等载荷、形状比较简单的零件
铝镁合金	ZL 301	ZAlMg10	—	—	9.5 ~ 11.0	—	S	T4	280	10	60	大气或海水中工作,承受冲击载荷,外形简单的零件,如舰船配件、氮用泵体等
	ZL 303	ZAlMg5Si1	0.8 ~ 1.3	—	4.5 ~ 5.5	Mn 0.1 ~ 0.4	S,J	F	145	1	55	
铝锌合金	ZL 401	ZAlZn11Si7	6.0 ~ 8.0	—	0.1 ~ 0.3	Zn 9.0 ~ 13.0	J	T1	245	1.5	90	结构形状复杂的汽车、飞机、仪器零件,也可制造日用品
	ZL 402	ZAlZn6Mg	—	—	0.5 ~ 0.65	Cr 0.4 ~ 0.6 Zn 5.0 ~ 6.5 Ti 0.15 ~ 0.25	J	T1	235	4	70	

注:1. Al 为余量。

2. J—金属模;S—砂模;B—变质处理;F—铸态;T1—人工时效;T2—退火;T4—固溶处理 + 自然时效;T5—固溶处理 + 不完全人工时效;T6—固溶处理 + 完全人工时效;T7—固溶处理 + 稳定化处理。

4. 形变(变形)铝合金

这里仅以硬铝合金为例,加以说明。Al - Cu - Mg 系合金是使用最早,用途很广,具有代表性的一种铝合金,由于该合金具有高强度、高硬度,故称为硬铝,又称杜拉铝。

该合金主要强化相有 θ($CuAl_2$)相、β 相(Mg_2Al_3)、S($CuMgAl_2$)相和 T($CuMg_2Al_6$)相,其中 S 相强化作用最大。其强化方式为自然时效或人工时效。合金中加入 Cu 和 Mg 是为了形成强化相 θ 和 S、T 等。含有少量 Mn 主要是为提高抗蚀性能。

硬铝具有相当高的强度和硬度,经自然时效后强度可达 380 ~ 490MPa(原始态强度为 290 ~ 300MPa),约提高 25% ~ 30%,硬度由 70 ~ 85HBW 提高至 120HBW,同时仍能保持足够塑性。

按照所含合金元素数量不同及热处理强化效果的不同,可将硬铝大致分为:

①低合金(低强度)硬铝 2A01、2A10(LY1、LY10)等　合金元素 Cu、Mg 数量少,淬火后冷态下塑性较好、强度低。合金时效强化速度慢,故可利用孕育期进行变形加工如铆接,经时效后强度提高。用作铆钉,有铆钉硬铝之称。

②标准(中强度)硬铝 2A11(LY11)　含有中等数量合金元素,强化相数量较多,所以强化效果较好,具有中等强度和塑性,常利用退火后良好的塑性进行冷冲、冷弯、轧压等工艺,制成锻材、轧材或冲压件等半成品。还用于制作大型铆钉、飞机螺旋桨叶片等重要构件。

③高合金(高强度)硬铝 2A12、2A06(LY12、LY6)等　合金元素含量较高,强化相更多,所以具有较高强度、硬度,但塑性加工能力较低,可以制作航空模锻件和重要的销轴等。

硬铝合金在使用或加工时须注意:一是其抗蚀性差,特别在海水中尤甚。因此需要防护的硬铝部件,其外部都包一层高纯铝,制成包铝硬铝材。二是其淬火温度范围很窄,如 LY12 为 495～503℃,其温度波动范围不超过 5℃。若低于此温度范围淬火,固溶体的过饱和度不足,不能发挥最大时效效果,超过此温度范围,则易产生晶界熔化。

常用形变铝合金的牌号、成分、力学性能与用途等详见表 5.35。

表 5.35　常用形变铝合金的牌号、成分、力学性能与用途

类别	牌号(旧牌号)	化学成分/%								热处理状态	力学性能			用途举例
		w_{Si}	w_{Fe}	w_{Cu}	w_{Mn}	w_{Mg}	w_{Zn}	w_{Ti}	$w_{其他}$		$R_m(\sigma_b)$/MPa	$A(\delta)$/%	HBW	
防锈铝合金	5A05(LF5)	≤0.5	≤0.5	≤0.10	0.3～0.6	4.8～5.5	≤0.20	—	—	退火	280	20	70	中载零件、焊接油箱、油管、铆钉等
	3A21(LF21)	≤0.6	≤0.7	≤0.20	1.0～1.6	≤0.05	≤0.10	≤0.15	—		130	20	30	焊接油箱、油管、铆钉等轻载零件及制品
硬铝合金	2A01(LY1)	≤0.50	≤0.50	2.2～3.0	≤0.20	0.2～0.5	≤0.10	≤0.15	—	淬火+自然时效	300	24	70	工作温度不超过100℃的中强铆钉
	2A11(LY11)	≤0.7	≤0.7	3.8～4.8	0.4～0.8	0.4～0.8	≤0.30	≤0.15	Ni≤0.10 (Fe+Ni)≤0.7		420	18	100	中强零件,如骨架、螺旋桨叶片、铆钉
	2A12(LY12)	≤0.50	≤0.50	3.8～4.9	0.3～0.9	1.2～1.8	≤0.30	≤0.15	Ni 0.10 (Fe+Ni)≤0.5		470	17	105	高强、150℃以下工作零件,如梁、铆钉
超硬铝合金	7A04(LC4)	≤0.50	≤0.50	1.4～2.0	0.2～0.6	1.8～2.8	5.0～7.0	≤0.10	Cr0.10～0.25	淬火+人工时效	600	12	150	主要受力构件,如飞机大梁、起落架
	7A09(LC9)	≤0.50	≤0.50	1.2～2.0	≤0.15	2.0～3.0	5.1～6.1	≤0.10	Cr0.16～0.30		680	7	190	主要受力构件,如飞机大梁、起落架
锻铝合金	2A50(LD5)	0.7～1.2	≤0.7	1.8～2.6	0.4～0.8	0.4～0.8	≤0.30	≤0.15	Ni0.10 (Fe+Ni) 0.7	淬火+人工时效	420	13	105	形状复杂中等强度的锻件及模锻件
	2A70(LD7)	≤0.35	0.9～1.5	1.9～2.5	≤0.20	1.4～1.8	≤0.30	0.02～0.1	Ni0.9～1.5		415	13	120	高温下工作的复杂锻件、内燃机活塞
	2A14(LD10)	0.6～1.2	≤0.7	3.9～4.8	0.4～1.0	0.4～0.8	≤0.30	≤0.15	Ni≤0.10		480	19	135	承受高载荷的锻件和模锻件

注:1. Al 为余量;2. 其他元素单个质量分数为 0.05%,总量为 0.10%。

5. 新的进展

Al－Li 合金是近年来开发的新型铝合金,由于 Li 的加入使铝合金密度降低 10%～

20%，而 Li 对 Al 的固溶和时效强化效果十分明显。该类合金综合力学性能和耐热性好，耐蚀性较高，已达到部分取代硬铝和超硬铝的水平，使合金的比刚度、比强度大大提高，是提高航天等工业的新型结构材料，应用中具有较大的技术经济意义，并且已经在飞机和航天器中有部分应用。

5.6.5　铜及铜合金(Copper and its alloys)

1. 纯铜(亦称紫铜)的特性

纯铜是玫瑰红色金属，表面形成氧化铜膜后，外观呈紫红色，故亦称紫铜。其熔点 1083℃，密度 $\rho = 8.94$，导电、导热性优良，仅次于银而居第二位。它具有 FCC 晶格，无同素异构转变，塑性极好，并有良好的低温韧性，可以进行冷、热压力加工。纯铜具有抗磁性，因而可用于制造抗磁仪器、仪表零件。其在大气、淡水或非氧化性酸液中具有很高化学稳定性，但在海水中抗蚀性较差，在氧化性酸、盐中极易被腐蚀。纯铜的强度极低，退火态 $R_m(\sigma_b) = 250 \sim 270$MPa，$A(\delta) = 35\% \sim 45\%$，经强烈冷变形加工后，其强度大大提高($R_m(\sigma_b) = 392 \sim 441$MPa)，但塑性急剧下降($A(\delta) = 1\% \sim 3\%$)。但加入合金元素可获得各种铜合金，它们比纯铜力学性能优越得多，因此，常用合金化来获得强度较高的铜合金，用做结构材料。

2. 铜合金的主要强化方式

①固溶强化　最常用的固溶强化元素为 Zn、Si、Al、Ni 等，形成置换固溶体。

②过剩相强化　当铜中加入合金元素超过最大溶解度以后，便会出现过剩相，它们多为硬而脆的金属化合物，数量适当时可使强度和硬度有较好的配合，以满足机器零件对性能多种多样的要求，但超过一定量后，其数量的增加会使强度和塑性同时大大降低。

③热处理强化　大多数合金元素在铜中的溶解度随温度的降低变化较少，或是其溶解度超过该合金的加入量。因而在加热和冷却过程中并没有发生溶解度的变化，故热处理并不能有效地提高其力学性能。只有 Be、Si 等几种元素在 Cu 中的溶解度随温度的降低而减小，因此它们加入铜中后，可通过热处理途径大大提高其力学性能。

3. 黄铜

以 Zn 为主要合金元素的铜合金称为黄铜(Cu－Zn 合金)(如图 5.20 所示)，其色泽美观，对海水和大气腐蚀有很好的抗力，具有优良的力学性能，易于加工成型，因而在工业上应用广泛。

(1)黄铜的性能与成分之间的关系

如图 5.21 所示，其力学性能与 Zn 的质量分数有关。当 $w_{Zn} < 30\% \sim 32\%$时，Zn 能完全溶解在铜内，形成面心立方晶格的 α 固溶体，塑性好，并随 Zn 质量分数的增加，其强度和塑性都提高。当 $w_{Zn} \geq 32\%$时，黄铜的组织由 α 固溶体和体心立方晶格的 β' 相组成，β' 相在 470℃以下塑性极差，但少量 β' 相对强度无影响，因此强度仍很高。当 $w_{Zn} \geq 47\%$后，铜合金组织全部为 β' 相，强度和塑性急剧下降，因此工业上使用的黄铜中实际的 $w_{Zn} < 47\%$。黄铜可分为普通黄铜与特殊黄铜两大类。

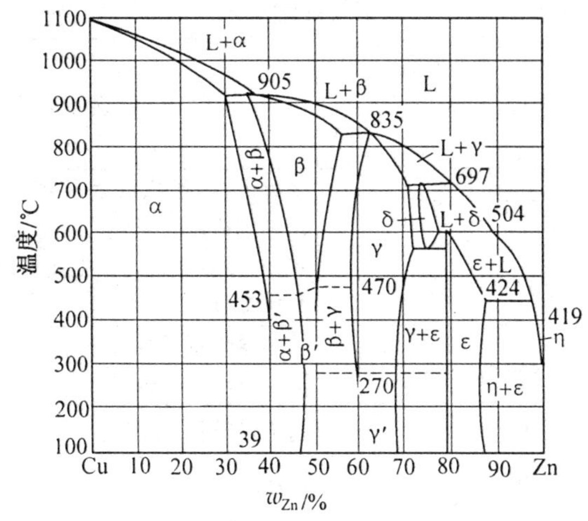

图 5.20　铜－锌二元合金相图

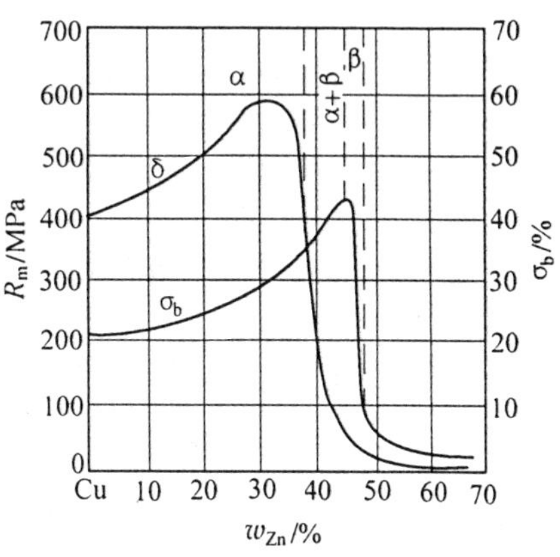

图 5.21　黄铜的力学性能与锌质量分数的关系

(2)普通黄铜的牌号、分类及用途

普通黄铜是 Cu－Zn 二元合金,其牌号是以字母 H 为首(H 为“黄”的汉语拼音第一个大写字母),其后注明 Cu 的质量分数,如 H62 表示含 $w_{Cu}=62\%$的普通黄铜。其又可分为:①单相黄铜(α 黄铜) 塑性好,可进行冷、热加工成型,适用于制造冷轧板材、冷拉线材及形状复杂的深冲压零件。其中 H68 称为三七黄铜,常用作弹壳,故又称为弹壳黄铜。②双相黄铜 其组织为 $\alpha+\beta$ 两相混合物,强度较单相黄铜为高,但在室温下塑性较差,故只宜进行热轧或热冲压成型,典型牌号有 H62、H59 等,可用作散热器、机械、电器用零件。

当在二元黄铜基础上加入其他合金元素如 Sn、Al、Mn、Fe、Pb、Ni、Si 等即形成锡黄铜、铝黄铜、锰黄铜、铁黄铜、铅黄铜、镍黄铜、硅黄铜等特殊黄铜,使它具有比普通黄铜更好的力学性能、抗蚀性能和其他性能。

(3)特殊黄铜的牌号、分类与用途

特殊黄铜加工产品代号表示法为:代号“H”＋主加合金元素化学符号＋Cu 的平均质量分数＋各合金元素的平均质量分数,例如 HMn58－2 表示含 $w_{Cu}=58\%$、$w_{Mn}=2\%$的锰黄铜。①锡黄铜(如 HSn62－1),其中 Sn 主要用于提高耐蚀性,广泛用于船舶零件,有“海军黄铜”之称。②铅黄铜(如 HPb74－3),其中 Pb 在黄铜中不溶解,以独立相存在于组织中,提高耐磨性和切削加工性,称为“钟表黄铜”。

铸造黄铜的牌号表示方法为:“Z”＋铜元素化学符号＋主加元素的化学符号及平均质量分数＋其他元素的化学符号及平均质量分数。例如 ZCuZn38 表示 $w_{Zn}=38\%$、余量为铜的铸造普通黄铜。

常用黄铜的牌号、成分、力学性能与用途等详见表 5.36 所示。

4. 青铜与白铜简介

(1)青铜

最早指 Cu－Sn 合金,是人类历史上应用最早的一种合金。现在青铜的概念延伸为除黄铜、白铜以外的所有铜合金均称青铜。

表 5.36 常用黄铜的牌号、成分、力学性能与用途

类别	合金牌号	主要化学成分/%		材料状态	力学性能			用途举例
		w_{Cu}	$w_{其他}$		$R_m(\sigma_b)$ /MPa	$A(\delta)$ /%	HBW	
普通黄铜	H80	79 ~ 81	余量为 Zn	软	320	52	53	金黄色,用于镀层及装饰品,造纸工业用金属钢
	H70	69 ~ 72	余量为 Zn	软	320	55	—	弹壳、冷凝器管以及工业部门其他零件
	H62	60.5 ~ 63.5	余量为 Zn	软	330	49	56	散热器垫圈、弹簧、垫片,各种网、螺钉等,价较低
	H59	57 ~ 60	余量为 Zn	软	390	44	—	用于热压及热轧零件
特殊黄铜	HPb59 - 1	57 ~ 60	w_{Pb} = 0.8 ~ 1.9 余量为 Zn	软	400	45	90	有良好切削加工性,适用于热冲压和切削方法制作的零件
				硬	650	16	140	
	HA159 - 3 - 2	57 ~ 60	w_{Al} = 2.5 ~ 3.5 w_{Ni} = 2.0 ~ 3.0 余量为 Zn	软	380	50	75	在常温下工作的高强度零件和化学性能稳定的零件
				硬	650	15	155	
	ZCuZn16Si4	79 ~ 81	w_{Pb} = 2.0 ~ 4.0 w_{Si} = 2.5 ~ 4.5 余量为 Zn	S	250	7	85	减摩性很好,作轴承衬套
				J	300	15	95	
	ZCuZn31Al2	66 ~ 68	w_{Al} = 2.0 ~ 3.0 余量为 Zn	S	300	12	80	海船与机器制造中的耐蚀零件
				J	400	15	90	

注:S—砂型铸造;J—金属铸造;硬—变形程度为 60%;软—在 600℃退火。

根据所加主要合金元素 Sn、Al、Be、Si、Pb 等,分别称为锡青铜、铝青铜、铍青铜、硅青铜、铅青铜等。加工青铜的代号用 Q + 主加元素符号及平均质量分数 + 其他元素平均质量分数表示,例如 QSn4 - 3 表示含 w_{Sn} = 4%、w_{Zn} = 3%的锡青铜。铸造青铜的牌号表示方法与铸造黄铜相同。

①锡青铜　以锡为主加元素的铜合金。其性能受锡含量的显著影响。w_{Sn} < 5%的锡青铜由于室温组织为单相 α,故塑性好,适于冷变形加工。w_{Sn} = 5% ~ 7%的锡青铜热变形加工性好,适于进行热变形加工。w_{Sn} = 10% ~ 14%的锡青铜塑性较低,适于作铸造合金,其铸造流动性差,易形成分散缩孔,铸件致密度低,但合金体积收缩率小,适于铸造外形及尺寸要求精确的铸件。锡青铜具有良好的耐蚀性、减磨性、抗磁性和低温韧性,在大气、海水、蒸汽、淡水及无机盐溶液中的耐蚀性比纯铜和黄铜好,但在亚硫酸钠、酸和氨水中的耐蚀性较差。典型锡青铜有 QSn4 - 3、QSn6.5 - 0.4、ZCuSn10Pb1 等,主要用于制造弹性元件、耐磨零件、抗磁及耐蚀零件,例如弹簧、轴承、齿轮、蜗轮、垫圈等。

②铝青铜　以铝为主加元素所形成的铜合金。其性能受铝含量的显著影响,强度、硬度、耐磨性、耐热性、耐蚀性都高于黄铜和锡青铜。但其铸件体积收缩率比锡青铜大,焊接性能差。铝青铜是无锡青铜中应用最广的一种合金。常用铝青铜有低铝和高铝两种。低铝青铜的典型牌号为 QAl5、QAl7 等,具有一定的强度、较高的塑性和耐蚀性,一般在压力

加工状态使用，主要用于制造高耐蚀弹性元件。高铝青铜的典型牌号为 QAl9－4、QAl10－4－4 等，具有较高的强度、耐磨性、耐蚀性，主要用于制造齿轮、轴承、摩擦片、蜗轮、螺旋桨等。

③铍青铜　它是铜合金性能最好的一种铜合金，也是惟一可固溶强化的铜合金。它具有很高的强度、弹性、耐磨性、耐蚀性以及耐低温性，良好的导电、导热性，无磁性，受冲击时不产生火花，还具有良好的冷、热变形加工和铸造性能。典型代号有 QBe2、QBe1.9 等，主要用于制造重要的精密弹簧、膜片等弹性元件，高速、高温、高压下工作的轴承等耐磨零件，防爆工具等。

(2)白铜

系指以 Cu－Ni 为主的铜合金，分为简单白铜和特殊白铜。工业上主要用于耐蚀结构和电工仪表。白铜的组织为单相固溶体，不能通过热处理来强化。

①简单白铜　其为 Cu－Ni 合金，代号用"B＋Ni 的平均质量分数（$w_B \times 100\%$）"表示。典型代号有 B5、B19 等，它具有较高的耐蚀性和抗腐蚀疲劳性能，优良的冷、热变形加工性能，主要用于制造蒸汽和海水环境中工作的精密仪器、仪表零件和冷凝器、蒸馏器及热交换器等。

②特殊白铜　它是在简单白铜基础上添加 Zn、Mg、Al 等元素形成，分别称为锌白铜、锰白铜、铝白铜等。其代号用"B＋添加元素化学符号＋Ni 平均质量分数（$w_B \times 100\%$）＋添加元素平均质量分数（$w_B \times 100\%$）"表示，例如 BMn40－1.5 表示含 $w_{Ni}=40\%$、$w_{Mn}=1.5\%$的锰白铜。典型锌白铜代号有 BZn15－20，它具有很高的耐蚀性、强度和塑性，成本也较低，适于制造精密仪器、精密机械零件、医疗器械等。典型锰白铜的代号有 BMn40－1.5(康铜)、BMn43－0.5(考铜)等，具有较高的电阻率、热电势和低的电阻温度系数，用于制造低温热电偶、热电偶补偿导线、变阻器和加热器等。

5. 新的进展

新型铜合金包括弥散强化型高导电铜合金、高弹性铜合金、复层铜合金、铜基形状记忆合金和球焊铜丝等。弥散强化型高导电铜合金，其典型合金为氧化铝弥散强化铜合金和 TiB_2 粒子弥散强化铜合金，具有高导电、高强度、高耐热性等性能，可用在制作大规模集成电路引线框以及高温微波管上。高弹性铜合金，其典型合金为 Cu－Ni－Sn 合金和沉淀强化型 Cu4NiSiCrAl 合金。复层铜合金和铜基形状记忆合金是功能材料。球焊铜丝可代替半导体联结用球焊金丝。

5.6.6　钛及钛合金（Titanium and its alloys）

钛及钛合金具有质量轻、比强度高、耐高温、耐腐蚀及良好的低温韧性，其资源丰富，因而有着广泛的应用前景，已成为航空、造船及化工工业中不可缺少的材料。由于钛在高温时异常活泼，钛及钛合金的熔炼、浇铸、焊接和热处理等都要在真空或惰性气体中进行，因此加工条件严格、成本较高，使其应用受到限制。

1. 纯钛的特性

纯钛是灰白色金属，密度小（4.507g/cm^3），熔点高（1688℃），在 882.5℃发生同素异构

转变 $\alpha-Ti \xrightleftharpoons{882.5℃} \beta-Ti$，882.5℃以上为 BCC 结构，882.5℃以下为 HCP 结构。纯钛的塑性好、强度低，易于冷变形加工，其退火态的力学性能与纯铁相接近。但钛的比强度高，低温韧性好，在 -253℃(液氮温度)下仍具有较好的综合力学性能。钛的耐蚀性好，其抗氧化能力优于多数奥氏体不锈钢，但钛的热强性不如铁基合金。

钛的性能受杂质影响很大，少量杂质会使钛的强度激增，塑性却显著下降。工业纯钛中常存杂质有 N、H、O、Fe、Mg 等。依据杂质含量，工业纯钛有三个等级牌号 TA1、TA2、TA3(T 为"钛"字汉语拼音字首)，牌号中数字越大，其纯度越低。

钛具有良好的加工工艺性能，热变形加工后经退火处理的钛可辗压成 0.2mm 的薄板或冷拔成极细的丝。钛的切削加工性与不锈钢相似，焊接须在氩气中进行，焊后退火。

工业纯钛常用于制作 350℃以下工作、强度要求不高的结构零件及冲压件，如石油化工用热交换器、海水净化装置及船舰零部件。

2. 钛合金的分类、热处理、性能特点及其应用

(1)钛合金的分类

为了进一步提高纯钛的强度等性能，常加入合金元素制成钛合金。根据添加元素种类与退火组织，可获得四种类型相图与三种类型钛合金，如图 5.22 所示。

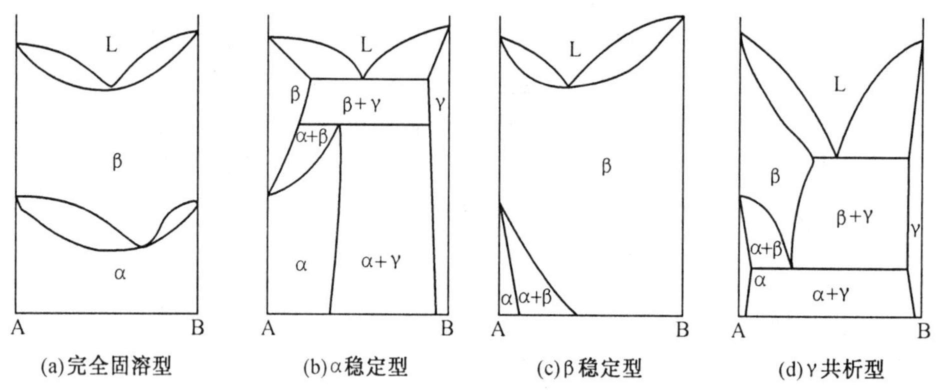

(a)完全固溶型　(b)α稳定型　(c)β稳定型　(d)γ共析型

图 5.22　钛合金相图的主要类型(A-钛；B-合金元素)

钛合金分为 α 型、β 型及 α+β 型三大类型。其牌号以"T"后分别跟 A、B、C 和顺序数字号表示。如 TA4~TA8 表示 α 型钛合金；TB1~TB2 表示 β 型钛合金；TC1~TC10 表示(α+β)型钛合金。

(2)钛合金的热处理

钛合金的热处理主要有退火和淬火时效。退火的目的是提高合金塑性和韧性，消除应力及稳定组织；淬火时效的目的是相变强化合金。

①退火　为消除机械、冷变形加工及焊接时的内应力，可进行消除应力退火和再结晶退火。消除应力退火通常在 450℃~650℃加热，0.5~2.0h 保温(对机加工件)或 2~12h 保温(对焊接件)，空冷。再结晶退火温度为 550℃~690℃(对纯钛)或 750℃~800℃(对钛合金)，保温 1~3h，空冷。

②淬火+时效　是钛合金主要的热处理强化工艺，其淬火温度一般选在 α+β 两相区的上部范围(一般为 760℃~950℃，保温 5~60min)，冷却条件一般水冷(或空冷)，淬火后

部分 α 保留下来，细小的 β 相转为亚稳定 β 相或 α相或两种均有；其时效温度在 450℃ ~ 550℃范围，β 相分解为 α 相和 β 相的混合物或由 β 相析出弥散的 α 相，从而使合金的强度、硬度升高，而时间则根据具体要求可从几小时到几十小时不等。

但应注意的是钛合金在热处理加热时必须严格注意污染和氧化，最好在真空炉或惰性气体保护下进行。

(3)钛合金的性能及应用

①α 型钛合金　其组织一般为 α 固溶体或 α + 微量金属间化合物，不能热处理强化。其室温强度较低，但在高温 500℃ ~ 600℃强度和蠕变极限却居钛合金之首；该合金组织稳定，耐蚀性优良，塑性及加工成型性好，还具有优良的焊接和低温性能。常用于制造飞机蒙皮、骨架、发动机压缩盘和叶片以及超低温容器等。典型牌号的合金为 TA7(Ti - 5Al - 2.5Sn)，其常温下 $R_m(\sigma_b) = 850MPa$，而 500℃时为 $R_m(\sigma_b) = 400MPa$。

②β 型钛合金　该类合金含较多的 β 相稳定元素如 Mn、Cr、Mo、V 等，含量可达18% ~ 19%。其热处理强化效果显著，淬火态组织为亚稳 β 相生成，塑性、韧性良好，可以冷成型；但时效后沉淀强化效果显著，可获得高强度。该合金密度大，组织不够稳定，耐热性差，使用不够广泛。主要用于制造飞机中使用温度不高但要求高强度的零部件，如弹簧、紧固件及厚截面构件。其典型牌号为 TB1(Ti - 3Al - 8Mo - 11Cr)，淬火时效后 $R_m(\sigma_b) = 1300MPa$，$A_5(\delta_5) = 5\%$。

③α + β 型钛合金　该类合金同时加入了稳定 α 相和稳定 β 相元素，合金元素含量低于 10%。其室温组织为 α + β，兼有 α 及 β 的特点——具有优良的综合力学性能，是应用最广泛的钛合金。典型牌号为 TC4(Ti - 6Al - 4V)合金，经 930℃淬火 + 540℃时效 2h 后，合金的综合力学性能良好，其 $R_m(\sigma_b) = 1300MPa$，$R_{r0.2}(\sigma_{0.2}) = 1200MPa$，$A(\delta) = 13\%$；而在 400℃时 $R_m(\sigma_b)$约为 630MPa，具有良好的耐热性又有很好的抗海水和抗盐应力腐蚀的能力；还具有很好的低温性能，可用于 - 196℃低温。因此在航空航天工业及其它工业部门得到了广泛的应用，可用于制造航空发动机压气机盘和叶片，火箭发动机外壳及冷却喷管、飞行器用特种压力容器及化工用泵、船舰零件和蒸汽轮机部件等。

3. 新的进展

目前钛合金的使用温度为 500℃左右，为了能在更高温度下使用，各国研制出许多新型钛合金。例如，我国研制的 Ti - Al - Sn - Mo - Si - Nd 系合金，使用温度可达 550℃；美国的 Ti - 6Al - 2.75Sn - 4Zr - 0.4Nb - 0.45Si 合金，使用温度可达 600℃。而以钛铝金属间化合物为基的 Ti_3Al 基高温钛合金和 TiAl 基高温钛合金，使用温度可达 700℃以上。

5.6.7　滑动轴承合金(Sliding bearing materials)

滑动轴承是指支承轴颈和其他转动或摆动零件的支承件。它由轴承体和轴瓦两部分构成。轴瓦可以直接由耐磨合金制成，也可在钢背上浇铸(或轧制)一层耐磨合金内衬制成。因此，用来制造轴瓦及其内衬的合金，称为滑动轴承合金。按主要化学成分可分为锡基、铅基、铝基、铜基、铁基等滑动轴承合金。

1. 工作条件、性能要求与组织要求

(1)工作条件与性能要求

当机器不运转时，轴停放在轴承上，对轴瓦施以静压力；当轴高速运转时轴瓦与轴颈发生强烈的摩擦并承受轴颈传给它的交变载荷,造成轴颈与轴瓦的磨损,有时还伴有冲击。若采用高硬度、高耐磨性的金属材料,则容易磨损轴颈,需经常更换轴,而轴是机器中最重要的零件,通常造价昂贵,经常更换是不经济的,若采用一般较软的金属材料,则摩擦系数大,工作过程中产生大量的摩擦热,甚至可使某些低熔点金属熔化。显然,滑动轴承合金必须具备如下性能。

①摩擦系数小,并能保持住润滑油,以减少对轴颈的磨损;

②在工作温度下有足够高的疲劳强度和抗压强度,以承受轴颈所施加的巨大的周期性负荷;

③有足够的塑性和韧性,以抵抗冲击和震动,并改善轴与轴瓦的磨合性能;

④具有小的膨胀系数、良好的导热性和耐蚀性,以防止轴瓦与轴颈因强烈摩擦升温而发生咬合,并能抵抗润滑油的侵蚀;

⑤加工制造容易、价格低廉,以便在磨损不可避免情况下便于更换轴瓦,确保轴的长期使用。

(2)组织要求

轴瓦材料要满足上述性能要求,显然不能是纯金属或单相合金,必须配制成软硬不同的多相合金。即对其组织要求是:

在软基体上均匀分布着一定数量和大小的硬相质点(或在硬基体上均匀分布着一定数量和大小的软相质点),如图5.23所示。当轴在轴承中运转时,软基体易于磨损而凹陷,而硬质点则凸出在软基体之上。这样使轴和轴瓦的接触面积减少,其间隙可贮存润滑油,降低了轴和轴承的摩擦系数,减少了轴和轴承的磨损。软的基体可承受冲击和震动并使轴和轴瓦能很好地磨合,而且偶然进入的外来硬质点也能被压入软基体内,不致擦伤轴颈。

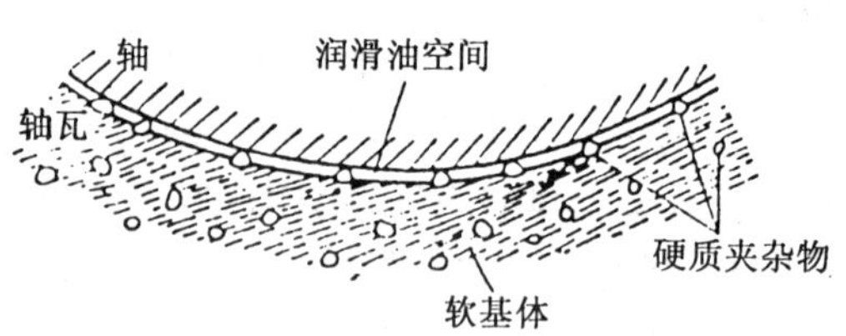

图 5.23　轴承理想表面示意图

3. 常用滑动轴承合金简介

(1)锡基轴承合金(锡基巴氏合金)

其牌号表示方法为:“Z”(“铸”的汉语拼音字首)+基本元素和主加元素的化学符号+主加元素的含量(质量百分比)+辅加元素化学符号+辅加元素的含量(质量百分比),如 ZSnSb11Cu6 表示 $w_{Sb}=11\%$、$w_{Cu}=6\%$的铸造锡基轴承合金。其组织特征是由软基体加硬质点组成,即有 Sb 溶于 Sn 中的 α 固溶体(软基体)与以化合物 SnSb 为基的 β 固溶体(硬质点)组成。由于 β 相密度小、易于上浮形成偏析,为此特加入 6%的 Cu,形成 Cu_3Sn 细小白色针状物(硬质点)先在熔液中结晶出,故可阻止 β 相上浮,消除偏析,又可起硬质点作用,如图 5.24 所示。

其主要特点是摩擦系数、膨胀系数小,嵌镶性、导热性、耐蚀性均较好,其承载能力不大(<2000MPa),滑动速度不够大(<10m/s),广泛应用于制作中等载荷的汽车、拖拉机、汽轮机等的高速轴的轴瓦。其缺点是疲劳强度低、工作温度低(<120℃)、成本高。为提高

其性能和使用寿命，在生产中广泛采用离心浇注法将其镶铸在钢质轴瓦上，形成薄（<0.1mm）而均匀的一层内衬。具有这种双金属层结构的轴承，称为“双金属”轴承。

(2)铝基轴承合金(以铝锡轴承合金为例)

由于汽车、拖拉机、机车、船舶向着高速、重载、高效方向发展，要求滑动轴承材料有更高的承载能力和各方面更加良好的性能与之相适应，铝基轴承合金的典型牌号为ZAlSn20Cu，其中 $w_{Sn}=20\%$、$w_{Cu}=1\%$、其余为铝。此轴瓦实际是三层复合材料，瓦背为08碳钢、中间层为纯铝(使轴承合金与钢牢固结合)，第三层为ZAlSn20Cu轴承合金。其组织特征为硬基体+软质点。由于Sn在Al中溶解度极小，该Al-Sn合金的共晶组织较多，铸态下Sn呈网状包围着铝晶粒，大大降低了合金的力学性能。为了消除网状组织，在浇注以后与钢背一起轧制并经350℃退火3h，则网状Sn被球化。因此该合金显微组织特征为在硬的铝基体上均匀分布着许多软的粒状Sn质点，如图5.25示。

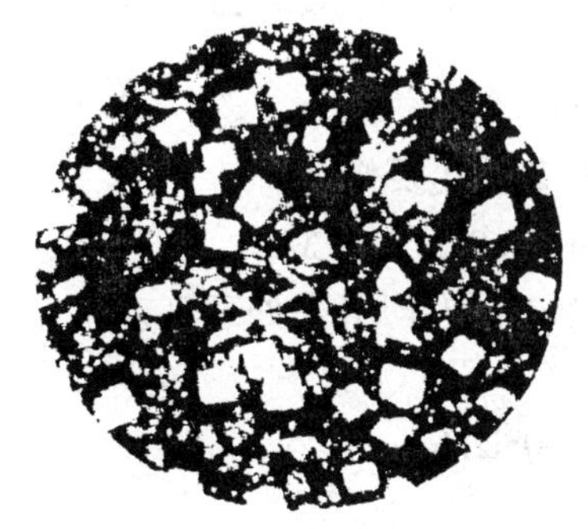

图5.24　ZSnSb11Cu6合金的显微组织(100×)

图5.25　ZAlSn20Cu合金的显微组织(100×)

ZAlSn20Cu轴承合金生产简便，成本不高，具有较高的疲劳强度和良好的耐热性、耐磨性及耐蚀性，适用于制造载荷为2 800MPa、滑动速度在13m/s以下工作的轴承，在我国已广泛应用于中、高速汽车、拖拉机的柴油机轴承上，在许多机器设备上取代了巴氏合金、铜基轴承合金和铝锑镁合金等滑动轴承合金材料。

本章小结(Summary)

常用金属材料在现代工业特别是机械行业中占有极为重要的地位，其中工业用钢又是现代工业生产中用量最大、最为重要的一类金属材料。因此，**本章的学习重点为“工业用钢”部分**。

工业用钢按主要用途可分为结构钢、工具钢和特殊性能钢三大类，在本节中简要分析、介绍了常用工业用钢的特性即主要性能特点、类别(按用途分类)、碳及合金元素的主要作用、热处理(特别是最终热处理)工艺特点与相应组织、典型用途及常用钢号等。在这三类钢中，**以结构钢为重点，其次为工具钢、特殊性能钢**。结构纲中的低合金结构钢、调质钢、渗碳钢、弹簧钢、滚动轴承钢，工具钢中的低合金刃具钢、高速钢，以及特殊性能钢中的不锈钢为学习的重点(当然对于动力类热能、热动等专业“耐热钢”亦是重点内容)。通过本章学习，**应作到每类钢中要熟练掌握二、三个典型钢号，能从钢的牌号推断出其类别(按用途)、碳及合金元素的含量、主要作用、明确其主要性能特点、常用热处理工艺的名称、工艺特点及相应组织，典型用途举例等。这对于合理、正确选材是至关重要的。**

在“铸铁与有色金属合金”中,铸铁的石墨化及影响因素为其理论基础,重点讨论了铸铁的组织、性能特点、分类、牌号表示方法以及有关铸铁的热处理与应用等,以及铝合金、滑动轴承合金的分类、牌号表示法、性能特点与应用等。

“工业用钢”课堂讨论提纲

A Class Discussion Plan about “Industrial Steels”

1.讨论目的

①进一步掌握钢合金化的基本规律;

②了解工业用钢的分类及编号方法;

③通过对典型钢种的分析,熟悉各类钢的成分特点(碳及 Me 的含量与主要作用)、热处理工艺、使用状态组织、性能特点及应用范围,为选材打下基础;

④分析、掌握合金钢中各主要 Me 的主要作用。

2.讨论题

(1)分析下列各钢号的种类(按用途)及各 Me 的含量及主要作用:

18Cr2Ni4WA,40CrNiMo,GCr15,Cr12MoV,Q345,1Cr18Ni9Ti,W18Cr4V。

(2)分析下列钢号的种类(按用途分类)、碳含量、Me 主要作用、热处理工艺特点、使用状态组织、性能特点及应用举例:

①1Cr13,W18Cr4V,3Cr2W8V,Q345(16Mn),GCr15,60Si2Mn ;

②20CrMnTi,40CrNiMo,15MnVN,20Cr,38CrMoAlA;

③50CrVA,GCr15SiMn,1Cr17Ti,Cr12MoV,5CrMnMo,0Cr18Ni9Ti;

④9SiCr,40MnVB,15CrMo,4Cr14Ni14W2MoA,Q235,5CrNiMo。

(3)教材习题:3,4,5,6,9,12,14,16 等题。

3.方法指导

①讨论前每位同学要充分复习本章内容并弄清讨论目的、方法和要求。然后写出详细的发言提纲。

②讨论时,可采用灵活多样的课堂讨论方式如“点将”方式,小组各方互点对方“将才”的姓名来回答问题。每个题目先请一位同学发言或上台演算,其他同学可补充,记时记分。最后由教师总结。

阅读材料 5　超级钢 Ultra – Steels

何谓“超级钢”? 系指具有超细晶粒、高洁净度、高均匀性的组织和成分特征,以及高强度、高韧性的力学性能特征的新一代钢铁材料。

1997 年 4 月日本正式启动“超级钢材国家级研究计划”,目标是在 10 年内开发出把钢的“强度翻番,寿命翻番”的超级钢,用于道路、桥梁、高层建筑等基础设施建设的更新换代。在日本超级钢项目的影响下,1998 年韩国启动了“21 世纪高性能结构钢”国家计划。同年,我国在国家重点基础研究发展规划项目“973 计划”中启动了“新一代钢铁材料的重大基础研究”项目。2001 年欧盟启动了“超级晶粒钢开发”计划。2002 年美国在钢铁研究指南中公布了两个新一代钢铁材料开发项目。可见，超级钢的深入研究和应用开发正成为21世纪钢铁材料界的历史使命。

1. 超级钢的主要特征

超级钢研究工作的主要目标是在保证生产成本不增加或增加不多且具良好塑韧性基础上大幅度提高钢材的强度，在理论研究的基础上，把钢材的强度提高1倍。即做到低成本和高性能的统一，把传统材料改造、提升为低成本、高性能的新型材料。超级钢需具备的三个主要特征为：

①**超细晶** 因细晶强化是唯一可使材料强度、硬度提高，同时又使塑韧性提高的综合强韧化途经。

②**高洁净度** 系指钢材允许的杂质含量和夹杂物形态能满足使用要求。由于钢的强度翻番，材料在使用时将承受更大应力，使裂纹形成和扩展的敏感性增加，故新型材料应具备更高的洁净度。

③**高均匀性** 指成分、组织和性能的高度均匀，材料微区结构越均匀，所对应材料的抗冲击性越高。因此新型材料的目标是在性能要求高的钢铸坯中争取基本为全等轴晶。

其中核心技术是超细晶。

2. 超级钢在我国的开发进展

微合金化与先进TMCP技术相结合，发展了高强高韧钢，成为钢铁材料近年来最活跃的领域。为获得超细晶粒、提高钢的强韧性，对不同类型钢研究开发了相应理论和控制技术。

①**超细晶F-P钢** 通过形变诱导、强化F相变和F动态再结晶细化晶粒，提高强韧性。

②**超细组织低(超低)碳B钢** 为开发强度高于600MPa经济型低合金钢，研究了低(超低)碳B钢的组织超细化理论与控制技术。通过研究发展了TMCP技术，实现了组织超细化。

③**无碳化物B-M复相钢** 合金结构钢的强度高于1200MPa后，其延迟断裂抗力低，韧性不足，疲劳强度分散。利用新的合金成分和微观组织设计，使钢形成无碳化物B-M和膜状A_R。用无碳化物B改善钢的韧性，用膜状A_R提高钢的抗延迟断裂性能。

④**耐延迟断裂高强度M钢** 为改善高强度合金结构钢的耐延迟断裂性能，根据强化晶界、细化晶粒、控制氢陷阱的技术思路，在42CrMo钢基础上设计了中碳Cr-Mo-V-Nb钢。

3. 超级钢在我国的应用及前景

我国超级钢生产应用率先实现产业化。首先在汽车制造业找到了市场。其零部件可减轻车身自重、减少油耗，正是汽车制造企业急需的新材料。上海宝钢生产的400MPa级超级钢用于一汽集团卡车底盘发动机前置横梁，各项指标全部满足要求，且吨钢成本较原来可节省200~300元。一汽集团已将超级钢横梁列为企业标准。宝钢、鞍钢生产的超级钢已向一汽持续批量供货。卡车纵梁是关键承重件，500MPa级超级钢在这方面的应用经济效益更加明显。本钢生产的500MPa超级钢已为辽宁金州车架厂、吉林辉南车架厂供货，武钢、珠钢的超级钢也已向二汽集团供货。

在建筑行业中，应用超级钢替代传统Ⅱ级钢筋具有良好前景，可以扭转我国混凝土用钢水平的落后局面。建设部新修订的混凝土结构设计规范已将屈服强度为400MPa级的Ⅲ级钢筋作为主导受力钢筋。可以预见，普通的200MPa级钢筋将逐渐被400~500MPa的钢筋取代，低成本高强度的超级钢棒线材将为建筑业提供有力的支撑。在经济高速发展的大背景下，建筑业的繁荣将为超级钢棒线材提供广阔的市场空间。2003年，首钢生产了1 000多吨超级钢钢筋用于国家大剧院；奥运场馆建设使用的钢结构皆为超级钢，如北京鸟巢钢结构使用了舞阳钢铁公司研制的厚度110mm的Q460E钢，鞍钢、首钢生产的Q345C、Q420C钢等。

超级钢在其它行业中也有广阔的应用前景。过去依靠添加微合金元素来改善性能的造船用钢、桥梁用钢、容器用钢等均可考虑通过细化晶粒来提高强度、改善韧性。这样，既可保证使用性能和工艺性能，又可降低成本。例如，宝钢生产的超级钢桥梁钢板、钢管直接应用于上海东海大桥，降低了大桥整体自重，经济社会效益相当可观。

超级钢的发展已被列为“十一五”重点发展的新材料之一。它必将在未来建设中发挥不可替代的作用。

习题与思考题（Problems and Questions）

1.合金钢与碳钢相比，为什么它的力学性能好，热处理变形小？而且合金工具钢的耐磨性也比碳素工具钢高？

2.何谓“失效”，失效分析的主要目的是什么？并说明失效的原因，其基本类型又有哪些？

3.渗碳钢适宜制作何种工作条件的零件，其常见的失效形式有哪些？为什么渗碳钢均为低碳钢？合金渗碳钢中加入Ti、V元素的作用是什么？20CrMnTi钢制零件渗碳后为何可直接淬火？淬火后为何选用低温回火？

4.何谓调质钢？试简述调质钢工作条件常见失效形式与主要性能要求。如用调质钢制造要求表面耐磨的零件可选用何种热处理工艺？为何调质钢均为中碳钢？

5.为什么滚动轴承钢均为高碳钢？滚动轴承钢中常加入哪些合金元素？它们所起的主要作用是什么？滚动轴承钢的热处理有何特点？

6.合金结构钢应具备哪些性能？结构钢中常加入哪些合金元素？其中主加元素是哪几种？它们分别起何种作用？

7*.试就20CrMnTi、65、T8、40Cr等四种钢号，分析其：

(1) 淬透性与淬硬性；

(2) 各种钢的典型用途、最终热处理工艺名称、特点及相应组织。

8.为什么合金工具钢中加入Cr、W、Mo、V等合金元素？T10A、CrWMn、W18Cr4V钢在性能上的差别是什么？

9.什么是高速钢？合金元素W(Mo)、Cr、V在高速钢中主要作用是什么？若在950℃加热淬火高温回火后能否有高的红硬性？为什么？

10.为什么1Cr18Ni9Ti不锈钢只能用冷轧、冷拉等方法来提高其强度而不能通过淬火来提高其强度？

11.W18Cr4V 钢的 Ac_1 点约为 820℃，若以一般工具钢 $Ac_1+30\sim50$℃常规方法来确定其淬火加热温度，最终热处理能否达到高速切削刀具所要求的性能？为什么？其实际淬火加热温度是多少？W18Cr4V 钢刀具在正常淬火后都要进行 560℃三次回火，这又是为什么？

12*.常见的不锈钢有哪几类，其用途如何？为什么不锈钢中 $w_{Cr}>12\%$？$w_{Cr}=12\%$ 的 Cr12MoV 钢是否属于不锈钢，为什么？不锈钢是否在任何介质中都是不生锈的？下列用品常用何种不锈钢制造？请说明其热处理的主要目的及工艺方法。

(1) 外科手术刀；(2) 汽轮机叶片；(3) 硝酸槽。

13*.试分析合金元素 Cr 在 40Cr、GCr15、CrWMn 、1Cr13 、1Cr18Ni9Ti 及 4Cr9Si2 等钢中的作用。

14*.按用途将下列钢号进行分类，并指出其碳及合金元素的平均质量分数是多少？所含合金元素的主要作用是什么？最终热处理工艺特点及使用态组织，并列举一种典型用途。

40、40Cr、40CrNiMo、Cr12MoV、50CrVA、12Cr1MoV、40MnB、20CrMnTi、60Si2Mn、38CrMoAlA、16Mn、9SiCr、GCr15、1Cr18Ni9Ti、W6Mo5Cr4V2、ZGMn13、Q235、3Cr2W8V、5CrNiMo、1Cr11MoV、W18Cr4V、1Cr13

15.什么是蠕变极限、持久强度？它们各是如何表示的？其物理含义是什么？

16. 何谓高锰钢的水韧处理？为什么它既耐磨又有很好的韧性？它在何种使用条件下才能够耐磨？

17.试指出下列合金的类别、性能、组织及用途。

HT200；KTH350－10；QT600－3；RuT420；ZL102；LY12；ZChSnSb11－6；ZAlSn20Cu

18.生产中出现下列不正常现象，应采用什么有效措施予以防止或改善？

(1) 灰铸铁磨床床身铸造之后就进行切削，在切削加工后发生不允许的变形；

(2) 灰铸铁铸件薄壁处出现白口组织，造成切削加工困难。

19.下列说法对吗，为什么？

(1) 可锻铸铁能锻造；

(2) 铸铁经过热处理，改变了基体和石墨形态，从而提高了性能；

(3) 石墨化的第三个阶段最易进行。

20.试比较钛合金的热处理强化方式与钢、铝合金的热处理强化方式的异同。

第6章 聚合物、无机与复合材料

Polymer, Inorganic and Composite Materials

主要问题提示(Main questions)

1.你熟悉聚合物材料的分类、性能(特别是力学性能)与应用特点吗?

2.常用工程塑料 PE、PP、ABS、PA、PVC、POM、PTFE、PF、EP 等的性能特点及主要应用是什么?

3.常用工程陶瓷材料的性能与应用特点是什么?

4.何谓金属陶瓷?常用硬质合金的分类与牌号表示方法是什么?

5.你了解复合材料的性能、分类与应用特点吗?

学习重点与方法提示(Key points and learning methods)

现代化生产与科学技术的迅猛发展,对材料提出了更高、更迫切的要求,金属材料已远不能满足需要,因而促进了聚合物、无机与复合材料日益广泛的应用与发展。本章学习,应把握如下几点:

1. 紧密联系材料科学基础知识(1~3章有关内容),**以贯穿材料的"化学成分(组成)-组织结构-性能-应用"的主线索为纲,指导本章内容的学习。**

2. **以"点"(工程塑料、碳化物金属陶瓷及碳/碳复合材料等)带面,学好本章内容。**

3. 尽可能联系现实生活和生产实际应用中的诸多实例,结合本章内容,切实打好非金属材料科学基础。

4. 本章的学习,**基本以"自学"为主,结合主要问题提示,熟悉各部分内容。**

进入21世纪,现代科学技术突飞猛进,材料、能源、信息技术日新月异,不但要求生产更多具有高强度和特殊性能的金属材料,而且要求迅速发展更多、更好性能的非金属材料。至20世纪70年代中期,全世界聚合物材料和钢产量的体积就已经相等。当前,就其产量和应用领域而言,聚合物材料已经向传统的金属材料发出挑战。无机材料特殊性能的研究和开发,使之作为最有希望的高温结构材料。而复合材料因能根据人们的要求来改善材料的性能,使各组成材料保持各自的最佳特性并相互取长补短,从而最有效地利用材料,正成为一种新型的、有发展前途的材料。

6.1 聚合物材料

Polymer Materials

6.1.1 聚合物的特征(Introduction of polymers)

1. 聚合物的力学性能特点

(1)低强度、低韧性

其平均抗拉强度为100MPa左右,仅为其理论值的1/200。但由于其密度小,比强度很高，是当前比强度较高的一类材料。虽然聚合物的塑性相对较好，但由于其强度低，故其冲击韧度较金属材料低得多，仅为其百分之一的数量级。

(2)高弹性和低弹性模量

这是聚合物所特有的性能。轻度交联的聚合物在 T_g(玻璃化温度)以上具有典型的高弹态，即弹性变形大、弹性模量小，而且弹性随温度升高而增大。橡胶是典型的高弹性材料，其弹性形变率为 100% ~ 1 000%(一般金属材料仅为0.1% ~ 1.0%)。但弹性模量 E 仅 1MPa，而一般聚合物的 $E \approx 2 \sim 20$MPa。

(3)粘弹性

聚合物在外力作用下同时发生高弹性变形和粘性流动，其变形与时间有关，称为粘弹性。其表现为蠕变、应力松弛与内耗三种现象。

①蠕变　是指在应力保持恒定情况下，应变随时间的增长而增加的现象。金属在高温才发生明显蠕变，而聚合物在室温下就有明显蠕变。蠕变温度低是聚合物的一大缺点，当载荷大时甚至发生蠕变断裂。

②应力松弛　是指在应变保持恒定条件下，应力随时间延长而逐渐衰减的现象。如连接管道的法兰盘中间的硬橡胶密封垫片，经一定时间后由于应力松弛而失去密封性。

③内耗　指在交变应力下出现的粘弹性现象。在交变应力作用下，处于高弹态的聚合物，当其变形速度跟不上应力变化速度时，就会出现滞后现象，这种应力和应变间的滞后就是粘弹性。由于重复加载，就会出现上一次变形尚未来得及恢复，又施加上了另一载荷，因此造成分子间的摩擦，变成热能，产生所谓内耗。滞后及内耗的存在将导致聚合物升温并加速其老化，但内耗却能吸收振动波，这又是聚合物作减震元件所必备性能。

(4)高耐磨性

其减摩、耐磨性优于金属。大多数塑料的摩擦系数在 0.2 ~ 0.4 范围内，在所有固体中几乎是最低的。塑料的自润滑性能较好，因此磨损率低，并且能在不允许油润滑的干摩擦条件下使用，这是金属材料所无法比拟的。橡胶材料由于其摩擦系数大，适合于制造要求较大摩擦系数的耐磨零件，如汽车轮胎等。

2. 聚合物的物理与化学性能特点

①电绝缘性能好　其导电能力低，是电机(器)、电力和电子工业必不可少的绝缘材料。

②耐热性低　大多数塑料长期使用温度一般在 100℃以下，只有少数可在高于 100℃温度下使用，大多数橡胶的最高使用温度一般亦小于 200℃，少数橡胶如硅橡胶可达 275℃，氟橡胶为 300℃。同金属相比，聚合物的耐热性是较低的。

③膨胀系数大、导热系数小　其线膨胀系数大，为金属的 3 ~ 10 倍，因而其与金属结合较困难。其导热系数为金属的 1/100 ~ 1/1000，因而散热不好，不宜作摩擦零件。

④化学稳定性好　其在酸、碱等溶液中表现出优异的耐腐蚀性，如聚四氟乙烯在高温下与浓酸、浓碱、有机溶液、强氧化剂都不起反应，甚至在沸腾的王水中也不受腐蚀，故有“塑料王”之称。

⑤有老化现象　所谓“老化”系指聚合物在长期储存和使用过程中，由于受氧、光、热、机械力、水汽及微生物等外部因素的作用，性能逐渐恶化，直至丧失使用价值的现象。这

些性能的衰退现象是不可逆的。目前采用防老化的措施为:改变聚合物的结构;添加防老剂;表面防护等。

3. 聚合物的分类特征

(1)按性能和用途特征分类

①**塑料** 在常温下具有一定形状,强度较高,受力后能发生一定形变的高聚物。

②**橡胶** 在室温下具有高弹性,即受到很小外力,形变很大,可达原长的十余倍,去除外力以后又恢复原状的聚合物。

③**胶粘剂** 在常温下处于粘流态,当受到外力作用时,会产生永久形变,而去除外力后又不能恢复原状的聚合物。

④**纤维** 在室温下分子的轴向强度很大,受力后形变较小,在一定温度范围内力学性能变化不大的聚合物。

(2)按聚合物主链上的化学组成分类

①碳链聚合物 主链由碳原子一种元素所组成,如 - C - C - C - C - C 等。

②杂链聚合物 主链除碳外还有其他元素,如 - C - C - O - C, - C - C - N - , - C - C - S - 等。

③元素有机聚合物 主链上不含碳原子,而是由 Si, O, Al, Ti, B 等元素组成,如 - O - Si - O - Si - O - 等。

④无机聚合物 主链和侧基均由无机元素或基团构成,如无机耐火橡胶 $\text{⁅}\!-\!PCl_2=N\!-\!\text{⁆}_n$。

4. 聚合物的命名

聚合物的命名尚未完全系统化,目前多采用习惯法命名。

①天然聚合物以一般来源和性质而用其俗名,如纤维素、蛋白质、淀粉、虫胶等。

②加聚物通常在常用单体的名称前加一“聚”字,如聚乙烯、聚氯乙烯、聚甲基丙烯酸甲酯等。

③缩聚物与共聚物可按结构单元(链节结构)加“聚”字,如聚己二酰己二胺(尼龙);有时以原料名称命名,并在名称之后加“树脂”或“橡胶”两字即可,如酚类和醛类的聚合物称为酚醛树脂,而由丁二烯和苯乙烯合成聚合物称为丁苯橡胶等。

④有些结构复杂的聚合物直称其商品名称,如聚丙烯腈纤维称腈纶,聚酰胺纤维称锦纶或尼龙,聚丙烯纤维称丙纶,聚氯乙烯纤维则称氯纶等。

⑤为简化,用英文名称缩写表示聚合物,如 PS 代表聚苯乙烯,PVC 代表聚氯乙烯等。

6.1.2 工程塑料(Engineering plastics)

1. 概　述

(1)塑料的涵义与组成

塑料是一类以天然或合成树脂为基本原料,在一定温度、压力下可塑制成型,并在常温下能保持其形状不变的聚合物材料。

根据塑料的组成不同,可分简单组分和复杂组分两类。简单组分的塑料基本上由一种物质(树脂)组成,如聚四氟乙烯、聚苯乙烯等,仅加入少量色料、润滑剂等辅助物质,复杂组分的塑料则由多种组分所组成,除树脂外,还须加入添加剂(填料、增塑剂、润滑剂、固化剂等),如酚醛塑料、环氧塑料等。

(2)塑料的分类

①按树脂的受热行为分类　根据树脂在加热和冷却时所表现的性质不同,可分为热塑性塑料和热固性塑料。

(i)**热塑性塑料**。以聚合树脂或缩聚树脂为主,仅加入少量稳定剂、润滑剂或增塑剂而成,其分子结构是线型或支链型结构。其工艺特点是:受热软化、熔融,可塑制成一定形状的制品,冷却后坚硬;再受热又可软化,塑制成另一形状的制品,可以重复作用而其基本性能不变;可溶解在一定溶剂中(即具有可溶可熔特性)。其优点是,成型工艺简便、形式多种多样,生产效率高,可直接注射、挤压、吹塑成型,而且具有一定的物理、力学性能。缺点是,耐热性和刚性都较差,最高使用温度仅为120℃左右。

(ii)**热固性塑料**。由缩聚树脂为基加入上述各种添加剂而制成,具有体型大分子结构。其工艺性能特点是:在一定温度下,经过一定时间的加热或加入固化剂后,即可固化成型。固化后的塑料质地坚硬、性质稳定,不再溶于溶剂中,也不能用加热方法使它再软化(即呈不溶、不熔特性),直至强热则分解、破坏。其优点是,无冷流性、抗蠕变性强,受压不易变形,耐热性较高,即使超过其使用温度极限,也只在其表面产生碳化层而不失去原骨架、形状。缺点是,树脂性质较脆、力学强度不高,必须加入填料或增强材料以改善性能、提高强度,同时成型工艺复杂,大多只能采用模压或层压法,生产效率低。

②按塑料的应用范围分类　根据应用可分为通用塑料、工程塑料和特种塑料。

(i)**通用塑料**。指产量大、用途广、价格低的塑料。有聚乙烯、聚氯乙烯、聚苯乙烯、聚丙烯、酚醛塑料(电木)和氨基塑料(电玉)。它们的产量占塑料总产量75%以上。

(ii)**工程塑料**。是指工程技术中用以制造结构零件的塑料。其力学强度高,或具备耐高温、耐腐蚀、耐辐射等特种性能。因而可代替金属作某些机械构件,或作其他特殊用途。常用的有聚甲醛、ABS、聚碳酸酯、聚砜、聚酰胺、聚酰亚胺等。

(iii)**特种塑料**。它系指具有特殊物化性能的塑料,如导电塑料、导磁塑料、感光塑料等。

(3)塑料的成型与加工

①成型是生产工程塑料制品的关键　工程塑料制品的成型方法很多,常用的有:

(i)注射成型(亦称注塑成型)。它是热塑性塑料或流动性较大的热固性塑料的主要成型方法之一,通常在塑料注射机上进行(如图6.1示)。先将粉状或颗粒状塑料原料置于料斗中,当漏至料筒内时被加热至熔化状态,分流器与料筒相连接,可从中心加热塑料。在注射柱塞的作用下,熔融塑料经喷嘴注入模具中。冷却后打开模具即可得到所需要的塑料制品。

此法具有成型周期短(几秒~几分钟),成型制品质量可由几克到几十千克。能一次成型外形复杂、尺寸精确、带有金属或非金属嵌件的模塑品,适应性强,生产效率高。

(ii)挤压成型(亦称挤出成型或挤塑成型)。它亦是热塑性塑料主要的成型方法之一,是加工方法中产量最大的一种。其成型原理如图6.2示,挤压机主要是由一个加热的料筒4及一根在料筒中旋转的螺杆5组成。料筒4的一端有一加料口,上面有一个料斗

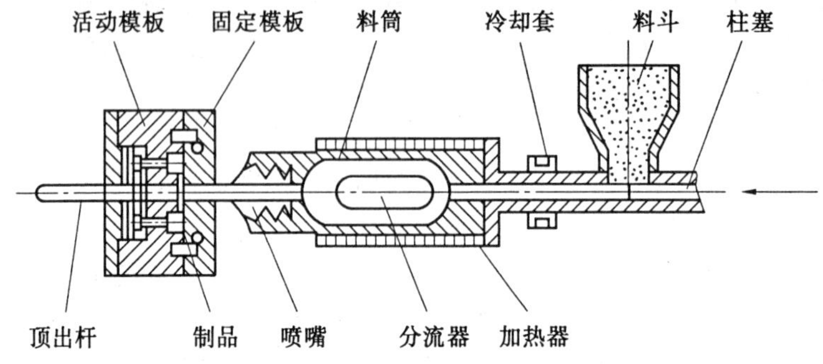

图 6.1 注射成型机示意图

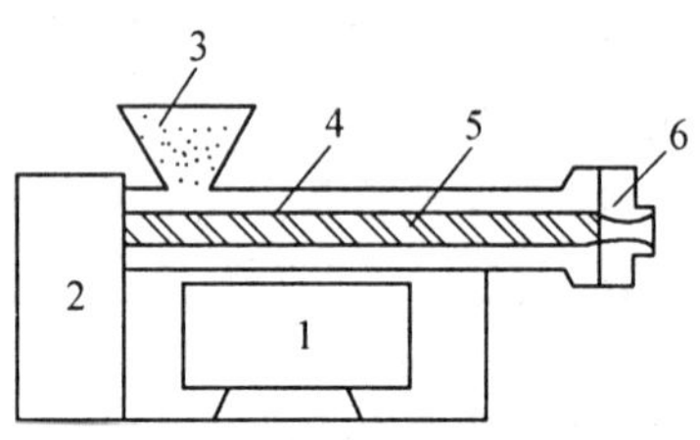

图 6.2 挤压机结构示意图

1—电动机;2—变速箱;3—料斗;4—料筒;5—螺杆;6—机头和口模

3。粉状或粒状的塑料经料斗 3 进入挤压机的料筒 4 中。料筒 4 的另一端则装有口模 6,在螺杆的头部与口模之间,装有粗滤板或滤网等节制部件,使塑料沿着螺杆方向形成压力差。进入料筒的塑料由于料筒的传热及塑料与料筒和螺杆之间的剪切摩擦热,使塑料熔融而呈流动状态,并随螺杆的转动不断前进。同时由于螺杆螺旋槽深度的减小,使熔融的塑料产生压缩。于是塑料在压力下通过机头、分流梳、口模及一系列辅助装置(如定型、冷却、牵引、卷绕和锯割等设备)而挤出成型。

此法主要用于热塑性塑料的成型,也可用于某些热固性塑料。挤出制品都是连续的型材,如管、棒、丝、板、薄膜、电线电缆包覆层等。此外还可用于塑料的混合,塑化造粒、着色、掺和等。该法效率高,可自动化连续生产,但用此法生产的制品尺寸公差较大。

(iii)压制成型。它主要用于热固性塑料的成型,如酚醛塑料和氨基塑料制品几乎都是用此法生产的。有些熔融粘度极高、几乎没有流动性的热塑性塑料,如聚四氟乙烯,也是采用压制方法成型的。这种工艺是塑料加工中最古老而又最常用的方法,它有模压法和层压法两种。

(iv)吹塑成型。它只限于热塑性塑料的成型加工。它利用压缩空气使加热到塑性变形状态的片状或管状塑料型坯,在模型中吹制成中间胀大、颈口缩小的中空制件。其中型坯可以用挤压或注射的方法得到,也可采用现成的片材或管料。吹塑中所用的模具及其成型过程如图 6.3 所示。先将由挤出机挤出的适当大小的型坯置于两瓣的模具中,如图(a);然后闭合模具并通入压缩空气,此时具有良好塑性的型坯被吹胀而紧贴于模壁,如图(b);待冷却后打开模具,即得中空制品,如图(c)。

该工艺主要用于各种包装容器和管式膜的制造。凡是熔融指数为 0.04 ~ 1.12 的都是比较优良的中空吹塑材料,如聚烯烃、聚碳酸酯、聚酰胺等。

(v)浇注成型。它适用于热固性塑料,也可用于热塑性塑料。其成型工艺类似于金属铸造。它是将液态树脂加入适量固化剂或催化剂,浇入模具型腔中,在加压、加热条件下,逐渐固化成型而获得具有一定力学性能的制品。其优点是可生产体积很大的机械零件,制造工艺设备和模具都很简单,操作容易等。

(vi)真空成型。其原理如图 6.4 所示。它是利用热塑性塑料的片材或板材在受热后可以软化的特性,施加真空,将软化的塑料片材或板材吸附于模具上,冷却后即得成型制品。该工艺是热塑性塑料最简单的成型方法之一,主要用于成型杯、盘、罩、盖、壳体等薄壁敞口制品。其优点是设备、模具均比较简单,可生产大型制件。而缺点是制品厚度不太均匀,不能制造形状复杂制件。

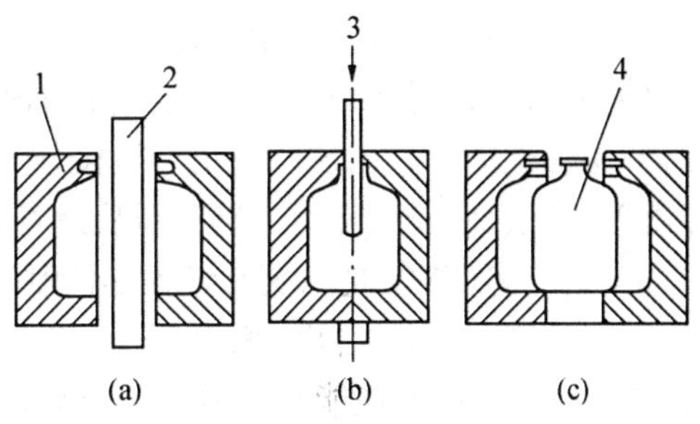

图 6.3　吹塑成型法

1—模具;2—型坯;3—压缩空气;4—制品

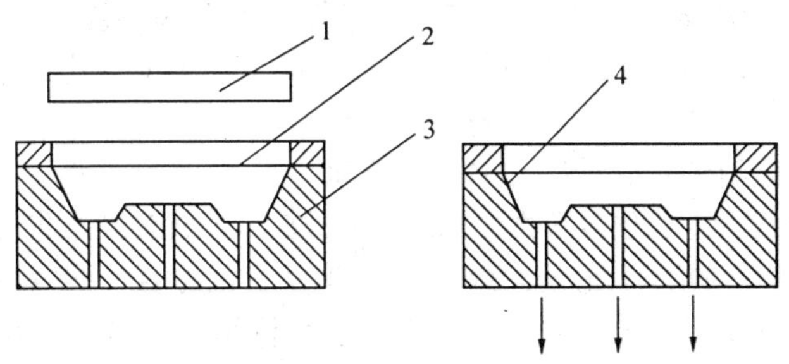

图 6.4　真空成型示意图

1—加热器;2—塑料片;3—模具;4—制品

(vii)冷压烧结成型。聚四氟乙烯是线型分子结构的结晶型塑料,其结晶熔点为 327℃,其制品在室温下相当松软,当温度超过 327℃时,材料变为非晶态,粘度比其他塑料高许多倍,而且没有足够的成型流动性,故不能用一般热塑性塑料模塑成型的方法。其成型工艺是先将其冷压制成坯料,然后加热至 370～400℃温度下烧结成型。

此外还有压延成型、涂布成型及发泡成型等。

②工程塑料制品的加工　它主要指塑料制品成型之后进行的再加工,亦称二次加工。其加工工艺主要有机械加工、接合以及表面处理等。

2. 常用工程塑料及其应用

(1)通用工程塑料

①聚烯烃　聚乙烯(PE)系由单体乙烯聚合而成,一般分为低密度聚乙烯(LDPE)和高密度聚乙烯(HDPE)两种。LDPE 因其分子量、密度及结晶度较低、质地柔软,且耐冲击,常用于制造塑料薄膜、软管及瓶类等中空容器,包装材料或防护罩,以及电线、电缆绝缘层和护套等。HDPE 则比较刚硬、耐磨、耐蚀,绝缘性也较好,可用作结构材料,如化工设备中的耐蚀管道、阀、衬板以及承载不高的齿轮、轴承等。还作为电缆包皮和喷涂金属表面、耐蚀层和减摩层,获得广泛应用。

超高相对分子质量聚乙烯(UHMWPE)是指相对分子质量在 150×10^4 以上的 PE,其密度仅 0.935 g/cm^3,比其他所有工程塑料都低,因此其制品具有轻量化特点。具有多种优良的机械、物理、化学性能,耐磨损、耐腐蚀、耐冲击性能优异,自润滑性优异、摩擦系数小,吸水率低，不易粘附异物，卫生无毒，可回收利用及耐低温等，特别是耐磨损性能尤为突出(比碳钢、黄铜还耐磨数倍)。缺点是耐温性能差(使用温度低于100℃)、硬度低、抗拉强度低、阻燃性能差。已被广泛用于机械、电器、包装容器、化工设备、交通运输、医疗和体育器材等领域，如齿轮、轴承，导轨、滑块及各种制品。

聚氯乙烯(PVC)是以氯乙烯为单体制得的聚合物，由于PVC大分子链中存在极性基氯原子，故增大了分子间作用力，同时PVC大分子链密度较高，故强度、刚度及硬度均高于PE。PVC产品的性能与配料中添加剂关系密切，加入增塑剂、稳定剂等数量不同，可制得软、硬两种PVC。加入少量添加剂时可获得硬质PVC，具有较高力学强度，良好耐蚀性、耐油性和耐水性，常被用于化工、纺织工业中废气排污排毒塔、容器及液、气体输送管道，建筑业中的瓦楞板、门窗结构、墙壁装饰材料，还可用于制造机械零件如泵的零部件以及家具、玩具等。软质PVC塑料由于坚韧柔软、耐挠曲、弹性和电绝缘性好、吸水率低、难燃及耐蚀性好等，广泛用于制造农用塑料薄膜、包装材料、防雨材料及电线电缆的绝缘层等。

聚丙烯(PP)是以丙烯为单体聚合制得的聚合物，相对密度小，是塑料中最轻的，其耐热性能良好，可加热至150℃不变形，是惟一能在水中煮沸、经受消毒温度(130℃)的常用塑料。PP的力学强度、刚度、硬度等性能都高于HDPE，具有优良的电绝缘性(特别是对于高频电流)，还具有良好的耐弯曲疲劳性能。由于其优良的综合性能，可用来制造各种机械零件，如法兰、齿轮、风扇叶轮、泵叶轮、接头、把手、汽车方向盘调节盖等，各种化工管道、容器及泵壳等，电气工业中的各种机芯的壳体(如收音机壳、仪表盒或器具外罩等)，耐蒸汽消毒的医疗器械，以及打包带、捆扎绳、编织袋等。

②ABS塑料　ABS塑料是丙烯腈(A)、丁二烯(B)、苯乙烯(S)三种单体的共聚物，三种单体量可任意变化，制成各种品级的树脂。ABS兼有三种组元的共同性能，A使其耐化学腐蚀、耐热并有一定的表面硬度，B使其具有高弹性和韧性，S使其具有热塑性塑料的加工成型特性和改善电性能，因此ABS塑料是一种原料易得、综合性能良好、价格便宜、用途广泛的“坚韧、质硬、刚性”材料。良好的综合性能，使其在机械、电气、纺织、汽车、飞机、轮船及化工等获得广泛应用，如制造齿轮、水箱外壳、冰箱衬里、电视机外壳等。

③聚酰胺(PA，俗称尼龙或锦纶)　PA是指主链节含有极性酰胺基团(－CO－NH－)的聚合物。由于PA具有强韧、耐磨、自润滑、使用温度范围宽等优点，成为最早发现能承受载荷的工程塑料。具有较高的力学强度(若以玻璃纤维增强，其$R_m(\sigma_b)$可达200MPa)，冲击韧度高，耐折叠；较好的耐腐蚀性，不溶于普通溶剂，可耐许多化学药品，不受弱酸、醇、矿物油等的影响；优良的耐磨、自润滑性能，可耐固体微粒的摩擦，甚至可在摩擦、无润滑状态下使用。PA广泛用来代替铜及其他有色金属制作机械、化工、电器零件，如柴油发动机燃油泵齿轮、水泵、高压密封圈、输油管等。当PA主链中引入芳香族和脂环族成分会使PA的T_g温度升高，同时结晶熔点也提高。芳香尼龙具耐磨、耐热、耐辐射和突出的电绝缘性能，在95%相对湿度下不受影响，能在200℃以下长期使用，是尼龙中耐热性最好的一种，可制作在高温下耐磨的机械零件、绝缘材料和宇航服等。

④聚甲醛(POM)　POM是指大分子链中以—CH_2O—链节为主的线型高密度、高结晶性聚合物，具有优异的综合力学性能，其疲劳强度在热塑性塑料中是最高的，耐磨性和自润滑性也比绝大多数工程塑料优越，还有高弹性模量和强度，吸水性小。同时尺寸稳定

性、化学稳定性及电绝缘性也好，是一种综合性能良好的工程塑料。POM 主要用于代替有色金属及合金，如 Cu、Zn、Al 等制作各种结构零部件。应用量最大的是汽车工业、机械制造、精密机器、电器通讯设备乃至家庭用具等领域应用也相当普遍，如阀门、自来水龙头、水箱、水管接头等。特别适于制作耐摩擦、耐磨耗及承受高负荷的零件，如齿轮、轴承等，如改性 POM 作汽车万向节轴承可行驶一万公里不注油，寿命比金属的高一倍。

⑤聚碳酸酯(PC)　PC 大分子链中既有刚性的苯环，又有柔性的醚键，具有优良的力学、热和电等综合性能，常被人们誉为“透明金属”。最突出的优点是抗冲击、韧性极高，并有较高耐热和耐寒性(可在 - 100 ~ 130℃内使用)，良好的电性能、抗化学腐蚀性和耐磨性。导热系数小，但线膨胀系数比金属大得多。PC 不但可代替某些金属、有色金属、特种合金，还可代替玻璃、木材等，广泛应用于机械、电气、光学、医药等部门，如齿轮、蜗轮蜗杆等传递中小负荷的零部件，受力不大的紧固件如螺钉、螺帽等。

⑥氟塑料　氟塑料是大分子主链中含有氟原子的聚合物的总称，其共同特点是具有最佳的耐热性和耐化学性，具有极佳的电性能。仅以聚四氟乙烯、四氟乙烯 - 乙烯共聚物为例简要说明。

聚四氟乙烯(PTFE 俗称塑料王)。聚四氟乙烯(PTFE)是单体四氟乙烯的均聚物($\left[CF_2 - CF_2 \right]_n$)，是一种线型结晶型聚合物。由于大分子链上有对称而均匀分布的氟原子且不带极性，故具有优良的电性能、耐高温及耐化学药品性，分子链间吸引力微弱，而产生链间滑动，因而具有很低的摩擦系数和不粘性。PTFE 的性能特点是突出的耐高、低温性能(长期使用温度为 - 180 ~ 260℃)，是目前热塑性塑料中使用温度范围最宽的一种；极低的摩擦系数(仅 0.04)，因而可作为良好的减摩、自润滑材料；优越的化学稳定性，不论是强酸、强碱还是强氧化物对它都不起作用。其化学稳定性超过了玻璃、陶瓷、不锈钢及金、铂，故有“塑料王”之称；优良的电性能，它是目前所有固体绝缘材料中介电损耗最小的。PTFE 主要用于特殊性能要求的零部件，如冷冻机械中贮藏液态气的低温设备；化工设备中的耐蚀泵，反应罐等；耐磨自润滑轴承及多种耐磨件和密封环、垫圈等多种耐磨件。

乙烯 - 四氟乙烯共聚物(ETFE)。其抗拉强度、冲击韧度和耐蠕变性均优于 PTFE。耐低温冲击韧度是现有氟塑料中最好的，其长期使用温度 - 60 ~ 180℃、短时可达 230℃，耐切割、耐辐射，加工性能好等。ETFE 可用一般热塑性塑料的成型方法加工，但成型温度范围较窄，流动性较差。ETFE 主要用于电线被覆(计算机内配线和原子能反应堆控制有关的电缆)，高强度高韧性透明薄膜等。如北京鸟巢体育馆钢结构的外层膜，“水立方”钢结构的外、内层膜等。

(2)热固性塑料

①酚醛塑料(PF)　PF 是以酚醛树脂为主要成分，再加入添加剂而制成的，是酚类化合物和醛类化合物经缩聚而成。以苯酚与甲醛缩聚而得的酚醛树脂最为重要。PF 具有一定力学强度($R_m(\sigma_b) \approx 40$MPa)和硬度，绝缘性能良好，兼有耐热、耐磨、耐蚀的优良性能，但不耐碱，性脆。这类塑料因填料不同性能差异很大。PF 广泛应用于机械、汽车、航空、电器等工业部门用来制造各种电气绝缘件(如电气开关插头、电话机外壳等)，较高温度下工作的离合机构零件、耐磨及防腐蚀材料，并能代替部分有色金属(铝、紫铜、青铜等)制作零件，如汽车、火车等机车车辆用的刹车、离合器片，化学工业用的耐酸泵、防腐蚀管

道等，纺织工业用的无声齿轮等。

②环氧塑料(EP)　EP是由环氧树脂加入固化剂填料或其他添加剂后制成的热固性塑料。环氧树脂是很好的胶粘剂，有万能胶之称。在室温下容易调和固化，对金属和非金属都有很强的胶粘能力。EP具有高的力学强度，高韧性，在较宽的频率和温度范围内具有良好的电性能，以及优良的耐酸、碱及有机溶剂的性能，并能耐大多数霉菌，耐热、耐寒(可在-80℃~155℃内长期使用)，具有突出的尺寸稳定性等。EP浇注多用于电子、电器设备和零件的包装与封装，被浇铸的电气设备在潮湿海岸地带或各种特殊环境下均能使用，能大大延长设备的使用寿命。模塑以陶土、石英、石墨粉和玻璃纤维等增强，用传递模塑成型，成型温度150℃，适用于不宜受压的电子零件。层压系用环氧树脂浸渍纤维后，于150℃和130~140MPa的压力下成型，亦称环氧玻璃钢，常用作化工管道和容器，汽车、船舶和飞机等的零部件(如飞机升降舵和导管的结构板、轻质蜂窝材料等)及运动器具、电器开关装置、印刷线路板底座等。

6.1.3　橡胶材料(Rubber materials)

所谓橡胶，系指在使用温度范围内处于高弹态的聚合物材料。由于它具有良好的伸缩性、储能能力和耐磨、隔音、绝缘等性能，因而广泛用于弹性材料、密封材料、减震材料、防震材料和传动材料，在工业、农业、交通、国防工业中，起着其他材料所不能替代的作用。

1．橡胶的组成

橡胶是以生胶为原料，加入适量的配合剂，经硫化后所组成的高分子弹性体。橡胶制品的性质主要决定于生胶的性质，橡胶可分为天然橡胶和合成橡胶。

①天然橡胶　是从热带的橡树和杜仲树上流出的胶乳，经凝固、干燥、压片等工序制成各种胶片(以异戊二烯为单体的聚合物)。

②合成橡胶　将单体在一定条件经聚合反应而成。生胶是橡胶制品的重要组成部分，但它自身的分子结构是线型的或带有支链型的长链状分子，分子中有不稳定的双键存在，故不能直接用来制造橡胶制品。例如，受热发粘、遇冷变硬，只能在5~35℃范围内保持弹性。同时，强度差、不耐磨、也不耐溶剂等。因此为了改善橡胶制品的各种性能，通常都必须在生胶中加入几种其他组分并经硫化处理，根据其在橡胶中的作用可分为硫化剂、促进剂、活化剂、增塑剂、防老剂、着色剂等，统称为配合剂。某些特殊用途的橡胶，还有专门的配合剂，如发泡剂、硬化剂等。

2．橡胶制品的成型工艺简介

橡胶制品的生产，一般要经过以下工艺流程：

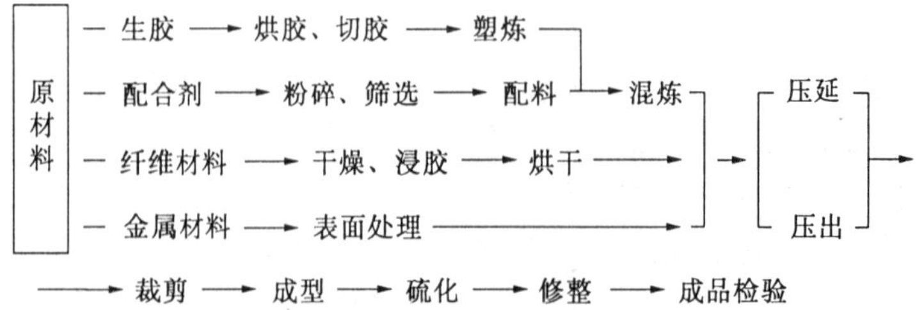

橡胶是弹性体，即不能粉碎成粉末，也不能单纯加热到流动状态成型。因此，要使橡胶与其他配合剂均匀混合，必须用特殊的工艺方法。

①塑炼　弹性的生胶不能和配合剂均匀混合，加工成一定形状也困难。将生胶从弹性状态变成塑性状态的过程叫塑炼，也叫素炼。橡胶的塑炼是利用在较高的温度下氧的作用，或在较低温度下的机械作用，使橡胶分子裂解，而分子量变小，塑性提高。天然橡胶通常用机械塑炼法，在炼胶机上进行塑炼。

②混炼　使生胶和配合剂混合均匀的加工过程叫混炼，混炼在混炼机上进行。混炼除了要严格控制温度和时间外，还需要注意加料顺序。正确加料顺序是：塑炼胶、防老剂、填充剂、软化剂、最后加硫化剂和促进剂。混炼对质量有很大影响，混炼越均匀，制品质量越好，使用寿命越高。

③压延与压出　混炼好的胶可用来成型。压延的目的是将胶料压成薄胶片（板片或片材），或在胶片上压出某种花纹，也可用压延机在帘布或帆布的表面上挂上一层胶，或者把两层胶片贴合起来。

④成型　胶制品的形状一般是比较复杂的，如胶鞋、轮胎等。成型就是根据制品的形状把压延或压出的各种胶片、胶布等，裁剪成不同规格的部件，然后进行贴合制成半成品。

⑤硫化　硫化是橡胶加工的主要工序之一，硫化的目的是使橡胶具有足够的强度、耐久性以及抗剪切和其他变形能力，减少橡胶的可塑性。硫化是一种形成某种交联键的化学反应。交联的类型和长度，交联的数目（交联密度）以及交联点之间的距离有无规则等都对橡胶性能有明显的影响。硫化过程是相当复杂的，一般在烃类橡胶中有三种基本类型，即碳－硫交联，碳－碳交联和金属盐交联。最常见的是碳－硫交联，所以习惯上称为硫化。

橡胶硫化后，成为交联的高分子网状结构。两个交联点之间的分子链称为网链，每一段网链中，可以包含许多链段，这些链段热运动的结果使网链强烈地蜷曲起来。在受到拉力时，链段除作热运动外，还要在外力作用下作定向运动，使分子链沿外力的方向伸展。在宏观上的表现就是橡胶被拉长。外力去除后，链段的运动又使网链强烈地蜷曲，宏观上的表现是橡胶弹回来，恢复原状。在这整个过程中，大分子链之间并没有产生相对的滑移。也就是说，大分子链的蜷曲情况的改变是一种弹性形变，而且形变量可能很大。

大分子网状结构中，交联点的密度较高、网链较短、一段网链中的链段数目很少时，能产生的弹性形变就小。硫化程度较高的橡胶属于这种情况。如果交联很密，网链甚至比链段还短，这种材料不但不能发生高弹形变，而且还很脆，酚醛塑料就是这种情况。当交联程度很低、网状结构不完善时，在拉伸过程中，除了弹性变形，还含有塑性变形发生，即链段的运动不但使分子链的蜷曲情况发生变化，而且还会使分子链之间发生相对的滑移，这当然是不希望的。

所以，硫化工艺对橡胶性能有很大影响。大多数橡胶制品的硫化都要加热（大约在130～160℃之间），加压和经过一定时间，如轮胎、胶管、胶带等。有的可以在常温下进行硫化，它是利用自然硫化胶浆，制造大型制品，如橡皮船就是在室温下放置几天，甚至二三十天逐渐进行硫化。

3. 常用橡胶材料

橡胶材料是工业、国防上的重要战略物资，人们日常生活也离不开它。天然橡胶资源有限，而合成橡胶由于原料价格便宜，来源丰富，且具有高弹性、不透水、低绝缘性、耐油、耐磨、耐寒等优异性能，所以获得长足发展。合成橡胶品种繁多，主要有六大品种：丁苯橡胶、顺丁橡胶、异戊橡胶、氯丁橡胶、乙丙橡胶和丁腈橡胶。合成橡胶习惯上按用途分为两类，即通用橡胶和特种橡胶。通用橡胶主要用来生产各种轮胎、各种工业用品（如运输带、传动带、胶管、胶棍、密封装置、减震装置等）、日常生活用品（胶鞋、暖水袋等）及医疗卫生用品。特种橡胶是专门用来制造在特殊条件下，如高温、低温、耐酸、耐碱、耐油以及防辐射等使用的橡胶。两者之间并无严格界线，有的既可属于通用橡胶又可属于特种橡胶。

(1)天然橡胶(NR)

NR是以异戊二烯为主要成分的不饱和状态的天然聚合物。实际上，NR是多种不同分子量的聚异戊二烯的混合体。NR的分子结构属于线型的、不饱和非极性分子，通常处于无定型状态。NR有较好的弹性和耐碱性能，但不耐强酸，在非极性溶剂中溶胀，故不耐油。它也能吸收空气中的氧，使分子链断裂或产生过度交联，造成橡胶发粘和龟裂等。NR广泛用于制造轮胎、胶带、胶管、胶鞋及各种橡胶制品等。

(2)通用合成橡胶

①丁苯橡胶(SBR)　SBR是以丁二烯和苯二烯为单体共聚而成的浅黄褐色弹性体。与NR相比，SBR具有较好的耐磨性、耐热性、耐老化性，质地均匀、价格低，它能与NR以任意比例混用。目前，SBR普遍用于制造汽车轮胎、胶带、胶管、胶鞋等，在大多数情况下可代替NR使用。其缺点是生胶强度低，粘性差，成型困难，硫化速度慢，制成的轮胎使用中发热量大，弹性差。

②氯丁橡胶(CR)　CR是由氯丁二烯聚合而成，人们常称之为“万能橡胶”。CR的耐油性、耐磨性、耐热性、耐燃烧性（近火分解出HC1气体，阻止燃烧）、耐溶剂性、耐老化性等均优于NR，它既可作通用橡胶使用，又可作为特种橡胶。

(3)特种合成橡胶

①丁腈橡胶(NBR)　NBR是丁二烯与丙烯腈的弹性共聚物。其中丁二烯为主要单体，丙烯腈为辅助单体。NBR的耐油、耐燃烧性能十分突出，对一些有机溶剂也具有很好的抗腐蚀能力，实际上它是作为耐油橡胶使用的。NBR的耐热、耐磨、耐老化、耐腐蚀性能也较好，超过了NR和许多通用橡胶。它还具有良好的抗水性。NBR主要用作耐油制品，如直接接触油类的密封垫圈、输油管等。

②聚氨酯橡胶(UR)　UR是聚氨基甲酸酯橡胶的简称。它是一种性能介于橡胶与塑料之间的弹性体。由于其具有较高的力学强度，优异的耐磨性、耐油性，突出的抗弯性以及高硬度下的高弹性等，因而被广泛地应用在军工、航空、石油、化工、机械、矿山、纺织等各个领域，用于制造各种耐磨、耐油、耐低温和高强度的橡胶制品和绝缘体，如矿山浮洗机的振动筛板、泥浆泵衬里等。它还广泛用作板金冲压工艺中的冲裁模、成型模、各种联结部件（如拖拉机联轴节）和耐磨衬板，以及矿山、机械等的密封、油封等。

6.1.4 胶粘剂与纤维材料(Adhesives and fiber materials)

1. 胶粘剂(胶接材料)

(1)胶接的特点

胶接是不同于铆接、螺纹连接和焊接的一种新型连接工艺。用胶接材料将材料相同或不同的材料构件粘合在一起的连接方法称为胶接或粘接。胶接时所用材料,即能将两种物体粘接在一起、并在胶接处有一定强度的物质称为胶粘剂。

胶接技术是一种新颖的连接方法,胶接工艺与铆接、螺栓、焊接等连接方法相比较,具有许多优点:

①适用范围广　一般不受材料种类和几何形状的限制。厚与薄、硬与软、大与小、不同材质之间,不同零件之间,都能胶接。这是其他连接方法所无法相比的。

②整个胶接面都能承受载荷　胶接面力学强度较高。例如,两块钢板之间的连接,用胶接比铆接剪切强度高。

③应力分布均匀　避免了应力集中,耐疲劳强度提高。一般胶接的反复剪切疲劳破坏为 4×10^6 次,而铆接仅为 3×10^5 次,疲劳寿命提高明显。

④胶接结构重量轻　节省材料较明显,可省去大量铆钉、螺栓,且胶接结构表面光滑、美观。

⑤具有密封作用　可堵住三漏(漏气、漏水、漏油),有良好的耐水、耐介质、防锈、耐蚀性和绝缘性。

⑥工艺温度低　胶接可在较低温度(甚至室温)下进行。可避免其他对热敏感部分受到损害。

(2)胶粘剂的组成

胶粘剂一般由几种材料组成。通常是以具有粘性或弹性的天然产物和合成高分子化合物为基料加入固化剂、填料、增韧剂、稀释剂、防老剂等添加剂而组成的一种混合物。每种具体的胶粘剂的组成主要决定于胶的性质和使用要求。

基料是使胶粘剂具有粘附特性的主要而必须的成分,又称为基体。基料通常是由一种或几种聚合物混合而成。常用的天然产物有淀粉、蛋白质、动物的骨和血、虫胶以及天然橡胶等。合成胶有氯丁橡胶、丁腈橡胶、丁苯橡胶等。合成树脂有环氧树脂、酚醛树脂等。

(3)常用胶粘剂

①环氧树脂胶粘剂　其基料主要使用环氧树脂,应用最广泛的是双酚A型,俗称“万能胶”。按使用情况可分为如下三种:(i)柔韧型环氧胶。柔韧型环氧胶粘剂主要用于橡胶与塑料的粘接。具有抗冲击、抗震动性能好,温度交变对胶膜膨胀率影响小,抗剥离强度与低温性能好等优点。(ii)刚性(结构)型环氧胶。其多数为结构胶。(iii)特种用途环氧胶。其可制成温度为 $-190\sim250$℃的超低温胶,还可制成水下修补用胶、导电胶、耐磨良好的尺寸修补胶及导热性良好的导热胶等。

②酚醛改性胶粘剂　酚醛树脂固化后有较大的交联键,脆性大,耐热性高。经过改性,酚醛-丁腈胶(它由酚醛树脂与丁腈橡胶混合而成),胶接强度高、弹性好、韧性好、耐

震动、耐冲击，使用温度范围较大，还可耐水、耐油、耐化学介质腐蚀。

③聚氨酯胶粘剂　分子中含有一个以上异氰酸酯基（－N＝C＝O）的化合物称多异氰酸酯。它与醇作用生成聚氨酯的聚合物。作为胶粘剂使用时，不是采用聚氨酯聚合物，而是采用端基分别是异氰酸酯基和羟基的两种低聚物。在胶接过程中它们相互作用生成聚合物而硬化。多异氰酸酯本身也可单独作为胶粘剂使用。聚氨酯胶粘剂具有较大的韧性，可用来胶接软质材料，如橡胶、塑料、皮革等。有良好的超低温性能，优良的耐溶剂性、耐油性、耐老化性能。聚氨酯胶适用范围很广，可粘接多种金属和非金属材料，如 Al、钢、铸铁、塑料、陶瓷、橡胶、皮革、木材等。配比不同，可以得到不同柔性的胶层，工程上常用聚氨酯胶进行塑料与金属、橡胶与金属的胶接。

④α－氰基丙烯酸酯胶　α－氰基丙烯酸酯胶是单组分常温快速固化胶粘剂，又称“瞬干胶”。其主要成分是 α－氰基丙烯酸酯，并配以稳定剂（二氧化硫等）、增塑剂等组分。目前国内生产的品种有 501、502、504 等。

α－氰基丙烯酸酯分子中氰基和羧基存在，在弱碱性催化剂或者水作用下极易打开双键而聚合成高分子聚合物。由于空气中总有一定的水分，当胶液涂到被胶接物表面后几分钟即初步固化，24 小时可达到较高的强度，因此有使用方便、固化迅速的优点。其缺点是耐热性、耐溶剂性较差，使用温度为－40℃～70℃。

⑤无机胶粘剂　无机胶粘剂的种类很多，目前在机械工程中应用最广的是磷酸－氧化铜无机胶粘剂。磷酸－氧化铜胶粘剂是用粒度 200～300 目的氧化铜粉和磷酸溶液均匀调和而成。这类胶粘剂的优点是优良耐热性、胶接强度高、较好耐低温性、极好的耐候性等。但这类胶粘剂性脆、不耐冲击。

2．纤维材料

（1）纤维材料

纤维材料指的是在室温下分子的轴向强度很大，受力后变形较小，在一定温度范围内力学性能变化不大的聚合物材料。若以纤维的特征来概括，即为“凡是本身的长细比大于 100 倍的均匀线状或丝状的聚合物材料”均称纤维。

纤维材料有两个主要用途，即制造织物和生产纤维增强的复合材料。此外，玻璃纤维等作为光缆主要元件的重要性不断增加。

纤维材料的重要性在于当大量的单丝纤维组合成各种纤维制品，如纱、织物、针织布或粘结织物，或与各种母体组合材料时产生的总体特性。

（2）纤维材料的分类

纤维材料分为天然纤维与化学纤维两大类。而化学纤维又可分为人造纤维和合成纤维两种。人造纤维是以天然高分子纤维素或蛋白质为原料经过化学改性而制成的。合成纤维是由合成高分子为原料通过拉丝工艺而得到的。

（3）常用合成纤维材料

①聚酰胺纤维（耐纶或尼龙，在我国习惯称锦纶）　它具有强韧、弹性高，质量轻，耐磨性好，润湿时强度下降很少，染色性好，抗疲劳性也好，较难起皱等。

②聚酯纤维（涤纶或“的确凉”）　它是生产量最多的合成纤维。以短纤维、纺织纱和长丝供应市场，广泛与其他纤维进行混纺。其特点是高强度、耐磨、耐蚀、疏水性，润滑时

强度完全不降低，干燥时强度大致与锦纶相等，弹性模量大，热稳定性特别好，经洗耐穿，耐光性好，可与其他纤维混纺。

③聚丙烯腈纤维(奥纶，开司米纶，俗称腈纶)　这类纤维几乎都是短纤维。它具有质轻，保温和体积膨大性优良。强韧而有弹性，软化温度高，吸水率低。

(4)常用特种纤维材料

①玻璃纤维　这是由玻璃经高温熔化成液体并以极快速度拉制而成。其特点是具有高的抗拉强度、比重小、耐热性好、化学稳定性高，除氢氟酸、热浓磷酸和浓碱外，对所有化学介质均有良好的稳定性，弹性模量约为钢的 1/3～1/6。常见的玻璃纤维制品有玻璃布、玻璃带、玻璃绳，以及玻璃纤维带、玻璃纤维毡、无纺布等。玻璃纤维连续纱可直接用作缠绕玻璃钢的增强材料。

②凯夫拉(Kevlar)纤维(芳香族聚酰纤维，简称芳纶)　它是以对苯二甲酰氯和对苯二胺为原料制得，由于其大分子链中含有酰胺基和苯环，大分子链易于排列规整和结晶。其特点是高比强度、高比模量，又称合成钢丝。该材料抗拉强度高，弹性模量高，良好的热稳定性(可在 290℃以下长期使用，在 150℃下强度不下降，在 -196℃时不发脆，不会燃烧)，良好的化学稳定性(只与少数强酸、强碱发生化学反应)，良好的抗冲击性、高的疲劳寿命及抗紫外线作用。

③碳纤维　碳纤维系用有机纤维(聚丙烯腈、沥青、聚丙烯和粘胶)在惰性气体中，经高温碳化而成。其特点为，与玻璃纤维比较，碳纤维的弹性模量很高，导热系数大，能导电、耐磨损，延伸率较小。其化学性能与碳相似，除会被强氧化剂氧化外，对一般酸碱不会发生化学反应，热稳定性好，在 1500℃以下，其强度不下降，同时耐低温性能也很好，如在液氮温度时也不会脆化。由于碳纤维的结晶高度定向，使其纵向导热性优于横向。还耐油、抗放射和辐射等。

碳纤维可分为两类，一类为聚丙烯腈系碳纤维(PAN)，其工艺过程包括原丝制造—稳定化(预氧化)—碳化及石墨化—表面处理，另一类为沥青系碳纤维，是将沥青在 400℃～500℃惰性气体中先转变为液晶态，再将液晶沥青作纺丝固化、碳化、石墨化等过程，最后对碳纤维进行表面处理和整形。目前碳纤维的强度水平可达 3 500～4 500MPa，弹性模量高达 500～700GPa。

6.1.5　导电聚合物材料简介(Brief introduction of dectroconductive polymers)

通常，聚合物材料是电绝缘的。然而在另一些场合，却需要材料既有普通聚合物的力学性能，又具有金属材料的导电性。这种愿望因 1977 年的一个重大发现而变为现实。导电聚合物材料是在 20 世纪 70 年代中后期快速发展起来的一种新型功能材料。与金属相比，导电聚合物具有重量轻、易成形、电阻率可调节、可通过分子设计合成出具有不同特性的导电性等特点，因而获得广泛开发与应用，被誉为是具有奇特性能的导电聚合物材料。谈及导电聚合物的发现，还有一段插曲。

1967 年，日本东京技术研究所的一位科学家百川英树(当时是研究生)，正在研究用乙炔气体制备聚乙烯塑料，当他听说著名的研究聚乙烯合成的科学家池田回国后，就虚心拜访。池田谈了自己多年的心得，并把自己试验中用到的一些试剂的数据随手写在一张纸条上。后来百川在用池田方法即用焊接用的电石合成聚乙炔塑料，他先在反应器中放入齐格勒—纳塔催化剂，然后把电石放进这个反应器里。奇怪，池田用这种方法制造出来的聚乙炔是一种黑色粉末，而他这次得到的产物，却是一种具有金属光泽的银灰色薄膜（即在 -78℃低温下制成的具有高顺式结构的聚乙炔薄膜）。他冷静地检查了自己的实验过程，发现添加的催化剂比规定数量多出 1000 倍。不过，测试结果表明，这种银灰色薄膜仍是聚乙炔。那么，黑色和银灰色的聚乙炔有没有区别呢？他一直在思考这个问题。1975 年，百川偶然和来日本访问的美国化学家和物理学家 A.G.麦可弟阿米特教授谈到这种金属样塑料时，对导电塑料研究多年的麦克弟阿米特彷佛看到了黎明前的曙光。

1977 年，百川和美国宾夕法尼亚大学麦可弟阿米特教授以及艾伦.黑格尔教授在美国共同发现，用碘（I_2）或 AsF_5 掺杂的聚乙炔塑料的室温电导率一下子提高了 12 个数量级，由绝缘体（电导率 $10^{-9}S\cdot cm^{-1}$）变成了具有金属导体性质的材料（$10^3S\cdot cm^{-1}$）。这一发现不仅改变了聚合物作为绝缘体的传统概念，而且也开创了一个新型的多学科交叉的研究领域——导电聚合物材料，三人也因此获得了 2000 年度诺贝尔化学奖。在其后的短时间内，相继开发了一系列新型导电聚合物材料。

按导电原理可分为结构型导电聚合物材料和复合型导电聚合物材料两大类。

1. 结构型导电聚合物材料

聚合物材料结构本身具有导电性，通过掺入杂质而使离子或电子在聚合物中的迁移来导电。已发现具有下述结构的聚合物有导电性：共轭聚合物（如线型共轭的聚乙炔等）、多环配位体金属螯合型聚合物（聚肽箐类）、具有吊挂结构或整体结构的聚合物（离子导电体）和高分子电荷转移络合物（电子导电体）等。

为什么经掺杂处理后的塑料会导电呢？首先要搞清导电是怎么回事。电流是由电子的定向运动形成的。但固体物质的电子却只能在物质的能带之内和能带之间运动。导电过程类似于“接力赛”，能带好比“跑道”，电子沿能带运动。金属的能带没有被电子充满，电子可“接力跑”，因而能导电。塑料的能带充满电子，电子不能运动，所以是绝缘体。对塑料进行掺杂处理后，可从能带中除去一部分电子，使它成为不饱和能带，电子就能“接力跑”了，因而也就一改昔日“面孔”，导起电来。

2. 复合型导电聚合物材料

以一般聚合物材料与各种导电性的填充剂等通过分散聚合、层积复合或表面形成导电膜等方法制成。因复合方式不同，它又有两种型式。

①表面镀膜型　将金属等导电材料以各种工艺方法涂覆于聚合物材料的表面，形成表面具有导电性的聚合物材料。如金属热喷涂法，金属镀层法（真空蒸镀、化学镀、电镀等），导电涂料法等。

②复合填充型　它是在通用树脂中加入导电性添加剂，采用一定的成型方法（如挤出、模压等）制得。所获得的材料毋需进行二次加工即具有导电性。根据耐温、耐腐蚀等不同的物理、化学性能方面的要求，可选用通用的或特殊的塑料、橡胶作基体材料。导电填料有金属、碳黑、石墨、金属氧化物、表面镀金属的粒子等。它们可以作成颗粒、薄片、树枝状、针形、带条、网状、纤维等形式。其导电性能可通过改变导电填料的品种和用量来调

节。当复合体系中导电填料浓度较低时,材料的电导率随导电填料浓度的增加变化较小,但当导电填料浓度达某值时,电导率会急剧上升,电导率可在 $10^{-10}S\cdot cm^{-1} \sim 10^{3}S\cdot cm^{-1}$之间变化,超过某值后,体系的电导率的增加又趋于平缓。导电聚合物可作为半导体材料、抗静电和导电材料使用。加入填料的电导率越高、量越大,所得复合材料的导电性越好。因此,可很容易地根据使用要求来进行设计符合不同要求的导电产品。

3. 导电聚合物材料应用举例

主要有电极材料,太阳能电池,电能的传送和转接,微波吸收材料,电致变色材料,透明导电膜,三极管,晶体管,二极管原料,传感器等。

结构型导电聚合物材料的用途如表6.1所示。常见复合型导电聚合物类型有导电胶粘剂,导电塑料和电磁屏蔽材料及防静电材料,导电薄膜(可作为电气零件、电子照相、电路材料、显示材料、防静电材料、电磁屏蔽、光记录与磁记录材料等)及导电涂料(可用作真空管涂层、磁头涂层、雷达发射机与自动点火器的导电涂层)等。

表6.1 结构型导电聚合物材料的用途

应用领域或有用的效用	实　　例
电子电导	电加热元件的挠性导体,电磁屏蔽材料,抗静电材料
电　极	燃料电池,光化学电池,传感器,心电图仪
边界层效应	选择性透过膜,离子交换剂,医药控制释放
电子学	分子电子学,发光二极管,数据存储,改良场效应晶体管
光　学	电致变色显示器,非线性光学材料,滤光片
电致伸缩效应	微触动器

6.2 无机非金属材料
Inorganic Nonmetallic Materials

无机非金属材料简称无机材料。随着现代科学技术的发展,无机材料亦获得惊人进展,许多新型无机材料的成分远远超出硅酸盐的范畴,通过控制材料成分与微观结构,许多具有不同功能的新型无机材料相继研制成功,并在国防、机械、化工等工业部门获得广泛应用。现在,无机材料同金属、聚合物材料一起,成为现代工程材料的主要支柱。

6.2.1 无机材料概述(Introduction of inorganic materials)

传统的无机材料(即陶瓷材料)主要是指以硅酸盐化合物为主要组分制成的材料,包括日用陶瓷、普通工业用陶瓷、普通玻璃,水泥、耐火材料等,它们通常是以天然硅酸盐矿物为原料(如粘土、长石、石英等),经原料加工 - 成型 - 烧结而制得的陶瓷。相对于传统(或普通)陶瓷而言,新发展起来的陶瓷称为新型陶瓷(即新型无机材料)。随着成分、结构和工艺的不断改进,新型陶瓷层出不穷,它们往往是采用纯度较高的人工合成化合物(如Al_2O_3、ZrO_2、SiC、Si_3N_4、BN等),经配料 - 成型 - 烧结而制得,因而具有优良的力学性能和物理性能。

所谓新型无机材料，系指用氧化物、氮化物、碳化物以及各种无机非金属化合物为原料，经特殊的先进工艺制备而成的、具有一系列优异性能的新型材料。与传统陶瓷材料相比，新型无机材料具有以下特点：

①材料组成已远远超出硅酸盐的范围，除氧化物、复合氧化物和含氧酸盐外，还有碳化物、氮化物、硼化物及其他盐类和单质。许多新型无机材料根本就不含二氧化硅及其化合物。

②材料应用也由结构材料发展到功能材料，即现在已大量使用它的电、光、声、磁、热、化学性能及其之间的相互耦合效应。

③制造工艺和制品形态均有了很大变化，正朝着单晶化、薄膜化、纤维化和复合化的方向发展。

新型无机材料主要包括新型工程陶瓷、特种玻璃、人工晶体、无机涂层和薄膜材料等。这些新型无机材料为空间、海洋、生物、信息、电子、激光和能源等高新技术的发展，提供了关键性的新材料。人们可以精确地调节与严格地控制这些新型无机材料的电、光、磁、力、热与化学性能，或将这些性能组合起来，使其在现代工程或现代技术的应用中起到关键的或不可取代的作用。

6.2.2 无机材料的特性(The properties of inorganic materials)

1. 力学性能

①高弹性模量、高硬度　陶瓷材料的弹性模量比金属的高数倍，比聚合物的高 2 ~ 4 个数量级。其硬度在各类材料中也是最高的，各种陶瓷的硬度多为 1 000 ~ 5 000HV(淬火钢为 500 ~ 800HV，而聚合物最硬也不超过 20HV)。陶瓷的硬度随温度升高而降低，但在高温下仍有较高的数值。

②低抗拉强度和较高抗压强度　因其微观结构的复杂性和不均匀性(即其致密度、杂质、气孔及各种缺陷的影响)，致使其实际抗拉强度值(约为 $E/1\,000 \sim E/100$ 或更低)远远低于其理论值(约为 $E/10 \sim E/5$)，比金属低得多。陶瓷在受压时，气孔等缺陷不易扩展成宏观裂纹，故其抗压强度较高，约为抗拉强度的 10 ~ 40 倍。显然，减少陶瓷中的杂质和气孔，细化晶粒，提高致密度和均匀度，可提高陶瓷强度。

③塑性、韧性低，脆性大　陶瓷受载时不发生塑性变形即在较低应力下断裂，是非常典型的脆性材料。其在室温下几乎没有塑性，但在高温慢速加载情况下，陶瓷也能表现出一定的塑性，塑性开始温度约为 $0.5T_m$(T_m 为熔点的绝对温度)，由于开始塑性变形的温度很高，因此陶瓷具有良好的高温强度。由于陶瓷材料为脆性材料，故其冲击韧度、断裂韧度都很低，其断裂韧度 $K_{IC} = (1/60 \sim 1/100)$(金属)。

④优良高温强度和低抗热震性　陶瓷材料的熔点高于金属，因而具有优于金属的高温强度。多数金属在 1 000℃以上就丧失强度，而陶瓷在高温下不仅保持高硬度，而且基本保持其室温下的强度，具有高的蠕变抗力，同时抗氧化性能好，故广泛用作高温材料。但是陶瓷承受温度急剧变化的能力(即抗热震性)差，当温度剧烈变化时容易破裂。

2. 物理性能与化学性能

①热性能　它包括熔点、比热容、热膨胀系数、热导率等与温度有关的物理性能。陶瓷的熔点高，大多在2000℃以上，因而使陶瓷具有优于金属的高温强度和高温蠕变抗力。陶瓷的热膨胀系数小、热导率低、热容量小，而且随气孔率增加而降低，故多孔或泡沫陶瓷可用作绝热材料。

②电性能　大部分陶瓷有较高的电阻率，较小的介电常数和介电损耗，可用作绝缘材料。但随着科学技术的发展，具有各种电性能的新型陶瓷材料如压电陶瓷，半导体陶瓷等作为功能材料，为陶瓷的应用开拓了广阔的前景。

③化学稳定性　陶瓷的结构稳定，金属离子被周围非金属离子包围，屏蔽于其紧密排列的间隙之中，很难再与周围的氧发生反应，甚至在1 000℃以上的高温下也是如此，所以具有很好的耐火性或不燃烧性。并对酸、碱、盐等腐蚀性介质均有较强的抗蚀性，与许多熔融金属也不发生作用，故可作坩埚材料。

6.2.3　无机材料的分类(Classification of inorganic materials)

无机材料的分类方法有多种，目前没有统一的命名和分类标准，这里仅介绍常见的两种分类方法。

1. 按其性能和应用的不同，新型陶瓷可以分为三大类

②工程陶瓷(结构陶瓷)　主要指发挥其机械、热、化学等功能的一大类材料。以力学性能为主要表征，由于具有耐高温、耐腐蚀、高耐磨、高硬度、高强度、低蠕变等一系列优异性能，可承受其他材料难以胜任的工作环境。其作为高温结构材料，可在空气中有载荷的情况下长期使用，且大多数可承受1 200℃以上的高温，零部件形状尺寸稳定性高，不需要象金属那样的润滑剂。其在能源、航空航天、机械、汽车、冶金、化工、电子等方面均具有广阔的应用前景。

②功能陶瓷　指利用其电、磁、声、光、热、弹性、铁电、压电和力等性质及其耦合效应所提供的一种或多种性质来实现某种使用性能的新型陶瓷。特别是那些能将各种物理量(或化学量)转变成电讯号的机敏陶瓷，这类陶瓷能将外界的光照、压力、温度、气氛、湿度、磁场、声压、色讯号、射线等不同环境条件下的信息转变为电信息。其他的还有绝缘陶瓷、半导体陶瓷、超导陶瓷、铁电和压电陶瓷等等。功能陶瓷的特点是品种多、产量大、功能全、应用广和更新快，可以民用为主，也可用于高新技术和军事技术，是市场占有份额高、更新换代快的一类新型陶瓷。

③生物陶瓷　是指发挥其生物和化学功能的新型陶瓷，主要用于人造骨、人工关节、固定酶载体和催化剂等。与金属生物材料和聚合物生物材料相比，生物陶瓷具有更好的生物相存性和化学稳定性。20世纪70年代以来，随着氧化铝陶瓷和热解碳在临床医学上的应用，开创了生物陶瓷时代，出现了生物活性玻璃、羟基磷灰石陶瓷和生物陶瓷涂层等，广泛应用于骨矫形、牙种植等医学领域。进入20世纪90年代，生物陶瓷研究的一个重要特点是与生物技术相结合，在其中引入活体细胞与生长因子，以及赋予生物陶瓷以药理作用。

2. 按结晶状态的不同可以分类

①结晶质陶瓷　结晶质陶瓷包括传统的硅酸盐材料和广泛用于传统技术和新技术领域的氧化物(如传统的氧化镁、氧化铝耐火材料,以及均匀度和纯度极高的纯氧化铝、氧化镁、氧化锆等氧化物材料)、非氧化物(如氮化硅、氮化硼、碳化硅、碳化钛、硼化锆、硅化钼等)无机材料等。

②非晶质陶瓷——玻璃　最典型的传统材料的实例是硅酸盐玻璃,也是工业上大规模生产的材料。制造普通玻璃的原料是具有一定纯度的 SiO_2 砂、石灰石和纯碱等。

非硅酸盐玻璃,一类是氧化物玻璃,主要有 B_2O_3、GeO_2 和 P_2O_5、TiO_2、V_2O_5、PbO、Al_2O_3、TeO_2 等。B_2O_3 由于其能与水蒸气起反应,因而应用不广,商业利用价值较低,但却是硅酸盐玻璃的重要添加剂,如普通的硼硅酸盐玻璃等。

另一类属非氧化物玻璃,如 As_2S_3、GeS_2、BeF_2 和 ZrF_4 等。其商业利用价值越来越重要,例如硫系玻璃,经常作为半导体材料,卤化物玻璃如四氟化锆玻璃纤维(ZrF_4),被认为在红外区要比传统的硅酸盐玻璃纤维有更优良的光传输性能。

玻璃具有良好的光学性能和较好的化学稳定性,可通过化学组成调整与结合工艺来改善其物化性能。采用新的工艺设备、高效地生产优质玻璃产品,或对它们做深度加工,进行表面强化处理,施加变色涂层以求达到具智能化的节能效果等是玻璃发展的目标。

③玻璃陶瓷　玻璃陶瓷是将结晶质陶瓷的特性与玻璃的特性相结合,其结果构成具有特别吸引人的优良制品,又称"微晶玻璃"。玻璃陶瓷的重要进展在于用它可制成既经济且尺寸又精确的制品。若小心控制热处理过程,可使原来的玻璃质结构 90% 以上成结晶质,最后的晶粒为 $0.1\sim1\mu m$,少数残余玻璃相充填在晶粒边界空隙中,构成无空隙结构。这种玻璃陶瓷抗机械冲击和热冲击能力远比常规陶瓷材料好,良好的抗机械冲击性能是由于缺少容易聚集应力空隙的缘故,而抗热冲击性好则是因为这类材料的热膨胀系数非常低。

玻璃陶瓷的工艺过程要比普通玻璃增加一道晶化热处理工序。玻璃陶瓷由于添加一定百分比的成核剂如 TiO_2、P_2O_5、ZrO_2 等,细小的 TiO_2 微粒呈细小弥散相,可促使在每 mm^3 体积内有 10^{12}的成核密度,在特定的成分和温度条件下,大量成核并生长成细小晶粒。

3. 按化学组成又可以进行分类

①氧化物陶瓷　Al_2O_3, ZrO_2, MgO, CaO, BeO, TiO_2, ThO_2, UO_2 等。

②氮化物陶瓷　Si_3N_4, BN, TiN, AlN 等。

③碳化物陶瓷　SiC, B_4C, TiC, ZrC, Cr_3C_2, WC, TaC, NbC 等。

④硼化物陶瓷　ZrB_2, TiB_2, HfB_2, LaB_2, Cr_2B 等。

⑤其他化合物陶瓷　赛隆陶瓷(SILON),$MoSi_2$ 陶瓷,硫化物陶瓷等。

⑥复合陶瓷　两种或两种以上化合物构成的陶瓷如氧氮化硅陶瓷、添加金属的金属陶瓷以及在陶瓷基体中添加纤维而成的纤维增强陶瓷等。

6.2.4 常用工程结构陶瓷材料(Common engineering structural ceramic materials)

1. 普通陶瓷

普通陶瓷的组织中,主晶相为莫来石晶体,含有相当数量的玻璃相和少量气孔。

这类陶瓷质地坚硬，不氧化生锈，耐腐蚀，不导电，能耐一定高温，加工成型性好，成本低。但因玻璃相数量较多，强度较低，耐高温性能不及其他陶瓷。另外，玻璃相中的碱金属氧化物和杂质还会降低介电性能。

普通陶瓷是各类陶瓷中用量最大的一类，广泛用于电气、化工、建筑、纺织等行业。例如铺设地面和输水管道、耐酸容器、隔电绝缘器件和耐磨的导纱零件等。

2. 特种陶瓷(亦称精细陶瓷，现代陶瓷或新型陶瓷等)

(1)氧化铝陶瓷(亦称高铝陶瓷)

其主要成分是 Al_2O_3 和 SiO_2。Al_2O_3 含量越高则性能愈好，但工艺更复杂，成本更高。其性能特点：强度高于普通陶瓷 2～3 倍，甚至 5～6 倍；硬度很高(760℃时 87HRA，1200℃时仍为 80HRA)、耐磨性好；耐高温性能好，可在 1600℃高温下长期使用；耐蚀性很强；良好的电绝缘性能，在高频下的电绝缘性能尤为突出，每毫米厚度可耐电压 3000V 以上。但其缺点是韧性低、抗热震性差，不能承受温度的急剧变化。

主要用于制作内燃机的火花塞，切削刀具、模具、轴承(特别是在腐蚀条件下工作)，熔化金属的坩埚、高温热电偶套管，以及化工用泵的密封滑环、机轴套、叶轮等。

(2)氮化硅陶瓷

氮化硅系六方晶系晶体，以$[SiN_4]$为结构单元，类似$[SiO_4]$四面体，它具有极强的共价键性。其性能特点：氮化硅的强度随制造工艺(热压烧结和反应烧结氮化硅)的不同有很大差异，热压烧结氮化硅由于组织致密、气孔率可接近于零，其室温抗弯强度可高达800～1 000MPa，而反应烧结氮化硅室温抗弯强度仅为 200MPa，但其强度可一直保持到 1 200℃～1 350℃的高温仍无衰减；氮化硅陶瓷的硬度高，摩擦系数小(0.1～0.2)且其本身具有自润滑性，在无润滑条件下工作是一种极为优良的耐磨材料；其蠕变抗力高，热膨胀系数小，抗热震性能在陶瓷中最好；化学稳定性好，能耐除熔融 NaOH 和 HF 外的所有无机酸和某些碱溶液的腐蚀，其抗氧化温度可达 1 000℃，有色金属熔体与氮化硅之间呈不润湿状态，因而可耐熔融有色金属的浸蚀；具有优异的电绝缘性能；其制品精度极高，烧结时的尺寸变化仅 0.1%～0.3%，但由于受氮化深度限制，只能制作壁厚 20～30mm 以内的零件。此外，由 Si_3N_4 和 Al_2O_3 构成的复相陶瓷(称为赛伦陶瓷)，是目前常压烧结强度最高的材料，它具有优异的化学稳定性、耐磨性和热稳定性。

热压烧结氮化硅只能用于形状简单且精度要求不高的耐磨、耐高温零件，如切削刀具(可切削淬火钢、铸铁、硬质合金、镍基合金等)，转子发动机的刮片，高温轴承等；反应烧结氮化硅陶瓷则主要用于制作形状复杂，尺寸精度要求高的耐磨、耐腐蚀、耐高温、绝缘零件，如石油、化工泵的密封环，高温轴承、热电偶套管、燃气轮机转子叶片。此外，氮化硅陶瓷是制造新型陶瓷发动机的在重要材料，其使用温度可达 1 200℃以上。

(3)碳化硅陶瓷

其制造方法有反应烧结、热压烧结和常压烧结三种。其性能的最大特点是高温强度高，在 1 400℃时其抗弯强度保持在 500～600MPa 的较高水平；其次是导热性好，其热传导能力很强，在陶瓷中仅次于氧化铍陶瓷；它有很好的耐磨损、耐腐蚀、抗蠕变、热稳定性能。

碳化硅陶瓷主要用作火箭尾喷管的喷嘴，浇注金属的浇道口、热电偶套管，炉管，燃气轮机机叶片、高温轴承、热交换器、各种泵的密封圈及核燃料包封材料等。

(4)硼化物陶瓷

硼化物具有许多优异的性能,使它们可应用于众多工业及高新技术领域。

①高熔点和难挥发　几乎所有二硼化物的熔点都高达 2 000℃以上。其中 ZrB_2 为 3 040℃,TiB_2 为 2 980℃,比 SiC 和 Si_3N_4 的熔点高近 1 000℃,成为能在超高温(2 000 ~ 3 000℃)下使用的最佳候选材料之一,可用于火箭喷嘴、内燃机喷嘴、高温轴承等高温部件。

②高硬度　二硼化物的硬度都比较高,TiB_2 的维氏硬度达到 33.5GPa,比 β - SiC 的硬度高约 30%。作为耐磨材料,ZrB_2 - B_4C 复合陶瓷的耐磨耗指数是 SiC 和 Si_3N_4 的 2 倍左右,也比 PSZ(部分稳定氧化锆陶瓷)略高。

③高导电性　二硼化物具有很低的电阻率,特别是 ZrB_2 和 TiB_2 与金属铁、铂的电阻率相当,导电机制为电子传导,呈正的电阻温度系数。作为电阻发热体时,温度易于控制,可用作特殊用途的电极材料。

④高耐腐蚀性　硼化物陶瓷对熔融金属具有良好的耐腐蚀性,特别是对熔融铝、铁、铜、锌几乎不反应,并且有很好的润湿性。硼化物的这一特性可应用于金属铝、铜、锌、铁的冶炼。在钢铁冶金中,可用它来制作铁水测温热电偶的保护管、中间包开式喷嘴和吹气管等。在炼铝工业中,可制作熔融铝料位传感器或模铸体用模型材料。特别是炼铝槽的阴极材料采用硼化物陶瓷后,节电可达 30%以上。

值得注意的是,尽管硼化物抗氧化能力比碳化物好,但是在 1 350 ~ 1 500℃以上,其氧化速率显著加快。这一缺点可以通过硼化物陶瓷表面改性或在硼化物陶瓷中引入 SiC、$MoSi_2$ 等第二相含硅化合物,使其在高温下局部形成较为致密的 SiO_2 薄膜,从而对硼化物基材起到保护作用。

6.2.5　金属陶瓷材料(Cermet materials)

金属陶瓷实质上是由金属和陶瓷组成的复合材料。金属的抗热震性、韧性好,但易氧化和高温强度不高;而陶瓷的硬度高,耐热性好,耐蚀性强,但抗热震性低、脆性大。通过一定的工艺方法将它们结合起来制成金属陶瓷,则可兼有二者的优点。

金属陶瓷中,陶瓷相是氧化物(如 Al_2O_3、ZrO_2、MgO、BeO 等)、碳化物(如 TiC、WC、SiC 等),硼化物(如 TiB、ZrB_2、CrB_2 等)和氮化物(如 TiN、BN、Si_3N_4 等),它们是金属陶瓷的基体或“骨架”。金属相主要是钛、铬、镍、钴及其合金,它们起粘结作用,也称粘结剂。陶瓷相和金属相的类型和相对数量将直接影响金属陶瓷的性能,以陶瓷相为主的多为工具材料,金属相含量较高时多为结构材料。目前已经取得较大应用的是氧化物基和碳化物基金属陶瓷。

1. 氧化物基金属陶瓷

应用最多的是氧化铝基金属陶瓷,其常用粘接剂为铬,其质量分数不超过 10%。铬的高温性能较好,表面氧化时生成的 Cr_2O_3 薄膜能和 Al_2O_3 形成固溶体,将氧化铝粉粒牢固地粘结起来。也可加入镍或铁作粘结剂,在高温下它们的氧化物都能与 Al_2O_3 形成复杂氧化物 $FeO \cdot Al_2O_3$、$NiO \cdot Al_2O_3$,改进陶瓷的高温性能。氧化铝基金属陶瓷具有高耐热性、高硬度、高耐磨性和高红硬性(达 1 200℃)。与纯氧化铝相比,改善了韧性、抗热震性和抗氧化能力。

氧化铝基金属陶瓷的主要问题是韧性和抗热震性较低。为进一步提高韧性和抗热震性,除加入应用较多的 Cr、Fe、Ni 粘结剂外,还可加入 Co、Mo、W、Ti 等。不过,加入金属粘结剂,并不能提高其强度。提高强度和韧性比较重要的办法是细化陶瓷的粉粒和晶粒,采用热压成型提高致密度。

将一定量碳化物添加到氧化铝中可制成氧化铝-碳化物复合陶瓷。在氧化铝-碳化物陶瓷中添加镍或钼、钴、钨等作为粘结金属可制成氧化铝-碳化物-金属复合陶瓷。

氧化铝基金属陶瓷目前主要用作工具材料。它与被加工金属材料的粘着倾向小,可提高加工精度和表面光洁程度,适于高速切削;能加工硬材料,例如硬度达 65HRC 的冷硬铸铁和淬火钢等。另外,模具、喷嘴、热拉丝模和机械密封环等也可用此类材料制作。

2. 碳化物基金属陶瓷(硬质合金)

碳化物基金属陶瓷中,粘结剂主要是铁族元素。它们对碳化物都有一定溶解度,将碳化物较好地粘结起来,例如 WC-Co 和 TiC-Ni 等。碳化物基金属陶瓷可用作工具材料,也可用作耐热结构材料。

硬质合金就是将某些难熔的碳化物粉末(如 WC,TiC 等)和粘结剂(如 Co、Ni 等)混合,加压成型,再经烧结而制成的金属陶瓷。其硬度很高(86~93HRA,相当于 69~81HRC),耐磨性优良,红硬性可达 800~1 000℃。这些虽比氧化物基金属陶瓷低,但强度和韧性却好得多,适于作切削工具、金属成型工具、矿山工具、表面耐磨材料以及某些高刚度结构件等。作刀具,切削速度可比高速钢高 4~7 倍;作冷模具,寿命可成 10 倍提高。常用硬质合金如下:

①**钨钴类** 此类合金由 WC 作基体,Co 为粘结剂。**其牌号用 YG 表示**,其后的数字表示钴含量,如 YG6 表示含 6%Co、其余为 WC 的硬质合金。Co 含量越高,则韧性和强度越好,但硬度和耐磨性稍有降低。适用于加工产生断续切削的脆性材料,如铸铁、某些有色金属和非金属材料等。

②**钨钴钛类** 此类合金由 WC、TiC 作基体,Co 为粘结剂。**牌号用 YT 表示**,后面的数字表示 TiC 的含量,如 YT15 表示含 15%TiC、其余 WC 和 Co 的钨钴钛类硬质合金。其红硬性比钨钴类好,但韧性和强度低些。适用于碳钢和合金钢的粗、精加工。

③**通用硬质合金** 此类合金由 WC、TiC、TaC、NbC 和 Co 组成。**牌号用 YW 表示**,后面数字表示顺序号,如 YW2,表示顺序号为 2 的钨钛钽(铌)类通用硬质合金。它兼有上述两种硬质合金的优点,可用来对难加工的材料(如不锈钢、耐热钢和高温合金等)进行粗、精加工。

3. 钢结硬质合金

这是近年来发展起来的一种新型硬质合金,**其牌号用 YE 表示**。其中 K 较少、大约为 30%~35%,粘结剂为各种合金钢或高速钢粉末。红硬性和耐磨性比一般硬质合金低,但比高速钢好得多;韧性则比一般硬质合金好。它可以象钢一样进行冷热变形加工和热处理,是很有前途的工具材料。

6.2.6 压电陶瓷材料简介(Brief introduction on piezoeletric ceramics)

1. 压电效应与压电陶瓷材料

"声纳"的探测和接收元件,是用一种所谓压电陶瓷制成的。这种具有压电特性的陶瓷材料称为压电陶瓷材料。压电效应是1880年由法国科学家皮埃尔·居里(Cuire Pierr)兄弟在实验时发现的。他们在研究石英、电石、酒石酸钾钠等晶体的过程中,发现这些晶体,如图6.5所示。在一定温度下在某特定方向受压形变时会在与力方向垂直的两平面内分别出现正负束缚电荷(a图),这种现象称为压电性,这种由机械能转换为电能的过程称为正压电效应;若把电场加到压电晶体上,晶体在电场作用下产生形变或应力(b图),这种由电能转换为机械能的过程称为逆压电效应。后来,人们便利用这种奇特的压电效应,将机械能转变成为电能,或把电能转变成为机械能。如果把电子振荡器产生的几万周的振荡电流加到压电晶体上,那么晶体也会产生忽而变薄、忽而变厚的振动,使薄片周围的水也随着发生波动,这就是超声波。装有"电耳"的潜水艇就是凭借压电晶体所发出的超声波以及接收的回波,来发现敌舰、水雷、暗礁以及冰山的。

常用的压电陶瓷材料,主要是钛酸钡陶瓷、锆钛酸铅陶瓷及以其为基础的三元系陶瓷等。

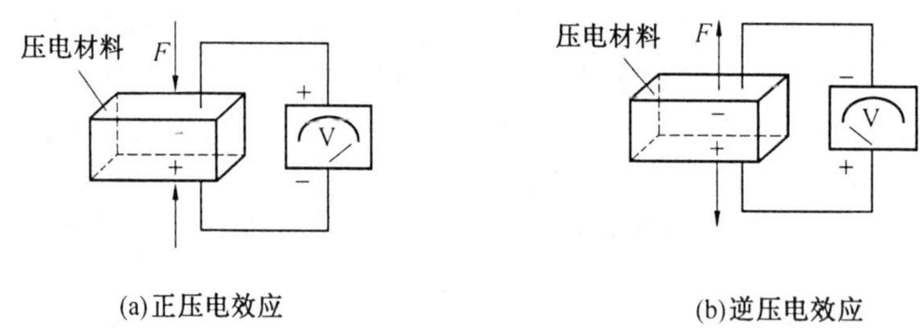

(a)正压电效应　　(b)逆压电效应

图6.5　压电效应示意图

2. 压电陶瓷的应用

声纳的用途十分广泛。在军舰、潜艇、反潜飞机上安装声纳之后,可准确确定敌方舰艇、鱼雷和水雷的方位。压电传感器主要应用在加速度、压力等的测量中,也广泛应用在生物医学测量中(如心室导管式微音器就是由压电传感器制成的)。

石英压电晶体振荡器,广泛应用于军事通信和精密电子设备、小型电子计算机以及石英钟表内作为时间或频率的标准。压电变压器具有体积小、重量轻、升压比高等特点而广泛应用在电视显像管、雷达量显示管、静电复印、静电除尘、小功率激光管等所需的高压设备中。压电晶体点火器已广泛应用在打火机、煤气灶、炮弹引爆以及汽车的火花塞中。

利用正、逆压电效应和电致伸缩效应综合研制成功高级轿车智能减震装置,具有识别路面并能自我调节的功能。该减震器可将粗糙路面形成的震动减到最低限度,提高乘车人员乘车的舒服感。整个感知与调节过程只需要20秒。

用压电陶瓷做探头的超声波医疗设备,能准确地诊断许多疾病。利用压电陶瓷受压后能产生电压的特性,还能制成自动显示数字的血压计。用压电陶瓷制作的人工心脏起搏器和盲人助视器已开始应用,可使心脏停跳的人重新获得生命,使盲人"见"到光明。

在反坦克炮弹上装上压电陶瓷元件,当炮弹击中坦克时,陶瓷因受压而产生高电压,从而引燃炸药,一举摧毁坦克。压电陶瓷强机械冲击波作用下,储存的能量而产生的瞬间电流达10万安培以上,可用于原子武器的引爆。

6.3 复合材料

Composite Materials

复合材料系由两种或两种以上物理和化学性质不同物质组合起来而得到的一种多相固体材料。更确切地说，利用适当的工艺方法，将两种或几种在物理性能和化学性能不同的物质组合而制成的多相固体材料，此材料的性能比组成材料的性能好，具有复合效果，即具有组成材料相互取长补短的良好综合性能。

复合材料直到20世纪40年代初才成为一门独立学科，特别是50年来，伴随科技和现代工业快速发展而获得迅猛发展。科学家将其划分为三个时代。**第一代复合材料的代表是玻璃钢，即玻璃纤维增强塑料；第二代的代表是碳纤维强化树脂及硼纤维强化树脂；现在又进入第三代，即深入研制金属基、陶瓷基、碳/碳基复合材料。**我国“十五”、“十一五”规划都把发展复合材料列为重要内容。

6.3.1 复合材料的分类(Classification of composites)

复合材料的种类繁多，目前还无统一分类方法，常用的分类方法如图6.6所示。

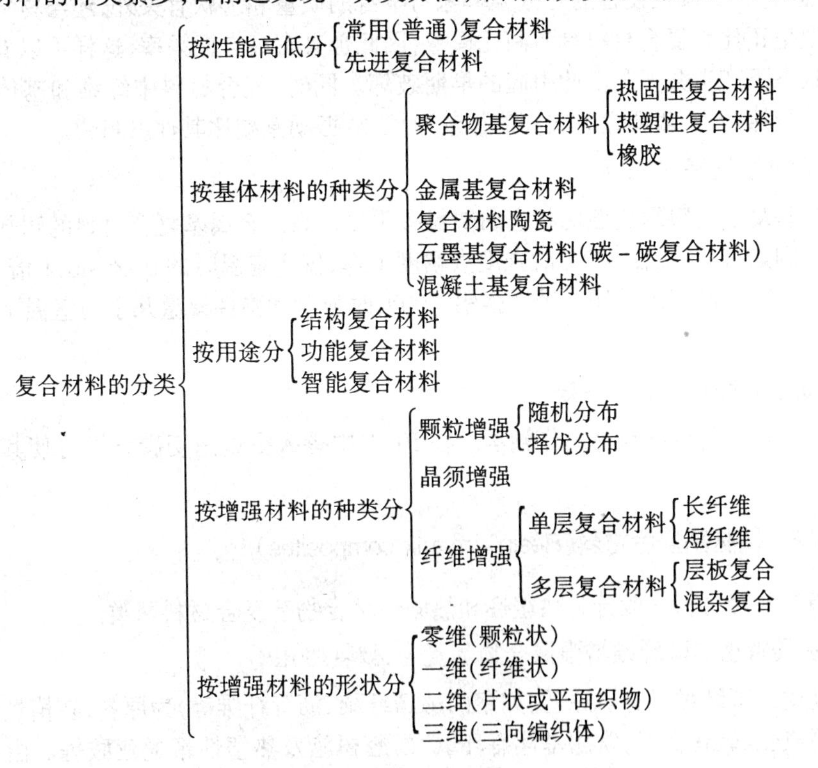

图6.6 复合材料常见的分类方法

6.3.2 复合材料的性能(The properties of composites)

1. 比强度、比模量高

复合材料的比强度(强度极限/密度)与比模量(弹性模量/密度)比其他材料高得多。这表明复合材料具有较高的承载能力。它不仅强度高,而且质量轻。例如碳纤维增强环氧树脂复合材料的比强度为钢的8倍,比模量为钢的3.5倍。因此,将此类材料用于动力设备,可大大提高动力设备的效率。

2. 抗疲劳性能好

复合材料有高疲劳强度。例如,碳纤维增强聚酯树脂的疲劳强度为其抗拉强度的70%~80%,而大多数金属材料只有其抗拉强度的40%~50%。

3. 破损安全性好

纤维增强复合材料由大量单根纤维合成,受载后即使少量纤维断裂,载荷会迅速重新分布,由未断裂纤维承担,使构件丧失承载能力的过程延长,断裂安全性能较好。

4. 减振性能好

工程结构、机械及设备的自振频率除与本身的质量和形状有关外,还与材料的比模量的平方根呈正比。复合材料具有高比模量,因此也具有高自振频率,这样可以有效地防止在工作状态下产生共振及由此引起的早期破坏。同时,复合材料中纤维和基体间的界面有较强的吸振能力,表明它有较高的振动阻尼,故振动衰减比其他材料快。

5. 耐热性能好

树脂基复合材料耐热性比相应的塑料有明显提高。金属基复合材料的耐热性更显其优异性。例如,铝合金在400℃时强度大幅度下降,仅为室温时的0.06~0.1倍,而弹性模量几乎降为零。而用碳或硼纤维增强铝,400℃时强度和弹性模量几乎与室温下保持同一水平。

6. 减摩耐磨和自润滑性好

塑料和钢的复合材料可用作轴承。在PTEF中掺入少量短切碳纤维可使其耐磨性提高3倍。

6.3.3 树脂基复合材料(Resin – matrix composites)

树脂基复合材料一般分为热塑性和热固性聚合物基复合材料两类。

1. 别具特色的碳纤维增强聚合物基复合材料(CFRP)

①概述　碳纤维以有机原丝(如聚丙烯腈纤维、沥青纤维等)为原料,在惰性气氛(N_2)中经高温氧化、碳化而成,常用基体有环氧、酚醛树脂及热塑性聚酰亚胺等。由于碳纤维与树脂浸润性差,故使用前需进行表面处理。

②性能特点　CFRP比强度、比模量大,其中比模量是芳纶增强复合材料的2倍,玻璃纤维的4~5倍。还具优良抗蠕变、耐疲劳、耐磨和自润滑性等特性。耐热性取决于不同树脂基体,如酚醛树脂可耐200℃,聚酰亚胺310℃。CFRP缺点是层间剪切和冲击强度

低、价格贵。

③应用 CFRP 是较理想的航空航天结构材料，如机翼、尾翼、喷管、火箭壳体等。近年来用 CFRP 作航天飞机的舱门、机械臂和压力 容器等；用于汽车工业制造长途客车车身，比玻璃钢车身轻 1/4，比钢轻 3 ~ 4 倍；还可用于医疗、体育器械和自润滑耐磨零件等。

2. 独树一帜的玻璃纤维增强聚合物基复合材料（玻璃钢，GFRP）

玻璃纤维增强聚合物基复合材料俗称玻璃钢，是以玻璃纤维及其制品为增强体的聚合物基复合材料，它在材料大家族中独树一帜，是聚合物基复合材料中产量最大的一种。材料使用的玻璃纤维是由熔融玻璃快速抽拉而成的细丝，直径一般为 5 ~ 20μm，纤维越细，性能越好。常用的聚合物基体有不饱和聚酯、环氧树脂、酚醛树脂及聚丙烯、尼龙、聚苯醚等。其中不饱和聚酯综合性能及工艺性能好，价格较低，故最为常用。

GFRP 的优点：性能可设计性好，轻质高强；耐腐蚀性能好，可耐除氢氟酸和浓碱以外的大多数化学试剂；绝缘性好，透波率高；绝热性好，超高温下可大量吸热；成本低。缺点：模量低，长期耐温性差。

GFRP 已广泛应用于建筑、机械制造、石油化工、交通运输及航空航天等领域，如制造车身或船体等大型结构件、飞行器结构件、雷达罩、印刷电路板及耐腐蚀贮罐、管道等。

3. 聚合物基复合材料层压板

常用树脂基体有热固性不饱和聚酯、酚醛、环氧和氨基树脂及某些热塑性树脂。增强材料为纤维及其织物，有玻璃纤维、碳纤维等。其成型工艺简单，比强度高，断裂韧度高，化学稳定性和介电隔热性能优良，同时具有良好的性能可设计性，应用更为广泛。可通过浸胶、裁剪、叠合、压制等工序制成。广泛应用于机械、电器、建筑、化工、交通运输和航空航天工业中，还可作为透波、耐腐蚀和耐烧性材料及某些功能材料。

4. 蜂窝夹层结构复合材料

由面板（蒙皮）与轻质蜂窝芯材用浸渍树脂液改性环氧胶粘剂或改性酚醛胶粘剂粘结而成的具有层状复合结构的材料。夹层结构面板可用强度较高的铝、不锈钢、钛板或碳纤维、玻璃纤维、芳纶纤维复合材料板，常用蜂窝芯材可为铝箔、玻璃布、芳纶纸板等片材粘接成六角形、菱形、矩形等格子的蜂窝状作为夹层结构，正六角形蜂窝芯稳定性高，制作简便，应用广泛。其特点是弯曲刚度大，可充分利用材料的高强度、重量轻，化学稳定性好的优点。一根铝蒙皮蜂窝夹芯梁的重量仅为同等刚度的实心铝梁的 1/5。常用来制造飞机雷达罩、舵面、壁板、翼面和直升机旋翼桨叶等，使用温度范围为 − 60℃ ~ + 150℃，还可用于火车、地铁、汽车上各种隔板、赛艇、游船、冲浪板等体育用品及建筑墙板等。

6.3.4 陶瓷基复合材料（Ceramic – matrix composites）

陶瓷基复合材料是一类基体为陶瓷、玻璃或玻璃陶瓷，以某种结构形式引入颗粒、晶片、晶须或纤维等的增强体，通过适当复合工艺，从而改善或调整原基体材料的性能而获得的复合材料。**碳/碳（C/C）复合材料**是指以碳或石墨纤维为增强体、碳或石墨为基体组成的一种新型陶瓷基复合材料。

1. C/C 复合材料的性能特点

比强度比模量高，其强度在所有复合材料中最高且强度随温度升高而增大，2500℃左右强度和模量达最大值，温度再升高则会发生蠕变；还具有良好抗烧蚀和抗热振性能，烧蚀热达 500～600kJ/kg，对雷达波和光波反射小，抗辐射和辐射系数高。主要性质为 R_m (σ_b) > 276MPa，E > 69GPa，密度 < 2.99g/cm^3，熔点达 4100℃以上，热导率 11.5W/m·K，线膨胀系数约 1.1×10^{-6}/℃，在惰性气氛下具良好热和化学稳定性，可制成一维到多维复杂形状制品。现已发展到抗烧蚀、外形稳定的多功能材料，并转向民用开发。最大缺点是在氧化气氛下 600℃左右开始氧化而失去强度，通常采用在其表面镀保护膜方法(外层 SiC 等难熔 K，内层为硼硅或 SiO_2 玻璃)，使其在氧化气氛下使用到 1 600℃。

图 6.7　C/C 复合材料航空刹车副成品

2. C/C 复合材料的应用范围

①宇航方面　主要用作烧蚀材料的热结构材料，如洲际导弹弹头的鼻锥帽、固体火箭喷管和航天飞机的鼻锥帽和机翼前缘。航天飞机的鼻锥帽和机翼前缘则要求重复使用，采用非烧蚀型抗氧化 C/C，美国、俄罗斯已成功在航天飞机上应用。

②刹车片　C/C 自 20 世纪 70 年代以来，已广泛用于高速军用飞机和大型超音速民用客机作为飞机刹车片。使用该刹车片后，飞机刹车系统比常规钢刹车质量减轻 680kg。它不仅轻且特别耐磨，操作平稳，当起飞遇紧急情况需及时刹车时能经受住摩擦产生的高温。而 600℃钢刹车片制动效果已急剧下降。

由黄伯云院士等完成的“高性能炭炭航空制动材料的制备技术”获 2004 年国家技术发明一等奖。他们研制的刹车副成品(图 6.7 示)主要用于飞机刹车和航天发动机上。目前除我国外，仅美、英、法国掌握该技术，长期以来，三国垄断了国际市场，并实行严密技术封锁，我国每年需进口数亿元 C/C 刹车副。与国外同类产品相比，我国研制的航空刹车副，性能指标“一路攀高”：使用强度提高 30%，耐磨性提高 20%，寿命提高 9%，价格降低 21%，生产效率提高 100%，高能制动性超过 25%。即 100 米能刹住的飞机，用我们的 75 米就能刹住。飞机减重是以克来计算，越重越耗油。全部采用国产 C/C 复合材料刹车副的中型飞机，要比使用金属刹车副轻 300 公斤以上，使用寿命提高 4 倍，飞机降落时刹车距离可大幅缩短。

③发热元件和机械紧固件　C/C 发热元件可制成大型薄壁发热元件，更有效利用炉膛容积。如高温热等静压机中采用长 2m 的 C/C 发热元件，其壁厚只几毫米，此发热体可在 2 500℃高温下工作。用它制成螺钉、螺母、螺栓、垫片可在高温下作紧固件。

④吹塑模和热压模　可代替钢和石墨制造超塑成型的吹塑模和粉末冶金热压模。用它制造复杂形状的钛合金超塑成型空气进气道模具，具有质量轻、成型周期短、成型出产品质量好等优点。德国已研制出该材料模具，最长达 5m，但质量很轻，两人就可轻易搬

走。C/C 热压模已被用于 Co 基粉末冶金中，比石墨模具使用次数多、寿命长。

⑤其他应用　C/C 与人体组织的生物相容性良好，已成功用于制造人工韧带、碳纤维血管、食管、人工腱、人工关节、人工骨、人工齿、人工心脏瓣膜等；它是理想汽车车体选材，可制成发动机推杆、连杆、内燃机活塞，传动轴、变速箱，汽车底盘、横梁及车体的车顶内外衬、侧门等；还可用于化工耐腐蚀设备、压力容器、管道、容器衬里和密封填料；它又可制成电吸尘装置的电极板、电池的电极、电子管的栅极等，其应用前景广泛。

6.3.5 金属基复合材料（Metal - matrix composites，MMC）

它是在金属或合金基体中加入一定体积分数的纤维、晶须或颗粒等增强相经人工复合而成的材料。它集高比模量、高比刚度、良好的导热导电性、可控的线胀系数及良好高温性能于一体，同时还具有可设计性和一定的二次加工性，是一种重要的新型复合材料。根据金属基体的不同，可分为铝基、铜基、钛基、镁基和其他 MMC。铝基复合材料是当前使用最广泛、应用最早、品种和规格最多的一类 MMC。

1. 连续纤维增强的铝基复合材料

常用的长纤维有碳纤维和硼纤维。连续纤维增强的铝基复合材料具有高比强度和高比模量，在高温时能保持较高的强度、尺寸稳定性好等一系列优异性能，目前主要用于航天领域，作为航天飞机、人造卫星、空间站等的结构材料。以 B/Al 复合材料制造主承力管型构件，在航空航天器上有广泛的应用天地，已制备涡轮风扇发动机叶片高性能航空发动机风扇叶片和导向叶片。

2. 非连续纤维增强的铝基复合材料

按增强体又可分为短纤维、晶须和颗粒增强。短纤维增强体包括 C 纤维、SiC 纤维、Si_3N_4 纤维、Al_2O_3 纤维等。通常采用液相浸渗法制备短纤维增强铝基复合材料。

短纤维增强铝基复合材料不但强度、刚度好，还具有优异的耐磨性。C 纤维增强铝基复合材料具有高比强度、高比刚度、低膨胀率等优点，不吸潮、抗辐射、导电导热率高，良好的尺寸稳定性，使用时没有气体放出，作为结构材料和功能材料在航天航空及民用领域的应用前景十分广阔。SiC 纤维增强铝基复合材料有质轻、耐热、高强度、耐疲劳等优点，可用作飞机、汽车、机械等部件及体育运动器材等。

颗粒增强铝基复合材料解决了增强纤维制备成本昂贵问题且材料各向同性，克服了制备过程中出现的诸如纤维损伤、微观组织不均匀等影响材料性能的许多缺点，已成为当今世界 MMC 研究领域中一个最为重要热点，并日益向工业规模化生产和应用方向发展。常用的颗粒增强相有 K（SiC、B_4C、TiC）、硼化物（TiB_2）、氮化物（Si_3N_4）和氧化物（Al_2O_3）及 C、Si、石墨等晶体颗粒都可被用作铝基复合材料的增强体，其中 SiC 是使用量最多的一种增强体。颗粒增强铝基复合材料的一个重要优点是具有较好耐腐蚀性。它可用来制造卫星及航天用结构材料、飞机零部件、金属镜光学系统、汽车零部件，还可用来制造微波电路插件、惯性导航系统的精密零件、涡轮增压推进和电子封装器件等。

6.3.6 塑料 - 金属多层复合材料(Plastic - metal multi - layer bearing composites)

这类复合材料的典型代表是 SF 型三层复合材料,如图 6.8 所示。它是以钢为基体,烧结铜网或铜球为中间层,塑料为表面层的一种自润滑材料。其整体性能取决于基体,而摩擦、磨损性能取决于塑料。中间系多孔性青铜,其作用是使三层之间有较强的结合力,且一旦塑料磨损露出青铜也不致磨伤轴。常用于表面层的塑料为聚四氟乙烯(如 SF - 1型)和聚甲醛(如 SF - 2 型)。这种复合材料常用作无油润滑轴承,它比用单一的塑料提高承载能力 20 倍,导热系数提高 50 倍,热膨胀系数降低 75%,因而提高了尺寸稳定性和耐磨性。适于制作高应力(140MPa)、高温(270℃)及低温(- 195℃)和无润滑条件下的各种滑动轴承,已在汽车、矿山机械、化工机械中应用。

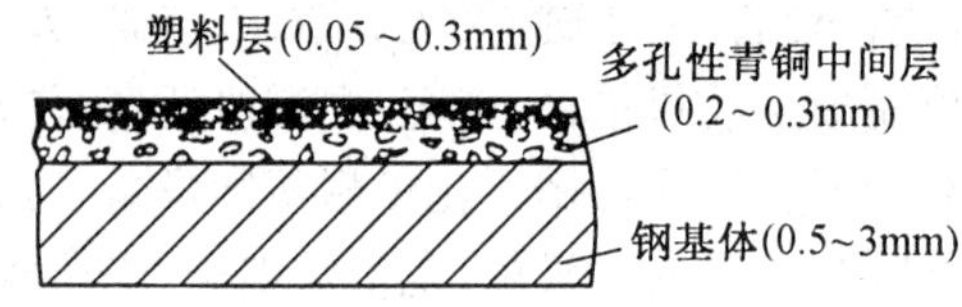

图 6.8 塑料 - 金属三层复合材料

本章小结(Summary)

本章简要概括了非金属材料的有关基本知识,其中包括聚合物材料、工程陶瓷材料以及复合材料的性能特点、分类、用途等内容。通过本章的学习,对于常用工程塑料、工程结构陶瓷材料的特性及应用等有了一个概括了解.并能做到会初步合理使用。

阅读材料 6 被誉为“未来材料”的生物材料
Biological Materials—“The Future Material”

生物医学材料是用于与生命系统接触和发生相互作用的,并能对其细胞、组织和器官进行诊断治疗、替换修复或诱导再生的一类天然或人工合成的特殊功能材料,简称生物材料。由于生物医学材料的重大社会效益和巨大经济效益,近十年来,已被许多国家列为高技术材料发展计划,并迅速成为国际高技术的制高点之一,其研究与开发得到了飞速发展。此外,生物医学材料是材料科学与生命科学的交叉学科,代表了材料科学与现代生物医学工程的一个主要发展方向,是当代科学技术发展的重要领域之一。

1. 生物医学材料的用途、基本特性及分类

(1)用途 随着医学水平和材料性能的不断提高,生物医学材料的种类和应用不断扩大。从头到脚、从皮肤到骨头、从血管到声带,生物材料已应用于人体的各个部位。主要有三方面:①替代损害的器官或组织,例如人造心脏瓣膜、假牙、人工血管等;②改善或恢复器官功能的材料,如隐型眼镜、心脏起搏器等;③用于治疗过程,例如介入性治疗血管内支架、用于血液透析的薄膜、药物载体与控释材料等。

(2)对生物医学材料的基本要求 生物材料植入机体后,通过材料与机体组织的直接接触与相互作用而产生两种反应:**一是材料反应**,即活体系统对材料的作用,包括生物环境对材料的腐蚀、降解、磨损和性质退化,甚至破坏;**二是宿主反应**,即材料对活体系统的作用,包括局部和全身反应,如炎症、细胞毒性、凝血、过敏、致癌、畸形和免疫反应等,其结果可能导致对机体的中毒和机体对材料的排斥。因此,生物医学材料应满足以下基本条件:①**生物相容性**。包括对人体无毒,无刺激,无致畸、致敏、致突变或致癌作用;在体内不被排斥，无炎症，无慢性感染，种植体不致引起周围组织产生局部或全身性反应，最好能与骨形成化学结合，具生物活性；无溶血、凝血反应等。②**化学稳定性**。包括耐体液侵蚀，不产生有害降解产物；不产生吸水膨润、软化变质；自身不变化等。③**力学条件**。必须具有足够的静态强度，如抗弯、抗压、拉伸、剪切等；适当的弹性模量和硬度；耐疲劳、摩擦、磨损，有润滑性能。④**其他要求**。i 良好空隙度，体液及软硬组织易于长入；ii 易加工成形，使用操作方便；iii 热稳定性好，高温消毒不变质等性能。

(3)生物医学材料的分类　有多种方法，最常见的是按材料的物质属性来划分，可分为医用金属、生物陶瓷、医用聚合物和医用复合材料等四类。另外，近来一些天然生物组织，如牛心包、猪心瓣膜、牛颈动脉、羊膜等，通过特殊处理，使其失活，消除抗原性，并成功应用于临床。这类材料通常称为生物衍生或再生材料。也可按用途进行分类：如口腔医用材料、硬组织修复与替换材料（主要用于骨骼和关节等）、软组织修复与替代材料（主要用于皮肤、肌肉、心、肺、胃等）、医疗器械材料等。以下桉材料物质属性的分法简要介绍各类生物医学材料。

2.金属生物医学材料

①不锈钢　A 不锈钢、F 不锈钢、M 不锈钢等。

②钛合金　基本都是 $\alpha+\beta$ 型钛合金，这些合金中除含 6% 以上 Al 和一定量 Sn 和 Zr 外，还含一定数量 Mo 和 V 等 β 稳定元素。适量 β 稳定元素的加入可提高室温强度，由于这类合金中含较多 β 相，可在一定程度上热处理强化。Ti 合金广泛用于制作各种人工关节、接骨板、牙根种植体、牙床、人工心脏瓣膜、头盖骨修复等许多方面。

3．生物陶瓷材料

指主要用于人体硬组织修复和重建的生物医学陶瓷材料。与传统陶瓷不同，它不是单指多晶体，而且包括单晶体、非晶体生物玻璃和微晶玻璃、涂层及复合材料。它不是药物，但它可作为药物的缓释载体；他们的生物相容性、磁性和放射性，能有效的治疗肿瘤。在临床上已用于胯、膝关节、人造牙根、额面重建、心脏瓣膜、中耳听骨等。

根据与生物体组织的效应，把它们可以分为三类：①惰性生物陶瓷。这种生物陶瓷在生物体内与组织几乎不发生反应或反应很小，例如氧化铝陶瓷和蓝宝石、碳、氧化锆陶瓷、氮化硅陶瓷等。②活性生物陶瓷。在生理环境下与组织界面发生作用，形成化学键结合，系骨性结合。如羟基磷灰石等陶瓷及生物活性玻璃，生物活性微晶玻璃。③可被吸收的生物降解陶瓷，这类陶瓷在生物体内可被逐渐降解，被骨组织吸收，是一种骨的重建材料，例如磷酸三钙等。

4．生物医用聚合物材料

(1)用于药物释放的聚合物材料

水凝胶　常见的水凝胶有聚甲基丙烯酸羟乙酯、聚乙烯醇、聚环氧乙烷或聚乙二醇等合成材料及一些天然水凝胶，如明胶、纤维素衍生物、海藻酸盐等。其生物相容性好，孔隙分布可控，能实现溶涨控释。

生物降解聚合物　通常天然聚合物（如多糖和蛋白质等）可为酶或微生物降解，合成聚合物的降解是由可水解键的断裂而进行的。不同的可生物降解聚合物的降解速度不同，因此可方便控制药物释放时间。

脂质体主要是由卵磷脂的单分子壳富集组成的高度有序装配体。在水中，脂质双分子膜闭合成装配体，形成脂质体，其结构与生体膜类似。在脂质体内部，脂质分子的疏水性长链富集，可内包各种低极性物质；在脂质体表面，脂质分子的亲水基富集。利用脂质双分子膜的外层和内层性质不同，可用来控释各种生理活性物质。因脂质体可生物降解，易于制备，且能负载许多脂质和水溶性药物，它是有效药物载体。

(2)用于人工器官和植入体的聚合物材料

在医学上聚合物不仅被用来修复人体损伤的组织和器官、恢复其功能，还可用来制作人工器官来取带全部或部分功能。如用医用聚合物制成的人工心脏可在一定时间内代替自然心脏的功能，成为心脏移植前的一项过渡性措施。又如人工肾可维持肾病患者几十年生命，病人只需每周去医院 2～3 次，利用人工肾将体内代谢毒物排出体外就可维持正常人的活动与生活。表 6.2 列出了聚合物在医学上的部分应用和所选用聚合物材料。

由于医用聚合物材料的发展，使得过去许多梦想变成现实。但医用聚合物材料本身还存在一些问题，与临床应用的综合要求还有差距，有些材料性能还达不到要求起到代替人体器官的作用。有些材料还不够安全，如早期的乳房植入体材料就出现过许多问题。因此，还需对医用聚合物材料进行深入研究，以使材料更加安全、更具有接近人体自身的组织与器官的功能与作用。

表 6.2　医学上应用的部分聚合物材料

用　途	材　　料	用　途	材　　料
肝脏	赛璐珞、PHEMA	心脏	嵌段聚醚氨酯弹性体、硅橡胶
肺	硅橡胶、PP 空心纤维	人工红血球	全氟烃
胰脏	丙烯酸酯共聚物	胆管	硅橡胶
肾脏	醋酸纤维素、聚甲基丙烯酸酯立体复合物、聚丙烯腈、PSF、聚氨酯	关节、骨	超高分子量 PE、高密度 PE、聚甲基丙烯酸甲酯、尼龙、硅橡胶
肠胃片断	硅氧烷类	皮肤	火棉胶、聚酯
人工血浆	羟乙基淀粉、聚乙烯吡咯酮	血管	聚酯纤维、聚四氟乙烯、SPEU
角膜	PMMA、PHEMA、硅橡胶	耳及鼓膜等	硅橡胶、丙烯酸基有机玻璃、PE
玻璃体	硅油(PVC、聚亚胺酯)	喉头	PTFE、聚硅铜、PE
气管	PTFE、聚硅酮、PE、聚酯纤维	面部修复	丙烯酸基有机玻璃
食道	聚硅酮、PVC	鼻	硅橡胶、PE
乳房	硅聚酮	腹膜	聚硅铜、PE、聚酯纤维
尿道	硅橡胶、聚酯纤维	缝合线	聚亚氨酯

习题与思考题*

(Problems and Questions)

1.名词辨析

(1) 热固性与热塑性； (2)塑料、橡胶与胶粘剂。

2.什么是聚合物材料？聚合物力学性能的最大特点是什么？

3 .试简述常用工程塑料的种类、性能特点及应用。

4.试解释发生下列现象的原因：

(1) 尼龙的蠕变在高温下更易出现；

(2) 水龙头中的橡胶垫片不再密封；

(3) 汽车加热器胶皮管时常发生破裂；

(4) 紧紧缠绕在某物体上的橡胶带，数月后即失去弹性并发生断裂。

5. 何谓金属陶瓷？硬质合金的成分特点是什么，其突出的性能是什么？

6.某厂接受 40 个 40CrMnMo 材料的零件加工任务。如采用普通高速钢铣刀加工，每个零件的实际切削时间为 1h，青工 A 提议购买合适的 WC 硬质合金铣刀，那么每个零件的实际切削时间将不超过 25min。老工长 B 不相信这种估计的现实性，他不打算将 450 美元花在也许今后不再有用的硬质合金铣刀上。如包括工资在内的机器运转费每小时为 30 美元，试问 WC 硬质合金刀具能否满足加工要求，可否进行高速切削？这两种加工方案哪种更为合理？

7.什么是复合材料？其结构有何特点？它对基体有什么要求？

8.请列举几种(至少 4 个)应用复合材料的实际例子。

第7章 机械工程材料的合理选用

Materials Selection and Application for Mechanical Engineering

主要问题提示(Main questions)

1.您能分析与说明机械工程材料合理选用的基本原则吗?

2.气轮机叶片(或切削刀具)常见的失效形式有哪些?叶片(或刀具)材料的选择主要取决于什么,请结合材料的选择说明之。

3.如何进行齿轮、轴类这两类典型零件的合理选材分析呢?您能正确制定其加工工艺路线及相应的热处理工艺吗?从比较这两类典型零件的选材特点,可以得出何种结论呢?

4.您熟悉金属材料常见的三种加工工艺路线吗?

学习重点与方法提示(Key points and learning methods)

本章是该课程教学的第4个重点,是前述各章知识内容的综合应用,也是学习本课程的落脚点,即初步做到正确、合理地选用工程材料,能安排其加工工艺路线。因此,**本章学习的重点是机械零件合理选材的基本原则,通过典型零件(齿轮和轴类)的选材,学会综合分析的思路与方法。**

本章学习方法提示:紧紧把握贯穿材料科学的主线索(材料的成分–组织结构–加工工艺–失效分析–性能–应用),综合运用前述各章知识内容,熟记合理选材的基本原则;以典型机械零件(齿轮、轴类)选材分析为例,初步学会综合分析问题、解决问题的思路与方法。在有条件的情况下,结合工厂调查研究,尝试分析一种典型机械零件(如车刀,某汽车发动机曲轴等)的合理选材与正确制定其加工工艺路线。

7.1 机械工程材料合理选用的基本原则

Criteria of Materials Selection and application for Mechanical Engineering

在机械零件产品的设计与制造过程中,如何合理地选择和使用工程材料是一项十分重要而又相当复杂的工作,它会影响整个设计过程。这是因为机械零件设计和制造应当包括结构设计、材料选择和工艺设计三个方面,缺一不可。然而不少工程技术人员往往有一种偏向,即只重视产品结构设计,而把选材看成是一种简单而又不太重要的任务,以为只要参考类似零件选用类似材料,或根据简单计算和查阅材料性能手册所提供的数据,找出一种通用材料,便可万事大吉。事实上许多机器设备的重大质量事故均来源于材料问题。因此掌握选材的基本原则与方法,是十分必要和具有实际意义的。

选用工程材料的基本原则是:不仅要充分考虑材料的使用性能能够适应机械零件的

工作条件要求、使机器零件经久耐用，同时还要兼顾材料的加工工艺性能、经济性与可持续发展性，以便提高零件的生产率、降低成本、减少能耗、减少乃至避免环境污染等。

7.1.1 充分考虑材料的使用性能原则(To meet functional requirements)

零件的使用性能是保证工作时安全可靠、经久耐用的必要条件，是选材时首要考虑的问题。一般机械零件使用的基本思路如图 0-1 所示，主要考虑以下使用性能指标。

1. 分析零件的工作条件，初步确定零件的使用性能指标

零件工作条件的分析包括以下三方面内容。

①零件的受力情况(即载荷的形式、类型、大小和分布等) 要判明是受拉伸、压缩、扭转、剪切或弯曲载荷中的哪一种；是静载荷、动载荷还是交变载荷；载荷的大小及分布状况(均匀分布或有较大的局部应力集中)等。

②零件的工作环境 主要指温度和环境介质的性质，是否有腐蚀性等。

③零件的特殊性能要求 如电、磁、热等性能，以及密度、外观、色泽等，都要加以分析、对比。

在上述工作条件分析基础上确定零件的使用性能。例如静载时，材料的弹性或塑性变形抗力是主要使用性能；交变载荷时，疲劳抗力是主要使用性能等。但上述分析往往带有一定预估的主观性，难免会对零件实际工作条件下的某些因素估计不足，甚至由于人为忽略某些因素而产生一定偏差，为此还须进行失效分析。

2. 对零件进行失效分析，最终确定其主要的使用性能指标

失效分析的目的就是要找出产生失效的主导因素，为较准确地确定零件主要使用性能提供经过实践检验的可靠依据。例如，长期以来，人们认为发动机曲轴的主要使用性能是高的冲击抗力和耐磨性，必须选用 45 钢。而失效分析结果表明，曲轴的失效方式主要是疲劳断裂，其主要使用性能应是疲劳抗力。所以，以疲劳强度为主要失效抗力指标来设计、制造曲轴，其质量和寿命显著提高，而且在一定条件下可选用球墨铸铁来制造。

3. 将零件使用性能转化为材料的使用性能指标

在零件工作条件和失效分析的基础上确定了零件的使用性能要求，然后将其转化为某些可测量的实验室性能指标，如强度、硬度、韧性、耐磨性等及其具体数值。这是选材最关键也是最困难的一步。确定具体性能指标后即可利用手册或实验数据进行选材。

(1)根据力学性能选材应充分考虑的几点

①**材料的性能与加工、处理条件的关系** 材料的力学性能不仅决定于其化学成分，而且也决定于其加工处理后的状态。因此在选材的同时，需考虑相应的加工、处理条件，特别是热处理工艺，确定热处理技术要求，以确保零件质量，充分发挥材料潜力。

②**材料的尺寸效应** 指材料截面大小不同，即使热处理相同，其力学性能也会产生很大差异。随截面尺寸增大，材料的力学性能将下降，这种现象称为材料的“尺寸效应”。金属材料，特别是钢材的尺寸效应尤为显著，随尺寸加大，其强度[$R_m(\sigma_b)$、$R_{eL}(\sigma_s)$]、塑性[$A(\delta)$、$Z(\psi)$]、冲击吸收功(A_K)均下降，尤以韧性下降最为明显。淬透性越低的钢，尺寸效应就越明显。

③**材料的缺口敏感性** 实验所用试样形状简单,且多为光滑试样。但实际使用的零件中,如台阶、键槽、螺纹、焊缝、刀痕、裂纹、夹杂等都是不可避免的,其皆为“缺口”。在复杂应力下,这些缺口处将产生严重的应力集中。因此,光滑试样拉伸试验时,可能表现出高强度与足够塑性,而实际零件使用时就可表现为低强度、高脆性。且材料越硬、应力越复杂,表现越敏感。例如,正火 45 钢光滑试样的弯曲疲劳极限为 280MPa,而用其制造的带直角键槽轴的弯曲疲劳极限则为 140 MPa;若改成圆角键槽的轴,其弯曲疲劳极限则为 220MPa。因此,在应用性能指标时,必须结合零件的实际条件加以修正。必要时可通过模拟试验取得数据作为设计零件和选材的依据。

④**硬度值在设计中的作用** 由于硬度值的测定方法既简便又不破坏零件,并且在确定条件下与某些力学性能有大致的固定关系,所以在设计和实际生产过程中,往往用硬度值作为控制材料性能和质量检验的标准。但应明确,它也有很大的局限性。例如,硬度对材料的组织不够敏感,经不同处理的材料可获得相同的硬度值,而其他力学性能却相差很大,因而不能确保零件的使用安全。所以,设计中在给出硬度值的同时,还必须对处理工艺(主要是热处理工艺)做出明确的规定。

(2)还应注意特殊条件下工作的零件应具备特殊性能要求

除根据力学性能选材外,对于特殊条件下工作(如高温和腐蚀介质中等特殊条件下工作)的零件还要求材料具有特殊的物理、化学性能(如优良的化学稳定性即抗氧化性和耐腐蚀性)等。

4. 热处理技术条件的标注

根据零件的工作特性,提出热处理技术条件。图纸上要求书写相应的工艺名称,如调质、正火、退火等,并标注其硬度值范围,其波动范围一般为:C 级洛氏硬度 HRC 在 5 个单位左右,布氏硬度在 30 ~ 40 个单位左右。

7.1.2 必须兼顾材料的工艺性能原则(To simplity the manufacture process)

所谓材料的工艺性能,即指材料加工成零件的难易程度,它也是选材时必须考虑的重要问题。选用工艺性能良好的材料,是确保产品质量、提高加工效率、降低工艺成本的重要条件之一。它包括材料(零件)的加工工艺路线和材料的工艺性能两个方面。

1. 工程材料的加工工艺路线

设计者通常根据零件的形状、最终性能要求、尺寸精度及表面粗糙度的要求,以及按照使用性能初选出来的材料,综合考虑,制定出零件的加工工艺路线方案。常见工程材料的一般加工工艺路线可概括如下。

①聚合物材料 聚合物材料(有机物原料或型材) → 成型加工(热压、注塑、热挤、喷射、真空成型等)→ 切削加工或热处理、焊接等 → 零件。

②陶瓷材料 陶瓷材料(氧化物、碳化物、氮化物等粉末) → 成型加工(配料 → 压制 → 烧结)→ 磨削加工或热处理 → 零件 。

③金属材料 按零件形状及性能要求可以有不同的加工工艺路线,大致分为三类。

(a)**性能要求不高的一般零件(如铸铁、碳钢、低碳低合金钢等)**:坯料(冷冲压、铸或

锻、焊接或型材)→ 热处理(正火或退火)→ 机械加工(切削)→零件 ;

(b)**性能要求较高的机械零件(如合金钢、高强铝合金等)**:坯料(型材或锻造)→ 预先热处理(正火或退火)→ 粗机械(切削)加工 → 最终热处理(淬、回火,或固溶 + 时效,或表面热处理等)→ 精加工 → 零件 ;

(c)**性能要求较高的精密零件(如合金钢制造的精密丝杠、镗床主轴等)**:坯料(型材或锻造)→ 预先热处理(正火或退火)→ 粗机械加工 → 最终热处理(淬、回火或固溶 + 时效,或表面热处理)→半精加工→稳定化处理或氮化→精加工→稳定化处理→零件。

性能要求较高的零件用材,多采用合金钢或优质合金钢来制造,这些材料的工艺性能一般都较差,因此必须十分重视其工艺性能的分析。

2. 工程材料的工艺性能分析

由上述加工工艺路线可见,当用聚合物材料制造零件时,其加工工艺比较简单,其主要工艺为成型加工,且工艺性能良好,所用工具为成型模(主要为塑料模),具体的成型方法如注射成型法、挤压成型法、模压成型法、吹塑成型法、真空成型法等。聚合物材料一般也易于进行切削加工,但因其导热性较差,在切削过程中应注意工件温度急剧升高而导致的软化(热塑性塑料)和烧焦(热固性塑料)现象。少数情况下,聚合物材料还可进行焊接与热处理,其工艺简单易行。

陶瓷材料硬而脆且导热性较差,其制品的加工工艺路线亦较简单。主要工艺为成型(包括高温烧结),根据陶瓷制品的材料、性能要求、形状尺寸精度及生产率不同,可选用粉浆成型、压制成型、挤压成型、可塑成型等方法。陶瓷材料的切削加工性能极差,除极少数陶瓷外(如氮化硼陶瓷),其他陶瓷均不可切削加工。陶瓷虽可磨削加工,但其磨削性能也不佳,且必须选用超硬材料砂轮(如金刚石砂轮)。陶瓷也可进行热处理,但因导热性与耐热冲击性差,故加热与冷却时应小心,否则极易产生裂纹。

而金属材料,特别是钢的加工工艺复杂,工艺性能问题较为突出,故对其工艺性能的要求较高。金属材料的加工工艺性能主要包括:

(1)铸造性能

它包括流动性、收缩性、偏析倾向等。在二元相图上,液 - 固相线间距越小、越接近共晶成分的合金均具有较好的铸造性能。所以铸造铝和铜合金的铸造性能优于铸铁和铸钢,而铸铁又优于铸钢;在钢的范围内,中、低碳钢的铸造性能又优于高碳钢,故高碳钢较少用作铸件。因此,对于承载不大、受力简单而结构复杂、尤其是有复杂内腔结构的零部件,如机床床身,发动机气缸等,常选用铸铁或铸钢。

(2)压力加工(锻压)性能

主要指冷、热压力加工时的塑性和变形抗力及可热变形加工的温度范围、抗氧化性和加热、冷却要求等。变形铝合金和铜合金、低碳钢和低碳合金钢的塑性好,有较好的冷压加工性,铸铁和铸铝合金完全不能进行冷、热压力加工,高碳高合金钢如高速钢、Cr12MoV钢等不能进行冷压力加工,其热压力加工性能也较差,高温合金的热压力加工性能则更差。

(3)焊接性能

系指在生产条件下接受焊接的能力,称为可焊性,一般用焊缝处出现裂纹、气孔等缺陷的倾向来衡量。一般情况下钢中碳质量分数和合金元素的质量分数越高,可焊性越差,所以低碳钢、低碳低合金钢的可焊性好,$w_C > 0.45\%$的碳钢或 $w_C > 0.38\%$的合金钢可焊性较差。灰铸铁的可焊性比碳钢差很多,一般只对铸件进行补焊,球墨铸铁的可焊性更差。铜、铝合金的可焊性一般都比碳钢差,由于其导热性大,故需功率大而集中的热源或采取预热,如铝合金可焊性不好,一般采用氩弧焊。

(4)切削加工性能

一般用切削抗力、加工零件表面粗糙度、排屑的难易程度和刀具磨损量等来衡量。它不仅与材料本身的化学成分、组织和力学性能有关,而且与刃具的几何形状、耐用度、切削速度、切削力等因素有关。

以钢为例,当化学成分一定时,可通过热处理改变钢的组织和性能来改善钢的切削加工性能。钢的硬度在 170 ~ 230(250)HBW 时,适宜进行切削加工,硬度在 250HBW 时可改善切削表面粗糙度,但刀具磨损较严重。粗机械加工选其下限,精机械加工选其上限为宜。若钢的硬度 < 170HBW 时,在机加工前应进行正火,使硬度提高至规定范围;若钢硬度 > 230 ~ 250HBW 时,在切削加工之前应进行退火或调质处理,使其硬度降至规定范围。

铝合金切削加工性能最好,钢中以易削钢的切削加工性最好,而奥氏体不锈钢及高碳高合金钢如高速钢的切削加工性最差。

(5)热处理工艺性能

系指材料接受热处理的能力,包括淬硬性、淬透性、淬火变形和开裂的倾向、过热敏感性、回火脆性和氧化、脱碳倾向等。大多数钢和铝合金都可进行热处理强化,铜合金只有少数能进行热处理强化。对于需热处理强化的金属材料(尤其是钢),热处理工艺性能特别重要。合金钢的热处理工艺性能比碳钢好,故结构形状复杂或尺寸较大且强度要求高的重要机械零件都用合金钢制造。

综上所述,一个零件从毛坯直至加工成合格产品的全部工艺过程是一个整体,只熟悉某些工艺而对其他工艺的作用、影响不甚了解或不大关心是不行的,因为零件在每一道工艺过程中,其外形尺寸、内部组织都在不断地变化着,只有控制它并且按照设计者要求的方向去变,才能制成高质量的零件。

此外,在大批量生产时,有时工艺性能可成为选材的决定因素。有些材料的使用性能虽好,但由于工艺性能差而限制其应用。如 24SiMnWV 钢拟作为 20CrMnTi 的代用材料,虽其力学性能较优,但因正火后硬度较高,切削加工性差,不能适应大量生产要求而未被采用。相反,有些材料使用性能不是很好,例如易削钢,但因其切削加工性好,适于自动机床大批量生产,故常用于制作受力不大的普通标准件。

3. 零件结构设计与热处理工艺性能的关系

在实际生产中,设计人员往往片面孤立地使零件结构形状适合部件机构的需要,而忽略了零件在加工或热处理过程中,因结构形状不合理导致热处理淬火变形、开裂,使零件报废。为此,在设计淬火零件结构形状时,应掌握以下原则:

①避免尖角和棱角　零件的尖角、棱角处是淬火应力最为集中地方,往往导致淬火裂纹,因此在设计带有尖角、棱角的零件时,应尽量加工成圆角、倒角以避免开裂。

②避免截面突变(断面薄厚相悬殊)　厚薄悬殊的零件,在淬火冷却时,由于冷却不均

匀而造成的变形、开裂倾向较大,可采用开工艺孔、加厚零件太薄部分、合理安排孔洞位置或变不通孔为通孔等方法加以解决。

③采用封闭、对称结构　开口或不对称结构的零件在淬火时应力分布亦不均匀,易引起变形,应改为封闭或对称结构。

④采用组合结构　某些有淬裂倾向而各部分工作条件要求不同的零件或形状复杂的零件,在可能条件下可采用组合结构或镶拼结构。

7.1.3 注重选材的经济性原则(To reduce the costs)

要十分注重选材的经济性原则。采用便宜的材料,把总成本降至最低,取得最大的经济效益,使产品在市场上具有最强的竞争力,始终是设计工作的重要任务。应当指出,所选材料是否符合经济性原则,绝不仅仅是指原材料的价格,在许多情况下,选用便宜的材料并不是最经济的。面对市场经济,运用价值工程方法来分析产品的功能成本是从经济观点选用材料,提高产品质量、降低成本的一种行之有效的分析方法。

价值工程(亦称价值分析),它是以提高产品价值为目的,通过有组织、创造性工作,寻求用最低寿命周期成本,可靠地实现产品的必要功能,而着重于功能分析,以求推陈出新,促使产品更新换代的一种管理技术。而**产品的价值**(V)系指产品具有用户要求**功能**(F)与取得该功能**所耗成本**(C)的比值。机械产品的功能(F)指产品的使用性能、工艺性能、产品质量等。产品的价值可用下式表示

$$V(\text{价值}) = F(\text{功能}) / C(\text{产品的寿命周期成本})$$

随着生产的发展,人们越来越深刻地意识到购买者需要的不是产品的本身而是产品的功能。在产品竞争的角逐中,必须设法通过设计制造以最低的成本提供用户所需要的功能。在保证同样功能的条件下,还要比较功能的优劣——性能、产品质量,只有功能全、性能好、质量好、成本低的产品在竞争中才具有优势。例如,当顾客购买一辆汽车时,考虑的不仅是它的售价和可以运物的一般功能,往往更关心它每公里耗油量、速度性能、噪声大小、零部件可靠度、维修性能等。只有对功能和成本的综合分析才能合理判断汽车的价值。

产品寿命周期成本(C)是讨论经济性的出发点。它系指产品从诞生到报废的费用支出总和,它等于**产品制造成本** C_m(包括原材料、加工及管理费用等)和在**规定周期内的使用成本** C_u(指产品在用户使用过程时的成本,包括维护、修理、更换零件等)两者之和,可表达为

$$C = C_m + C_u$$

图7.1为产品寿命周期成本 C 与功能 F 的关系曲线。由图中可以看出,只有 C_m 和 C_u 两者都适中,才能与寿命周期成本最低值(C_{min})相对应。C_{min} 是价值工程活动中所要求达到的最低成本点,这时产品的功能则相应地有一最适应的水平 F_m。若产品功能超过 F_m 点,虽然使用成本 C_u 可以降低,但制造成本 C_m 提高了,这样总成本 C 也随之提高。反之,若产品功能降低,虽制造成本 C_m 降低,但使用成本 C_u 升高,这样总成本也随之提高。因此,只有当功

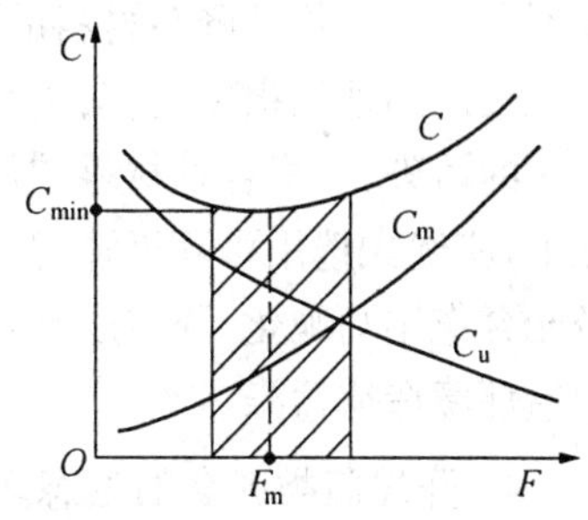

图7.1　寿命周期成本－功能曲线

能 F 与成本 C 匹配时,总成本才能达到 F_m 点。这是价值工程活动的最佳值,也是开展价值工程活动的奋斗目标。

7.1.4 走可持续发展之路,选择生态环境材料(绿色材料)(To use environment friendly materials and achieve sustainable development)

何谓"可持续发展"呢? 1987 年第 42 届联合国环境与发展大会通过的《我们共同的未来》报告中,将其表述为"既满足当代的需要,又不致损害子孙后代满足其需要之能力的发展",它的基本含义是要保证人类社会具有长远的、持续发展的能力。如今,可持续发展这一概念正日益被各国政府和民众普遍接受,已由单一生态学渗透到整个自然科学和社会科学领域,并逐渐成为全人类广泛接受、追求的发展模式。保护环境、节约资源和能源是实现可持续发展的关键。而"生态环境材料"(或称绿色材料),系指"同时具有满意的使用性能和优良的环境协调性,或者能够改善环境的材料"。所谓环境协调性,是指资源和能源消耗少、环境污染小和循环再利用率高。

21 世纪是知识经济时代,同时也是可持续发展的世纪。社会、经济的可持续发展要求以自然资源为基础,与环境承载能力相协调。开发、研制与使用生态环境材料,恢复被破坏的生态环境,减少废气、污水、固态废弃物对环境的污染,控制全球气候变暖,减缓土地沙漠化,用材料科学与技术来改善生态环境,是历史发展的必然,也是材料科学的进步。

因此,在选择材料时,还应注意:

1. 在保证满足使用性能条件下,尽量选用节约资源、降低能耗的材料

选择生态环境材料,这是从材料角度保证实施可持续发展的根本出路。例如,在保证上述性能的条件下选择非调质钢代替调质钢,既节省了能源,又减少了环境污染。

2. 开发与选用环境相容性的新材料,并对现有材料进行环境协调性改性

这是生态环境材料应用研究的主要内容。到目前为止,在纯天然材料、生物医学材料、绿色包装材料、生态建材乃至新型金属材料等方面的开发和应用都有较大的进展。例如,采用二次精炼、控制轧制与控制冷却等新技术而制得的新型工程构件用钢,其强度、硬度与塑性、韧性等性能均获得较大程度提高,而且节约了原材料,降低了能耗。

3. 尽可能地选用环境降解材料

生态环境材料应用研究的另一个方面就是对环境降解材料的研究。目前的研究重点主要是光-生物共降解材料的开发,以及规模化工业生产的工艺等。

当产品使用报废后,其废弃物材料若不易分解且难于为自然界所吸收,将对环境产生极大的污染,如聚合物材料的加工和使用后的废弃物就会造成严重的环境污染。在此情况下,应优先选用可环境降解的新型塑料制品。这种新型塑料在废弃后,能在一定时间内经光合作用而脆化、降解成碎片,再经大自然的侵蚀而进入土壤被微生物消化,这样就不会给环境造成污染。

4. 开发门类齐全的生态环境材料

针对积累下来的污染问题,开发门类齐全的生态环境材料,对环境进行修复、净化或替代等处理，逐渐改善地球的生态环境，使之朝可持续发展的方向前进。

7.2　典型机械零件的选材分析
An Analysis of Materials Selection for Typical Machine Elements

金属材料、聚合物材料、陶瓷材料及复合材料是目前最主要的机械工程材料。它们各有千秋，因而各有其适宜用途。

聚合物材料具有密度小、摩擦系数小，减振性、耐蚀性、电绝缘性及弹性均较好等特性，所以在机械工程中常用于制造轻载齿轮、轴承、紧固件、壳体零件及各种密封垫圈等。但由于其存在强度和刚度（弹性模量）低、尺寸稳定性差、易老化等缺点，故在机械工程上目前还不能用于制造承载较大的结构零件。

陶瓷材料具有很好的化学稳定性、高的硬度和红硬性、耐热性，所以适于制造在高温下工作的零件、切削刀具和某些耐磨零件，目前在航空工业、国防尖端产品中已占有重要地位。但其在室温下几乎没有塑性，在外力作用下易于发生脆断，且制造工艺尚复杂、成本高，致使其目前不宜用于制作重要受力构件，故在一般机械工程中应用还不普遍。

复合材料综合了各种不同材料的优良性能，如比强度、比模量高、抗疲劳、减摩、耐磨、减振性好且化学稳定性优异，是一种很有发展前途的工程材料。但目前由于其价格昂贵，在一般工业中应用有限。

金属材料具有优良的综合力学性能和某些物理、化学性能，而且有成熟的使用经验，因此目前仍然是机械工程中最主要的结构材料。

21世纪，将是金属材料、聚合物材料、陶瓷材料与复合材料四大类工程材料四足鼎立、平分秋色的格局。

下面仅就几类典型的机器零件的选材情况进行简要分析、讨论，旨在进一步掌握机器零件合理选材、确定热处理工艺及安排热处理工序位置，建立起正确的思路和一定方法，对一般类型机器零件的选材与热处理能起到举一反三的作用。

7.2.1　齿轮类机械零件的选材分析（Selecting gear materials）

齿轮是各类机械、仪表中应用最为广泛的传动零件，其作用是传递扭矩，调整速度及改变运动方向。只有少数齿轮受力不大，仅起分度定位作用。

1. 工作条件分析

一对齿轮副在运转工作时，两齿面啮合运动，其工作条件为：

①因传递扭矩而使齿根部受到弯曲应力；

②同时使齿面有相互滚动和滑动摩擦的摩擦力；

③在轮齿面窄小接触处承受很大的交变接触压应力；

④由于换挡、启动或啮合不均，使齿轮承受一定冲击载荷作用；

⑤此外，瞬时过载、润滑油腐蚀及外部硬质磨粒的侵入等情况，都可加剧齿轮工作条件的恶化。

2．常见的主要失效形式

齿轮工作时受力繁重、复杂，其主要失效形式有以下几种：

①**断齿**　除因超载而产生脆性折断（多发生在轮齿淬透的硬齿面齿轮或脆性材料制造的齿轮上）外，大多数情况下断齿都是由弯曲疲劳造成的。

当零件所承受的重复应力较高（接近甚至可能超过材料的屈服强度），而频率较低（低于 10 次/min）时，其断裂前经受的循环次数较低（往往低于 10^5 次），被称为低周疲劳。在产生低周疲劳过程中，每次循环都产生较大的塑性变形，因此塑性变形占主导地位，故应选用塑性、韧性好的材料。

反之，当重复应力较低、频率较高时，断裂前经受的循环次数较高（可达 10^7 次），称为高周疲劳。在产生高周疲劳过程中，应变循环基本上局限在弹性范围内，因此是弹性变形占主导地位，故应选用强度较高的材料。

②**齿面接触疲劳破坏（亦称麻点剥落或点蚀）**　齿面承受大的交变接触应力作用，因表面疲劳使齿面表层产生点状、小片剥落的破坏。这是齿轮最常见的失效形式。

③**齿面磨损**　它分为两种情况，一种是摩擦磨损；另一种是磨粒磨损。摩擦磨损大多是由于高速重载齿轮运转时，因齿面摩擦产生大量的热，造成润滑膜破坏，促使齿面软化，致使齿面过度磨损。轻度的摩擦磨损称为擦伤，严重者称为胶合。磨粒磨损是由于外来硬质点嵌入相互啮合的齿面间，使齿面产生机械磨损。

据美国一资料对 931 个齿轮失效方式及原因的统计结果，如表 7.1 所示。疲劳断裂占失效齿轮总数的 36.8%，约 1/3 以上，居首位，过载断裂约占 24.4%，次之，这两项加起来断裂失效总计占 61.2%，是齿轮失效的主要形式；其次是表面疲劳破坏，占总数的 20.3%；而齿面磨损，占总数的 13.2%。

表 7.1　美国 931 个齿轮失效方式及原因的统计结果

失效方式	统计结果/%	失效原因	统计结果/%
断裂，总计	61.2	使用不当，总计	74.7
疲劳断裂，轮齿	32.8	润滑不良	11.0
轮	4.0	安装不良	21.2
过载断裂，轮齿	23.8	过载	38.9
轮	0.6	其他	3.6
表面疲劳，总计	20.3	设计，总计	6.9
麻点	7.2	设计不合理	2.8
剥落	6.8	选材不当	1.6
麻点－剥落混合	6.8	热处理条件规定不当	2.5
磨损，总计	13.2	热处理，总计	16.2
磨粒磨损	10.3	淬火不良	5.9
粘着磨损	2.9	硬化层浅	4.8
		心部硬度低	2.0
塑性变形，总计	5.3	硬化层太深	1.8
		其他，总计	1.4

3．主要性能要求

根据齿轮工作条件及失效形式的分析，对齿轮材料特提出如下性能要求：

①高的弯曲疲劳强度,特别是齿根处要有足够的强度,使运行时所产生的弯曲应力不致造成疲劳断裂。

②高的接触疲劳强度、高的表面硬度和耐磨性,防止齿面损伤。

③足够高的齿轮心部强度和冲击韧度,防止过载与冲击断裂。

④此外,还要求有良好的切削加工性,淬火变形要小,以获得高的加工精度和低的表面粗糙度值,以提高齿轮抗磨损能力。

应说明,在齿轮副中两齿轮齿面硬度值应有一定差值,因小齿轮的齿根薄、轮齿受载次数多,故小齿轮硬度应比大齿轮要高些。一般两齿轮齿面硬度差:软齿面为 30 ~ 50HBW,硬齿面为 5HRC 左右。

4. 齿轮类零件的选材分析

确定齿轮用材及热处理工艺,主要根据齿轮的传动方式(开式或闭式)、载荷性质与大小(齿面接触应力与冲击载荷等)、传动速度(节圆线速度)和精度要求等工作条件而定。同时还要考虑,依据齿轮模数和截面尺寸提出的淬透性及齿面硬化要求、齿轮副的材料及硬度值的匹配等问题。

齿轮类零件绝大多数应选用渗碳钢或调质钢系列。它们经表面强化处理后,表面有高的强度和硬度,心部有良好韧性,能满足使用性能要求。此外,这类钢的工艺性能好,经济上也较合理,所以是较理想的材料。但对于某些尺寸较大(如直径大于 400mm)、形状复杂并承受一定冲击载荷的齿轮,其毛坯用锻造难以加工时,亦常采用铸钢。某些开式传动的低速齿轮可用铸铁,特殊情况下还可采用有色金属及工程塑料等。

(1)钢制齿轮

用钢材制造齿轮有型材和锻件两种毛坯形式。由于锻坯的纤维组织与轴线垂直,分布合理,故重要用途的齿轮都采用锻造毛坯。钢质齿轮按齿面硬度分为硬齿面和软齿面齿轮,齿面硬度等于或小于 350HBW 时为软齿面;大于 350HBW 时为硬齿面。

①**轻载、低速或中速、冲击力小,精度较低的一般齿轮**　选用中碳钢如 Q255、Q275、40、45、50、50Mn 等制造,常用正火或调质等热处理制成软齿面齿轮,正火硬度为 160 ~ 200HBW;调质硬度一般为 200 ~ 280HBW,不超过 350HBW。因硬度适中,精切齿廓可在热处理后进行,工艺简单、成本低。由于齿面硬度不高而易于跑合,但承载能力不高。主要用作标准系列减速箱齿轮,冶金机械、重型机械和机床中的一些次要齿轮。

②**中载、中速、承受一定冲击载荷、运动较为平稳的齿轮　选用调质钢系列**,如 45、50Mn、40Cr、42SiMn 等,也可采用 55Tid、60Tid 等低淬透性钢。其最终热处理采用高频或中频淬火及低温回火,制成硬齿面齿轮,齿面硬度可达 50 ~ 55HRC,齿心部保持原正火或调质状态,具有较好的韧性。由于感应加热表面淬火的轮齿变形小,若精度要求不高(如 7 级以下时),可不必再磨齿。机床中大多数齿轮就是这种类型的齿轮。对表面硬化的齿轮,应注意控制硬化层深度及硬化层沿齿廓的合理分布。

③**重载、高速或中速,且承受较大冲击载荷的齿轮　选用渗碳钢系列**,如 20Cr、20CrMnTi、20CrNi3、18Cr2Ni4WA 等。其最终热处理是渗碳、淬火、低温回火,齿轮表面获得 58 ~ 63HRC 的高硬度,因淬透性较高,齿心部有较高的强度和韧性。这种齿轮的表面耐磨性、接触疲劳强度和齿根的抗弯强度及心部的抗冲击能力都比表面淬火的齿轮为高。但

热处理变形大，精度要求较高时，最后一般要安排磨削。它适于用作工作条件较为繁重、恶劣的汽车、拖拉机的变速箱和后桥中的齿轮。

内燃机车、坦克、飞机上的变速齿轮的负载和工作条件比汽车的更重、更恶劣，要求材料的性能更高，应选用含合金元素高的合金渗碳钢，以获得更高的强度和耐磨性。

④**精密传动齿轮或磨齿有困难的硬齿面齿轮（如内齿轮）** 主要要求精度高，热处理变形小，**宜采用调质钢中的氮化钢**，如35CrMo、38CrMoAlA等。热处理为调质及氮化处理，氮化后齿面硬度高达850～1200HV（相当于65～70HRC），热处理变形极小，热稳定性好（在500～550℃仍能保持高硬度），并有一定耐蚀性。其缺点是硬化层薄，不耐冲击，故不适用载荷频繁变动的重载齿轮，而多用作载荷平稳、润滑良好的精密传动齿轮或磨齿困难的内齿轮。

近年来，由于软氮化和离子氮化工艺的发展，使工艺周期缩短，选用钢种变宽，选用氮化处理的齿轮逐渐广泛。

(2)铸钢齿轮

某些尺寸较大（如直径大于400mm）、形状复杂并受一定冲击的齿轮，其毛坯用锻造难以加工时，需要采用铸钢。常用碳素铸钢为ZG35、ZG45、ZG55等，载荷较大的采用合金铸钢如ZG40Cr、ZG35CrMo、ZG42MnSi等。

铸钢齿轮的热处理，通常是在切削加工前进行正火或退火，目的是消除铸造内应力，改善组织和性能的不均以提高切削加工性。一般要求不高、转速较慢的铸钢齿轮可在退火或正火处理后应用；要求耐磨性高的，可进行表面淬火（如火焰淬火）。

(3)铸铁齿轮

一般开式传动齿轮较多应用灰铸铁制造。灰铸铁组织中的石墨能起润滑作用，减摩性较好，不易胶合，而且切削加工性能好，成本低。其缺点是抗弯强度差，性脆，不耐冲击。它只适用于制造一些轻载、低速、不受冲击且精度低的齿轮。

常用的灰铸铁牌号有HT200、HT250、HT300等。在闭式齿轮传动中，有用球墨铸铁，如QT600－3、QT450－10、QT400－15等代替铸钢的趋势。

铸铁齿轮在铸后一般进行去应力退火或正火、回火处理，硬度在170～269HBW之间，为提高耐磨性还可进行表面淬火。

(4)有色金属材料齿轮

在仪表中的或接触腐蚀介质的轻载齿轮，常用一些抗蚀、耐磨的有色金属型材制造。常见的有黄铜（如CuZn38、CuZn40Pb2）、铝青铜（如CuAl9Mn2、CuAl10Fe3）、硅青铜（CuSi3Mn1）、锡青铜（CuSn6P）。硬铝和超硬铝（如LY12、LC4）可制作重量轻的齿轮。

(5)粉末冶金齿轮

采用粉末冶金齿轮材料，可实现少切削或无切削精密加工，特别是随着粉末热锻新技术的应用，使所制造的齿轮力学性能优良，技术经济效益高。此类材料一般适用于制作大批量生产的小齿轮，如汽车发动机的定时齿轮（材料Fe－C0.9）、分电器齿轮（材料Fe－C0.9－Cu2.0）、农用柴油机中的凸轮轴齿轮（材料Fe－Cu－C）等。

(6)工程塑料齿轮

在轻载、无润滑条件下工作的小型齿轮，可以选用工程塑料制造。常用的有尼龙、聚碳酸酯、夹布层压热固性树脂等。工程塑料具有重量轻、摩擦系数小、减振、工作噪音小等特点，故适于制造仪表、小型机械的无润滑、轻载齿轮。其缺点是强度低，工作温度不能高，所以不能用作较大载荷的齿轮。

5．典型齿轮的选材分析

(1)机床齿轮

机床齿轮一般说来，工作条件相对较好，转速中等、载荷不大、运行平稳、无强烈冲击，故对齿轮的表面耐磨性和心部韧度要求不很高，因此常选用调质钢如 45、40Cr 等制造。经正火或调质处理后再经感应加热表面淬火强化，齿面硬度可达 50～58HRC，齿轮心部硬度为 220～250HBW，完全可以满足性能要求。其加工工艺路线为：

下料→锻造→粗加工→正火→精加工→高频淬火＋低温回火→精磨→成品(性能要求不高的齿轮)，或者下料→锻造→正火→粗加工→调质→精加工→高频淬火＋低温回火→精磨→成品(性能要求较高的齿轮)。

对极少数高速、重载、高精度或受一定冲击的齿轮，还可选用表面硬化钢中的氮化钢(如 35CrMo、38CrMoAlA 等)进行表面渗氮处理或者渗碳钢(如 20CrMnTi、20Cr 等)进行表面渗碳＋淬火＋低温回火处理。一般机床齿轮的用材及热处理详见表 7.2 所示。

表 7.2　机床齿轮的用材及热处理

序号	齿轮工作条件	钢种	热处理工艺	硬度要求
1	在低载荷下工作，要求耐磨性好的齿轮	15	渗碳直接淬火法或一次淬火法(780℃水淬、180℃回火)	58～63HRC
2	低速(＜0.1m/s)低载荷下工作的不重要的变速箱齿轮和挂轮架齿轮	45	840～860℃正火	156～217HBW
3	低速(＜1m/s)低载荷下工作的齿轮(如车床溜板上的齿轮)	45	调质(820～840℃水淬＋500～550℃回火)	200～250 HBW
4	中速、中载荷或大载荷下工作的齿轮(如车床变速箱中的次要齿轮)	45	高频加热、水淬，300～340℃回火	45～50 HRC
5	速度较大或中等载荷下工作的齿轮，齿部硬度较高(如钻床变速箱中次要齿轮)	45	高频加热、水淬，240～280℃回火	50～55 HRC
6	高速、中等载荷，断面较大齿轮(如磨床砂轮箱齿轮)	45	高频加热、水淬，180～200℃回火	54～60 HRC
7	速度不大，中等载荷，断面较大的齿轮(如铣床工作面变速箱齿轮、立车齿轮)	40Cr，45MnB，42SiMn	调质(840～860℃油淬、600～650℃回火)	200～230 HBW
8	中等速度(2～4m/s)、中等载荷下工作的高速机床走刀箱、变速箱齿轮	40Cr，42SiMn	调质后高频加热、乳化液淬火，260～300℃回火	50～55 HRC
9	高速、高载荷、齿部要求高硬度的齿轮	40Cr，42SiMn	调质后高频加热、乳化液淬火，180～200℃回火	54～60 HRC

续表 7.2

序号	齿轮工作条件	钢种	热处理工艺	硬度要求
10	高速、中载荷、受冲击、模数小于5的齿轮(如机床变速箱齿轮、龙门铣床电动机齿轮)	20Cr, 20Mn2B	渗碳、直接淬火,或一次淬火(810℃油淬、180℃回火)	58～ 63 HRC
11	高速、重载、受冲击、模数大于6的齿轮(如立车上的重要齿轮)	20CrMnTi, 20SiMnVB	渗碳、直接淬火法(预冷至840℃油淬、180℃回火)	58～ 63 HRC
12	高速、重载、形状复杂,要求热处理变形小的齿轮	38CrMoAlA, 38CrAl	正火或调质后510～550℃氮化	850HV
13	在不高载荷下工作的大型齿轮	50Mn2, 65Mn	820～840℃空冷	<241 HBW
14	传动精度高、要求具有一定耐磨性的大齿轮	35CrMo	860℃空冷,600～650℃回火(热处理后精切齿形)	255～ 302 HBW

(2)汽车变速齿轮

主要分装在变速箱和后桥中,通过齿轮传动将动力传至半轴带动主动轮转动,驱使汽车前进,通过改变齿轮速比与方向,控制汽车行驶速度和前进、后退。汽车变速齿轮受力较大、超载和受冲击频繁,其耐磨性、疲劳强度、心部强度及冲击韧度等性能要求均比一般机床齿轮要高,那么选用一般调质钢感应加热表面淬火就不能保证要求,所以**通常要选用渗碳钢**作重要齿轮。我国应用最多的是合金渗碳钢20Cr、20CrMnTi、20MnVB、20CrMnMo等,**并经渗碳、淬火及低温回火处理**。经渗碳后表面碳含量大大提高,保证淬火后得到高硬度,提高耐磨性和接触疲劳抗力。在渗碳、淬火及低温回火后其齿面硬度可达58～62HRC、心部硬度为30～45HRC。由于合金元素提高淬透性,淬火、回火后可使心部获得较高的强度和足够的冲击韧度。为进一步提高齿轮的耐用性,渗碳、淬、回火后,还可采用喷丸处理,增大表层压应力。其加工工艺路线一般为:

下料→锻造→正火→切削加工→渗碳、淬火+低温回火→喷丸→磨加工→成品

对飞机、坦克等用的特别重要的齿轮,则可选用高性能、高淬透性的渗碳钢(如18Cr2Ni4WA)来制造。一般汽车、拖拉机齿轮用材及热处理详见表7.3所示。

表 7.3　汽车、拖拉机齿轮常用钢种及热处理方法

序号	齿轮类型	常用钢种	热处理(渗碳+淬火+低温回火)	
			主要工序	技术条件
1	汽车变速箱和分动箱齿轮	20CrMnTi, 20CrMo等	渗碳	齿面硬度58～64 HRC 心部硬度29～45 HRC
		40Cr	(浅层)碳氮共渗	层深大于0.2mm 齿面硬度51～61HRC
2	汽车驱动桥主动及从动圆柱齿轮	20CrMnTi,20CrMo	渗碳	层深按图纸要求,硬度同序号1中渗碳
	汽车驱动桥主动及从动圆锥齿轮	20CrMnTi, 20CrMnMo	渗碳	齿面硬度及心部硬度同序号1中渗碳

续表 7.3

序号	齿轮类型	常用钢种	热处理(渗碳 + 液火 + 低温回火)	
			主要工序	技术条件
3	汽车驱动桥差速器行星及半轴齿轮	20CrMnTi,20CrMo,20CrMnMo	渗碳	同序号 1 中渗碳
4	汽车起动机齿轮	15Cr,20Cr,20CrMo,15CrMnMo,20CrMnTi	渗碳	层深 0.7 ~ 1.1mm;表面硬度 58 ~ 63HRC,心部为 33 ~ 43HRC
5	拖拉机传动齿轮,动力传动装置中的圆柱齿轮,圆锥齿轮及轴齿轮	20Cr,20CrMo,20CrMnMo,20CrMnTi,30CrMnTi	渗碳	硬度要求同序号 1 中渗碳
		40Cr,45Cr	(浅层)碳氮共渗	同序号 1 中碳氮共渗

7.2.2 轴类机械零件的选材分析(Selecting shaft materials)

1. 工作条件分析

轴类零件,如机床主轴与丝杠、内燃机曲轴、汽轮机转子轴、汽车后桥半轴以及仪器仪表的轴等,是各种机械中关键性的基础零件,一切作回转运动的零件如齿轮、皮带轮等都装在轴上,轴的质量直接影响机器的运转精度和工作寿命。其主要作用是支承传动零件并传递运动和动力(扭矩),其工作条件为:

①传递扭矩,承受交变扭转载荷,往往还受有交变弯曲应力。有时,还承受拉 - 压轴向载荷作用。

②局部(轴颈或花键等处)承受较大的摩擦和磨损。

③大多承受一定的过载或冲击载荷作用。

2. 常见的主要失效形式

①**断裂** 除少数由于大载荷或冲击载荷的作用、轴发生折断或扭断外,大多数是由于交变载荷长期作用而造成的疲劳断裂,以扭转疲劳为主,也有弯曲疲劳。疲劳断裂是轴类零件最主要的失效形式。

②**磨损失效** 由于轴相对运动的表面如轴颈处过度磨损而导致磨损失效。

③**变形或腐蚀失效等** 个别情况下发生过量弯曲或扭转变形(弹性的和塑性的)失效,或可能发生振动或腐蚀失效的现象。

3. 主要性能要求

根据工作条件和失效形式分析,可以对轴用材料提出如下主要性能要求:

①高的疲劳强度,防止轴疲劳断裂;

②良好的综合力学性能,即强度与塑、韧性有良好的配合,以防止过载和冲击断裂;

③较高硬度和良好耐磨性,防止轴颈、花键等局部承受摩擦的部位过度磨损。

4. 轴类零件的选材分析

轴类零件选材时主要考虑强度,同时兼顾材料的冲击韧度和表面耐磨性。强度设计一方面可以保证轴的承载能力，防止变形失效；另一方面由于疲劳强度与抗拉强度大致成正比关系，也可保证轴的耐疲劳性能，并且还对保证耐磨性有利。

综观聚合物材料，由于其强度、刚度太低，极易变形；无机非金属材料又太脆，疲劳性能差，因此这两类材料一般均不适宜于制造轴类零件。所以，作为轴类零件（尤其是重要的轴）几乎都选用钢铁材料。根据轴类零件的种类、工作条件、精度要求及轴承类型等的不同，可选择具体成分的钢和铸铁作为轴的合适材料。

（1）锻钢轴

为了兼顾强度和韧性、同时考虑疲劳抗力，**轴类零件一般选用调质钢**（中碳碳钢或中碳合金钢）制造。主要钢种有 45、40Cr、40MnB、30CrMnSi、35CrMo、42CrMo、40CrNiMo 和 38CrMoAlA 等。具体钢种可根据轴的载荷类型和淬透性要求等来决定。

轴类零件承受的载荷主要是弯曲载荷、扭转载荷或轴向载荷等。对于弯曲与扭转载荷，其应力分布是不均匀的，最大应力值在外表面上，因此主要承受交变扭转、弯曲载荷的轴，可以不必选用淬透性很高的钢种，仅保证轴有（1/2 ~ 2/3） R 的淬硬层深度即可，这时一般选用 45，40Cr。而对于承受拉 – 压轴向载荷的轴，要求轴截面上应力分布均匀，由于心部应力也较大，特别是当其尺寸较大、形状较复杂时，则可选用具有高淬透性的钢种，如 40CrNiMo 等。

以刚度为主要性能要求、轻载的非重要轴，为降低成本，可选用非合金钢（如 45 钢）、甚至普通质量非合金钢（如 Q275）制造，进行正火或调质处理，若需提高局部相对运动部位的耐磨性，可对其进行表面淬火处理。

以耐磨性为主要性能要求的轴，可选用碳含量较高的钢（如 65Mn、9Mn2V）或低碳钢（如 20Cr、20CrMnTi）渗碳处理，对其中精度有极高要求的轴则应选用渗氮钢（如 38CrMoAlA）制造。

当主轴承受重载、高速、冲击与循环载荷很大时，应选用渗碳钢，如 20CrMnTi、20MnVB 等。

（2）铸钢轴

对形状极复杂、尺寸较大的轴，可选用铸钢来制造，如 ZG230 ~ ZG450。应注意的是，铸钢轴比锻钢轴的综合力学性能（主要是韧性）要低一些。

（3）铸铁轴

由于大多数情况下轴类零件很少是以冲击过载而断裂的形式失效，故近几十年来越来越多地选用球墨铸铁（如 QT700 – 2）和高强度灰铸铁（如 HT350）来代替钢作为轴类零件（尤其是曲轴）用材。与钢轴相比，铸铁轴的刚度和耐磨性不低，而且具有缺口敏感性低、减振减摩性好、切削加工性优良及生产成本低廉等优点，选材时值得重视。

5. 典型轴类零件的选材分析

（1）机床主轴

根据主轴工作时所受载荷类型和大小可分为四类。①轻载主轴（如普通车床主轴，承载轻，磨损较轻，冲击不大）；②中载主轴（如铣床主轴，承受中级载荷，磨损较严重，受冲击）；③重载主轴（如重载组合机床主轴，承受重载，磨损严重且受冲击较大）；④高精度机床主轴（如精密镗床主轴和高精度磨床主轴，受力小，但精度要求高，粗糙度低，工作中磨损和变形小）。

主轴材料的选择和制定热处理工艺时,必须考虑:①受力的大小(因机床类型不同,工作条件有很大差别);②轴承类型(若在滑动轴承上工作,需要有高的耐磨性);③精度和粗糙度要求;④主轴的形状及其可能引起的热处理缺陷。

现以 C616-416 车床主轴(图 7.2)为例,分析其选材与热处理方法。

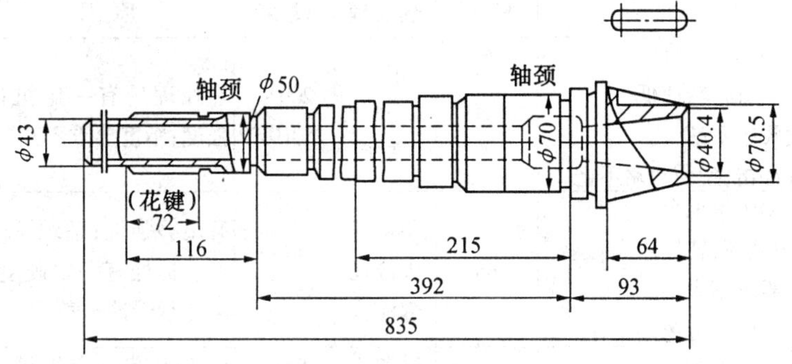

图 7.2　C616 车床主轴简图

该主轴属于轻载主轴,在滚动轴承中运转,工作时承受交变弯曲应力与扭转应力,但由于承受的载荷与转速均不高,冲击作用也不大,故材料具有一般的综合力学性能即可。但在主轴大端的内锥孔和外锥体,因经常与卡盘、顶尖有相对摩擦;花键部位与齿轮有相对滑动,故这些部位要求较高的硬度与耐磨性。该主轴在滚动轴承中运转,轴颈硬度为 220~250HBW。

根据上述工作条件分析,**该主轴可选用 45 钢**。热处理技术条件为:整体调质,硬度 220~250HBW;内锥孔与外锥体局部淬火,硬度 45~50HRC;花键部位高频淬火,硬度 48~53HRC。

45 钢虽属于淬透性较差的钢种,但由于主轴工作时最大应力分布在表层,同时主轴设计时,往往因刚度与结构的需要已加大了轴径,强度安全系数较高。又因在粗车后,轴的形状较简单,在调质淬火时一般不会有开裂的危险。因此,不必选用合金调质钢,而可采用价廉、可锻性与切削加工性皆好的 45 钢。

由于主轴上阶梯较多,直径相差较大,宜选锻件毛坯。材料经锻造后粗略成型,可以节约原材料和减少加工工时,并可使主轴的纤维组织分布合理和提高力学性能。

内锥孔与外锥体部位采用盐炉快速局部加热并水淬,外锥体键槽不淬硬,要注意保护。花键处采用局部高频淬火以减少变形并达到表面淬硬的目的。由于轴较长,且锥孔与外锥体对两轴颈的同轴度要求较高,故锥部淬火应与花键淬火分开进行,以减少淬火变形;随后用粗磨纠正淬火变形,然后再进行花键的加工与淬火,其变形可用最后精磨予以消除。

C616 车床主轴的加工工艺路线为:

下料→锻造→正火→机械粗加工→调质→机械半精加工(除花键外)→局部淬火、回火(锥孔及外锥体)→粗磨(外圆、外锥体及锥孔)→铣花键→花键高频淬火、回火→精磨(外圆、外锥体及锥孔)。

对于有些机床主轴例如万能铣床主轴,**也可用球墨铸铁**(如 QT700-2)**代替 45 钢**来制造。对于要求高精度、高尺寸稳定性及耐磨性的主轴如镗床主轴，往往选用 38CrMoAlA 钢制造，经调质处理后再进行氮化处理。常用机床主轴的工作条件、选材及热处理详见表 7.4 所示。

表 7.4　机床主轴工作条件、用材及热处理

序号	工作条件	材料	热处理	硬度	原因	使用实例
1	①与滚动轴承配合 ②轻、中载荷、转速低 ③精度要求不高 ④稍有冲击，疲劳忽略不记	45	正火或调质	200～250HBW	热处理后有一定机械强度；精度要求不高	一般简式机床
2	①与滚动轴承配合 ②轻、中载荷，转速略高 ③精度要求不太高 ④冲击和疲劳可忽略不计	45	整体淬火或局部淬火	40～45HRC	有足够强度；轴颈及配件装拆处有一定硬度；不能承受冲击载荷	龙门铣床、摇臂钻床、组合机床等
3	①与滑动轴承配合 ②有冲击载荷	45	轴颈表面淬火	52～58HRC	经正火有一定机械强度；轴颈高硬度	C620 车床主轴
4	①与滚动轴承配合 ②受中等载荷，转速较高 ③精度要求较高 ④冲击和疲劳较小	45	整体淬火或局部淬火	42 或 52HRC	有足够强度，轴颈和配件装拆处有一定硬度；冲击小，硬度取高值	摇臂钻床、组合机床等
5	①与滑动轴承配合 ②受中等载荷，转速较高 ③较高的疲劳和冲击载荷 ④精度要求较高	40Cr	轴颈及配件装拆处表面淬火	≥52 ≥50 HRC	坯料经预先热处理后有一定机械强度；轴颈高耐磨性；配件装拆处有一定硬度	车床主轴、磨床砂轮主轴
6	①与滑动轴承配合 ②中等载荷，转速很高 ③精度要求很高	38CrMoAlA	调质+氮化	250～280 HBW	心部具很高强度；表面具高硬度与疲劳强度；氮化变形小	高精度磨床及精密镗床主轴
7	①与滑动轴承配合 ②中等载荷，心部强度不高，转速高 ③精度要求不高 ④有一定冲击和疲劳	20Cr	渗碳+淬火+低温回火	56～62HRC	心部强度不高，但有较高韧度；表面硬度高	齿轮铣床主轴
8	①与滑动轴承配合 ②重载荷，转速高 ③较大冲击和疲劳载荷	20CrMnTi	渗碳+淬火+低温回火	56～62HRC	较高的心部强度和冲击韧度；表面硬度高	载荷较大的组合机床

(2)内燃机曲轴

曲轴是内燃机中形状复杂而又重要的零件之一，它在工作时受汽缸中周期性变化的气体压力、曲柄连杆机构的惯性力、扭转和弯曲应力及扭转振动和冲击力作用。

根据内燃机转速不同，选用不同材料。通常低速内燃机曲轴选用正火态的 45 钢或球墨铸铁制造；中速内燃机曲轴选用调质态 45 钢或球墨铸铁、调质态中碳低合金钢 40Cr、45Mn2、50Mn2 等制造；高速内燃机曲轴选用高强度合金钢 35CrMo、42CrMo、18Cr2Ni4WA 等制造。

内燃机曲轴的加工工艺路线为

下料→锻造→正火→粗加工→调质→精加工→轴颈表面淬火+低温回火→精磨→成品

各热处理工序的作用与上述机床主轴相同。

近年来常采用球墨铸铁(如QT700-2)代替45钢制造曲轴,其工艺路线为

熔炼→铸造→正火+高温回火→机械加工→轴颈表面淬火+低温回火→成品

这种曲轴质量的关键是铸造质量,首先要保证球化良好并无铸造缺陷,然后再经正火增加组织中的珠光体含量和细化珠光体片,以提高其强度、硬度和耐磨性;高温回火的目的是消除正火风冷所造成的内应力。几种曲轴用材及热处理详见表7.5所示。

表7.5 几种曲轴用材与热处理工艺对比

机型	曲轴材料	心部热处理		轴颈局部表面强化	
		方式	硬度/HBW	方式	硬度/HRC
解放牌汽车	45钢	正火	163~197	高频淬火	52~62
东方红拖拉机	45钢	调质	207~241	高频淬火	52~62
东方红型内燃机车	42CrMo钢	调质	255~302	中频淬火	58~63
国外高速柴油机	38CrMoAlA钢	调质		氮化	
东风型内燃机车	球墨铸铁	调质		—	—
东风型内燃机车	合金球铁	喷雾正火、回火	285~315	镀钛氮化	50~55

【例题7.1】 C618机床变速箱齿轮(该齿轮尺寸不大,其厚度为15mm)工作时转速较高,性能要求如下:齿的表面硬度50~56HRC,齿心部硬度22~25HRC,整体强度$R_m(\sigma_b)=760\sim800$MPa,整体韧性$A_K=40\sim60\text{J/cm}^2$。请从下列材料中进行合理选用,并制订其工艺流程。材料为35、45、T12、20CrMnTi、38CrMoAl、0Cr18Ni9Ti、W18Cr4V。

分析 普通车床中的变速箱齿轮,是主传动系统中传递动力的齿轮。因此,要求有一定的强度和轮齿的心部硬度及韧性。这种齿轮在工作中转速较高,齿表面要求有较高的硬度以保证耐磨性。但同汽车、拖拉机变速齿轮相比,一般机床齿轮工作时相对比较平稳,承受冲击负荷很小,传递的动力也不很大。所以上述要求都不是太高,例如齿表面硬度只要求50~56HRC。显然,不需要采用化学热处理(如渗碳)。整体的强度、韧性由调质可以达到。因此,选用淬透性适当的调质钢经调质处理后,再经高频表面淬火和低温回火即可达到要求。这种齿轮的尺寸不大,尤其是厚度甚小(15mm),可选用优质碳素结构钢,水淬即可使截面大部分淬透,回火后基本上能满足性能要求。因此,从所给钢种中选择45钢制造合适。

解答 选用45钢制造,较为合适。

其加工工艺路线为:下料→锻造→正火(840℃~860℃空冷)→机加工→调质(840℃~860℃水淬,500℃~550℃回火)→精加工→高频表面淬火(880℃~900℃水冷)→低温回火(200℃回火)→精磨。

联想与归纳 要做到正确、合理地选材,必须遵循选材的基本原则。即首先应考虑满足材料的力学性能原则,在此前提下充分兼顾材料的工艺性能原则,还要同时考虑材料的经济性原则。很显然,若选20CrMnTI或38CrMoAl钢制造,错在此种选材法不符合经济性原则,即大材小用。

思考 若为一精密镗床主轴,其精度要求很高,应如何从上述所列材料中选择合适材料呢?

【例题 7.2】 有一载重汽车变速箱齿轮,使用中受一定冲击,负载较重,齿表面要求耐磨,硬度为 58~63HRC,齿心部硬度 33~45HRC,其余力学性能要求为:$R_m(\sigma_b) \geqslant 1000\text{MPa}$,$R_{-1}(\sigma_{-1}) \geqslant 440\text{MPa}$,$A_K \geqslant 95\text{J/cm}^2$。试从"例题 7.1"所给材料中选择制造该齿轮的合适钢种,制订工艺流程,分析每步热处理的目的及其组织。

分析 由题意可知,此载重汽车变速箱齿轮在工作时负荷较重,每个齿受交变弯矩的作用,因此要有高的强度和高的疲劳强度。齿轮还受到较大的冲击,故要求有高的冲击韧度。齿表面为防止磨损,要求具有高硬度和高耐磨性(58~63HRC)。每个齿除受较大的弯矩外,齿表面还承受较大的压力。因此不仅要求齿表面硬度高,耐磨,还要求齿的心部具有一定的强度和硬度(33~45HRC)。根据以上分析,可知该汽车齿轮的工作条件比机床齿轮要求苛刻,因此在耐磨性、疲劳强度、心部强度和冲击韧度等方面的要求均比机床齿轮要高。从例题 7.1 所列钢种中,调质钢 45 钢不能满足使用要求(表面硬度只能达 50~56HRC)。38CrMoAl 为氮化钢,氮化层较薄,适合应用于转速快,压力小,不受冲击的使用条件,故其不适合做此汽车齿轮。

渗碳钢 20CrMnTi 经渗碳热处理后,齿表面可获得高硬度(58~63 HRC)、高耐磨性。由于该钢淬透性好,齿心部可获得强韧结合的组织,具有较高的冲击韧度,故可满足使用要求。因此该载重汽车变速箱齿轮选用 20CrMnTi 钢制造。

解答 制造该齿轮的适宜钢种为 20CrMnTi ,其加工工艺路线为

下料→锻造→正火(950℃~970℃空冷)→机加工→渗碳(920℃~950℃渗碳 6~8h)→预冷淬火(预冷至 870℃~880℃油冷)→低温回火→喷丸→磨齿

其中每一步热处理的目的及相应组织为:

正火:细化、均匀组织,改善锻造后组织,提高其切削加工性。经正火后的组织为 F+S 。渗碳:表面获得高碳,保证经淬火后得到高硬度、高耐磨性。渗碳温度下对应的组织为 A+K。

预冷淬火:齿表面获得高硬度、高耐磨性,其对应的组织为高碳 M+碳化物+ 残余 A;齿心部强、韧结合,对应的组织为低碳 M+F+T。

再经低温回火后,减少淬火应力、稳定组织,其相应组织为:表面 $M_{回}+K+A_R$,心部 $M_{回}+F+T$。

联想与归纳 通过分析与解答此题,可以检验、培养学生的独立分析与解决问题的能力。如果出现错误,这就需要认真小结,找出存在问题的关键所在。加强能力培养,主要就是加强独立分析与解决实际问题的能力。如不会根据已知条件来分析、判断,仍选调质钢如 45,38CrMoAl 钢。应学会根据题目所给的已知条件来分析问题的思考方法,如本例中可对比渗碳钢与调质钢的特征(见分析),就不难做出正确判断。

思考 如现为一普通机床变速箱齿轮,您该如何选材呢?

7.2.3 汽轮机叶片的选材分析(Selecting blade materials of gas turbine)

1. 叶片的工作条件、失效方式及性能要求

(1)工作条件和失效方式

叶片是汽轮机的"心脏",是将汽流的动能转换为机械能的重要部件。其工作条件为:

①受蒸汽和燃气弯矩的作用;

②当外界干扰力的频率落入与叶片的自振频率相同的共振频率之中时,则振幅就要突然增大至不能允许的程度,从而使叶片产生过大的应力,经过一定时间后就会发生叶片的断裂;

③受中、高压过热蒸汽的冲刷或湿蒸汽的电化学腐蚀或高温燃气的氧化和腐蚀;

④受湿蒸汽中的水滴或燃气中杂质的磨损。

叶片常见的失效形式主要为断裂(包括由共振引起的长期和短期疲劳损坏、接触疲劳损坏、应力腐蚀损坏、腐蚀疲劳损坏,以及因蠕变和疲劳综合作用产生的高温疲劳损坏等),还有因蠕变变形和表面损伤(包括氧化、电化学腐蚀和磨损)等。

(2)性能要求

根据叶片的工作条件和失效方式,叶片材料应具有如下性能:

①良好的常温和高温力学性能。低、中压汽轮机叶片的工作温度一般不超过400℃,可用常温力学性能(如高的疲劳抗力,较高的强度与较好的塑韧性)为依据;高压汽轮机前几级叶片的工作温度在400℃以上,则主要要求良好的高温力学性能(即较高的蠕变极限和持久强度,较高的高温疲劳强度等)。

②良好的抗蚀性。以防止氧化、电化学腐蚀及应力腐蚀开裂。

③良好的减振性。以防止共振疲劳断裂。

④足够的耐磨性。以防止冲刷磨损和机械磨损。

⑤良好的变形加工工艺性能。由于叶片数量多、成型工艺复杂,要求材料具有良好的冷、热变形加工工艺性能,以利于大批生产,提高生产率和降低成本。

2.叶片的选材及热处理

叶片材料的选择取决于工作温度,对在450~500℃以下工作的汽轮机叶片,蠕变不是主要问题,其失效方式主要是共振疲劳断裂和应力腐蚀开裂,除了从结构设计上避免共振以外,应选用减振性好而且具有较高热强性的1Cr13和2Cr13马氏体不锈钢。前级叶片在过热蒸汽中工作,温度较高(450~475℃),但腐蚀不明显,常选用1Cr13钢。

当工作温度超过500℃时,$w_{Cr}=13\%$型马氏体耐热钢的热强性将明显下降,为此特在这类钢基础上加入少量的Mo、V、W、Ni、Nb、B等元素而形成提高热强性的强化型铬耐热钢,如15Cr11MoV、15Cr12WMoNbVB、1Cr11Ni2W2MoV等钢种。

当工作温度超过600℃时,蠕变上升为主要问题,其失效形式为蠕变变形、蠕变断裂和蠕变疲劳等,对材料热强性的要求更高,为此一般选用奥氏体耐热钢来做汽轮机叶片。

汽轮机后级叶片工艺路线为

下料→模锻→退火→机械加工→调质→热整形→去应力退火→机械加工叶片根→镀硬铬→抛光→磁粉探伤→成品

其中退火是为了消除锻造应力,细化晶粒,改善切削加工性;调质是为了使叶片获得良好的综合力学性能和高温强度;热整形可提高叶片精度,矫正热处理变形;去应力退火是为消除热整形内应力;镀硬铬则是为了提高抗氧化和耐蚀性。

7.2.4 切削刀具的选材分析(Selecting cutting tool materials)

切削刀具是车刀、铣刀、钻头、锯条、丝锥、板牙等工具的统称。

1. 工作条件分析

①切削刀具切削材料时,受到被切削材料的强烈挤压,同时刀具刃部受到很大的弯曲应力。某些刀具如钻头、绞刀等还会受到较大的扭转应力的作用。

②刀具刃部与被切削材料产生强烈摩擦,刃部局部温度可升至500~600℃。

③较高速度的切削刀具往往还要承受较大的冲击与振动。

2. 主要的失效形式

①磨损　由于工作部位产生强烈摩擦,致使刀具刃部易发生磨损。这样,不但增加切削抗力、降低切削零件表面质量,而且由于刀具刃部形状的变化致使被加工零件的形状和尺寸精度降低。

②断裂　切削刀具在冲击力及振动作用下,折断或崩刃。

③刀具刃部软化　伴随切削过程进行,由于刀具刃部温度不断升高,若刀具材料的红硬性低或高温性能不足,致使刃部硬度显著下降而丧失切削加工能力。

3. 主要性能要求

①高硬度(一般应大于 62HRC),高耐磨性;

②高速切削下,应有高的红硬性;

③足够的强韧性,以保证承受冲击和振动;

④淬透性要好,可采用较低的冷却速度淬火,以防止刀具变形和开裂。

4. 切削刀具的选材

前已述及,制造切削刀具的材料有碳素刃具钢、低合金刃具钢、高速钢、硬质合金及陶瓷刀具等。可根据切削刀具的使用条件和性能要求的不同来进行合理选用,见表 7.6。

表 7.6　切削刀具的合理选材对比

刀具名称	主要使用性能	选用材料	主要优缺点
手工刃具(简单、低速),如锉刀、手锯条、木工用刨刀、凿子等工具	高硬度、高耐磨性,对红硬性和强韧性要求不高	碳素工具钢 T7 ~ T12(A)等	价格便宜,但淬透性差,使用温度低
机用刃具(低速、形状较复杂),如丝锥、板牙、拉刀等	同上,其淬透性、耐磨性提高,使用温度小于 300℃	低合金刃具钢如 9SiCr、CrWMn	淬透性较好,变形开裂小,但红硬性较差
高速切削刃具(使用温度 600℃左右),如铣刀、车刀和精密刀具等	高硬度、高耐磨性及高红硬性,强韧性、淬透性好	高速钢 W18Cr4V W6Mo5Cr4V2 等	硬度 62 ~ 68HRC,使用温度 60℃,价格较贵
硬质合金刀具(使用温度达 1 000℃)	高硬、高耐磨、高红硬性,冲击韧度、抗弯强度较差	硬质合金 YT6、YG6、YT15 等	用于高速强力与难加工材料的切削,价格贵
陶瓷刀具(其使用温度可达 1 400℃ ~ 1 500℃,硬度可高达 5000 ~ 9000HV)	硬度(5000 ~ 9000HV)、红硬性(1400 ~ 1500℃)极高,耐磨性好	氧化铝、热压氮化硅、立方氮化硼等	用于淬火钢、冷硬铸铁等精加工和半精加工,抗冲击力低,易崩刃

5. 典型刀具——车刀的选材分析

车刀系最常用的切削刀具,表7.7为根据车刀的工作条件不同而推荐使用的车刀材料。

表7.7 车刀的工作条件与选材

工作条件	推荐材料	硬 度
低速切削(8~10m/min),易切削材料(灰铸铁、软有色金属、一般硬度结构钢)	碳工钢和低合金工具钢 T10(A)、C2、W	62HRC
较高速切削(25~55 m/min),切削一般材料,形状较复杂、受冲击较大的刀具	通用高速钢 W6Mo5Cr4V2	64~66 HRC
高速切削(30~100 m/min),难切削材料(如钛合金、高温合金),形状较复杂、一定冲击的刀具	超硬高速钢 W6Mo5Cr4V2Al	66~69 HRC
极高速切削(100~300 m/min),切削一般材料(铸铁、有色金属、非金属材料)	硬质合金 YW2、YG6、YG8	88~91 HRA
极高切削速度(100~300 m/min),难切削材料(如淬火钢等)	硬质合金 YW1、YT5、YT14	90~93 HRA

7.2.5 汽车发动机零件选材概况(A review of materials used in motor engines)

汽车发动机零件选材概况详见表7.8。

表7.8 汽车发动机零件选用材料概况

典型零件	材料类别牌号	使用性能	失效形式	热处理及其他
缸体、缸盖、飞轮、正时齿轮	灰铸铁 HT200	刚度、强度、尺寸稳定	产生裂纹、孔臂磨损、翘曲变形	不处理或去应力退火,也可ZL104淬火时效做缸体、缸盖
缸套、排气门座	合金铸铁	耐磨、耐热	过量磨损	铸造状态
曲轴等	球墨铸铁 QT600-2	刚度强度、耐磨、疲劳抗力	过量磨损、断裂	表面淬火,圆角滚压、氮化,亦可用锻钢件
火塞销等	渗碳钢 20、20Cr、20CrMnTi、12Cr2Ni4	强度、冲击、耐磨	磨损、变形、断裂	渗碳、淬火、回火
连杆、连杆螺栓、曲轴等	调质钢 45、40Cr、40MnB	强度、疲劳抗力、冲击韧度	过量变形、断裂	调质、探伤
各种轴承、轴瓦	轴承钢和轴承合金	耐磨、疲劳抗力	磨损、剥落、烧蚀破裂	不热处理(外购)
排气门	耐热气阀钢 4Cr3Si2、6Mn2Al5MoVNb	耐热、耐磨	起槽、变宽、氧化烧蚀	淬火、回火
气门弹簧	弹簧钢 65Mn、50CrVA	疲劳抗力	变形、断裂	淬火、中温回火
火塞	有色金属合金 ZL110、ZL108	耐热强度	烧蚀、变形、断裂	淬火及时效
支架、盖、罩、挡板、油底壳等	钢板 Q235、08、20、16Mn(Q345)	刚度、强度	变形	不热处理

7.2.6 锅炉和汽轮机主要零件选材概况(A review of materials used in boilers and gas turbines)

锅炉和汽轮机主要零件的选材概况详见表 7.9 所示。

表 7.9 锅炉和汽轮机主要零件的选用材料概况

零件名称	失效方式	工作温度	用材情况
水冷壁管或省煤器管	爆管(蠕变或持久断裂或过度塑性变形)、热腐蚀疲劳	< 450℃	低碳钢管如 20A
过热器管		< 550℃ > 580℃	珠光体耐热钢如 15CrMo 同上,12Cr1MoV
蒸汽导管		< 510℃ > 540℃	同上,15CrMo 同上,12Cr1MoV
汽包		< 380℃	20G 或 16MnG 等普低钢
吹灰器		短时达 800 ~ 1 000℃	1Cr13, 1Cr18Ni9Ti
固定、支撑零件(吊架、定位板等)		长时达 700 ~ 1 000℃	Cr6SiMo 或 Cr20Ni14Si2、Cr25Ni12
汽轮机叶片		< 480℃的后级叶片	1Cr13、2Cr13
汽轮机叶片	疲劳断裂、应力腐蚀开裂	< 540℃ < 580℃前级叶片	Cr11MoV Cr12WMoV
转子	断裂 疲劳或应力腐蚀开裂 叶轮变形	< 480℃ < 520℃ < 400℃	34CrMo 17CrMo1V(焊接转子) 27Cr2MoV(整体转子) 34CrNi3M(大型整体转子),33Cr3MoWV(同上)
紧固零件(螺栓、螺母等)	螺栓断裂 应力松弛	< 400℃ < 430℃ < 480℃ < 510℃	45 35SiMn 35CrMo 25Cr2MoV
叶片	蠕变变形 蠕变断裂 蠕变疲劳或热疲劳断裂	< 650℃ 750℃ 850℃ 900℃ 950℃	1Cr17Ni13W、 1Cr14Ni18W2NbBRe 等 Cr14Ni40MoWTiAl(铁基) 镍基合金如 Nimonic90 同上,如 Nimonic100 同上,如 Nimonic115 In100,Mar – M246 等
转子及蜗轮轴		< 540℃ < 650℃ < 630℃	珠光体耐热钢 20Cr3MoWV 铁基合金 Cr14Ni26MoTi 同上,Cr14Ni35MoWTiAl
火焰筒及喷嘴		< 800℃ < 900℃ < 980℃	铁基合金,Cr20Ni27MoW 镍基合金 Inconel718 等 同上,HastelloyX 等

本章小结(Summary)

一个机械产品的设计应包括结构设计、工艺设计和材料设计三部分。机器零件的正确选材、合理用材是机械工程技术人员的基本任务之一,也是本课程的主要教学目的。**本章的主要内容有二:一是掌握合理选用机械零件用材的三条基本原则;二是熟悉齿轮和轴这两类典型零件的材料选用。**

失效与失效分析方法是科学选材的基础,在进行使用性能分析时,应紧密结合机械零件常见失效形式,正确、实事求是地分析工作条件,找出其中最关键的力学性能指标,同时还必须充分考虑到零件的工艺性与经济性。

承受一定载荷的**齿轮类零件的用材**大体上可划分为两类:**机床类齿轮**,承受一定载荷,要求有较高耐疲劳强度与耐磨性、足够的冲击韧度及良好切削加工性等,**一般可选用调质钢,经调质(或正火)+表面强化(高频处理或氮化等)**;另一类是以**汽车、拖拉机变速齿轮**为代表,适用于中高速重载,特别能承受较大冲击载荷作用,**一般可选渗碳钢,经渗碳+淬火+低温回火处理**。对于**轴类零件的选材**,在兼顾强韧性的同时,提高局部轴颈等处的疲劳抗力、耐磨性等,**一般可选用调质钢,经调质+局部表面淬火、低温回火**。值得注意的是当承受冲击载荷不大时,可选用**球墨铸铁代钢,用以制造内燃机、汽车、拖拉机的曲轴等**。

阅读材料7　21世纪的新材料——纳米材料

The 21'st Century's Advanced Material—Nanomaterials

纳米科学与技术是研究结构尺度在1~100nm范围内材料的性质及其应用的科学。而纳米材料指由纳米结构单元构成的任何类型材料,如金属、陶瓷、聚合物及复合材料等。纳米材料由于其尺度降低而产生的许多特殊物化性质,成为当今材料科学研究的一热点,被认为是"21世纪最有前途的材料"。

1. 纳米材料的发展历程

德国物理学家H. 格兰特在1984年首次用惰性气体凝聚法制备了具清洁表面的黑色纳米金属(Fe、Cu、Au、Pa)粉粒,然后在真空室中原位加压成纳米固体材料,并提出纳米材料界面结构模型。随后发现CaF_2纳米离子晶体和纳米陶瓷在室温下表现出良好韧性,使人们看到陶瓷增韧新的战略途径。

1987年美国国家实验室的西格尔(Siegel)等用气相冷凝法制备了纳米陶瓷材料TiO_2,并观察到纳米陶瓷在室温和低温下具很好的韧性。1990年7月在国际第一届纳米科技学术会议上,正式把纳米材料学作为材料科学的一个新分支公布于世。1994年在美国波斯顿召开的MRS秋季会议上正式提出纳米材料工程。2001年1月当时美国总统克林顿签署并发表了一份历史上罕见的"美国国家纳米技术倡议",称纳米技术是领导下一次工业革命的技术。自此以后,纳米材料受到世界各国的普遍重视,德、美、日、俄、英和法国都大力开展研究,甚至一些发展中国家如印度、巴西等也开始了研究。纳米材料的种类也从纳米颗粒、纳米晶体发展到纳米非晶态、纳米膜和纳米复合材料。

在我国,纳米材料科学已作为国家基础性研究重大关键项目,列入国家"八五"攀登计划、国家自然科学基金、国家863、973和国防科技研究规划研究项目,并取得相当进展。

目前,我国在理论研究和材料技术研究方面已基本赶上世界工业发达国家水平,具备了一定开发优势,特别是纳米材料的应用研究(如用纳米材料技术改性塑料、橡胶、胶粘剂、密封剂、涂料、聚合物复合材料、陶瓷、电子封装材料以及精细化工产品等方面)处于领先地位,为诸多行业产品提高档次,提高水平和升级换代奠定了坚实的技术基础。

2. 纳米材料的分类

根据三维空间中未被纳米尺度约束的自由度计,大致可将其划分为:

①**纳米微粒** 系指晶粒度处在1~100nm之间的粒子的聚集体,是处于该几何尺寸的各种粒子聚集体的总称。纳米微粒的形态有球形、板状、棒状、角状、海绵状等。

②**纳米纤维** 系指在材料的三维空间尺度上有两维处于纳米尺度的线(管)材料,包括纳米丝、纳米线、纳米棒、纳米碳管、纳米碳(硅)纤维、纳米带、纳米电缆等。

③**纳米薄膜** 系指由尺寸在纳米量级的晶粒(或颗粒)构成的薄膜以及每层厚度在纳米量级的单层或多层膜,有时也称为纳米晶粒薄膜和纳米多层膜。

④**纳米块体材料** 是将纳米粉末高压成型或烧结或控制金属液体结晶而得到的纳米材料,由大量纳米微粒在保持表(界)面清洁条件下组成的三维系统。从纳米材料固体组成的相数划分,纳米块状固体又可分为纳米相材料和纳米复合材料。由单相纳米微粒构成的纳米固体通常称为纳米相材料。不同材料的纳米微粒或两种及两种以上的纳米微粒至少在一个方向上以纳米尺寸复合而成的纳米固体成为纳米复合材料。

⑤**纳米组装体系** 基本内涵是以纳米颗粒以及纳米丝、纳米管为基本单元,在一维、二维和三维空间组装排列成具有纳米结构的体系。纳米组装体系研究的特点要强调按人们的意愿设计、组装、创造新的体系,更有目的地使该体系具有人们所希望的特性。

3. 纳米材料中的特殊效应

①**表(界)面效应** 指纳米粒子表面原子数与总原子数之比随粒径的变小而急剧增大后,所引起性质上的变化。由于表面原子的键合状态不完整、处于较高能量状态,因此具有较大化学活性、较高的与异类原子化学结合能力,较强吸附能力。例如,金属纳米粒子在空气中会燃烧,无机的纳米粒子暴露在空气中会吸附气体,并与气体进行反应。

②**小尺寸(体积)效应** 当超微颗粒的尺寸小到纳米尺度,并与某些物理特征尺寸(如德布罗意波长、电子自由程等)接近时,某些物理性能随尺寸减小可能发生突变,这种效应称小尺寸(体积)效应。例如粒径1μm的颗粒的原子总数在1010个以上,而粒径1nm颗粒的原子总数一般少于100个。由于原子数目的急剧减少,就引起了诸如磁、电、光、热、反应活性等一系列宏观理化性质变化。

③**量子尺寸效应** 当颗粒尺寸小到纳米尺度时,固体原子中费米能级附近的电子能级由准连续态变为分裂的离散能级状态,以及纳米半导体微粒存在不连续的最高被占据分子轨道能级和最低未被占据的分子轨道能级而使能隙变宽的现象。量子尺寸效应会导致纳米微粒在磁、光、声、热及超导电性等特性与大块体材料有显著的不同。例如,导电的金属在超微颗粒时可变成绝缘体,光谱线会产生向短波长方向移动,这就是量子尺寸效应的宏观表现。因此,对超微颗粒低温条件下必须考虑量子效应,原有的宏观规律已不再成立。

上述表面效应、小尺寸效应、量子尺寸效应都与颗粒尺寸有关，都在 1 ~ 100 nm 中显示出来，统称为纳米效应。

4. 纳米材料的性能

纳米结构材料因其超细的晶体尺寸(与电子波长、平均自由程等为同一数量级)和高体积分数的晶界(高密度缺陷)而呈现特殊的物理、化学和力学性能。

①**热力学性能** 颗粒尺寸变小导致比表面积增大，而使颗粒的化学势也发生改变。超微颗粒的熔点随粒度减小而降低，如块状金的熔点为 1 063℃，而 2nm 的金微粒的熔点仅 330℃；银的熔点为 960.8℃，而纳米银粒的熔点仅为 100℃。

②**电性能** 纳米颗粒的电导率由于量子隧道效应而下降。颗粒减小会影响超导性，其超导性的临界温度 T_c 会增高。超微粒的介电性能也随粒度减小而变化，这是因为粒度减小时电子的平均自由路程将受到限制，此外表面电子的运动情况也有自己特点。

③**磁性能** 纳米颗粒的磁性能与粒度的关系最明显，随粒度减小，其磁畴从多畴结构变成单畴结构，使磁化反转的模式从畴壁变化变成磁畴转动，而使矫顽力 H_c 大幅度提高；当粒度再减小时，磁各向异性能 k_V 与热能 k_T 相当或更小时，由于热扰动使纳米颗粒的矫顽力降为零而进入超顺磁性状态。例如 16nm 的铁超微粒的矫顽力可高达 80000A/m，而块状纯铁的矫顽力只有 20 ~ 100A/m；但铁超微粒的粒度减到 4.5nm 以下时，却使矫顽力降到零而呈现超顺磁性。

④**光性能** 金属超微粒对光的反射率很低，一般低于 1%。对太阳光几乎能全吸收，被称为太阳黑体。而宏观的金属材料如金、银和铜对太阳光的反射率都很高，表面光滑时，反射率几乎接近于 100%，特别是在长波段。超微粒由于量子化效应，其能隙随粒度减小而增加，从而导致光吸收峰的“蓝移”。

⑤**化学性能** 粒度减小，比表面积增加，超微粒的比表面积较宏观颗粒大得多，如 1μm 的铁粉比表面积小于 $3m^2/g$，而 10nm 的铁超微粒比表面积为 $76m^2/g$，高出了 25 倍以上。表面能与结合能之比也提高很多，如 1μm 的铜粒，比值为 0.017，而 1nm 的铜超微粒，比值上升为 0.170，高出了 10 倍。比表面积和表面能的大幅度增加，使其化学活性如反应活性、催化效应等显著增加。

5. 纳米材料的应用

纳米材料领域的发展基本包括两方面：一是发展和完善纳米材料的科学体系；二是发展新型纳米材料，开拓应用领域并实现产业化。

①**纳米陶瓷增韧** 指显微结构中的物相具有纳米级尺度的陶瓷材料。若多晶陶瓷是由大小为几纳米晶粒组成，则能在低温下变为延性，能发生 100%塑性形变。纳米陶瓷具有优良的室温和高温力学性能、抗弯强度、断裂韧度，使其在切削刀具、轴承、汽车发动机部件等都有广泛应用，并在超高温、强腐蚀等苛刻环境下起着其他材料不可替代的作用。

②**纳米电子学的应用** 目前已研制成功各种纳米器件，如单电子晶体管，红、绿、蓝三基色可调谐的纳米发光二极管及利用纳米丝、巨磁阻效应制成的超微磁场探测器等。具有奇特性能的硅、碳纳米管的研制成功，为纳米电子学的发展起了关键作用。

③**纳米粒子催化剂** 目前工业上利用 $TiO_2 - Fe_2O_3$ 作光催化剂，用于废水处理已取得

很好效果；纳米 TiO_2 在汽车尾气中的去硫能力比常规大 5 倍；粒径 30nm 的镍可使加氢和脱氢反应速度提高 15 倍等。

④**医学领域** 可在纳米尺度上了解生物大分子的精细结构及与功能的关系，获取生命信息。我国现已成功实施“导弹药物”靶向治疗病例；利用纳米羟基磷酸钙为原料，制作人造牙齿、关节等。

⑤**用纳米材料改造传统产业** 利用较成熟纳米材料与技术，使传统产品提高质量、赋予新的功能或更新换代，也是科技工作者和企业管理者的历史责任。近几年来，我国在这方面的应用已经展开，下面举一些实例。

纳米改性橡胶 北京汇海宏纳米科技有限公司率先对纳米改性彩色橡胶及制品进行大量实验研究，开辟了具有优异性能的彩色橡胶及制品。其中纳米改性彩色三元乙丙防水卷材具有优异防水功能和装饰功能，把我国防水材料提高到一个新水平，已作为 2002 年重点推广科技成果。

纳米改性塑料 中科院化学所的科学家以具有纳米层状结构的蒙脱土为原料，将高分子单体加入到较大间隙的层间，然后在高分子聚合过程中，由于体积膨胀致使蒙脱土沿层间破碎，使纳米颗粒分散在塑料之中，成为纳米复合塑料。这种材料具有优异的力学性能，其抗冲击性、耐热性等有显著提高，解决了纳米材料不易均匀分散的难点，同时成本较低，现已制成管材、板材，实现了产业化。另外，国内外用纳米改性的聚丙烯塑料代替尼龙用于铁道导轨的垫块，取得良好的效果并已推广应用。

纳米改性涂料 某些纳米材料如 TiO_2、ZnO、SiO_2 等，对紫外线有强烈吸收特性，从而在提高涂料的耐候性方面发挥重要的作用；某些纳米材料可通过光催化促使表面油污分解，或使涂料表面具有憎水、憎油功能，从而不粘油污，或油污附着不牢而极易清除；通过纳米材料的应用赋予涂料新的功能，如抗菌功能、抗静电功能、消除电磁污染功能、耐磨功能、阻燃功能等。

纳米在纺织中的应用 最近有一种利用特制纳米 TiO_2 通过表面改性和其他技术制成憎水浆料，再在织物的后整理阶段复合到织物表面，并渗透至纤维间隙中，烘干后赋予织物以超憎水性、抗污性、阻燃性，并保持织物的透气性，对人体皮肤无毒无害，这种织物具有所谓荷叶效应，做成的服装不沾水，可作为防水用具，把墨水、酱油等洒在这种衣物上，只要用吸水纸及时清除可不留任何痕迹。

⑥**其他方面的应用** 利用纳米技术可制成各种分子传感器和探测器，还可利用碳纳米管制作储氢材料，用作汽车的燃料“储备箱”。利用纳米颗粒膜的巨磁阻效应研制高灵敏度磁传感器；利用具有强红外吸收能力的纳米复合体系制备红外隐身材料等。

纳米材料在各方面的应用，充分显示出纳米材料举足轻重的地位。正如著名科学家钱学森所说“纳米左右和纳米以下的结构将是下一阶段科技发展的重点，会是一次技术革命，从而将是 21 世纪的又一次产业革命”。

6．实现“在原子和分子水平上制造材料和器件”的梦想

20 年来，一些超微观研究仪器（如扫描隧道显微镜 STM）的出现，使人的视觉延伸到原子尺度，看到了固体中原子排列的图像，能把微观的成分分析精确到单个原子，告诉人们固体表面中某一个原子是什么元素。人们可直接观察表面原子和分子结构；可研究原

子间微小结合能，人为设计并制造分子；可研究生物细胞和染色体内单个蛋白质和 DNA 分子结构，进行分子切割和组装手术；可在原子尺寸上加工、组装新型量子器件。到目前为止，单原子的操纵精度、速度等都远未达实用水平，随着 STM 技术的日趋完善，在原子、分子水平上制造新材料和器件的梦想一定会变成现实，到那时也许运算速度达每秒几十万亿次的超级计算机可小到随手放入口袋中。让我们满怀希望迎接这个时代的到来。

习题与思考题(Problems and Questions)

1.机械工程材料正确选用的基本原则是什么?

2 .齿轮类机械零件常见的失效形式有哪些，试分析之?

3.试确定下列工作条件下的齿轮材料，并提出热处理工艺名称和技术条件(硬度)：

(1)齿轮尺寸较大($d_{分}$ > 400 ~ 600mm)，轮坯形状又复杂，不易锻造时($d_{分}$ 为分度圆直径)；

(2) 表面要求耐磨的一般精度的机床齿轮；

(3) 当齿轮承受较大的载荷，要求硬的齿面和强韧的齿心时；

(4) 高速传动的精密齿轮。

4.分析下列要求能否达到，为什么?

(1) 图纸上用 45 钢制造直径 20mm 的轴类零件，表面硬度要求 50 - 55HRC，产品升级后，此轴类零件直径增加到 40mm，为达到原表面硬度改用 40Cr 制造；

(2) 制造小直径的零件(如连杆螺栓)原经调质处理时采用了中碳钢，现拟改用低碳合金钢经淬火后使用；

(3) 原刀具要求耐磨但形状简单，选用 T12A 钢制造，硬度为 60 ~ 62HRC，现因料库缺料，改用 T8A 钢制造；

(4) 汽车、拖拉机齿轮原选用 20CrMnTi 经渗碳淬火、低温回火后使用，现改用 40Cr 钢经调质高频淬火后使用。

5. 选择下列零件的材料并说明理由，制定其加工工艺路线，并说明其中各热处理工序的作用：

(1)机床主轴； (2)镗床镗杆； (3)燃气轮机主轴； (4)汽车、拖拉机曲轴

6. 指出下列工件应采用所给材料中的哪一种? 并选定其热处理工艺方法。

工件：铰刀　　汽车变速箱齿轮　　受力不大的精密丝杠　　冷冲裁模

材料：20Mn2B　　Cr12MoV　　T12　　W18Cr4V

习题与思考题解答或提示

Answers or Hints to Selected Problems and Questions

第1章　机械工程材料的结构

1.(1)“**相**”是指材料中具有同一聚集状态、同一化学成分、同一结构并与其他部分有界面分开的均匀组成部分。而”**组织**”指用肉眼或借助于显微镜所观察到的材料内部的微观形貌图像。组织包含有相,而相是构成组织的基本组成部分。同一相由于形成条件不同,会形成不同分布特征的不同类型组织。一种相可构成单相组织,两种或两种以上的相可构成复相组织。

(2) **单晶体**中各处晶格位向完全一致;**多晶体**则由许多不同位向的晶格组成的晶体。

(3) **晶格**用来表示晶体中原子排列形式的空间格架;**晶胞**是组成晶格的基本几何单元;而**晶格常数**则指晶胞的三条棱边长度 a、b、c。

(4) 晶体中某处有一列或若干列原子发生了有规律的错排而造成的晶格畸变区称为**位错**;而**位错密度**(ρ)是指单位体积中所包含的位错线总长度或穿过单位截面积的位错线数目,$\rho = L/V$。

(5) 组成材料的最基本、独立的物质称为**组元**;**固溶体**是指溶质原子溶入溶剂晶格中所形成的保持溶剂晶体结构的固相;而**金属化合物**则指合金组元间形成的晶体结构不同于其中任一组元的具有金属特性的新相。

(6)材料中具有同一原子聚集状态、同一化学成分、同一结构并与其他部分有界面分开的均匀组成部分称为**相**;而**机械混合物**系指合金中,两种或两种以上的相相互均匀混合形成的混合组织,其中各相仍保持各自结构特征,它们相互间仅发生了机械均匀的混合而已。

2. $a_{\alpha-Fe} = 0.293nm$ ($a_{\gamma-Fe} = 0.359nm$); $a_{Cu} = 0.361nm$ 。

3. $d_{Cr} = 0.2498nm$ 。

4. 如题图 1.2 所示。

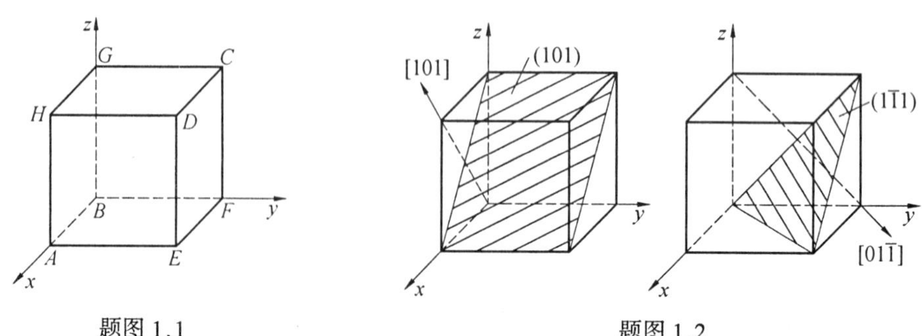

题图 1.1　　　　题图 1.2

5. 如题图 1.1 所示，AGCE、CDEF、CDHG、EFGH、AHCF 晶面的晶面指数分别为(101)、(010)、(001)、(011)、(110)；AC、AB、AF 的晶向指数分别为$[\bar{1}11]$、$[\bar{1}00]$、$[\bar{1}10]$。

6. FCC 晶胞中的{111}晶面共 4 个，晶面(111)上的 <110> 晶向共 3 个，如题图 1.3 所示。

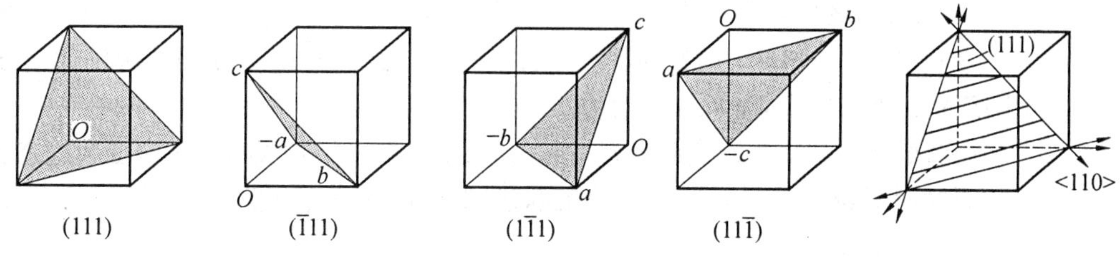

题图 1.3

7. BCC 晶胞中的{110}晶面共 6 个，其中晶面(110)上的 <111> 晶向共 2 个，如题图 1.4 所示。

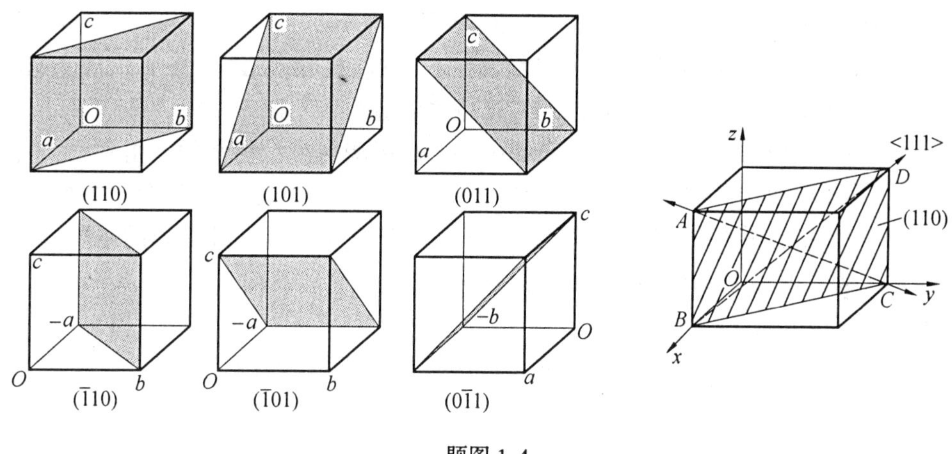

题图 1.4

8. 参考教材图 1.16。

9. 参考教材表 1.2 所示。

10. 参考教材表 1.4 及教材有关内容。

第 2 章　凝固、结晶与相图

1.(1)合金组织中所包含的相即为**相组分**，**相**是具有同一化学成分、同一结构、同一原子聚集状态并且有界面分开的均匀组成部分；**组织**是用肉眼或在显微镜下所观察到的材料内部的微观形貌图像，而**组织组分**系指合金组织中具有独特形态的各组成部分。

(2)**匀晶反应(转变)**指结晶时从单一液相结晶出单相固溶体的过程；**共晶反应**系指在一定温度下，由一定成分的液相同时结晶出成分各自一定的两个新固相的转变过程而**共析反应**则指在一定温度下，由一成分固定的固相同时析出两个成分各自一定的新固相的转变过程。

(3)**铁素体**(α 或 F)指碳溶入 α－Fe 中形成的间隙固溶体；**渗碳体**(Fe_3C 或 C_m)则指铁和碳形成的具有复杂晶格的间隙化合物，Fe/C＝3/1；而**珠光体**(P)则指共析转变得到的铁素体和渗碳体的机械混合物。

(4) **α－Fe** 指位于 912℃～室温之间，具有 BCC 结构的纯铁；**α 相与铁素体**(F)则指碳溶于 α－Fe 中所形成的间隙固溶体。

(5)**γ－Fe** 指位于 1394℃～912℃温度之间，具有 FCC 结构的纯铁；**γ 相与奥氏体**(γ 或 A)则指碳溶入 γ－Fe 中形成的间隙固溶体。

(6)凡物质由液态转变为固态的过程均称为**凝固**；**结晶**系指物质由液态转变为固态晶体的过程；而**相图**则表示平衡条件下，合金的状态同温度、成分之间关系的图形。

2．见教材相关内容。

3．见教材相关内容。

4．若其他条件相同：

(1)金属模铸造由于冷速快、**过冷度大**，故晶粒细小；

(2)铸成薄铸件铸造时冷速快、**过冷度大**，故晶粒细小；

(3)浇注时采用振动，可使液体中已结晶的树枝晶、柱状晶破碎，增加非自发形核数目，同时还可增加过冷液相中形核的能量，故晶粒细小；

(4)低温浇注由于**过冷度大**，故晶粒细小。而高温浇注晶粒粗大的理由是，由于液相温度高，使模壁受热，当继续冷却至熔点时，模壁由于受热而温度增高，致使**过冷度减小**。

5．在二元合金相图中，只有在二相区方可应用杠杆定律。杠杆定律的主要内容是：用来求两平衡相的化学成分及其相对质量分数。

6．(1)见教材图 2.12；

(2)组织中含 β_{II} 最多的成分点为 M 点：，含 β_{II} 最少的成分为 F 点；

(3)组织中共晶体最多的成分为 E 点，组织中共晶体最少的成分为 M(N)点；

(4)最容易产生枝晶偏析的成分为 M(N)点，最不容易产生枝晶偏析的成分为 E、A 及 B 点 。

7．$w_{Ni}=50\%$的合金铸件的偏析较严重。这是因为含 $w_{Ni}=50\%$的合金，其液、固相线之间的间隔距离大。

8．铁碳相图中发生共晶反应和共析反应的条件是：温度恒定，反应相、生成相的成分均固定。

共晶反应为 $L_c \xrightarrow{1148℃} \gamma_E + C_m$；共析反应为 $\gamma_s \xrightarrow{727℃} \alpha_P + C_m$

共晶反应发生在碳含量大于 E 点(2.11%)范围的铁碳合金中；共析反应则发生在碳含量大于 P 点(0.0218%)范围的铁碳合金中。

9．(1) 室温下，$w_C=0.6\%$的钢中珠光体和铁素体各占 77%和 23%；

(2) 室温下，$w_C=1.2\%$的钢中珠光体和二次渗碳体各占 93%和 7%；

(3) 铁碳合金中 Fe_3C_{II} 和 Fe_3C_{III} 的最大含量分别为 22.6%和 0.33%；

(4) 某退火碳钢的组织为珠光体＋二次网状渗碳体，其中珠光体占 93%，此钢的碳含量大约为 1.2%；

(5)室温下,共析钢中铁素体和渗碳体各占 88%和 12%。

10.渗碳体有一次渗碳体,二次渗碳体,三次渗碳体,共晶渗碳体和共析渗碳体等五种基本形态。

在显微镜下它们的组织形态分别为:**一次渗碳体**呈粗大的条状,**二次渗碳体**分布在原奥氏体晶界呈网状,**三次渗碳体**呈断续网状(或薄片状)分布在铁素体晶界上,共晶渗碳体和奥氏体共同构成莱氏体的组织形态(此时渗碳体呈白色基体),**共析渗碳体**呈层片状分布在铁素体基体上共同构成珠光体的组织特征。

11. 根据铁碳相图,说明下列现象产生的原因:

(1) 随碳含量增加,硬脆渗碳体相增多而塑性铁素体相减少,故 $w_C = 1.0\%$钢比 $w_C = 0.5\%$的钢硬度高;

(2) 这是由于 $w_C = 1.2\%$钢中,形成连续网状二次渗碳体,严重割裂了钢基体,致使钢的强度降低($w_C = 0.77\%$的钢的组织为 P,$w_C = 1.2\%$的钢的组织为 $P + C_{m\mathrm{II}}$);

(3) 因为低温莱氏体中**基体为渗碳体**,而珠光体中**基体为铁素体**;

(4) 这是由于在 1100℃,$w_C = 0.4\%$的钢的组织为**单一奥氏体**、可进行锻造,而 $w_C = 4.0\%$的生铁的组织为奥氏体 + 莱氏体 + 二次渗碳体,系**两相合金**,**含有硬脆的第二相**,故而塑性差、不能锻造;

(5) 关键在于此时钢处于**单相奥氏体状态**,塑韧性良好;

(6) 因此时低碳钢的组织**主要为铁素体**,故塑韧性良好;

(7) 这是由于高碳钢(T8 ~ T12)中**渗碳体相增多**,钢的硬度增加,锯条容易磨钝;而10、20 钢系低碳钢,**主要是铁素体**,硬度低,故而易锯;

(8) 绑扎物件一般用铁丝(镀锌低碳钢丝),这是由于其组织**主要为铁素体**、具良好塑韧性;而起重机吊重物用钢丝(60、65、70 钢)则因该钢的组织**主要为珠光体**,故强度较高。

12.详见教材有关内容。

13. (1)有 0.98 kg 先共析铁素体;(2)有 0.9 kg 共析铁素体;(3)有 0.12 kg 渗碳体。

14. 强度:T8 > T12 > 45; 塑性:45 > T8 > T12。理由及其它详见教材(结合教材图 2.23 说明之)。

第 3 章　材料的力学行为,塑性变形与再结晶

1.(1) 当冷变形金属被加热至较高温度时,金属的显微组织将发生明显变化,由变形晶粒变为新的等轴晶粒,这一过程称为**再结晶**;**结晶**是指物质由液态转变为固态晶体的过程;而**重结晶**则指固态下,伴随外界条件(如温度)的变化,而发生晶体结构的变化过程。

(2) **滑移**指在切应力作用下,晶体的一部分沿一定晶面和晶向,相对于另一部分发生相对移动;而**孪生**则指在切应力作用下,晶体的一部分沿一定晶面和晶向,相对于另一部分所发生的切变。

(3) **冷变形加工**是指在再结晶温度以下的变形加工;而**热变形加工**则指在再结晶温度以上的变形加工。

(4) 将工件加热至较低温度,保温一定时间后冷却,从而消除工件残余内应力的热处

理工艺称为**去应力退火**；而**再结晶退火**则指将**经过冷变形加工的工件**加热至再结晶温度以上，保温一定时间后冷却，使工件发生再结晶，从而消除加工硬化的热处理工艺。

2. 见教材相关内容。

3. 按比例绘出冲击吸收功与温度的曲线，并结合教材图3.2说明原因。

4. (1)错，符号应在数字后面，即250~300HBW；(2)错，应改为600~650HBW；

(3)错，符号应在数字后面且其数值小于20~70HRC的有效范围；

(4)错，符号应在数字后面且其数值大于20~70HRC的有效范围；

(5)错，符号应在数字后面，应改为800~850HV；(6) 800~850HV，正确。

5. 见教材有关内容。

6. 见教材有关内容。

7.(1)这是因原子密度最大的晶面其面间距最大，即晶面之间的原子结合力最弱，在切应力作用下便易发生晶面之间相互滑移而使塑性变形得以进行；反之，原子密度小的晶面，由于面间距小，即晶面之间原子结合力强而难于进行滑移。同理，原子密度最大的晶向较原子密度较小的晶向易于进行滑移，所以在冷、热加工时，金属的滑移总是沿着原子排列最密的晶面(滑移面)及其上原子排列最密的晶向(滑移方向)进行。

(2)首先明确，滑移变形的微观机制是位错运动，晶界处产生强烈的晶格畸变，阻碍位错运动；而晶界附近造成严重的位错塞积，产生的应力场强烈阻止滑移的进行，因此晶界处滑移的阻力最大。

(3) 理论计算是假定滑移面两侧原子发生整体移动，其临界分切应力值大。但实际晶体滑移是位错的运动、并不需整排原子一齐移动，而仅位错附近少数原子作短距离移动，故所需临界分切应力要小得多。

(4)若将塑性由大到小顺序排列的话，Al > α-Fe > Zn。Al为FCC，α-Fe为BCC，其滑移系数目均为12，但Al的滑移方向数为3、且滑移面的原子密度大，所以塑性最好；α-Fe的滑移方向数为2，滑移面的原子密度次之，故塑性稍次之；Zn系HCP，滑移系数目为3，故塑性最差。

8. 金属铸件不能通过再结晶退火达到细化晶粒的目的，这是因为铸件，**没有经受冷变形加工**，所以当加热至再结晶退火温度时，其组织不会发生根本变化，因而达不到细化晶粒目的。

9. 根据经验公式，钨的再结晶温度 $=0.4T_m=0.4\times(3410+273)-273=1200$℃，在1100℃加工，仍小于其再结晶温度，故为冷变形加工；同理经计算，锡的再结晶温度为-71℃，锡虽在室温(20℃)下变形，仍大于其再结晶温度，故为热变形加工。

10*.冷拉钢丝绳在吊装某大型工件进行热处理时，加热温度大于钢的再结晶温度甚至更高，故在吊装工件出炉时，钢丝绳由于发生了再结晶退火甚至重结晶，组织由原索氏体变为F+P而且晶粒粗大甚至过热组织，导致冷拉钢丝绳强度下降，所以会突然发生断裂。

11. 制造某承受中载及冲击载荷的传动齿轮，应优先采用第(3)种方法。因前两种方法加工成齿轮，都使拉应力和流线方向垂直，最容易断裂。

12. 见教材“金属的热变形加工”一节。

第4章　材料的强韧化

1.(1) **奥氏体的起始晶粒度**指奥氏体化过程中，奥氏体转变刚完成时奥氏体晶粒的大小，是一理论值；**奥氏体的实际晶粒度**指的是在某一具体加热条件下所得到的奥氏体晶粒大小；而**奥氏体的本质晶粒度**则指在规定的加热条件下(930±10℃，3~8h)评定奥氏体晶粒长大倾向的标准。

(2) **奥氏体**(A)是指在 A_1 温度以上，处于稳定状态的奥氏体；**过冷奥氏体**(A′)是指处于 A_1 温度以下，存在时间很短暂、不稳定的奥氏体；而**残余奥氏体**(Ar)则指伴随 M 转变淬火后尚未转变，被迫保留下来的奥氏体。

(3) A′在 A_1~550℃温度范围内，所形成的粗片状(片层间距 $\mu>0.4\mu m$)F、Fe_3C 相间分布的组织为**珠光体**；较细片状($\mu=0.4\sim0.2\mu m$)的为**索氏体**；极细片状($\mu<0.2\mu m$)的就为**托氏体**。

(4) **片状珠光体**组织系在铁素体基体上分布着片状渗碳体；而**粒状珠光体(球化体)**则是在铁素体基体上分布着粒状渗碳体所获得的组织。

(5) **再结晶退火**系指经塑性变形的工件当加热至再结晶温度以上(通常在临界点以下的某一温度)，所发生的消除加工硬化、回复塑性的热处理工艺，其主要特点是再结晶退火前后，晶体结构不发生变化；而**重结晶退火**，则指加热温度在相变温度以上的退火，其特点是晶体结构发生了根本变化。

(6) **淬透性**表示钢在一定条件下淬火时获得淬透层深度的能力，主要受奥氏体中的碳含量和合金元素的影响；**淬硬性**是指钢在淬火后所能达到的最高硬度值，主要取决于碳含量；而**淬透层深度**则指从钢件表面到半马氏体区的距离。淬透性可用规定条件下所获得的淬透层深度来表示；但淬透层深度则除了和淬透性有关外，还与试样的尺寸，奥氏体化条件等有关。

2.(1) 不正确。钢在冷却时得到何种组织，并非取决加热温度，而主要取决于钢在冷却过程中的转变温度。

(2) 不正确。高碳钢为便于进行机械加工可预先进行球化退火是正确的。其目的有两个：一是为了降低硬度，改善切削加工工艺性能；二是为最终热处理淬火做好组织准备。而低碳钢进行球化退火就错了。因其碳含量本身就低，再经球化退火其硬度更低，切削加工性就更差了，具体表现在粘刀、工件表面粗糙度差、刀具易磨损。解决的方法是采用正火处理，提高硬度、改善切削加工性能。

(3) 不正确。钢的实际晶粒度实质上指的是 A 的实际晶粒度，它除与钢的化学成分和原始组织有关外，主要取决于钢的加热温度和保温时间，而与随后的冷却速度无关。

(4) 不正确。只能说在一定条件下这种说法正确。因为当冷却速度大于 V_{KC}后，冷却速度再加快，钢冷却后的硬度就不再提高，因此时组织不再发生变化。

(5) 不正确。合金元素在钢中的作用，一是通过提高淬透性来提高其强度，二是形成合金化合物如碳化物等来提高合金的耐磨性。而钢的硬度则主要取决于碳含量。

(6) 不正确。因淬透性是钢材本身固有的属性，钢材成分确定，其淬透性亦定。因此不能说水淬比油淬的淬透性好，小件比大件的淬透性好。应改为；同一钢材在相同加热条件下，水淬比油淬所获得的淬透层深度深，小件比大件所获得的淬透层深度深。

3. 因为退火或正火是一重结晶过程，所以具有粗大或不均匀晶粒的锻件或铸件可以通过退火或正火工艺而重新加热奥氏体化，然后再以缓慢炉冷或在空气中冷却而重新获得细小晶粒的组织。

4. 见教材相关内容。

5. 如题表 4.2 所示。

题表 4.2

钢号＼状态	加热		冷却		是否最合适淬火温度
	加热温度/℃	获得的组织	水淬后组织	淬火 M 中 w_C/%	
20	760	F + A	F + M	>0.2	否
	840	F + A	F + M	>0.2	否
	920	A	M	0.2	是
45	760	F + A	F + M	>0.45	否
	840	A	M	0.45	是
	920	粗大 A	粗大 M	0.45	否
T8	760	A	M + A_R	<0.8	是
	840	较粗 A	较粗 M + A_R	0.8	否
	920	粗大 A	粗大 M + A_R	0.8	否
T12	760	C_m + A	C_m + M + A_R	<1.2	是
	840	较粗 A	较粗 M + A_R	1.2	否
	920	粗大 A	粗大 M + A_R	1.2	否

6. 见教材有关内容。

7. 见教材有关内容。

8. 见教材相关内容。

9. 见教材相关内容。

10. 工模具钢锻造毛坯之所以在机加工前最好进行正火，再进行球化退火处理，是因为工模具钢的锻造毛坯组织中存在着由于冷却速度缓慢而形成的连续网状二次渗碳体，若直接进行球化退火处理往往不易进行，即不能完全消除网状二次渗碳体。正火可使工模具钢的锻造毛坯组织全部为片状 P，彻底消除了网状二次渗碳体。

11. 1 – A′ + P; 2 – P; 3 – P;4 – A′; 5 – P; 6 – P; 7 – A′ + S; 8 – S; 9 – S; 10 – A′ + T; 11 – A′ + T;12 – T + M + A_R; 13 – A′; 14 – M + A_R; 15 – A′; 16 – M + A_R; 17 – A′ + $B_{下}$;18 – $B_{下}$ + M + A_R;19,20 – $B_{下}$。

12. 见教材相关内容。(1)提示：组织形态特征：马氏体系单相组织，不易腐蚀，所以在光学显微镜下往往显示白亮色，而回火马氏体系复相组织，容易腐蚀，在光镜下呈现暗黑色。

13. (1) 700℃,F + S;(2) 760℃,F + M;(3) 40℃,F + S; (4) 1000℃,粗大 M。

14. (1) 20 钢齿轮:正火的目的主要是为改善切削加工性,正火后的组织为 F + S;

(2) 45 钢小轴:正火的目的是为改善切削加工性、均匀组织细化晶粒,正火后的组织为 F + S;

(3) T12 钢锉刀:正火的目的主要是为了消除网状二次渗碳体,以利于球化退火的进行,正火后的组织为伪共析 S 组织。

15. 提示:(1)去应力退火;(2)再结晶退火;(3)完全退火或等温退火;(4)球化退火。

16. 根据所学知识,自己练习。

17. 根据所学知识,自己练习。

18. 见教材相应内容。

19*. (1)860℃;(2)860℃;(3)860℃;(4)860℃;(5)780℃。

因为碳含量为 1.2%C 的碳钢系过共析钢,其正常淬火加热温度应为 780℃两相区,此温度下 A 晶粒细小,未溶 K 较多,虽淬火后马氏体碳含量较低、淬火后 A_R 量较少。而 860℃加热系单一粗大 A,淬火后所获得粗大 M 及大量 A_R,其性能变差。

20*. 提示:低碳钢应进行渗碳 + 淬火 + 低温回火,中碳钢应进行调质 + 表面淬火 + 低温回火。低碳钢(中碳钢)经热处理后的组织为表层 $M_{回}$ + K + A_R($M_{回}$),心部为 F + $M_{回}$($S_{回}$);低碳钢(中碳钢)经热处理后的性能为表硬内韧,不同之处在于(低碳钢)可承受更重载荷,冲击韧度值更高。

21. (1) 因为在相同碳含量的情况下,除了含 Ni 和 Mn 的合金钢外,大多数合金钢所含的 Me 都是缩小 γ 相区元素,即使临界温度 Ac_1、Ac_3 上升,故热处理加热温度都比碳钢高。

(2)在相同碳含量情况下,含碳化物形成元素的合金钢(如 40Cr)比碳钢(如 40 钢)具有较高的回火稳定性。这是因为合金元素如 Cr 能阻碍原子扩散,使回火后的硬度降低得较缓慢,从而提高回火稳定性。

(3) 由于当 $w_{Cr} = 13\%$时,使共析点左移至 0.3%,那么 $w_C \geqslant 0.40\%$、$w_{Cr} = 13\%$的铬钢(如 4Cr13 钢)自然就属于过共析钢;而 $w_C = 1.5\%$、$w_{Cr} = 12\%$的钢(如 Cr12MoV 钢),由于合金元素 Cr 的影响,还使铁碳相图中 E 点左移至 $w_C < 1.5\%$,故应属莱氏体钢;

(4) 高速钢在热锻或热轧后,之所以经空冷能获得马氏体组织,这是因为高速钢含有大量 Me,使其 CCT 曲线明显右移,其 V_{KC}相应变小,即使空冷的冷却速度曲线也大于 V_{KC},所以经空冷能获得马氏体组织。

22. (1) 不正确。因为如 Mn、P 等 Me 能促使奥氏体晶粒长大。

(2) 不正确。因为 T12 与 20CrMnTi 相比,虽淬透性较低,但淬硬性却高。

23. 见教材相关内容。

24. 提示:(1)球化退火;(2)正火;(3)等温淬火;(4)油淬;(5)水淬。请在 C 曲线上描绘出相应的工艺曲线示意图。

第 5 章　常用金属材料

1.由于合金钢中的合金元素能溶入基体起固溶强化作用,只要加入适量并不降低韧性;除了 Co 以外的大多数合金元素只要能溶入奥氏体中均使 CCT 或 C 曲线右移,使临界冷速 V_{kC}变小,提高钢的淬透性,从而使力学性能(特别是 $R_{eL}(\sigma_s)$和 $A_K(\alpha_K)$值)在整个截面上均匀一致,因此合金钢的力学性能好,又因合金钢的淬透性较高,可用较小的冷却速度进行淬火,使热应力大大降低,从而使其热处理变形小。

合金工具钢中存在着比渗碳体熔点、硬度都高得多的合金渗碳体及特殊类型碳化物、氮化物等,因而合金工具钢的硬度、热稳定性及耐磨性等均比碳素工具钢高。

2. 每种机械零件都有一定功能。当由于某种原因丧失其规定功能时,即发生了失效。主要表现为:

①零件完全破坏,不能继续工作;②严重损伤,继续工作不安全;③虽安全工作,但不能满意地起到预期作用。其中任何一种发生,都认为零件已失效。

对零部件的失效进行分析,找出失效的原因,并提出防止或推迟失效的措施,具有十分重要的意义。同时,失效分析的结果,对于零部件的设计、选材、加工特别是使用性能(包括力学性能)的确定等也都是完全必要的,它为这些工作提供了至关重要的实践基础。

零件失效形式,依其损坏特点和损坏时承受载荷形式及外界条件可归纳为表 5.5 所示的四大类型,对结构材料而言前三种失效形式是最重要的;对于功能材料则物理性能降级是其主要失效形式,但也存在断裂与腐蚀、磨损等问题。同一零件可有几种不同失效形式,但总有一种起主导作用,很少同时以两种形式失效。

3.见教材相应内容。

4.见教材相应内容。

5.见教材相应内容。

6. 见教材相应内容。

7*.提示:(1) 淬透性由高到低依次为 20CrMnTi、40Cr、T8、65,淬硬性由高至低依次为 T8、65、40Cr、20CrMnTi;(2) 详见教材。

8.合金工具钢中加入 Cr、W、Mo、V 等合金元素的目的就是为了提高其硬度、强度、耐磨性、淬透性及红硬性等。T10A、CrWMn、W18Cr4V 钢在性能上的差别是红硬性,淬透性,回火稳定性依次增高。

9.提示:若在 950℃加热淬火并高温回火后就没有高的红硬性。因为红硬性的高低,取决于 A 基体中 Me 含量的多少。在 950℃加热淬火,由于加热温度较低,Me 溶入 A 基体中少,淬火并高温回火后基体中含 Me 数量少,而且减少回火中析出特殊类型 K 的数量,因此就没有高的红硬性。

10.1Cr18Ni9Ti 不锈钢系 A 不锈钢,其室温及高温组织均为单一 A 组织。经过淬火,只能使原铸态组织中少量未溶 K 溶入 A 中,变为单一 A 组织。而不能同一般钢一样,通过淬火获得 M 来提高其强度。故 1Cr18Ni9Ti 不锈钢只能用冷轧、冷拉等加工硬化方法来提高其强度。

11.达不到高速切削刀具所要求的性能。因为淬火加热温度过低,其 A 中 Me 含量少,淬火后 M 基体中 Me 含量少,基体相耐热性差、且不会在回火中产生二次硬化,即不能提高其红硬性,也就达不到高速切削刀具所要求性能。其实际淬火加热温度应为 1260 ~ 1280℃。W18Cr4V 钢刀具在正常淬火后都要进行 560℃三次回火,这是因为在 560℃左右回火具有最高的二次硬化效应,三次回火则是因为该钢在淬火状态约有 25% ~ 30%左右的 Ar,只有经过三次回火才能使之降至 1%的最低量(经第 1 次回火后降至 15%、第 2 次降至 3% ~ 5%、第 3 次才降至 1%左右)。

12*.提示:(1) 外科手术刀,M 不锈钢如 4Cr13 等;(2) 汽轮机叶片,M 热强钢如 1Cr13 等;(3) 硝酸槽。F 不锈钢如 1Cr17Ti 等。其他见教材。

13*.合金元素 Cr 在 40Cr 中作用,提高淬透性、强化基体;在 GCr15、CrWMn 中的作用,提高耐磨性、提高淬透性;在 1Cr13 、1Cr18Ni9Ti 中的作用,提高耐蚀性;在 4Cr9Si2 中的作用,提高抗氧化和热强性。

14*.提示:按用途分类,40、40Cr、40CrNiMo、40MnB、38CrMoAlA 钢为(机械结构钢中的)调质钢,20CrMnTi 为(机械结构钢中的)渗碳钢,50CrVA、60Si2Mn 为(机械结构钢中的)弹簧钢,16Mn、Q235 分别为(工程结构钢中的)低合金高强度钢、非合金结构钢,GCr15 为(机械结构钢中的)滚动轴承钢;9SiCr 为(工具钢中的)低合金刃具钢,W6Mo5Cr4V2、W18Cr4V 为(工具钢中的)高速钢,Cr12MoV 为(工具钢中的)冷作模具钢,3Cr2W8V、5CrNiMo 为(工具钢中的)热作模具钢;1Cr13、1Cr11MoV 为(特殊性能钢中的)M 热强钢,12Cr1MoV 为(特殊性能钢中的)P 热强钢,1Cr18Ni9Ti 为(特殊性能钢中的)A 不锈钢,ZGMn13 为(特殊性能钢中的)耐磨钢。

15.提示:其物理意义:蠕变极限表征材料在高温长期载荷作用下对蠕变变形的抗力,而持久强度则表征材料在高温长期载荷作用下对断裂的抗力。其他见教材。

16. 见教材相关内容。

17. 见教材相关内容。

18.(1) 灰铸铁磨床床身铸造之后,其床身内部存在着严重的内应力,直接进行切削加工,破坏了其原应力分布,故而势必产生变形。因此对其,首先应进行去应力退火,然后才能进行各种机加工。

(2) 此时应对铸件进行高温退火(950℃加热,2 ~ 5h 保温,随炉冷至 500℃,出炉空冷),使薄壁处白口组织中的 Fe_3C 转变为 G(石墨),这样即可改善切削加工性能。

19.(1)不对。可锻铸铁一般不能锻造。由于灰铸铁脆性大、塑性差,其塑性指标不能直接用 A、Z 表示,间接地用抗弯强度象征性地表示塑性。而可锻铸铁的出现,明显地改善了塑性,可用伸长率表示塑性,所以称为可锻铸铁,可锻即延展性好而并非可锻。

(2)不对。因为热处理只能改变基体组织,并不能改变石墨的形态。

(3)不对。因为石墨化的第三个阶段是完全固态转变,由于转变温度低,固态原子扩散能力有限,所以石墨化的第三个阶段最难进行。

20. 见教材相应内容。

第 6 章　聚合物、无机与复合材料

1.(1)**热固性**,指在一定温度下加热或加入固化剂后即发生交联固化成型,呈现不溶不熔特性的一类塑料制品,如酚醛塑料;**热塑性**,则指受热软化、熔融、可塑制成型,冷却后坚硬,再受热又可软化塑制成另一形状,重复作用,基本性能不变,呈现可溶可熔特性的一类塑料制品,如聚烯烃类塑料。

(2)常温下具有一定形状,强度较高,受力后能发生一定形变的高聚物称为**塑料**;**橡胶**是指室温下具高弹性,即受到很小外力,形变很大,可达原长的十余倍,去除外力后又恢复原状的聚合物;**胶粘剂**则指在常温下处于粘流态,当受到外力作用时,会产生永久变形,而去除外力后又不能恢复原状的聚合物。

2.见教材相关内容。

3.见教材相关内容。

4.试解释发生下列现象的原因:

(1) 这是由聚合物自身的缺点所决定,具在室温下就有蠕变。虽然尼龙(聚酰胺)加入某些添加剂而使蠕变性能有所改善,但在高温下,原子扩散能力大大提高,故尼龙(聚酰胺)就更易出现蠕变。

(2) 这是由于橡胶垫片使用时间较长,所引起老化,从而失去高弹性所致。

(3) 这是由于胶皮管使用时间较长而发生老化,失去原高弹性而时常发生断裂。

(4) 紧紧缠绕在某物体上的橡胶带,数月后即失去弹性并发生断裂。这是由于橡胶带长期使用,发生老化,从而失去良好弹性进而导致脆断。

5.见教材相关内容。

6.根据已知条件,自己算算。

7.见教材相关内容。

8.提示:请结合日常生活所看到、听得的举例说明。

第 7 章　机械工程材料的合理选用

1.机械工程材料正确选用的基本原则是材料的使用性能,材料的加工工艺性能,材料的经济性,以及走材料的可持续发展、选择生态环境材料(即绿色或环境材料)等。

2. 齿轮工作时受力繁重、复杂,其主要失效形式有以下几种:

(1)**断齿**　除因超载而产生脆性折断(多发生在轮齿淬透的硬齿面齿轮或脆性材料制造的齿轮上)外,大多数情况下断齿都是由弯曲疲劳造成的。

(2)**齿面接触疲劳破坏(亦称麻点剥落或点蚀)**　齿面承受大的交变接触应力作用,因表面疲劳使齿面表层产生点状、小片剥落的破坏。这是齿轮最常见的失效形式。

(3)**齿面磨损**　它分为两种情况:一种是摩擦磨损;另一种是磨粒磨损。摩擦磨损大多是由于高速重载齿轮运转时,因齿面摩擦产生大量的热,造成润滑膜破坏,促使齿面软化,以致使齿面过度磨损。轻度的摩擦磨损称为擦伤,严重者称为胶合。磨粒磨损是由于外来硬质点嵌入相互啮合的齿面间，使齿面产生机械磨损。

3.提示：(1)可选用铸钢或铸铁齿轮材料，如 ZG45、HT250 或 QT600－3 等，其他见教材相关内容(以下同)；

(2) 可选用 45、40Cr 钢作齿轮；

(3) 可选用 20CrMnTi 钢作齿轮；

(4) 可选用 35CrMo、38CrMoAlA 钢等作齿轮。

4.分析下列要求能否达到？为什么？

(1) 能达到。因 45 钢和 40Cr 钢的碳含量相近，能达到表面 50～55HRC 的硬度要求，此类轴并非要求全部淬透，仅有一定淬透层深度即可满足使用性能要求。

(2) 能达到。因制造小直径的零件(如连杆螺栓)原经调质处理时采用中碳钢(如 45 钢)，是为了保证其良好的综合力学性能。现若改用低碳合金钢(15MnVB)经淬火、低温回火后使用，提高了螺栓的强度和塑韧性。

(3)不能达到。因原刀具主要性能要求为高硬度、高耐磨性，选用 T12A 钢制造。而高硬度主要取决于钢的碳含量，现改用 T8A 钢制造，其碳含量远低于原材料，故不能达到原 T12A 的高硬度、高耐磨性。

(4)不能达到。因为汽车、拖拉机齿轮承受载荷较重，工作时又承受较大冲击载荷，20CrMnTi 经渗碳淬火、低温回火后使用可满足使用性能要求；但改用 40Cr 钢经调质高频淬火后，仅适用于承载不是很重、冲击载荷又不是很大的场合，所以其承载能力、抗冲击载荷能力都不及 20CrMnTi 钢，不能达到使用性能要求。

5. 提示：(1)机床主轴，45 或 40Cr，因一般机床主轴工作时承受载荷不是很重、冲击载荷不是很大，一般应选调质钢；其加工工艺路线及其中热处理工序的作用，见教材相关内容。

(2)镗床镗杆，38CrMoAlA，其精度要求较高，工作时不允许产生弹性变形，所以一般应选调质钢中的氮化专用钢，以保证其高精度，工件表面极高硬度和耐磨性、心部良好的强韧性，热处理变形小；其加工工艺路线大致为：备料－锻造－退火－粗机加工－调质－精机加工－高温时效处理－粗磨－氮化－精磨、研磨。

退火的作用是消除锻造应力，均匀组织，为调质做好组织准备。高温时效是为消除切削加工产生的残余应力，稳定工作尺寸。氮化的作用提高是镗杆表面硬度与耐磨性。

(3)燃气轮机主轴，40CrNiMoA，因其承载相对较重，工件截面尺寸较大，属于重要关键零件；其他见教材相关内容。

(4)汽车、拖拉机曲轴，QT600－3，因一般承重及冲击载荷不是很大，从经济性考虑，可选用球铁代钢；其他见教材相关内容。

6. 铰刀：T12，淬火＋低温回火；汽车变速箱齿轮：20Mn2B，渗碳＋淬火＋低温回火；

受力不大的精密丝杠：W18Cr4V，淬火＋560℃三次回火；冷冲裁模：Cr12MoV，淬火＋低温回火 。

参考文献(References)

[1] 冯端,师昌绪,刘治国.材料科学导论[M].北京:化学工业出版社,2002.

[2] 杨瑞成.材料科学与工程导论[M]. 哈尔滨:哈尔滨工业大学出版社,2002.

[3] 朱张校. 工程材料[M].第 3 版.北京:清华大学出版社,2001.

[4] 于永泗,齐民.机械工程材料[M].第 7 版.大连:大连理工大学出版社,2007.

[5] 齐宝森,边洁 姜江.机械工程材料[M].上海:上海交通大学出版社,1999.

[6] 沈莲.机械工程材料[M].第 2 版.北京:机械工业出版社,2004.

[7] 刘智恩.材料科学基础[M].西安:西北工业大学出版社,2000.

[8] 胡赓祥,蔡珣. 材料科学基础[M]. 上海:上海交大出版社,2000.

[9] 齐宝森,张刚,栾道成,房强汉. 新型材料及其应用[M]. 哈尔滨:哈尔滨工业大学出版社,2007.

[10] 赵品.材料科学基础教程[M].第 2 版.哈尔滨:哈尔滨工业大学出版社,2006.

[11] 刘锦云. 结构材料学[M]. 哈尔滨:哈尔滨工业大学出版社,2008.

[12] 机械工程手册:工程材料卷[M].北京:机械工业出版社,1996.

[13] "ENGINEERING MATERIALS 1",1989.Reprinted.(First edition 1980), by MICHAEL F. ASHBY and DAVID R. H. JONES ,PERGAMON PRESS.

[14] "INTRODUCTION to MATERIALS SCIENCE for ENGINEERS"(Fourth edition),1996., by JAMES F. SHACKELFORD, Prentice - Hall,Inc.

[15] 陈贻瑞,王建.基础材料与新材料[M].天津:天津大学出版社,1994.

[16] 刘天模.工程材料[M].北京:机械工业出版社,2001.

[17] 王章忠.机械工程材料[M].北京:机械工业出版社,2001

[18] 边洁,齐宝森.机械工程材料学习方法指导[M].第 2 版. 哈尔滨:哈尔滨工业大学出版社,2006.

[19] 崔占全,孙振国.工程材料[M].第 2 版.北京:机械工业出版社,2007.

[20] 邢建东.工程材料基础[M]. 北京:机械工业出版社,2004.

[21] 周风云.工程材料及应用[M]. 武汉:华中科技大学出版社,2002.

[22] "Fundamentals of Materials Science and Engineering"(Fifth Edition),2001.,by William D. Callister,Jr., John Wiley & Sons,Inc.

[23] 师昌绪,李恒德,周廉.材料科学与工程手册[M].北京:化学工业出版社,2004.

[24] 王运炎,叶尚川.机械工程材料[M].第 2 版.北京:机械工业出版社,2000.

[25] 耿香月.工程材料学[M].天津:天津大学出版社,2002.

[26] 周达飞.材料概论[M].北京:化学工业出版社,2001.

[27] 董瀚. 先进钢铁材料[M]. 北京:科学出版社,2008.

[28] 穆柏春.陶瓷材料的强韧化[M]. 北京:冶金工业出版社,2002.

[29] 齐宝森 王成果. 机械工程非金属材料[M]. 上海:上海交通大学出版社,1996.

[30] 耿洪滨 吴宜勇. 新编工程材料[M].哈尔滨:哈尔滨工业大学出版社,2000.

[31] 孙智. 现代钢铁材料及其工程应用[M]. 北京:机械工业出版社,2007.

[32] 赵连泽. 新型材料学导论[M]. 南京:南京大学出版社,2000.

[33] 杨瑞成. 工程结构材料[M]. 重庆:重庆大学出版社,2007.

[34] 朱张校. 工程材料[M].北京:高等教育出版社,2006.
[35] 干勇,田志凌,董瀚. 中国材料工程大典第 2 卷钢铁材料工程[M](上).北京:化工出版社,2006.
[36] 吴培英. 金属材料学[M]. 北京:国防工业出版社,1987.
[37] 樊东黎,潘健生.中国材料工程大典第 15 卷材料热处理工程[M]. 北京:化学工业出版社,2006.
[38] 齐宝森,陈鹭滨,王忠诚. 化学热处理技术[M]. 北京:化学工业出版社,2006.
[39] 崔忠圻. 金属学与热处理[M].第 2 版. 北京:机械工业出版社,2007.
[40] 赵文轸. 材料表面工程导论[M]. 西安:西安交通大学出版社,1998.
[41] 钱苗根. 材料表面技术及其应用手册[M]. 北京:机械工业出版社,1998.
[42] 张树松. 钢的强韧化机理与技术途径[M]. 北京:兵器工业出版社,1995.
[43] 陈全明. 金属材料及强化技术[M].上海:同济大学出版社,1992.
[44] 王笑天. 金属材料学[M]. 北京:机械工业出版社,1987.
[45] 胡德昌 胡滨.新型材料特性及其应用[M].广州:广东科技出版社,1996.
[46] 中国机械工程学会热处理学会编.热处理手册(第 1 卷工艺基础)[M].第 4 版.北京:机械工业出版社,2008.
[47] 吴承建.金属材料学[M].北京:冶金工业出版社,2000.
[48] 许发樾.实用模具设计与制造手册[M].北京:机械工业出版社 2001.
[49] 金涤尘 宋放之.现代模具制造技术[M].北京:机械工业出版社,2001.
[50] 马鸣图. 先进汽车用钢[M]. 北京:化学工业出版社,2007.
[51] 戈晓岚. 机械工程材料[M].北京:北京大学出版社,2006.
[52] 何世禹. 机械工程材料[M].第 2 版.哈尔滨:哈尔滨工业大学出版社,2007.
[53] 曾正明.机械工程材料手册[M].北京:机械工业出版社,2003.
[54] 沈莲 柴惠芬 石德珂.机械工程材料与设计选材[M].西安:西安交通大学出版社,1996.
[55] 励杭泉. 材料导论[M]. 北京:中国轻工业出版社,2000.
[56] 殷景华.功能材料概论[M].哈尔滨:哈尔滨工业大学出版社,2004.
[57] 张立德 牟季美.纳米材料和纳米结构[M].北京:科学出版社,2001.
[58] 马如璋,蒋民华,徐祖雄. 功能材料学概论[M]. 北京:冶金工业出版社,1999.
[59] 倪礼忠 陈骐.复合材料科学与工程[M].北京:科学出版社,2002.
[60] 王晓敏. 工程材料学[M]. 北京:机械工业出版社,1999.
[61] 史美堂. 金属材料及热处理[M]. 上海:上海科学技术出版社,1980.
[62] 车剑飞. 复合材料及其工程应用[M]. 北京:机械工业出版社,2006.
[63] 潘复生. 轻合金材料新技术[M]. 北京:化学工业出版社,2008.
[64] 高泽平. 炼钢工艺学[M]. 北京:冶金工业出版社,2006.
[65] 王爱珍. 工程材料与改性处理[M]. 北京:北京航空航天大学出版社,2006.
[66] 游文明. 工程材料与热加工[M]. 北京:高等教育出版社,2007.
[67] 徐自立. 工程材料及应用[M]. 武汉:华中科技大学出版社,2007.
[68] [美] 梅尔. 库兹.材料选用手册[M]. .陈祥宝,等译.北京:化学工业出版社,2005.
[69] 任松赞. 钢铁金相图谱[M]. 上海:上海科技文献出版社,2003.
[70] 朱征. 机械工程材料[M]. 北京:国防工业出版社,2007.